수정2판

프로젝트 기반의 공학설계입문

CLIVE L. DYM, PATRICK LITTLE 공저
조문수, 임태진, 박태형, 윤석훈 편역

ITC
INFO-TECH COREA

Engineering Design

Clive I, Dym & Patrick Little

추천사

    설계를 한다는 것은 기존에 없는 무언가를 만들어 내고자 하는 목적으로 이를 상상하고 구체화하는 것이다. 그 "무엇"이라는 것은 기계, 건물 및 다리 같이 만져지는 것일 수도 있고, 시장기획, 조직, 혹은 제조공정을 위한 계획이나 실험에 의해 과학적인 연구문제를 해결하기 위한 계획일 수도 있으며, 미술, 음악 혹은 조각과 같은 예술작업일 수도 있다. 실제로 모든 전문적인 활동은 설계된 그 무엇을 현실세계에서 만들어 내고자 하는 과업들과 결합되어, 설계라는 거대한 구성요소를 갖는다.

    설계는 과학이라기보다는 예술로 간주되어 왔다. 과학은 때론 수학적인 형태로도 표기될 수 있는 법칙에 의해 진보한다. 과학은 사물의 존재 방법과 충족시켜야할 제약조건들을 말해준다. 반면에, 예술은 현실의 제약조건, 즉 관련된 과학법칙을 만족시킴과 동시에, 주어진 목표를 성취하는 새로운 무언가를 추구하기 위해서 발견적 접근방법, 경험적 지식, 그리고 직관적 사고에 의해 추진된다. 중력을 막지 못하면 영구기관도 없는 것처럼, 제약조건과 과학법칙은 항상 존재한다.

    제2차 세계대전 이후 많은 세월 동안, 과학은 꾸준히 공과대학 교과과정에서 설계를 대신해왔는데, 그 이유는 우리가 과학을 학문적으로 엄격하고 공식적으로 훌륭하게 가르치는 방법을 알고 있었기 때문이다. 그러나 예술에 관해서 가르치는 방법을 알고 있다고는 생각하지 않았다. 결과적으로, 공학실험실이 남아 있는 경우에도, 도면보드는 실험실에서 사라졌다. 이제 우리는 설계 과학의 시작점, 아니 견고한 핵심 시점에 있다 하겠다.

    현대의 컴퓨터가 주는 훌륭한 선물 중의 하나는, 우리로 하여금 설계의 본질을 재조명하고 발견적 접근방법과 직관적 사고로부터 신비를 벗기게 한 것이다. 컴퓨터는 설계작업을 가능하게 할 수 있는 기계이긴 하나, 컴퓨터를 사용하여 설계하는 방법을 배우기 위해서는 설계 프로세스를 먼저 이해해야 한다.

    우리는 매우 체계적으로 거대한 공간을 매우 선택적으로 탐색할 수 있는 경험적인 방법을 알고 있다. 직관(intuition)은 훈련과 경험을 통해 얻는 인지(recognition)와 깊은 연관이 있다. 훈련과 경험을 통해, 우리는 당면한 문제에서 나타날 때 인지될 수 있는 상당한 분량의 친숙한 패턴을 얻게 된다. 한 번 인지하게 되면, 이러한 패턴은 우리의 기억 속에 저장되어 있는 지식으로 인도하게 된다. 이러한 설계 프로세스의 이해를 통하여, 우리가 무엇을 왜 하는지에 대한 이해와 엄밀성에 대한 요구를 충족시키면서 설계를 교과과정으로 다시 소개할 수 있었다.

이 책의 한 저자는 이러한 설계의 과학을 창의하고 그것을 공학도에게 가르치는 방법과, 설계 프로세스를 수행하는 과업을 설계자와 컴퓨터가 공유하도록 이행하는 방법을 제시하는 리더 중의 한 사람이다. 또 다른 한 저자는 경영과학을 공학교육과 공학설계 프로젝트의 성공적인 수행 모두에 통합하는 책임을 이끄는 역할을 하고 있다. 따라서 이 책은 설계의 과학과 관리의 결합을 제시하고 있다. 설계의 과학은 우리의 이해를 깊게 하고 인간-기계 협동의 기회를 확장시키면서 빠른 속도로 발전하고 있다. 설계에 대한 연구는 현재와 다가올 미래의 흥분되고 지적인 탐험의 하나로서 다른 과학연구와 결부되어 있는 것이다.

Herbert A. Simon
카네기멜론대학교
1998년 8월 6일

머리말

공학설계에 관해서 왜 이 책을 읽어야 하는가?

이 책을 개정하면서, 우리는 앞으로 토론할 많은 이슈들에 직면하였다. 각 장에서 나타나는 특정 목적들과 우리가 추구하고자 하는 전반적인 목적에 대해 명백하게 하는 것이 중요했다. 우리는 다양한 예제에 포함되어 있는 교육적인 기능에 대해 묻고, 혹시나 또 다른 예제나 도구가 그런 교육적인 기능을 성취하기 위한 더 좋은 수단이 되는가에 고심했다. 지금의 저서를 구성하고 기술한 결과가 최선의 설계를 이행한 것임을 나타낸다. 따라서 이 책과 모든 책들은 확실히 하나의 설계된 가공물이다. 그것은 다른 공학이나 설계 프로젝트처럼 목적, 선택, 기능, 수단, 예산 및 일정계획과 같은 동일한 사항을 요구하기 때문이다.

참고문헌에서 보듯이 설계, 공학설계, 프로젝트 관리, 팀의 동적 활동, 프로젝트에 의한 학습 및 이 책에서 다루는 다른 주제들에 관한 저서는 많다. 이 책은 특별히 개념설계에 초점을 맞추어 다양한 주제들을 단일화된 개론으로 조합하고자 하는 우리의 열망으로부터 비롯되었다. 이러한 열망은, 하비머드대학의 일년차 설계 교과과정이며 E4라고 불리는 공학설계개론과 공학임상강의에서 팀 단위의 설계 프로젝트를 수행하는 학생들을 가르치면서 일어났다. 임상강의는 대학 3학년생이 한 학기와 4학년 두 학기를 외부지원을 받는 설계 및 개발 프로젝트를 수행하면서 수강하는 하나의 색다른 융합(capstone) 교과과정이다. E4와 임상강의에서 주어진 시간과 예산의 제약 하에, 머드의 학생들은 다양한 학제간 팀을 구성하여 작업을 한다. 이러한 조건들은 대부분의 현장 엔지니어가 대부분의 전문적인 설계 작업을 수행하는 환경과 상당히 유사하다. 그런 학생들을 위한 저서를 찾던 중, 우리는 주로 대학 4학년을 대상으로 하는 융합적 공학설계 교과과정을 목표로 상세한 설계를 다루거나, 특정 공학전공에 상세한 초점을 맞춘 훌륭한 공학개론 책을 많이 발견했다. 그러나 깊이 있는 공학지식을 요구하지 않으면서, 프로젝트나 팀 환경을 위한 개념설계의 프로세스와 도구들에 관하여 소개하는 저서는 찾을 수가 없었다.

이 책은 학생, 교수, 실무자 등 세 부류의 독자들을 대상으로 한다. 각 그룹만의 특별한 관심사가 있긴 하지만, 그러한 관심사는 이 책의 주제와 밀접하게 함께 결합된다.

이 책은 직접적이든 혹은 최종목적으로서든 간에 학생들에게 설계의 본질과 공학의 주된 활동을 배우게 하려는 의도에서 집필되었다. 예를 들어 재료공학도에게 초점을 맞춘다면, 그들은 개발한 새로운 재료가 무언가를 설계할 때에 사용되기를 희망한다. 우리는 또한 이 책을 통해 학생들이 교육이나 직업상에서 대면할 설계문제를 구성할 때 유용한 공식적인 설계의 도구와 기법들을 배울 수 있기를 희망한다. 프로젝트 관리의 이슈와 도구 역시, 산업, 정부기관과 교육기관 등에 진출한 졸업생들이 직면하게 될 것이다. 설계와 연구가 팀에 의해 수행되는 경우가 많아지기 때문에, 팀의 역학(dynamics)에 대한 통찰과 조언은 젊은 엔지니어가 직장생활에서도 반영할 수 있는 가치 있는 것이다. 우리는 E4 교과과정에서 학생들이 수행한 실제의 프로젝트를 통해 자주 발생되는 실수를 밝히고, 자주 사용되는 도구에 관한 예제를 포함했다. 이러한 예제를 통해 많은 학생들이 느끼고, 유능한 엔지니어나 적어도 유능한 공학도가 되기 위한 교훈으로 본 예제들이 사용되길 바란다.

우리는 이 책을 공학 및 과학대학의 학부교수라기보다는 선생의 입장에서 집필했는데, 이는 이 내용을 학생들에게 전수하는 것과, 교수들이 개론적인 설계교과과정을 가르치는 방법 모두를 고려했기 때문이다. 따라서 이 책은 교수들이 이어지는 예제를 보기로서 활용하거나 연습문제로 사용할 수 있도록 구성되었다. 책의 내용은 교수들이 설계 프로젝트의 어느 특정한 단계 이전이나, 혹은 그 단계와 병행해서 어떤 아이디어를 가르칠 것인가를 직접 결정할 수 있도록 정렬되었다. 우리는 두 가지 접근방법을 모두 시도해봤으며, 모두 각각의 장점이 있다는 것을 알았다. 강사 및 교수들에게 제공되는 강의 자료는 간단한 강의계획서 및 부가적인 예제와 함께 이 책의 자료를 가르치는 구성에 대해 윤곽을 밝히고 있으며, 머리말 후반부에서는 이 책의 내용에 대한 구성을 설명하였는데, 이는 선생들이 이 책을 어떻게 사용할 것인가를 결정하는 데 도움을 주고자 한 것이다.

마지막으로, 이 책이 배웠던 내용을 새롭게 되새기거나, 혹은 지난 몇 년간 공학 교과과정에 공식적으로 소개되지 않았던 개념설계의 중요한 요소를 처음으로 경험하고자 하는 사용자에게 유용하길 바란다. 우리는 이 책에 제시된 예제가 공학도의 경험을 대신하고 있다고 간주되지는 않지만, 사례연구는 이러한 도구들이 실질적인 공학 환경에 적절함을 보여준다고 믿는다. 전문직에 있는 우리의 몇몇 친구와 동료들은 우리가 가르치는 도구들이 이미 충분한 상식을 갖춘 이들에게는 불필요하다고 지적한다. 그럼에도 불구하고, 실패한 프로젝트의 숫자와 그 규모를 보면, 결국에는 상식적인 면이 모두에게 공통적으로 적용되지 못함을 알 수 있다. 어떤 경우에라도, 이 책은 활동 중인 엔지니어와 공학관리자에게, 미래에 가장 경험이 없는 엔지니어라 할지라도 도구상자에 지니고 다닐 설계도구에 관한 견해를 제공한다.

내용의 특징

설계는 개방형이며(open-ended) 비구조화된(ill-structured) 절차이다, 여기서 의미하고자 하는 것은 설계의 해결방안이 오직 하나가 아니라는 것이며, 해결방안의 후보들은 알고리즘에 의해 생성될 수 없다는 것이다. 초반부에서 언급하지만, 설계자들은 경쟁하는 가능한 해법들 간의 비교균형(trade-off) 및 의사결정을 하기 위해서, 비구조화된 설계활동들을 체계화하기 위한 정돈된 프로세스를 제공하여야 한다. 이와 같이 알고리즘과 수학적인 공식은 설계 프로세스의 후반부에 사용될지라도 고객, 사용자 및 공공의 다양한 이해당사자들의 요구를 이해해야 하는 필수적 사항을 대신하진 못한다. 이런 구조화되고 사용 가능한 공식적이고 수학적인 도구들의 결핍 때문에, 될 수 있으면 교과과정 초기에 개념설계에 대한 내용들이 소개되는 것이 바람직하다. 이러한 내용은 대부분의 저학년 학생들이 아직 습득하지 않은 기법들을 요구하지는 않으며, 공학과학 및 분석이 사용될 수 있는 체제(framework)를 제공한다. 따라서 이 책에서는 개념설계, 설계지식의 획득 및 체계화, 그리고 설계가 수행되는 팀 환경의 관리를 고려한 특별한 도구들을 포함하고 있다.

다음은 공식적인 개념설계(conceptual design) 방법들을 나열한 것이다:

- 목적나무(objective trees)
- 쌍대비교도표(pairwise comparison charts)
- 기능분석(functional analysis)
- 기능-수단나무(function-mean trees)
- 형태도표(morphological charts)
- 요구사항행렬(requirements matrices)
- 성능명세(performance specifications)
- 품질기능전개(quality function deployment; QFD)

개념설계에 대한 사고는 많은 정보를 요구하고 산출하기 때문에, 아래와 같은 **정보의 획득 및 처리**에 대한 다양한 수단에 대해서도 설명한다:

- 문헌조사(literature reviews)
- 브레인스토밍(brainstorming)
- 창조공학 및 유추(synectics and analogies)
- 사용자 의견조사 및 설문서(user surveys and questionnaires)
- 벤치마킹(benchmarking)

- 역공학(혹은 분해)(reverse engineering, or dissection)
- 측정기준 정의(metric definitions)
- 실험실 실험(laboratory experiments)
- 모의실험 및 컴퓨터 분석(simulation and computer analysis)
- 공식적인 설계검토(formal design reviews)

팀이 수행하는 설계 프로젝트의 성공 여부는 팀원들이 프로젝트의 작업영역, 일정계획 및 자원 등을 프로젝트 초기에 예측하는 것에 좌우되며, 다음은 예측에 필요한 몇 개의 설계관리 도구를 보여준다:

- 작업분해구조(work breakdown structure)
- 선형책임도표(linear responsibility charts)
- 일정계획(schedules)
- 활동 네트워크(activity networks)
- 간트도표(Gantt charts)
- 예산(budgets)
- 통제도구(control tools)

통합설계예제

아주 드문 경우지만, 동일한 설계 프로젝트에 사용되는 각각의 도구와 기법들을 보여주면서, 우리는 설계 프로세스의 성공적인 수행을 보여주기 위한 하나의 사례연구와 두 개의 통합예제를 사용한다. 한 번만 나오는 많은 예제와 더불어, 다음의 사례연구와 통합예제를 상세히 설명할 것이다:

1. **극소후두 외과안정장비** 이 장비는 성대외과수술 중에 장비를 안정화하는 데 사용된다. 이 사례연구는 캘리포니아대학교(Irvine)의 Beckman Laser Institute 지원으로, 하비머드대학의 일년차 설계 프로젝트에 기인한다.

2. **음료용기 설계.** 과일주스 회사를 고객으로 갖는 설계자들은 아이들과 그 부모들을 위주로 구성된 시장에 새로운 음료의 전달수단을 개발하고자 한다. 여기에는 마일라 봉지, 플라스틱 모형 등 많은 가능성이 존재하며, 환경영향, 안전 및 제조비용 등과 같은 이슈가 고려된다.

3. **과테말라의 Mayan 회사가 건축하고 사용하는 닭장 설계.** 이 설계는 하비머드대학의

E4 설계교과과정을 이수하는 팀에 의해 수행되었으며, 인도주의적 지원그룹인 Xela-Aid의 지원으로, 현지에서 토속적 재료로 학생들에 의해 건축되었다.

또한, 강사용 매뉴얼에는 매사추세츠 주의 찰스타운을 거쳐 보스톤과 북쪽 교외 간에 자동차로 통근을 가능하게 하는 수송네트워크 설계의 사례연구가 포함된다. 이 개념설계 문제는 고속도로, 터널 및 다리 중에서 선택이 진행되는 초기단계에서, 큰 규모의 공학 프로젝트에서 고려되어야 하는 많은 요소들을 명백하게 예시하고 있으며, 이 설계의 주요관심은 비용, 미래 확장을 위한 시사점, 특성보존, 환경 및 영향이 미치는 주변인구의 견해 등이다. 또한 이 프로젝트는 개념설계 사고가 현실 세계의 많은 사건에 얼마나 많은 영향을 미치는지를 보여주는 예이다.

우리는 또한 처음에는 설계에 있어 별로 중요하지 않은 것처럼 보일 수 있는 다양한 주제를 보여줄 것이나, 그 주제들이 매우 중요하다고 느끼기 때문에, 제6장에서 설계결과를 보고하는 방법과 수단에 중점을 두어 설계 프로젝트의 종반과 완성에 대해 토의한다. 제조 및 조립, 경제성공학의 적정비용, 신뢰성 및 보전성, 지속성 및 품질 등을 "X"로 나타내고, 그 "X"를 고려한 설계에 대해 제8장에서 설명하며, 마지막으로 제9장에서 설계에 있어 다양한 윤리문제에 관해 토의한다.

Clive L. Dym
Patrick Little
2003년 1월

감사의 말

이러한 책들은 많은 사람들의 신뢰, 지원, 충고, 비평 및 도움이 없이는 집필될 수 없다. 여기서는 다음의 몇몇 사람들에게 감사의 말을 전하려 한다:

하비머드대학(HMC)의 동료들과 학생들, 특히 1992년도 봄 학기부터 현재의 형태로 소개된 E4 교과과정을 이수한 이들에게 감사의 말을 전하고자 한다. 1993년부터 1999년까지 학과장이었던 Rich Phillips는 그 자신이 여러 차례 가르치고 대부분의 동료교수들이 최소한 한 번은 E4 교과과정을 가르쳐야 한다고 주장하면서까지 E4를 공대에서 탁월한 교과과정으로 만들어주었다. Jim Rosenberg는 뛰어난 성품으로 수차례 E4 교과과정을 가르치면서 얻은 그의 경험과 통찰을 공유했다. Joe King은 설계에 있어 전반적인 도면의 역할을 검토해주었으며, HMC의 동문인 Michael James Messina와 Philip Johnson은 많은 그림을 제공해주었다. 또한 설계결과를 사용하게 허락해준 아래의 학생팀에게 감사한다.

- Thomas Both, Genevieve Breed, Chris Stratton과 Kristen Van Horn(Both et al. 2000)
- Stephanie Chan, Ryan Ellis, Micah Hanada와 Judy Hsu(Chan et al. 2000)
- Jeannie Connor, Kristina Kubler, Peter Leitzell, J. P. Strozzo와 Mark Wang(Connor et al. 1997)
- Lance Feagan, Tom Galvani, Shannon Kelley와 Markus Ong(Feagan et al. 2000)
- Peter Gutierrez, Joey Kimball, Brian Maul, Adam Thurston과 Jake Walker(Gutierrez et al. 1997)
- Yanos Saravanos, Justin Schauer와 Clifford Wassman(Saravanos et al. 2000).

1997년부터 1998년까지 노스웨스턴대학교의 토목공학과에 교환교수로 Clive L. Dym을 초청해준 노스웨스턴대학교의 Ted Belytschko, Ed Colgate, Leon Keer와 Greg Olson에게 감사를 드리며, 그곳에서 이 책의 첫 편집이 시작되었다. Ted와 Leon은 행정적인 일을 도와주었고, Ed는 "공학설계 및 의사소통"의 새로운 일년차 교과과정을 개발할 때 지원을 아끼지 않았으며, Greg은 모든 종류의 설계쟁점을 자극하는 대담자로 계속해서

도와주고 있다.

두 번의 출간에서 표지의 설계를 도와준 Miriam Dym과 이 책에 제안과 생각을 제시해준 원저대학교의 Peter R. Frise, 버지니아대학교의 Larry G. Richards와 Susan Carlson Skalak과 RPI(Rensselaer Polytechnic Institute)의 Burt L. Swersey에게 감사를 드리고, 특히 이 책의 첫 출간 때 우리의 사고를 형상화하는 데 건설적인 논평으로 도움을 준 Peter, Larry, 그리고 Susan에게 특별한 고마움을 보낸다.

처음부터 이 프로젝트에 끊임없는 지원을 보내준 John Wiley & Sons의 Joseph Hayton에게 감사드린다.

하비머드대학에 강좌를 부여해서 Patrick Little이 이 책을 집필하게 할 수 있게 해주었으며, 더군다나 경영관리를 공학교육과 협력하게 길을 열게 해준 J. Stanley Johnson과 Mary Wig Johnson에게 감사를 드리며, 제9장을 검토하고 도움이 되는 사고를 부여한 William J. LeMessurier Consultants의 William J. LeMessurier와 Clive L. Dym과 수년 동안 격려와 이 책을 위한 너그러운 필력을 보여준 카네기멜론대학교의 Herbert A. Simon에게도 고마움을 전한다.

마지막으로 이 프로젝트를 수행하는 동안 가족에게 소홀함에도 잘 참아주었고, 우리가 공통점을 찾기 위해 상이한 점을 작업할 때에 우리 각각의 의사를 들어주었던 우리의 부인들인 Joan Dym과 Judy Little에게도 사랑을 보낸다.

역자 머리말

재번역을 마치며....

"프로젝트 기반의 공학설계입문"이 번역되어 출간된 지 세 학기가 지났다. 그동안 이 교재를 채택하여 강의하신 교수님들과 수강생들께 감사의 말씀과 더불어 심심한 사과의 말씀을 전하고자 한다. 저자의 의도를 최대한 살리고자 직역을 고집하다 보니, 많은 오역과 경직된 표현들이 등장하게 되었음을 고백한다. 핑계에 불과하지만, 원저에는 공학서적에서는 찾아보기 힘든 수많은 문어체적 표현과 은유적 표현들이 사용되어 역자들을 매우 당황케 하였다.

2006년도 2학기에 100여명의 1학년 학생들을 대상으로 본 교재를 사용하여 강의를 진행하였다. 내용을 해석하기 어려워 쩔쩔매는 학생들을 보면서, 한편으로는 미안하기도 하고, 한편으로는 다시 번역해서 좋은 교재로 만들어야겠다는 각오를 다지게 되었다. 다행히도 파워포인트 강의자료를 만들면서 많은 문제점들을 발견하고 정정할 수 있었기에, 한 학기 강의를 무사히 마칠 수 있었다. 놀랍게도, 대부분의 학생들이 낙오하지 않고 끝까지 설계 프로젝트를 완수하였다. 이는 원저의 내용이 그만큼 체계적이고 설계입문서로서의 역할을 잘하고 있다는 사실을 반영한다고도 볼 수 있다.

출판사 홈페이지에 정오표를 올리고, 새로 작성한 강의자료도 배포하는 등 노력을 기울였지만, 새로운 번역판에 대한 요구를 만족시킬 수 없었다. 결국, 혼자 총대를 메고 추천사에서 시작하여 9장에 이르기까지 다시 번역을 하게 되었다. 아직 만족스러운 수준은 아니지만, 최대한 용어를 통일하고, 일관성을 유지하는 한편, 저자의 의도를 살리고자 노력하였다. 또한 오해를 피하기 위하여, 주요 용어와 여러 가지 의미로 쓰일 수 있는 단어에는 가능한 한 원어를 병기하고자 하였다.

여러 가지 고심한 상황 중, 독자의 이해를 돕기 위해 밝혀야 할 것들을 다음과 같이 정리해 보았다.

• 'engineer'는 상화에 따라 '엔지니어' 또는 '공학자'로 번역하였다.

- 'client'는 '의뢰인' 대신 '고객'으로 번역하였다. 'customer'라는 용어가 별도로 쓰이지 않았기 때문이다.

- 'device'는 가급적 '장치'로 번역하였다.

- 'issue'는 상황에 따라 '문제' 또는 '이슈'로 번역하였다.

- 'implied'는 '암묵적' 대신 '암시된'으로 번역하였다.

- 'specification'은 대부분 '규격' 대신 '명세'로 번역하였다. 단, 수치 규격을 나타낼 때는 '규격'으로 번역하였다.

- 'fastener'는 '잠금장치' 대신 '고정장치'로 번역하였다. 단, 'Velcro fastener'는 고유명사화된 것이므로 'Velcro 파스너'로 번역하였다.

그 밖에도 일관성을 유지하기 위해 많은 고심을 하였으나, 천려일실로 놓쳐버린 오점들이 남아있을 것을 생각하니 두려운 마음이다. 오직, 원저자와 초판 번역을 담당하신 다른 세 분의 교수님들께 누가되지 않기를 바라며, 이 교재를 채택하여 강의하실 교수님들과 수강생 여러분들께 조금이나마 도움이 되기를 바라는 마음뿐이다. 인내심과 맷집을 가지고 많은 질타와 비평을 대신 받아주신 아이티씨 출판사의 최규학 사장께 진심으로 감사를 드린다.

역자 임태진
2007년 8월

차례

제3장   고객의 문제 이해

제4장   기능과 명세

제6장 　 결과보고

제9장 설계에서의 윤리

제10장 제품개발설계

제11장   작업분석설계

제12장   어거너믹스 설계

제13장   경영실천설계

Chapter 1

공학설계

무엇인가를 설계한다는 것에는 어떤 의미가 있으며, 공학설계와 일반설계의 다른 점은 무엇일까?

우리가 "기억하는"한, 혹은 고고학적 발굴에 따르면, 사람들은 사물에 대해 끊임없이 설계를 해왔다. 우리의 선조들은 그들의 가장 기본적인 삶의 필요를 위해 부싯돌 칼을 만들고 그 밖의 다른 도구들을 고안했다. 또한, 사건의 상황을 설명하고 원시동굴을 더 편안하게 보이게 하기 위해서 벽화를 그렸다. 인류가 가공물(artifact)을 설계해 온 오랜 역사의 흐름으로 볼 때, 구조 설계 공학자와 건물 장식을 위한 카펫과 벽걸이의 내부 설계자들이 건물 거주자를 지원하는 방식에서 어떻게 다른가 하는 질문은 유용할 것이다. 이 장은 공학설계의 배경을 설정하고, 공학설계가 뜻하는 것의 어휘적인 표현과 공유된 이해를 전개하는 것을 목적으로 하고 있다.

1.1 공학자는 어디서 그리고 언제 설계를 하는가?

무엇인가를 설계한다는 것이 공학자(engineer)에게 의미하는 것은 무엇이며, 언제, 어디서, 왜, 그리고 누구를 위해서 하는 것일까?

설계를 수행하는 공학자에게 할 수 있는 질문은 많이 있으며, 아마도 질문 못지않게 더 많은 대답이 있을 것이다. 공학자는 다양한 식료품을 생산하고 분배하는 대기업에서 일을 할 수 있으며, 예를 들어 새로운 주스 용기를 설계하라고 요구받을 경우도 있을 것이다.

설계자는 큰 수송 프로젝트의 한 부분으로 새로운 고속도로에 놓일 다리의 부품을 설계하는 설계회사나 건설회사에서 종사할 수 있으며, 혹은 운전자가 거리에서 눈을 떼지 않아도 다양한 계기판의 지침을 점검할 수 있게 해주는 기기에 대한 새로운 개념을 개발하기를 원하는 자동차회사에서 근무할 수도 있다. 또는 여러 가지 신체장애가 있는 학생들을 위해 특수하게 고안된 시설물을 필요로 하는 학교시스템에서 일할 수도 있다.

분명히 위의 목록들을 쉽게 나열할 수 있으며, 이는 공학자의 상황, 혹은 공학자가 직무에 접근하기 위한 방법들에 어떤 공통적인 요소들이 있는가를 질문할 때에 그 가치가 있다. 사실 상황과 직무에는 모두 공통적인 특성이 있으며, 설계 프로세스와 설계가 발생하는 배경을 설명할 수 있도록 하는 공통성이 존재한다.

우선 무엇보다도 앞으로 전개될 제품설계를 위한 세 가지 "역할"을 인식할 수 있어야 한다. 분명히 **설계자**(designer)는 있다. 설계자는 바로 설계를 원하는 사람, 혹은 그룹 혹은 회사, 즉 **고객**(client)이 될 수 있다는 것 또한 분명하다. 공학자에게 있어 고객은 내적(예를 들어, 식품회사가 새로운 주스를 시판해야 하는지를 결정하는 사람) 고객, 혹은 외적(예를 들어, 새로운 고속도로 시스템을 계약하는 정부대행기관) 고객이 있다. 설계자는 내적이나 외적 고객과 상이하게 관련되어 있을 수 있고, 어떤 상태이든 모든 것이 시작되기 위한 프로젝트 기술문(statement)을 제출하는 사람은 고객이다. 설계 프로젝트 기술문은 종종 구두로 전해지며 때로는 아주 짧다. 이 두 가지 특성은 설계자로서의 첫 과업은 고객이 진심으로 원하는 것이 무엇인가를 명백하게 하며, 그것을 공학설계자로서 어떤 유용한 형태로 변환하는 것임을 시사한다. 이것에 대해서는 제3장과 그 이후에 계속 언급될 것이나, 여기서는 먼저, 설계는 어떤 종류의 가공물을 원하는 **고객에 의해 동기가 유발된다**는 것을 인지해야 한다.

설계는 고객에 의해 동기가 유발된다.

설계에 공을 들이는 또 다른 사람 혹은 제3자가 있는데, 그것은 바로 설계되는 **장치**(device)나 가공물을 실제로 사용하는 **사용자**(user)이다. 앞에서 언급한 배경에서 사용자는 새로운 주스를 구입하는 고객, 고속도로 시스템의 운전자, 새로운 자동차 운전자, 그리고 신체장애 학생과 선생님들이다. 사용자가 설계 프로세스에 관여하고 있는 이유는 그들의 요구에 적합하지 않은 제품을 판매할 수는 없기 때문이다. 설계자, 고객, 사용자는 그림 1.1에 나타낸 것처럼 삼각관계를 유지하고 있다. 설계자는 고객이 필요로 하는 것을 이해해야 하며, 고객도 사용자가 원하는 것이 무엇인가를 이해하고 그것을 설계자와 의사소통

설계자와 고객은 사용자가 원하는 것을 이해해야 한다.

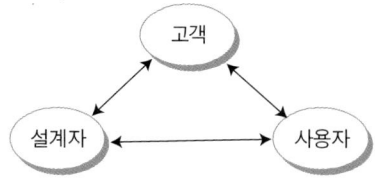

그림 1.1 설계자-고객-사용자의 삼각관계. 설계 협력에 포함되는 세 관계자: 설계자가 명확히 해야 하는 목적을 가진 고객; 자신의 요구사항이 담긴 설계된 장치를 사용하는 사용자; 모든 사람을 충족시킬 수 있는 무언가의 명세를 개발해야 하는 설계자

해야 한다. 제3장에서는 설계자가 자신의 생각을 알리기 위해 어떻게 고객과 잠재적인 사용자들과 상호작용하고 의사소통을 하는지를 모형화한 설계 프로세스에 대해 설명할 것이며, 제4~7장에서는 설계자의 생각을 체계화하고 다듬어 나가는 데 사용하는 도구에 대해 알아볼 것이다.

공학설계자는 규모가 크거나 작은 회사, 예를 들어 창업한 벤처기업, 정부나 비영리조직, 혹은 산업 설계를 컨설팅해 주는 공학서비스 회사와 같이 상이한 여러 종류의 환경에서 작업하기 때문에 설계자의 작업환경을 한정하는 것은 쉬운 일이 아니다. 이러한 다양한 환경에서 작업하면서 받는 월급이나 임시수입과는 별도로, 설계자는 또한 프로젝트의 크기, 설계팀의 대학동료 수, 사용자의 요구에 관련된 정보 접근 수준 때문에 발생하는 차이점을 알게 될 것이다. 큰 프로젝트에서 대부분의 설계자들은 이 책에서 서술하고 있는 것들이 직접적으로 유용해 보이지 않는 아주 상세하고 제한된 프로젝트의 일부에 속해 작업을 하게 된다. 따라서 교량받침대, 비행기 연료탱크, 혹은 컴퓨터 주기판의 설계자는 외적 고객과 사용자가 원하는 큰 그림과는 관련이 없는 것처럼 보일 수도 있을 것이다. 사실상, 이러한 종류의 설계 문제는 (제3장에서 설명하겠지만) 선택과 절차가 매우 잘 이해되어 좀더 일반적인 설계 동기가 이미 고려된 것을 의미하는 **상세설계**(detailed design)라고 불리는 프로세스의 한 부분이다. 그러나 상당히 큰 프로젝트에서도 고객의 프로젝트 기술문에 대한 대응은 **개념설계**(conceptual design)에 의해 시작된다. 비행기 크기와 용도에 대해서는 연료탱크 설계의 제약조건을 결정하기 위해 미리 고려하는 반면, 컴퓨터 주기판에 명시되어야 할 성능변수는 시장 평가와 컴퓨터 가격에 의해 결정된다.

크고 복잡한 프로젝트에서는 고객의 프로젝트 기술서와 사용자의 요구에 대해 종종 서로 다른 해석을 하게 된다. 대도시를 장식하고 있는 다양한 종류의 초고층 빌딩을 주시해 보면 건축가와 구조공학자가 사무실과 아파트에 사는 거주자들의 상이한 생활방식을 형상화하는 방식을 알 수 있다. 그러한 시각적 차이는 그림 1.2의 비행기 설계와 그림 1.3의 휠체어 설계에서도 나타난다. 이러한 각각의 장치는 단순하고 공통적인 설계 기술서로부터 만들어질 수 있다. 비행기는 "사람과 물건을 공중에서 안전하게 이동시켜 주는 장치"이며, 휠체어는 "다리를 사용할 수 없는 사람들을 이동시켜 주는 개인적인 이동성 장치"이다. 그러나 다르게 만들어진 제품은 고객과 사용자가 이러한 가공물에서 필요로 하는 것에 대한 개념의 차이를 나타낸다. 설계자는 고객이 원하는 것을 명확하게 하고, 그러한 바람을 공학적인 제품으로 구현해야 한다.

관계자의 삼각관계는 또한, (a) 세 관계자의 이해가 상충될 수 있다는 점을 고려하게 하고, (b) 이러한 상충의 결과로서 사용자의 요구를 충족하지 못함으로써 발생하는 재정적인 문제보다 더 큰 문제가 발생할 수 있다는 인식을 일깨워준다. 이는 다양한 이해의 상호작용이 다양한 의무의 상호작용을 생성하며, 이러한 의무는 상충할 수 있기 때문이

그림 1.2 "사람과 물건을 공중에서 안전하게 이동시켜주는 장치"인 비행기. 놀랄 것도 없다. 우리는 모두 많은 비행기들을 최소한 그림이나 영화에서 보아왔다. 그러나 이러한 비행기들도 연대와 기원이 다르며, 서로 다른 목적으로 설계되었다는 것을 명백히 보여준다.

그림 1.3 "다리를 사용할 수 없는 사람들을 이동시켜주는 개인적인 이동성 장치"인 휠체어 모음. 여기서도 비행기와 마찬가지로 휠체어의 모양과 구성에서 사뭇 다른 점을 발견할 수 있다. 바퀴가 다르고, 휠체어가 다른 이유는 무엇일까?

다. 예를 들어, 주스 용기 설계자는 금속 캔을 고려할 수 있으나, "찌그러지기" 쉬운 캔은 찌그러질 때에 날카로운 모서리가 생기는 위험성이 있다. 용기의 재료와 용기의 두께를 포함한 설계변수 사이에 균형교환(tradeoff)이 있을 수 있다. 발생 가능한 안전 위험도에 대한 상이한 평가는 최종설계에서의 선택에 쉽게 반영될 수 있으며, 이는 결국 잠재적 윤리 문제의 토대가 된다. 윤리 문제는 (제9장에서 논의하겠지만) 공학회의 상세한 윤리 규정에 따르면, 설계자가 고객과 사용자뿐만 아니라 자신의 경력 및 일반 대중에게도 의무가 있기 때문에 발생한다. 따라서 윤리 이슈는 설계 프로세스와 결부되어야 한다.

공학설계 관행의 또 다른 측면은 다양한 규모의 프로젝트와 회사에서 공통적으로 팀 위주의 설계가 증가하고 있다는 점이다. 많은 공학 문제는 의료장비 설계와 같이 원래부터 다학제적 성격을 갖기 때문에, 다양한 환경에서 고객, 사용자, 그리고 기술에 대한 요구사항을 이해할 필요가 있다. 결과적으로 이렇게 다양한 환경의 요구사항을 다룰 수 있는 팀의 구성이 필요하다. 팀을 광범위하게 사용하게 됨으로써, 이 책의 또 다른 주제이기도 한 설계 프로젝트 관리의 중요성이 커지게 되었다.

공학설계는 다양한 측면을 가진 주제이며, 이 작은 책에서 이렇게 복잡한 활동을 완벽하게 설명할 수 있는 방법은 없다. 그러나 다양한 공학 가공물 설계에 있어서 개념적 이슈와 초기의 결과적인 선택에 대해 생산적인 사고를 하는 방법을 모형화할 수는 있다.

설계자는 직업과 대중에게 의무가 있다.

1.2 공학설계의 정의

공학설계의 정의에 대한 논의는 수년 동안 이루어져 왔으며, 여기서는 공학설계의 의미에 대해 정의하고 설명할 것이다.

1.2.1 공학설계의 정의

공학설계에 대한 아래의 공식적인 정의는 우리의 목적에 가장 잘 맞는다.

공학설계는 주어진 제약조건 내에서 목적을 달성하는 설계를 위한 사려깊은 과정이다.

공학설계(engineering design)는 기술된 목적에 맞고 주어진 제약조건을 충족하는 형태와 기능을 가진 가공물의 명세에 대한 체계적이고 지적인 산출물이며 평가이다.

그러면 위의 정의가 정확하게 의미하는 것은 무엇일까?

이를 알기 위해서 우선 다음과 같은 몇 가지 용어를 정의할 필요가 있다.

- **가공물(artifact)**이란 인간이 만든 물체로서 우리가 설계한, 어떤 "무엇" 또는 장치이다. 그것들은 대부분 비행기, 휠체어, 사다리 그리고 내연기관의 기화기 같은 "물질적인" 것이다. 그러나 도면, 계획, 컴퓨터 소프트웨어, 시설 그리고 책 등과 같은 "종

이” 형태로 산출하는 것 역시 가공물이라고 한다. 더욱이 가공물은 컴퓨터 스크린에서 “실질적으로” 볼 수 있는 전자 문서처럼 점차 ‘소프트’화되는 경향이 있다.

- 가공물의 **형태**(form)란 가공물의 모양이나 결합구조(geometry)를 말한다.

- 여기서 말하는 **기능**(function)은 그 가공물이 수행해야 할 무언가를 의미한다.

- 가공물들의 **명세**(specification)는 설계하고자 하는 물체의 특성을 상세하게 서술한 것이다. 전형적으로 숫자적인 **성능변수**(performance parameter)(즉, 가공물의 동작에 대한 척도로 사용되는 상수나 변수), 혹은 **속성**(즉, 가공물의 특성이나 성질)의 수치적인 값으로 이루어진다. 예를 들면, 확장 가능한 사다리의 경우 두 가지의 길이가 있는데, 5 피트의 고정된 길이를 형상속성(geometric attribute)이라 하고, 사다리가 10피트까지 닿아야 한다는 요구사항을 성능명세(performance specification)라고 한다.

- **설계명세**(engineering specification)는 설계가 의도하는 바를 명확히 표현할 수 있는 값들의 집합이며, 제안된 설계를 평가하는 기준을 부여한다. 설계명세는 “목표”를 부여하여 이를 달성함에 있어서 성공 여부를 측정할 수 있도록 한다.

설계의 정의에 따르면, 설계명세는 체계적이고 지적인 산출의 결과이다. 이는 설계가 창의적인 프로세스라는 것을 부인하고자 함이 아니지만, 그래도 창의성을 일깨우고, 사고를 명확하게 하는 데 도움이 되며, 보다 나은 의사결정을 하게 해주는 도구나 기법이 있다는 것이다. 이 책 주제의 상당부분을 차지하고 있는 이러한 도구나 기법들은 공식이나 알고리즘이기보다는, 설계 프로세스가 전개됨에 따라 질문을 하는 방법과 그 대답을 생각하고 도출하는 방법이다. 앞으로 설계 프로젝트를 관리하는 데 필요한 몇 가지 도구와 기법들을 소개할 것이다. 이와 같이, 머리에서부터 전개되는 설계에 관한 사고방법을 설명하면서, 적정시간과 주어진 예산 내에서 설계 프로젝트를 완성하는 데에 필요한 자원의 조달 방법 또한 설명할 것이다.

목적(objective)은 웹스터 사전에서 “노력이 지향하는 어떤 것: 겨냥, 목표 혹은 행위의 종료”로, **제약조건**(constraint)은 “구속, 한정 혹은 제한을 강요하는 조건, 대행 혹은 힘”으로 정의되어 있다. 따라서 예를 들어 니카라과의 농부들을 위한 옥수수 제초기를 원산지의 재료로 값싸게 설계하고자 한다면, 목적은 최저 비용이고 제약조건은 20달러 이하일 것이다. 어쩌면 그 지방의 토속적인 재료로 제초기를 만드는 것은 원하는 특성인 목적이 될 수도 있고, 요구사항인 제약조건도 될 수 있다.

이 책에서 표현하는 공학설계의 좀더 구어체적인 정의는 다음과 같다:

공학설계는 주어진 한계를 벗어나지 않으면서 우리가 추구하는 바에 맞는 바람직한 기능을 수행하거나 특별한 형태(configuration)를 갖는 새로운 사물(object)의 특성을 체계적이고 사려 깊게 개발하고 시험하는 것이다.

공학설계는 주어진 한계 내에서 추구하는 기능을 수행하는 목적의 사려 깊은 개발이다.

1.2.2 공학설계의 정의에 대한 가정

이 책에서 사용된 설계에 대한 두 가지 정의와 용어들은 암묵적인 가정이 있기에 좀더 명확한 설명이 필요하다.

무엇보다도, 설계는 이해할 수 있는 **사려 깊은** 프로세스이다. 설계에 있어서 창의성에 대한 중요성, 혹은 마력(magic)의 의미를 손상시키지 않으면서도, 사람들은 설계를 하는 동안에 생각을 하게 된다. 우리는 이러한 생각을 지원하고, 설계 의사결정과 설계 프로젝트 관리를 지원하는 도구를 소개하고자 한다. 설계 프로세스를 모의실험하기 위한 컴퓨터 프로그램을 작성해 본 경험이 있기 때문에, 우리는 사람들이 설계하는 동안에 생각한다는 것을 안다. 설계하는 동안 우리의 머릿속에서 진행되는 일들을 명확히 표현하고 설명할 수 없었다면 모의실험은 불가능했을 것이다.

설계는 이해할 수 있는 사려 깊은 과정이다.

설계 대안을 생성할 때 사용하는 **공식적인 방법**(formal method)이 있다는 생각은 설계에 대하여 생각하고 싶어하는 마음과 크게 관련되어 있다. 이러한 사실이 확실한 이유는, 보다 효율적인 설계를 위해 새로운 방법을 개발할 수 없다면 설계 문제를 대면하고 얘기할 때에 새로운 방법을 찾을 의미가 없기 때문이다.

형태(form)와 **기능**(function)은 두 개의 연관된, 그러나 독립적인 본질(entity)이라는 사실은 중요하다. 우리는 보통 앉아서 무언가를 그리거나 스케치할 때 설계 프로세스가 시작된다고 생각하는데, 이는 전형적인 설계의 시작점이 형태라는 것을 시사한다. 그러나 설계에 있어서 기능은 형태나 모양과는 확실히 관계가 없는 상이한 면이 있다는 사실을 인식할 필요가 있다. 특히, 우리는 종종 형태나 구조로부터 사물이나 가공물의 목적을 추측할 수 있는 반면에, 반대로는 할 수가 없다. 즉, 기능 자체만으로는 이루어져야 할 가공물의 형태를 자동으로 추론할 수 없다는 것이다. 예를 들어, 두 개의 연결된 선반을 주목하면, 못, 너트와 볼트, 리벳, 나사못 등과 같이 선반을 연결하는 장치는 물건을 서로 붙이는 것이 목적인 고정장치(fastening device)임을 추론할 수 있다. 그러나 만일 우리가 두 개의 선반을 연결시키고자 하는 목적 기술문으로부터 시작한다면, 고정장치의 형태나 모양을 만들기 위해 사용할 수 있는 명백한 고리(link)나 추론(inference)이 없다는 것이다.

우리는 기능으로부터 형태를 추론할 수 없다.

설계의 창의적인 면을 이해하는 데 있어서 형태와 기능의 관계는 중요하다. 우리가 만일 공항이 수행해야 할 모든 기능을 체계적으로 명확하게 표현할 수 있다면, 그러한 기능을 실현할 수 있는 범위 내에서 창의적으로 형태를 개발할 수 있다. 이런 면에서, 조직적이고 사려 깊은 프로세스야말로 설계의 창의적인 면에 도움이 된다.

기대하는 설계의 성능을 상세하게 규정하는데 사용되는 기준(benchmark)들이 있으며, 이들은 또한 설계의 진척 정도를 평가하는 데에도 사용된다. 이러한 기준들은 설계명세 혹은 설계 요구사항이며(제2장에서 설명되겠지만), 설계자로부터 시작되는 다음과 같은 프로세스의 결과물이다.

- 고객의 목적을 설계될 가공물을 위한 **목표로 변환**
- 설계목표가 이행할 수 있는 **수단의 식별**
- 이러한 수단을 성취하기 위해 필요한 **기능의 묘사**
- **설계명세**: 설계가 요구를 충족함을 보이는데 필요한 설계 측정기준 명시

설계명세는 설계자가 표현하길 원하는 요구사항의 성격에 따라 그 표현이 다양하다. 제5장에서 상세히 다루겠지만, 설계명세는 다음과 같이 규정할 수 있다.

- 특정한 설계 특징의 **값**(value)
- 속성 성능을 계산하기 위한 **절차**
- 설계에 의해 달성되어야 할 **성능수준**

성공한 설계의 마지막은 설계된 가공물을 만들기 위한 계획을 도출하는 것이다. **제조명세**(fabrication specification)라 불리는 이러한 계획들은 명료하고, 명백하고, 완전하고, 투명해야 한다. 즉, 제조명세는 설계자나 설계 프로세스를 전혀 모르는 사람이 접했을 때에도 설계자가 의도하는 대로 수행할 수 있도록 되어 있어야 한다. 이것은 현대적 공학 관행의 한 단면이며, 그들이 설계한 것을 스스로 만들었던 장인시대의 방식을 탈피한 시대적 흐름이다. 설계자인 동시에 제조자였던 이들은, 제조자로서 설계자가 의도하는 바를 정확하게 알고 있었기 때문에 설계 계획에서 자유롭고 시간도 단축시켰던 것 같다. 점차적으로 공학자들이 자신이 설계한 것을 제작하는 경우가 드물게 되었다. 오히려 설계는 일반적으로 제조부서나 계약자에게 "던져 넘겨지는" 것으로 여겨지고 있고, 제조자나 계약자들이 알게 되는 전부는 "명세 안에 무엇이 있느냐" 하는 것이었다. 그러나 현재의 관행은 이러한 이슈에 관해 점차적으로 진화되어 왔으며, 이것은 다음 절에서 소개된다.

고안된 장치를 사용하거나 제조할 때 최초의 설계에서 예측되지 않았던 결함을 지적하는 경우가 종종 발생한다. 성공한 설계라도 사후의(ex post facto) 평가 기준이 되는 2차적, 혹은 3차적인 예상치 않은 영향을 종종 초래한다. 예를 들면, 공기오염과 교통혼잡 같은 의도되지 않은 결과물 때문에 자동차는 실패작이라고 간주하는 이도 있을 것이다. 다른 한편으로는, 자동차는 의도한 대로 사람들의 수송수단인 것이다. 더군다나, 급변하는 사회적 요구는 많은 이러한 속성들을 새로이 설계하도록 하고 있다.

마지막으로, 이 장에서 정의하는 공학설계와, 또 그와 연관되어 명백히 거론된 가정들은 의사소통이 설계 프로세스의 중심에 있다는 사실에 근거하고 있다. 모든 설계 프로세스의 각 부분에는 언어나 표현의 방식들이 원천적이고 필수적으로 포함되어 있다. 설계 문제에 대한 최초의 의사소통으로부터 요구사항의 명세와 제조를 통해서 설계되는 가공물이 기술되어야 하고, 여러 가지 많은 방법으로 "대화"가 이루어져야 한다. 따라서 의사소통이 핵심 이슈가 되는 것이다. 이는 문제해결과 평가가 덜 중요하다는 것은 아니며, 사

제조명세는 설계자의 참여와는 무관하게 제조를 가능하게 한다.

의사소통은 설계의 핵심 이슈이다.

9

실 그것들은 매우 중요하다. 그러나 문제해결과 평가 역시 어느 정도의 수준과 형식으로 이루어져야 하는데, 구두상이나 문서상의 언어, 숫자, 공식, 법칙, 도표, 혹은 그림과 같이 손쉽게 과업을 수행하기에 적당한 것으로 되어 있어야 한다. 성공적인 설계 작업은 의사소통의 능력과는 뗄 수 없을 정도로 밀접한 관계에 있다.

1.3 설계와 공학설계

인간들은 아득한 옛날부터 설계를 해왔을 뿐 아니라 오랫동안 설계에 대하여 대화하고 글을 작성해왔으나, 실질적으로 설계를 한 것은 아주 짧은 기간 동안이었다. 설계를 배운다는 것은 마치 춤이나 자전거 타기를 배우는 것 같다는 착상뿐 아니라 설계가 왜 어려울까라는 생각을 포함해서, 설계를 통해 배울 것은 무궁무진하다. 우선 지난 많은 시간 동안의 설계에 대한 진화를 살펴보자.

1.3.1 설계 관행 및 사고의 진화

초기의 기본적인 가공물을 되돌아볼 때, 이러한 원시적인 도구를 "만드는" 것과 "설계하는" 것은 피할 수 없을 정도로 관련되어 있었다는 것은 거의 확실하다. 독립적이고 식별할 수 있는 모형화 프로세스의 기록은 없지만 확실하다고 생각할 수 있다. 부싯돌로 만든 작은 칼이 더 크고 정교한 절단 기구의 모형으로 의식적으로 사용되었다고 말할 수 있을까? 원시시대에 동물들의 가죽과 내장을 절단하는 데 작은 칼이 적합하지 않음으로 인해, 이를 더 크게 만들어야 할 논리적인 근거를 제공해온 것이 거의 확실하다. 사람들이 이미 사용하던 장치에 대해 고장이나 결함을 인식하고 좀더 정교한 장치를 제작해온 것을 보면, 그들이 만들어 온 것에 대해 깊이 생각했음이 틀림없다.

그러나 초기 설계자들이 그들의 작업에 대해 어떻게 사고를 했었는지, 설계에 대한 그들의 생각과 사고를 처리하기 위해 어떤 언어나 이미지를 사용했는지, 혹은 기능 평가나 형태 결정을 위해 어떠한 멘탈 모델을 사용했는지에 대해 알 수가 없다. 다만, 우리가 알 수 있는 것이라곤, 그들이 만들어 놓은 많은 것은 시행착오를 통해 이루어졌을 것이란 것뿐이다. (현재는 시험적인 해결 방안이 정해지지 않은 수단에 의해 생성되고 실수를 제거하기 위해 시험하는 방법이 있는데, 이를 **생성과 시험**(generate and test)이라고 부른다.)

우리는 역사에 기록된 이집트의 피라미드, 마야 문명의 도시와 신전, 중국의 만리장성과 같은 유명한 작품들이 확실히 설계되었을 것이라는 것을 알고 있다. 그러나 불행하게도 이러한 최고의 복잡한 구조물의 설계자들은 그들의 생각과 사고를 설계상에 기록한 "문서화된 흔적"을 남겨놓지 않았다. 그러나 베네치아의 건축자인 Andrea Palladio(1508–

1580)의 가장 유명한 작품집에 상당히 오래된 설계에 대한 논의가 있다. 그의 작품은 확실히 18세기에 처음 영어로 번역되었고, 그 이후로 설계에 대한 토의는 공학자의 실습을 포함해서, 건축, 조직 의사결정, 다양한 전문적인 자문 등과 같이 다양한 분야에서 발전되었다. 이것이 바로 공학설계에 대한 정의가 다양해진 한 이유이다.

오랜 옛날에도, 설계자들은 자신이 만든 가공물을 설계하였을 실용주의자로부터 다른 사람들이 만든 수많은 가공물을 일찍이 창안한 세련된 실천주의자로까지 진보해왔다. 설계자들이 가공물을 실제로 직접 생산하는 실용주의적인 접근법을 장인(craft)의 특징적인 모습이라고 일컬어 왔으며, 그래픽이나 서체 설계의 현대적이고 정교한 노력에서도 그 모습을 찾아볼 수 있다.

1.3.2 공학설계의 진화

공학설계자들이 일반적으로 가공물을 산출하는 대신 이를 산출하기 위한 제조명세를 산출한다는 점에서 공학설계를 다른 종류의 설계 영역이나 장인활동과 구별할 수 있다. 공학 관점에서 설계자는 설계될 장치를 조립하거나 제작하기 위한 상세한 명세서를 산출하기 때문에 "설계한다"는 것과 "만든다"는 것은 구분된다. 이러한 명세는 완전하고 매우 구체적이어야 하며, 애매모호하지 않아야 하고 또한 의문점이 있어서는 안 된다.

제조명세는 전통적으로 설계도, 회로도해, 흐름도표 등과 같은 도면과, 부품목록, 원자재명세, 조립지침서 등과 같은 문서의 조합으로 제시되었다. 이러한 전통적인 명세에서도 완전성과 구체성을 성취할 수 있으나, 설계자의 의도를 제대로 파악하지 못한다면 치명적일 수 있다. 1981년도에 미국 캔자스 시에 있는 하얏트 호텔의 연결 통로가 붕괴되었는데, 그 이유는 시공 계약자가 그 통로를 최초의 설계자가 의도한 바와는 다르게 제작했기 때문이었다.

그림 1.4와 같이 설계에 의하면 2층과 4층의 연결 통로는 동일한 긴 연접봉에 달려서 그 무게와 중량이 지붕형구로 이동되게 되어 있었다. 그러나 시공자는 지붕형구에서 2층 통로를 지탱할 수 있는 24피트를 만족할 만한 충분한 길이의 연접봉을 구입할 수 없어서, 4층 통로에서 짧은 연접봉으로 대신 그것을 매달아 두었다. (나사못을 연결하는 일과 대들보를 지지하는 통로에 연결하는 것 역시 쉽지 않았을 것이다.) 시공자의 재설계는 동일한 밧줄에 독립적으로 매달려 있는 두 사람이 서로 그들의 자리를 교환함으로써 한 사람은 다른 위에 있는 사람의 발을 붙들고, 그 위에 있는 사람은 두 사람의 몸무게를 지탱하기 위해서 밧줄에 기대어 있는 것을 요구하는 것과 유사했다. 결국 4층 통로의 지지대는 자체의 정적부하 및 동적부하에 더해서 2층 통로까지 지탱할 수 있게 설계되지 않아서 그 호텔은 붕괴되었고, 그로 인해 114명의 희생자와 수백만 달러의 피해를 초래했다. 만약 2층 통로를 지붕형구에서 직접 연결하고자 했던 설계자의 의도를 제조업자가 이해했었더

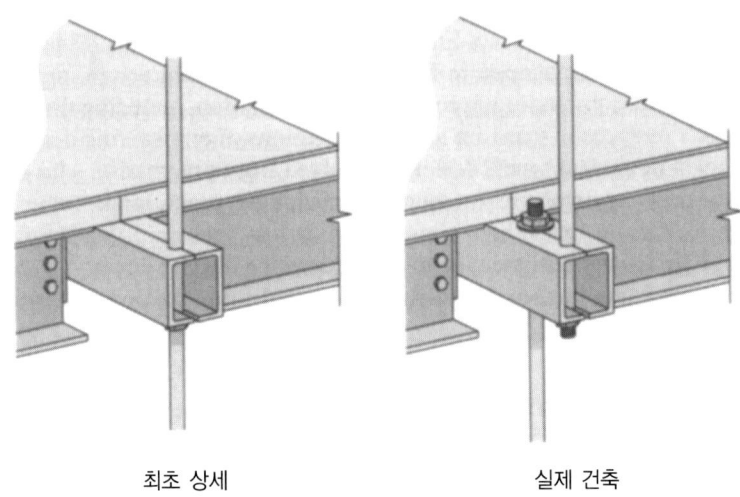

최초 상세   실제 건축

그림 1.4 캔자스 시에 있는 하얏트 호텔에 최초로 설계되고 실제로 건축된 통로 버팀대 연결부분. 이 그림은 시공과정에서 변경이 발생하여 2층 통로가 지붕형구에 직접 연결되지 않고 4층 통로에 매달리게 된 결과를 보여준다.

설계는 유일하게 설계자와 제조업자 사이를 연결한다.

라면 이러한 사고는 결코 발생되지 않았을 것이다. 또한 설계자도 만일 그의 의도를 시공자에게 명백하게 설명하는 의사소통을 했었더라도 이러한 참극은 피할 수 있었을 것이다.

"설계"와 "제작"의 분리(separation)로부터 얻을 수 있는 또 다른 교훈이 있다. 만일 설계자가 설계를 하는 동안에 시공자나 연접봉 공급업자와 같이 작업을 했더라면, 설계자 역시 지붕형구에서 2층까지 직접 연결하기 위해 필요로 하는 길이의 긴 연접봉을 아무도 만들지 않는다는 것을 알았을 것이며, 설계자는 아마도 초기 설계단계에서 또 다른 해결방안을 구할 수 있었을 것이다. 대부분의 제조와 건축사업에서 설계공학자와 제조공학자와 시공자의 사이에 전형적으로 "넘기 어려운 벽"이 존재한다는 것이 사실이며, 최근에 들어서야 이러한 벽이 허물어지고 있다. 제조와 조립에 대한 고려는 설계 이후보다는 설계 프로세스 동안에 점차 많이 건의되고 있다. 이러한 새로운 관행의 한 요소는 바로 **제조를 고려한 설계**인데, 이를 통해 가공물을 만들거나 제작하는 능력은 제조제약조건을 모아 놓은 설계명세와 특별히 결합되어진다. 여기서 시사하는 바는, 설계자는 설계가 시작될 때 만들기 어려운 부품이나 제조 프로세스의 한계에 대해서도 인지해야 한다는 점이다.

두 번째 새로운 아이디어는 **동시공학**(concurrent engineering)이며, 여기서는 제품의 생애주기(예를 들어, 구매, 지원, 사용 및 유지보전)와 관련된 설계자와 제조 전문가가 설계에 관여되어 있는 다른 이들과 더불어 협력해서 작업함으로써 총체적이고 동시적으로 가공물을 함께 설계할 수 있다. 동시공학은 그만큼 팀워크를 최우선으로 중요시한다. 동시공학 분야의 연구는 팀원들이 다양한 공학 분야에서뿐만 아니라 지역적 및 시간적 차이로

흩어져 있더라도 복잡한 설계과업을 협력해서 일할 수 있도록 하는 방법에 집중되어 있다.

하얏트 호텔 사건의 교훈은 제조명세의 기술서나 그 표현이 매우 중요하다는 것을 보여준다. 여기서 우리는 제조명세가 완전하고 분명해야 한다는 것을 알았다. 설계자의 의도는 명확하게 의사소통되어야 한다. 더군다나, 이러한 명세는 설계가 최초의 설계 목적에 얼마나 잘 부합하는가 하는 평가 기준을 부여하고 있기 때문에, 설계자는 고객의 최초 목적과 제약조건들을 명세서로 변환할 수 있는 능력이 있어야 하며, 이러한 동일한 요구사항들이 제조 및 설계 평가의 시작점이 된다는 것을 인지해야 한다.

설계자의 의도는 제조자에게 명확하게 전달되어야 한다.

제기된 다른 이슈뿐 아니라 명세에 대해 고민할 때, 설계는 인간의 행위이며 사회적 프로세스임을 기억해야 한다. 이것은 설계에 관련되어 있는 이들 간에 있어서 의사소통이 가장 중요한 관심사임을 의미한다.

1.3.3 설계의 시스템 지향적 정의

설계를 논할 때에는 종종 여러 단어들이 나타나곤 하는데, 예를 들면, 형태, 기능, 명세, 그리고 최적 등이다. 한 저자는 11가지 설계 정의에 대한 목록에서 "가장 중요한 단어"들 중 오직 십 분의 일 만이 두 번 이상 나타난다는 것을 관찰했다. 이와 같이 설계에 대한 수많은 정의는 서로 다른 단어로써 유사한 것을 말하려 노력하는 것처럼 들린다. 이것은 공학설계의 특별한 노력을 정의하는 것과 같이 설계를 일반적으로 정의하기가 어렵기 때문이다. 예를 들면, 인간에 의해 수행되고 제약조건이 있는 목표 지향적인 활동을 설계라고 정의할 수 있을 것이다. 이러한 설계 활동의 산출물은 그러한 목표를 실현하고자 하는 **계획(plan)**이다.

노벨 경제학상 수상자이면서 설계 이론을 포함한 여러 분야의 창시자인 Herbert A. Simon은 우리의 공학적 관심사에 밀접하게 연관되고 동시에 넓은 시각을 제공하는 설계의 정의를 다음과 같이 내렸다.

하나의 활동으로서의 설계는 "내적환경과 외적환경 사이의 인터페이스인 구조(organization)와 기능으로 하나의 가공물(artifice)에 대한 설명"을 산출하고자 하는 것이다.

따라서 설계자는 장치(device)의 형상과 모양("구조"), 의도하는 것에 대한 장치의 작용 방법("기능"), 장치("내적 환경")가 운용("외적") 환경 내에서 작동("인터페이스")하는 방법 등을 설명할 수 있어야 한다. Simon의 정의는 설계된 대상을 시스템 환경에서 해석했다는 점에서 흥미로우며, 그 점에서 가공물은 주변 환경을 포함하는 시스템의 일부로서 작동되어야 한다는 것을 깨닫게 된다.

1.3.4 공학설계의 어려움

공학설계는 비구조화된 개방형 활동이다.

공학설계 문제는 대개 **비구조화되고**(ill-structured) **개방형**(open-ended)이기 때문에 일반적으로 어렵다.

- 설계 문제가 **비구조화**되어 있는 이유는 해결방안이 일정하거나 구조화된 방법에서 수학적인 공식이나 알고리즘을 이용해서 얻을 수 있는 것이 아니기 때문이다. 수학은 공학설계에서 유용하고 필수적이긴 하나, "공식들"이 없거나 적용할 수 없는 초기 단계에서는 별로 쓸모가 없다.

- 설계 문제가 **개방형**인 이유는 보통 여러 가지 허용되는 해결방안들이 있기 때문이다. 수학이나 분석 문제에서 가장 중요한 유일무이성은 설계 해결방안에서는 단순히 적용되지 않는다. 사실상, 가능성이 너무 많아 어찌할 수 없는 경우를 피하기 위해서, 설계자들은 종종 고려해야 할 설계 옵션의 수를 감소시키거나 제한하고자 한다.

이러한 두 가지 특성에 대한 증거는 사다리 설계의 경우에서 찾아볼 수 있다. 그림 1.5는 발판사다리, 신축사다리, 그리고 줄사다리를 포함한 여러 가지 사다리를 보여준다. 사다리를 설계한다고 하면, 그 사다리의 특별한 용도를 알지 못하거나 혹은 알 때까지는 사다리의 형태를 확정할 수 없다. 발판사다리는 일반 가정집에서 사용하기 좋다는 식으로 우리가 특별한 형태가 적정하다고 판단하더라도 다른 질문들이 나타나게 된다: 사다리를 나무, 알루미늄, 플라스틱 혹은 복합 재료 중에 무엇으로 만들 것인가? 비용은 얼마나 들까? 어느 사다리의 설계가 최선일까? 우리가 과연 최선의 사다리 설계와 **최적의 설계**를 식별할 수 있을까? 그 대답은 "아니요"이다. 우리는 유일하거나 보편적인 최적의 사다리 설계를 규정할 수 없다.

목적, 의도하는 용도, 재료, 비용, 가능한 다른 관심사항과 같은 여러 가지 설계 이슈에 대한 토의는 어떻게 할 것인가? 다시 말해서, 사다리의 형태와 기능을 위한 선택과 제약을 어떻게 말로 표현할 것인가? 이러한 상이한 특성을 다양한 "언어"나 표현을 사용함으로써 나타내는 다양한 방법들이 있다. 그러나 이렇게 간단한 사다리 설계 문제가 복잡한 연구가 되는데, 이는 거의 정의되지 않은 문제의 종착점(예를 들어, 어떤 종류의 사다리인가?)과 정의되지 않은 구조(예를 들어, 사다리를 고려한 공식이 있을까?)라는 두 가지 특성이 설계를 안타깝게도 어려운 주제로 만든다는 것을 시사한다. 그렇다면 새로운 자동차, 고층건물 건축, 혹은 달에 사람을 착륙하게 하는 방법을 설계하는 프로젝트는 얼마나 복잡하고 흥미로울까?

그림 1.5 "사람을 높은 곳까지 닿을 수 있게 해주는 장치", 즉 사다리 모음. 사다리들의 다양성에 주목하면, 설계 목적이 사람을 그저 어느 정도 높이에 닿을 수 있게 하는 것 이외에 훨씬 많다는 것을 알 수 있다.

1.3.5 실행 설계 학습

무언가 하는 방법을 배우길 원하는 사람에게 있어서 설계는 쉽게 손에 넣을 수 있는 것이 아니다. 자전거를 타거나 공을 던지거나 그림을 그리고 색을 칠하고 춤을 추는 것과 같이, 학생들에게 "내가 하는 것을 보고 똑같이 해보라"고 말하는 것이 쉽게 보일 수 있을 것이다. 이러한 활동을 가르치려고 노력하는 **실행학습**의 요소는 **스튜디오**와 같은 측면이 있다.

다른 사람에게 설계하는 방법, 혹은 자전거타기, 혹은 공던지기, 혹은 그림그리기, 혹은 춤추기를 가르친다는 것이 그리 쉽지 않은 이유 중 하나는, 때로 우리가 기술을 **보여주기**는 잘 하지만, 다양한 기술을 응용하는 방법에 대한 지식을 말로써 표현하기는 쉽지 않기 때문이다. 앞에서 언급한 몇 가지 기술들은 확실히 어떤 물리적인 능력을 포함하고 있으나, 여기서 가장 흥미로운 차이점은 단지 어떤 이가 다른 이보다 더 훌륭한 물리적인 능력을 갖고 있다는 것이 아니다. 가장 흥미로운 사실은 소프트볼 투수가 공을 쥐고 있을 때의 압력이나 공의 방향과 던지는 속도에 대해 정확하게 말할 수 없다는 것이다. 그러나 결국 거의 마법처럼 소프트볼은 날아가야 할 방향으로 가고 있고, 어느 사이 포수의 손에 감기고 있다는 것이다. 여기서 진정한 요점은, 바로 투수의 신경시스템은 공이 날아가는 거리를 인지하는 지식을 포함하고 있고, 원하는 궤도 방향을 산출하도록 하는 근육 수축을 선택한다는 것이다. 즉, 주어진 초기 위치와 속도로 공의 궤도 방향을 모형화할 수 있다 해도, 그러한 데이터를 생성하는 신경시스템 내의 지식을 모형화하는 능력은 아직 없다는 것이다.

무용수나 운동선수와 마찬가지로 설계자도 그들의 기술을 완벽하게 하기 위해 훈련하고 연습하며, 리더에게 의지해서 그들 작업의 기계적 및 해석적인 면을 증진시키며, 그리고 다른 숙련된 전문가를 주목해야 한다. 사실상, 운동선수에게 주어지는 가장 큰 칭찬은 그들에게 "경기에서 가장 많이 배운 사람"이라고 말하는 것이다.

설계는 실행하고 공부함으로써 가장 잘 배울 수 있다.

1.4 공학설계 관리

좋은 설계는 우연히 발생되지 않는다.

좋은 설계는 우연히 발생되는 것이라기보다는, 고객과 사용자가 원하고 요구하는 것이 무엇인가와 그러한 요구사항이 현실화되기 위해서는 어떠한 명세가 필요한지를 면밀히 검토하고 생각함으로써 얻어질 수 있는 것이다. 따라서 앞으로는 이러한 프로세스를 설계자가 잘 할 수 있도록 도와주는 다양한 도구와 기법들을 소개할 것이다. 여기서 좋은 설계를 하기 위한 한 가지 특히 중요한 요소는 바로 설계 프로젝트를 관리하는 것이다. 엄밀한 방법으로 설계를 생각하는 것이 창의성을 잃는다는 것을 의미하지 않는 것처럼, 설계 프로세스를 관리하기 위해 도구를 사용하는 것은 기술적 능력이나 창의성을 희생시킨다는 것을 의미하지는 않는다. 그와는 반대로, 창의적인 공학설계를 관리 형태의 한 부분으로 촉진하는 회사 조직들이 많다. 예를 들어, 3M 회사는 90개가 넘는 제품 부서 각각에서 지난 5년 동안 존재조차 하지 않았던 제품으로부터 각 부서의 연간 이익 25%를 창출하도록 기대하고 있다. 따라서 설계 프로젝트에 응용할 수 있는 몇 개의 관리 도구와 기법들이 소개될 것이다.

설계에 대해서 용어를 정의하고 일반적인 사전적 어휘의 개발로 시작한 것과 같이, 관리, 프로젝트 관리, 그리고 설계 프로젝트 관리 역시 같은 방법으로 시작할 것이며, 또한 일반적인 정의에서부터 상세한 정의까지 살펴볼 것이다. 결국에는 정의에 관한 것보다는 실질적으로 사용할 수 있는 사항에 대해 알아볼 것이나, 지금은 관리를 아래와 같이 정의하고자 한다.

관리는 네 가지 중요한 기능, 즉 계획, 조직, 지도 그리고 통제를 통하여 조직의 목표 달성을 위한 프로세스이다.

이러한 정의는 조직의 목표가 어떠한 프로세스 없이는 달성될 수 없다는 점을 강조하고 있다. 그러한 의미에서, 관리는 목표지향적인 점과, 절차나 프로세스로 고려될 수 있다는 점에서 설계와 공통점이 있다. 이러한 유사성은 설계 단계나 절차를 연구할 제2장에서 더 언급될 것이다.

관리가 설계와 어떻게 관련되어 있는지 알 수 있도록 다음과 같이 네 가지 관리 기능을 정의하고 토의한다.

- **계획(planning)**은 목표를 정하고 이를 달성하기 위한 방법을 결정하는 프로세스"이다. 계획은 조직의 임무를 고려하고, 이를 적절히 조직의 전략이고 전술적인 목표와 목적으로 변환한다.

- **조직(organizing)**은 "계획을 성공적으로 수행하기 위해서 인적, 비인적 자원을 배열하고 할당하는 프로세스"이다. 달리 표현하면, 관리의 조직 기능은 "목표 달성을 위해 과업의 개발 및 지시, 자원의 획득과 할당, 그리고 작업 활동의 조정을 위한 체제의 수립"과 연관된다.

- **지도(leading)**는 조직의 목표를 달성하기 위해 많은 사람들이 일하도록 격려하고 동기를 유발시키는데 권한을 사용하며 영향력을 발휘하는 지속적인 활동이다. 서로 상이한 형태의 영향력이 존재하는 설계 환경에서, 전체적인 영향력으로부터 발휘되는 지도력은 매우 중요하다. 예를 들면, 설계팀의 한 구성원이 팀 지도자 위치에서 영향력을 행사할 수 있는 한편, 다른 구성원도 특별한 영역에서의 전문성을 인정받아 영향력을 발휘할 수 있다.

관리는 계획, 조직, 지도, 그리고 통제를 통해 조직적 목표를 달성한다.

• **통제**(controlling)는 목표 달성을 위한 조직의 진행상황을 감시하고 규제하는 프로세스이다. 많은 사람들은 지도와 통제를 혼동하는 경우가 있는데, 그것은 "통제한다"는 용어가 '어떤 상황에서 권한을 사용한다'는 의미의 동의어로 사용되어 왔기 때문일 것이다. 공학자에게는 "통제한다"라는 용어가 감시와 규제를 통해 시스템 성능을 감독한다는 의미로 사용하기 때문에 오히려 더 복잡할 것이다. 이 책에서의 통제는 실제 성능이 기대했던 표준과 목표에 부합하는지 확인하는 것을 말한다.

프로젝트 관리(project management)는 이러한 네 가지 기능을 프로젝트의 목표와 목적을 성취하는데 적용할 수 있도록 하는 것이다. 프로젝트는 "바람직한 최종 결과가 명확히 정의된 일회성 활동"이다. 우리 주위에 있는 공학 프로젝트의 예를 들면, 새로운 고속도로의 건설(토목공학)로부터 새로운 컴퓨터 메모리의 개발(전자공학), 공장 내의 프로세스를 수립(산업공학)하는 프로젝트에 이르기까지 광범위하다. 이 세 가지 프로젝트의 공통점은 각각의 목표들이 명확하게 정의될 수 있고, 한정된 자원을 갖고, (가능한 빨리 수행되는 것이 좋겠지만) 주어진 시간 내에 달성해야 한다는 점이다. 프로젝트 관리자가 네 가지 기능(예를 들어, 계획, 조직, 지도 및 통제)을 수행하는 것을 지원하기 위해 다양한 도구와 기법들이 개발되어왔다. 이에는 해야 할 작업의 이해와 목록 작성, 수행되어야 할 과업의 논리적이고 효과적인 일정계획, 과업의 개인적 할당 및 진행 감시를 고려한 도구도 포함되어 있다. 이렇게 설계에 응용할 수 있는 도구와 기법들을 이 책에서 앞으로 설명할 것이다.

프로젝트에 관련되어 언급된 목표와 목적의 상세함은 이전에 언급했던 설계 활동의 개방형 특성과는 일치하지 않는 측면이 있다. 설계 프로젝트의 마지막 형태 혹은 결과물을 예측하는 것이 바로 이러한 경우이다. 건설공사 프로젝트처럼 기대되는 결과물이 명확하고 일반적으로 명시가 되어 있는 경우와는 다르게, 설계 프로젝트, 특히 개념적 설계 프로젝트는 성공적인 결과물이 많을 수도 있고 어쩌면 없을 수도 있다. 이런 사실로 인해 설계 환경에 있어서 프로젝트 관리의 과업과 도구는 단지 부분적으로만 유용하다. 따라서 이 책에서는 규모가 작은 팀이 수행하는 설계 프로젝트 관리에서 유용한 프로젝트 관리 도구만을 설명하고자 한다.

설계 프로젝트 관리에 있어 보다 제한된 도구뿐만 아니라 설계 프로세스 자체를 이끌어 가기 위한 공식적인 도구도 소개할 것인데, 이런 도구들은 또한 프로젝트 관리의 한 형태로서, 팀에서 목표를 이해하여 합의하고, 수행할 활동을 체계화하고, 목표의 실현을 위해 자원을 할당하고, 목적에 부합되도록 대안이 생성되고 선택되는지 감시하는 데 도움을 준다.

1.5 요약

1.2절: 이 책에서 택한 공학설계의 정의는 (Dym and Levitt, 1991)과 (Dym, 1994a)에 나온다.

1.3절: Simon의 설계 정의는 1996년도에 출판된 『*The Sciences of the Artificial*』에 대한 강의에 근거하였다.

1.4절: 관리의 정의와 네 가지 기능, 즉 계획, 조직, 지도 및 통제는 (Bartol and Martin, 1994)와 (Bovee et al., 1993)에 근거하였으며, 프로젝트는 (Meredith and Mantel, 1995)에 정의되어 있다.

1.6 연습문제

1.1 이 장에서는 공학설계에 대한 두 가지 정의를 내렸는데, 각각의 정의에 대한 주요 개념을 구별하고, 이 두 가지 개념이 어떻게 다른지 설명하라.

1.2 휴대용 전자기타의 설계를 수행하고자 하는 설계자, 사용자(구입자), 혹은 고객(제조업자)의 입장에서 물어볼 수 있는 최소한 질문 세 가지를 열거하라.

1.3 열대성 기후 지방에서 온실을 설계하고자 하는 설계자, 사용자(구입자), 혹은 고객(제조업자)의 입장에서 물어볼 수 있는 최소한 질문 세 가지를 열거하라.

1.4 관리는 모든 면에서 아마도 목표 지향적이라고 할 수 있을 것이다. 이러한 설명이 어떻게 1.4절에서 열거한 네 가지 관리 기능 각각의 예가 되는지 설명하라.

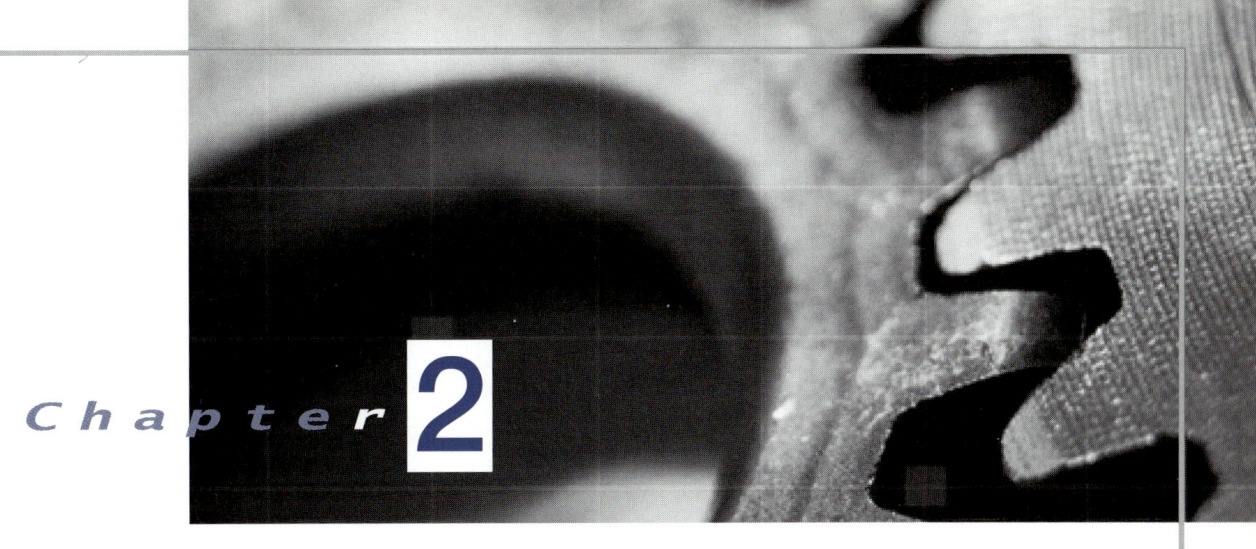

Chapter 2

설계 프로세스

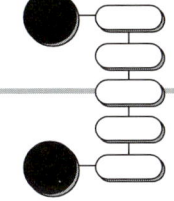

이 책이 가야 할 로드맵은 무엇일까?

앞에서 공학설계와 그에 수반되는 어휘를 정의하였고, 이제는 설계를 하나의 활동, 즉 설계 프로세스로서 탐구해 나간다. 상당히 복잡한 프로세스를 작고 좀더 상세한 부분으로 나누어 설명하려 하기 때문에 설계 프로세스가 다소 추상적으로 보일 수 있다. 제3~5장에서 설명할 도구들을 확고히 하기 위해, 이 장에서는 특정 도구나 방법들이 설계 프로세스의 어느 부분에서 유용하게 사용될 수 있을지를 식별할 것이다. 설계를 완수하기 위한 비결을 제시하기보다는 설계를 수행할 때 머리 속에서 무엇을 진행할 것인가를 설명하고자 한다.

2.1 설계 프로세스의 시작

안전한 사다리를 설계해 달라는 요청을 받았다고 가정해 보자. 이미 많은 사다리들이 이미 설계되었고, 생산되었으며, 판매되었는데, 이 장에서도 그 중의 몇 개를 볼 수 있다. 그렇다면 과연 또 다른 "안전한 사다리" 프로젝트란 무엇을 의미하는 것일까?

2.1.1 "안전한 사다리" 프로젝트에 관한 질문

안전한 사다리를 설계할 때 고려해야 할 질문들이 많이 있을 수 있으나, 다음과 같이 간단한 질문을 해볼 수 있다.

- 그 사다리의 용도는 무엇인가?
- 비용을 얼마나 들여야 하는가?
- 과연 "안전"이라는 단어의 의미는 무엇인가?
- 이 사다리가 판매될 수 있는 시장은 어디인가?
- 사다리에 몇 개의 계단이 있어야 하는가?
- 이 설계가 경제적으로 가능한가?
- 실질적으로 설계를 했을 경우에 안전한가?

이러한 단순한 설계 문제에 관한 몇 가지 다른 질문이 다음에 곧 나올 것이다. 고객 기술문의 의미를 상세히 설명하기 위해 질문하는 것은 설계팀이 종종 수행해야 할 설계 프로세스의 일부분이다. 우리가 필요한 질문에 대해 생각하는 것이 중요하며, 동시에 설계자-고객-사용자 삼각관계에서 다른 누군가가 유용한 질문이나 답을 갖고 있는지 알아보는 것도 중요하다.

앞에서 나온 설계에 대한 몇 가지 질문은 물리학의 평범한 수학적 모형을 응용함으로써 답을 얻을 수 있다. 뉴턴의 평형 원리와 기본적인 정역학을 주어진 부하와 일정한 표면에서 사다리의 안정성을 분석하는 데 사용할 수 있다. 주어진 무게로 계단이 구부러질 때의 휨과 강도를 계산하기 위해서 빔(beam) 공식을 작성할 수도 있다. 그러나 "안전"이나 시장성의 의미를 정의하거나 사다리의 색상을 선택하는 데 도움이 되는 공식은 없다. 사다리에 대한 질문에 있어서 안전, 색상, 시장성, 혹은 대부분의 다른 이슈에 관한 공식이 없기 때문에, 이 설계 문제를 고려할 수 있는 다른 방법을 찾아내야 한다.

우리는 다음과 같은 질문 (및 그에 대한 답) 목록을 사용하여 설계 프로세스를 다루고, 질문을 하면서 수행해야 할 과업을 고려할 수 있다. 우리는 각각의 단계를 도출하고 지정함으로써 프로세스를 일련의 단계(설계 과업)로 **분해** 혹은 분류할 수 있다.

다음과 같은 질문:
- 그 사다리의 용도는 무엇인가?
- 비용을 얼마나 들여야 하는가?

고객에 의한 설계를 위하여 설정된 **목적을 명확하게** 하는 데 도움이 된다.

다음과 같은 질문:
- 그 사다리는 휴대용이어야 하는가?
- 비용이 얼마나 들 것인가?

설계에 대한 사용자의 **요구사항을 확립**하는 데 도움이 된다.

안정성, 색상, 시장성 등을 위한 공식은 없다.

다음과 같은 질문:

- 안전성을 어떻게 정의할 것인가?
- 고객이 원하는 최적의 구입비는 얼마인가?

설계에 적용되는 **제약**을 확인하는 데 도움이 된다.

다음과 같은 질문:

- 사다리가 지지 면에 기댈 수 있을까?
- 물건을 갖고 올라가는 사람을 지탱해야만 하는가?

설계의 고려한 **기능**을 설정하는 데 도움이 된다.

다음과 같은 질문:

- 안전한 사다리가 어느 정도의 무게를 지탱해야 하는가?
- 계단 위에서 "허용할 수 있는 무게"는 얼마인가?
- 사다리 위에서 어느 정도 높이까지 닿아야만 하는가?

설계명세를 설정하는 데 도움이 된다.

다음과 같은 질문:

- 발판사다리 혹은 신축사다리 중 무엇인가?
- 사다리의 재질은 나무, 알루미늄, 섬유유리 중 무엇인가?

설계 대안을 생성하는 데 도움이 된다.

다음과 같은 질문:

- 설계상에서 계단이 지탱할 수 있는 최대 강도는 얼마인가?
- 계단 재질에 따라 휨 정도는 어떻게 달라지는가?

설계를 **모형화**하고 **분석**하는 데 도움이 된다.

다음과 같은 질문:

- 사람이 사다리 위에서 특정 높이에 닿을 수 있을까?
- 직업안정위생관리국(**OSHA**)의 명세에 부합하는가?

설계를 **시험**하고 **평가**하는 데 도움이 된다.

다음과 같은 질문:

- 더 경제적인 설계인가?
- 좀더 효율적인 설계는 없는가(예를 들어, 원자재의 절약)?

설계를 **정제**하고 **최적화**하는 데 도움이 된다.

마지막으로, 다음과 같은 질문:

- 설계를 제작하기 위해서 고객이 필요로 하는 정보는 무엇인가?

- 이미 설계된 의사결정에 대한 당위성은 무엇인가?

완전한 설계와 **설계 프로세스**를 기록하는 데 도움이 된다.

사다리 설계에 대한 질문은 프로세스 상에서의 단계들을 확립하고 있는데, 추상적인 설계 목적 기술문으로부터 사다리의 모형설계, 모형의 분석과 실험, 몇 가지 특성의 최적화와 정제화, 제조명세와 특정 설계의 당위성 기록 등과 같이 점차 상세한 수준으로 진행된다. 따라서 우리는 설계를 완전하게 하기 위해서 필요로 하는 몇 가지 과업들을 확인했으며, 또한 공학설계의 모든 과업을 좀더 상세하게 서술할 뿐만 아니라 부가적인 과업을 확인할 것이다.

2.1.2 "안전한 사다리" 프로젝트에 관한 질문에 대한 설명

설계 프로젝트는 전형적으로 다음과 같은 특징을 서술하는 구두 기술문으로 시작된다.

- 기능(function)

- 형태(form)

- 의도(intent)

- 법적 요구사항(legal requirement)

고객의 원하는 것이 무엇인지를 명백하게 하고 고객의 요구를 좀더 구체적인 목적으로 변환하는 것이 설계자의 일이다. 고객의 요구를 명백하게 하기 위한 단계에서, 고객이 원하는 것이 과연 무엇인가를 좀더 정확하게 하기 위해, 사다리로 무엇을 할 것인가? 어디서? 사다리의 무게는 얼마나 되는가? 사다리의 품질 수준은 어느 정도를 원하는가? 그렇다면 품질을 어떻게 정의할 것인가? 얼마만큼의 금액을 지불할 의향이 있는가와 같은 질문을 받을 수 있다.

고객의 요구를 명확하게 하고자 질문하는 내용은 확실히 프로세스의 한 부분과 연결되어 있는데, 여기서는 안전한 사다리 설계의 전반적인 목표에 대한 선택(choice)을 정하고, 경쟁하는 선택 간의 상호관계를 분석하고, 이러한 선택들 간의 균형교환(trade-off)을 평가하고, 이러한 선택들이 미치는 영향에 대하여 검토한다. 예를 들면, 사다리의 형태나 모양은 그것의 기능과 밀접하게 연관되어 있다. 즉, 나무 위에 있는 고양이를 구하기 위해서는 신축사다리를 사용하고, 집안의 벽을 페인트칠하기 위해서는 발판사다리를 사용한다. 마찬가지로, 사다리의 무게도 사용 용도에 따라 효과가 다른데, 알루미늄 신축사다리는 무게가 덜 나가기 때문에 나무 사다리를 대체할 수 있다. 사다리의 재료는 무게뿐만 아니라 비용과 느낌에도 영향을 준다. 나무로 만든 신축사다리는 알루미늄 사다리보다는 견고하므로, 알루미늄 사다리를 사용하는 이들은 특히 신축사다리의 경우 확장을 했을 때, 더 구부러지는 느낌을 받는 것이다.

설계 프로세스의 다음 부분은 고객의 희망사항을 **사용자 요구사항**(user requirement)으로 변환하는 것인데, 사용자 요구사항은 고객과 잠재적인 사용자가 설계로부터 무엇을 원하는지 아주 상세하게 기술되어 있다. 이러한 사용자 요구사항은 설계된 물건의 바람직한 기능성 및 속성에 대해 상세하게 나타낸다. 이러한 요구사항은 설계된 가공물 성능을 측정하는 기준이 되는 **설계명세**(design specification)를 설정하는 데 근거가 된다. 설계명세는 전형적으로(제5장에서 더 언급하겠지만) 우리가 표현하고자 하는 요구사항의 성격에 따라 달라지겠지만 다음의 세 가지 방법 중에 하나로 작성된다.

- **규범명세**(prescriptive specification)는 설계된 사물의 속성 가치를 명시한다.
- **절차명세**(procedural specification)는 속성이나 행위의 계산을 위한 특별한 절차를 식별한다.
- **성능명세**(performance specification)는 바람직한 동작(behavior)의 특성을 기술한다.

성공적인 설계란 주어진 설계명세를 만족하거나 능가하는 것이다.

우리는 설계가 진행됨에 따라 방대한 대열의 선택에 직면하게 될 것이다. 사다리 설계의 경우를 예로 들면, 발판사다리나 신축사다리 등 여러 종류의 사다리에서 하나의 유형을 선택해야만 한다. 그리고 사다리 프레임에 계단을 얼마나 단단하게 고정시켜야 할지를 결정해야 한다. 우리의 선택은 바람직한 행동(예를 들어, 비록 사다리 자체에 신축성이 있다 해도, 각각의 계단이 사다리 프레임만큼 탄력성을 갖길 원하지 않는다)과 제조나 조립에 대한 고려(예를 들어, 나무 사다리의 계단에 못을 치는 것, 나무못과 접착제 사용, 혹은 너트와 볼트로 조이는 것 중 어느 방법이 더 나을지를 결정하는 것)에 영향을 받을 것이다. 여기서는 사다리를 구성부품이나 조각부품으로 분해하고 특별한 형태의 구성요소를 선택할 것이다.

여기서 주목해야 할 것은 이러한 단계를 통해 작업을 하는 동안에도 우리는 사다리와 그 밖의 다양한 특징에 대해 다른 이들과 꾸준히 의사소통을 해야 한다는 것이다. 예로써, 고객에게 원하는 특성을 묻거나, 실험실 관리자에게 시험평가에 관하여 묻거나, 제조공학자에게 어떤 부품의 실용 가능성에 대해 질문할 때, 우리는 사다리 설계를 "언어"와 숙련자 자신들의 작업에 사용하는 변수로써 해석한다. 따라서 이러한 이해 없이 설계 프로세스를 계속 진행할 수는 없다.

이렇듯 단순한 설계 문제도 우리가 수행하는 설계 과업을 명확하게 만들기 위해 어떻게 설계 프로세스를 형식화(formalize)하는지 보여준다. 우리는 또한 프로세스의 해석을 객관화하여 머리 속에서 나온 생각을 인식할 수 있는 언어로 변환하는데, 이는 다른 사람과의 의사소통뿐만 아니라 나중을 위해서 사용된다. 따라서 사다리 설계 프로젝트에서 다음과 같은 중요한 두 가지 교훈을 얻을 수 있다.

- 공학설계 프로세스에서 가장 중요한 것은 바로 고객의 목적을 명확하게 하는 것이다. 설계자는 최종 설계로부터 고객이 원하는 것과 사용자가 필요로 하는 것이 무엇인지

목적을 명확하게 하고 그것을 올바른 "언어" 로 변환하는 것은 설계에 반드시 필요한 요소이다.

를 충분히 이해해야만 한다. 설계자-고객-사용자 삼각관계에서 좋은 의사소통은 반드시 필요하며, 고객이 진심으로 원하는 세부사항을 이끌어내는 일에 매우 주의를 기울여야 한다.

- 설계 프로세스에서 그 이후에 남은 과업은 고객의 목적을 변환하여 설계될 사물과 그 특성을 묘사하고 특성화할 수 있는 단어, 그림, 숫자, 규칙, 특성 등과 같은 것으로 나타내는 것이다. 분석과 모형화, 시험과 평가, 그리고 정제와 최적화 등의 과업은 말로만 수행될 수 없다. 최종설계의 기록 역시 단어로만 이루어질 수는 없고, 그림과 숫자, 그리고 아마도 원하는 설계를 나타내기 위한 다른 방법이 필요할 것이다. 따라서 설계자는 고객의 구두상의 기술문을 다양한 설계를 쉽게 하기 위한 적절한 어떠한 형태로든 변환해야 한다.

2.2 설계 프로세스의 기술 및 규범

설계의 정의가 많은 것처럼, 설계 프로세스의 모형도 많다. 어떤 설계 프로세스 모형은 단지 설계 프로세스의 요소를 기술하려고 하는 **기술적**(descriptive) 모형이며, 다른 모형은 설계 프로세스 동안에 수행되어야 할 것을 규정하는 **규범적**(prescriptive) 모형이다.

2.2.1 기술적 설계 프로세스

가장 단순한 기술적 설계 프로세스 모형은 다음과 같은 세 가지 단계로 구성된다.

- **생성**(generation): 설계자가 생성하거나 창조하고자 하는 다양한 개념을 제안함
- **평가**(evaluation): 고객, 사용자 및 설계자에 의해 설정된 기준에 의해 설계를 시험함
- **의사소통**(communication): 제조업자나 조립업자와 설계에 대하여 의사소통함

이와 유사한 3단계 모형은 위의 세 가지 단계의 의미를 내포하는 내용으로서, 설계에 대한 연구, 설계의 창출, 최종설계의 실행 등을 필요로 한다. 이러한 두 가지 모형은 단순하다는 장점은 있지만, 너무 추상적이어서 설계하는 방법에 대한 의미 있는 조언을 주지는 못한다. 어떻게 설계를 생성하고 산출할 것인가라는 질문이 한 가지 분명한 예이다.

그림 2.1에 나타난 모서리가 둥근 네모상자의 세 가지 "활동" 단계는 일반적으로 많이 사용되는 설계 프로세스 모형이다. 이런 기술적 모형의 시작점은 **고객 기술문**인데, 이는 주로 설계에 대한 요구사항이다. 이모형의 종점은 최종설계 혹은 제조명세가 된다. 그림 2.1에 나타난 첫 단계는 **개념설계**(conceptual design)인데, 여기서는 고객의 목적을 성취하기 위해 사용될 수 있는 다양한 개념(concept, 혹은 scheme)을 찾는다. 개념이나 **기획**(scheme)은 설계 문제의 개괄적인 해결방안이다. 주요 기능을 성취하기 위한 수단을 식별하고 확

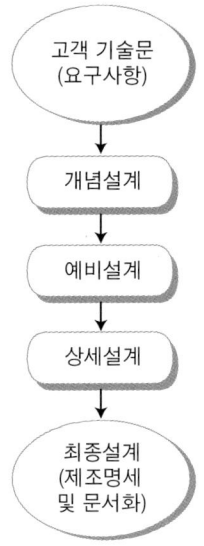

그림 2.1 기술적인 세 단계의 "선형" 설계 프로세스 모형. 이 모형은 선형의 연속적인 목적(요구사항 및 최종설계)과 세 가지 설계 단계(개념, 예비 및 상세설계)가 연결되어 있음을 보여주는 단순한 프로세스이다.

정하여, 중요한 컴포넌트들이 공간적이고 구조적인 관계를 갖도록 한다. 비용, 가중치 및 전반적인 **치수(dimension)**를 산정할 수 있도록 충분히 상세한 연구가 수행된다.

사다리 프로젝트의 경우, 신축사다리, 발판사다리 혹은 줄사다리를 개념으로 선택할 수 있다. 이러한 기획의 평가는 예를 들면, 의도하는 용도, 특별한 비용 및 고객의 심미적 가치까지도 포함한 고객 기술문의 속성에 따르게 된다.

상위 수준 목적의 균형교환(trade-off)에 중점을 둠으로써, 개념설계는 명백하게 설계 프로세스의 가장 추상적이며 개방된 부분이다. 개념단계에서의 결과물은 한두 개, 혹은 여러 개의 경쟁적인 개념일 수 있다. 혹자는 개념설계는 두 개 이상의 기획을 산출해야만 한다고 하는데, 너무 일찍 하나의 설계를 선택하면 실수를 유발할 수 있기 때문이다. 이러한 경향은 설계자들 사이에 너무도 잘 알려진 것이며, "첫 설계 아이디어에 고집하지 말라"는 충고를 준다.

설계 프로세스 모형에서 두 번째 단계는 **예비설계(preliminary design)**이며, 특히 유럽에서는 **기획의 구체화(embodiment of schema)**라고 한다. 여기서 일컫는 기획이란 개념설계의 추상적인 골격 부분에 있던 예비선택의 군살을 빼는 것과 같다. 가장 중요한 속성을 가진 설계 개념을 구체화하거나 부여하는 것이다. 성능명세와 운용 요구사항을 고려한 하위 계층의 관심사에 의거해서 주요 하부조직의 크기를 정하고 선택함으로써 시작한다. 예를 들면, 발판사다리의 경우 양쪽 기둥과 계단의 크기를 정하고 아마도 양쪽 기둥에 계단을 얼마만큼 단단하게 고정할 것인가를 결정하기도 한다. 예비설계는 그 성격상 확실히 기술적이라서 쉽게 산출할 수 있는 다양한 계산방법을 이용할 수 있다. 크기, 효율성 등에 대해 설계자의 경험을 반영하는 경험적인 방법(rule-of-thumb)을 많이 사용한다. 설계 프로세스의 예비설계 단계에서는 제안된 개념 중에서 최종 선택을 하는 것이다.

이모형의 마지막 단계는 **상세설계(detailed design)**이다. 예비설계에서 선택된 것을 좀더 다듬고, 구체적인 부품의 형태와 치수까지도 상세하게 결정한다. 이 단계는 전형적으로 경험이 많은 공학자들이 잘 이해하고 있는 설계 절차를 따른다. 그와 관련된 지식은 설계 코드(예를 들면, ASME Pressure Vessel and Piping Code와 Universal Building Code)나, 핸드북, 데이터베이스, 카탈로그 등에서 찾아볼 수 있다. 설계 지식은 종종 특별한 규칙, 공식 및 알고리즘 등으로 표현된다. 이 설계 단계는 전형적으로 표준 자료를 사용하는 컴포넌트 전문가에 의해 수행된다.

앞에서 설명된 전통적 모형은 삼 단계 모형의 순서 전후에 두 개의 부가적인 활동을 덧붙임으로써 다섯 단계 모형으로 확장할 수 있다.

- **문제 정의(problem definition)**: 개념설계를 시작하기 전에 고객 기술문과 더불어 수행할 작업을 확인하기 위한 사전 절차 단계
- **설계 의사소통(design communication)**: 최종설계와 제조명세를 문서화하고 제출하기 위하여 상세설계 후에 수행할 작업을 확인하기 위한 사후 절차 단계

그림 2.2는 프로세스의 다섯 단계 모형을 보여주며, 이전에 설명한 세 단계 모형보다는 상세하나, 이 역시 너무 **기술적인 표현**이라서 설계를 수행하는 방법을 잘 알려주지는 못한다. 다음 절에서는 우리가 해야 할 것을 규정하는 프로세스 모형을 보여줄 것이다.

2.2.2 규범적 설계 프로세스

그림 2.3은 그림 2.2의 다섯 단계의 기술적 모형을 규범적 모형으로 변환한 것인데, 2.1절에서 식별된 열 가지의 설계 과업 중 각 단계에서 수행할 작업을 정의하고 있다. 이

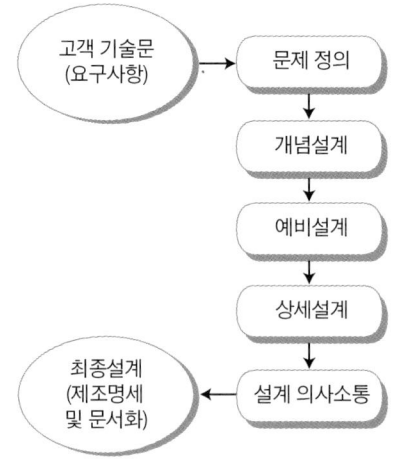

그림 2.2 다섯 단계의 기술적 설계 프로세스 모형. 이 모형은 선형의 연속적인 목적(요구사항 및 최종설계)과 다섯 가지 설계 단계(문제 정의, 개념설계, 예비설계, 상세설계 및 설계 의사소통)가 연결되어 있음을 보여준다는 점에서 매우 양식화되어 있다.

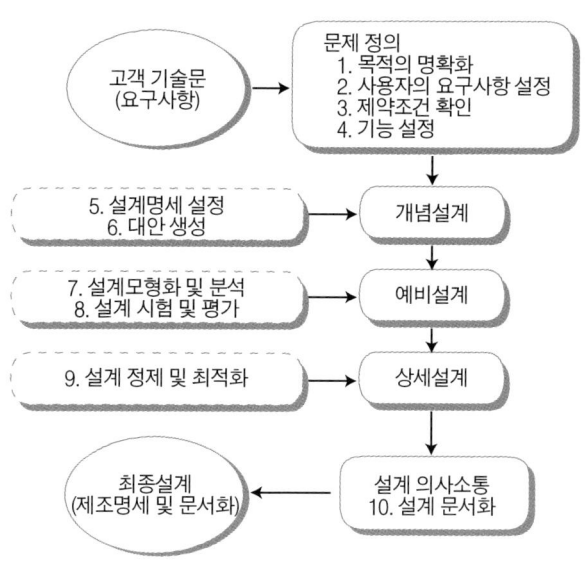

그림 2.3 다섯 단계의 규범적 설계 프로세스 모형. 그림 2.2의 기술적 모형과 유사하면서 가공물(요구사항 및 최종설계)과 설계 단계의 선형적인 순서를 보여주는 양식화된 프로세스이다.

모형은 고객 기술문으로 시작되고 고객을 위해 최종설계를 문서화하면서 종료된다. 각 단계는 입력물이 요구되고, 수행해야 할 설계 과업이 있으며, 결과물이나 산출물을 생산한다. 이제부터 ①정보의 출처, ②방법, ③수단 등을 통한 각 단계에서의 **설계 과업**을 상세하게 설명할 것이다. 각 단계의 결과물은 후속 단계의 입력물이 된다는 사실을 기억하자.

---

1. 문제 정의 단계에서는 고객의 요구사항을 기록한 공학 기술문을 개발하기 위해 필요한 정보를 수집하고 고객의 목적을 명확하게 한다.

입력물 : **고객 기술문**

과업 : **설계 목적 명확화(1)**

사용자의 요구사항 설정(2)

제약조건 확인(3)

기능 설정(4)

결과물 : 수정된 문제 기술문

목적 정제

제약조건

사용자의 요구사항

기능

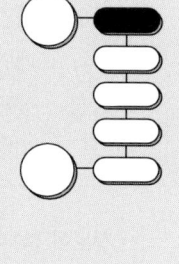

---

①문제 정의를 위한 **정보의 출처**는 최근의 문헌, 전문가, 규정, 규제 등을 포함한다.
②**방법**은 목적나무, 쌍대비교도표, 기능-수단나무, 기능분석, 요구사항행렬 등을 포함

한다. ③수단은 문헌 검토, 브레인스토밍, 사용자 의견조사 및 설문, 구조적 면담 등을 포함한다.

---

2. 설계 프로세스의 개념설계 단계에서는 후보 설계의 개념이나 기획을 생성한다.

입력물 : 수정된 문제 기술문

정제된 목적

제약조건

사용자의 요구사항

기능

과업 : 설계명세 설정(5)

설계 대안 생성(6)

결과물 : 개념설계 혹은 기획

설계명세

---

①개념설계를 위한 부가적인 주요한 **정보**의 **출처**는 경쟁력 있는 제품이며, ②**방법**은 성능명세 방법, 품질기능전개, 형태도표 등을 포함하며, ③**수단**은 브레인스토밍, 창조공학 및 유추, 벤치마킹, 역공학(분해) 등을 포함한다.

---

3. 예비설계 단계에서는 설계개념 및 기획의 주요한 속성을 식별한다.

입력물 : 개념설계 혹은 기획

설계명세

과업 : 개념설계 모형 및 분석(7)

개념설계 시험 및 평가(8)

결과물 : 설계 선택

결과시험 및 평가

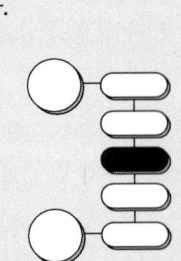

---

①**정보**의 **출처**는 경험에 의한 발견적 접근방법, 단순한 모형 및 주어진 물리적 관계를 포함한다. ②**방법**은 정제된 목적나무와 쌍대비교도표를 포함하며, ③**수단**은 측정기준 정의, 실험계획법, 원형개발, 모의실험 및 컴퓨터 분석, 개념검증시험 등을 포함한다.

4. 상세설계에서는 최종설계를 정제하고 구체화한다.

   입력물 : **선택된 설계**

             결과 시험 및 평가

   과업 : **선택된 설계의 정제 및 최적화(9)**

   결과물 : **제조명세 제안**

              고객을 위한 최종설계 검토

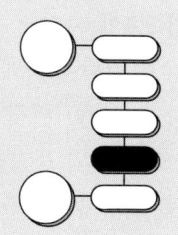

①상세설계의 **정보의 출처**는 설계코드, 편람, 지역적인 법과 규정, 공급자의 구성요소 명세 등을 포함한다. ②상세설계의 **방법**은 적용분야별 CADD를 포함하며, ③**수단**은 공식적인 설계 검토, 공청회, 베타 시험 등을 포함한다.

5. 마지막으로, 설계 의사소통 단계에서는 제조명세 및 타당성을 기록한다.

   입력물 : **제조명세**

   과업 : **완성된 설계의 문서화(10)**

   결과물 : **고객을 위한 최종 보고서**

            (1) 제조명세

            (2) 제조명세의 타당성

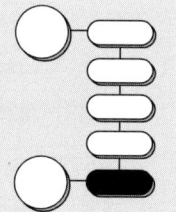

설계 의사소통 단계에서의 **정보의 출처**는 고객과 사용자의 피드백이며, 요구된 전달물의 항목별 목록이다.

지금까지 단계별로 "요구되는" 사항을 모두 수행하기 위한 "항목별 목록"을 작성했다. 이러한 목록은 기업 내에서 설계 접근방법을 구체화하고 보급하기 위해 설계 조직에 의해서 자주 사용된다. 그러나 이러한 노력과 또 다른 상세한 노력이 설계 프로세스의 이해를 위해 단지 제한적으로 보탬이 된다는 사실을 기억해야 한다. 설계 프로세스의 각 단계 과업을 모형화하는 개인적인 능력이 바로 본 문제의 핵심인 것이다. 2.3절에서는 이러한 열 가지의 설계 과업을 위한 수단과 공식적인 방법을 소개할 것이다.

2.2.3 설계 프로세스의 피드백과 반복

앞에서 언급한 모든 방법은 "선형적"이거나 순차적(sequential)이 있었으나, 설계 프로세스는 그렇지 않다. 설계 사고에 있어서 매우 중요한 두 가지 요소를 의도적으로 언급하지 않았다. 그 첫 번째가 **피드백**(feedback)이며, 이는 프로세스의 결과물에 대한 정보를 다시 프로세스로 되돌려서 더 향상된 결과를 성취할 수 있게 사용하는 것이다. 피드백은 그림 2.4에 나타낸 것처럼 설계 프로세스에서 두 개의 중요한 방식으로 일어난다.

첫 번째 피드백 구조는 내적인 피드백 순환인데, 설계가 의도한 대로 되었는지를 **검증하기(verify)** 위해서 과업의 시험과 평가에 대한 결과를 예비설계 단계로 되돌리는 것이다. 1.3절의 동시공학 부분에서 상세히 설명한 것처럼, 제품을 만들 수 있을까를 고려하는 제조 관계자와 수리할 수 있을까를 고려하는 유지보전 관계자와 같은 내적 고객으로부터의 피드백이다.

두 번째 피드백 구조는 외적인 순환인데, 설계된 최종제품이 의도한 대로 시장에서 사용된 후에 발생한다. 사용자 피드백은 그것이 성공적인 설계라는 것을 간주하고 설계에 대한 **확인(validation)**을 제공한다.

우리의 프로세스 모형에서 남겨두었던 두 번째 요소는 **반복(iteration)**이다. 비록 반복이 상이한 추상적 수준이나 척도에서 적용된다 할지라도, 공통적인 방법이나 기법들을 설계 프로세스의 서로 다른 부분에서 반복적으로 적용할 때, 반복이라고 말한다. 이러한 반복은 전형적으로 설계 프로세스의 더욱 정제되고 덜 추상적인 곳과, 분석에서 더욱 세밀하고 상세한 척도(scale)에서 일어난다. 그림 2.3의 선형적인 다섯 단계 모형에서는 처음 네 개의 과업이 개념설계, 예비설계 및 상세설계에서 어떤 형태로든 반복될 것을 예상해야 한다. 즉, 최종설계의 상세한 부분으로 더 깊이 들어갈수록 원래의 목적에서 벗어나지 않도록 이를 항상 기억하고자 하는 것이다. 물론 재설계를 할 필요가 있는 경우도 있으며, 그 경우에는 과업 7인 설계 분석과 과업 8인 설계 시험 및 평가를 반복하게 된다.

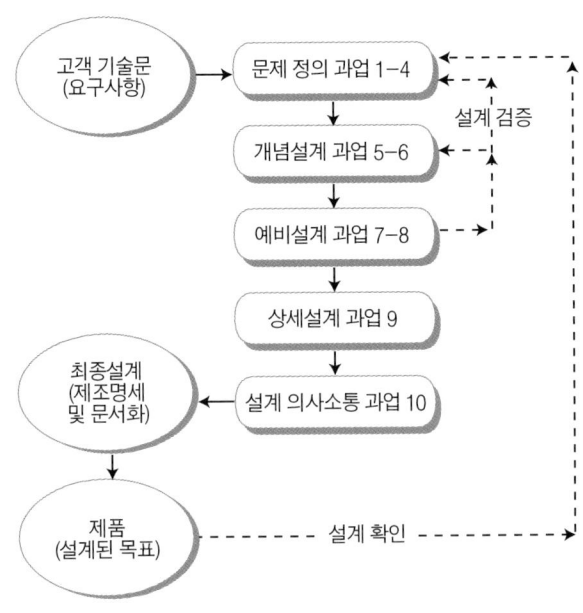

그림 2.4 설계된 목표물을 사용자가 사용함으로써 얻을 수 있는, 점선으로 표시된 (a) 내적 피드백인 설계 검증, (b) 외적 피드백 설계 확인의 피드백 순환을 보여주는 설계 프로세스의 다섯 단계의 규범적 모형

어떤 과업을 다시 수행해야 할 피드백 순환과 과업의 반복이 있었다면, 왜 선형적 순서의 프로세스 모형을 제시하였는가? 그 대답은 간단하다. 제1장에서 설계는 인간에 의해 수행되는 목표 지향적 활동이라고 언급한 바 있다. 설계의 피드백과 반복 요소가 중요한 것만큼, 설계를 처음 배우거나 시작할 때 피드백과 반복과 같은 적응형 특성들로 인해 혼란을 겪지 않도록 하는 것도 중요하다. 어떤 의미에서는 피드백 순환과 설계 과업의 반복은 설계 프로젝트가 시작되면서 자연적으로 발생할 것이다. 고객을 위한 설계를 할 때 고객에게 되돌아가서 최초의 프로젝트 기술문이 적절하게 수정되었는지 물어보는 것은 당연한 일이다. 피드백을 반영하고 목적, 요구사항 및 명세를 반복함으로써 새로운 설계 개념을 도출하고 이러한 기획들을 정제하는 것은 당연한 일이다.

반복과 피드백은 설계 프로세스의 필수적인 부분이다.

2.2.4 기회 및 한계

이 책에서 가장 중요한 초점은 바로 설계 프로세스에서의 첫 단계인 개념설계이다. 결과적으로, 여기서 다루는 대부분의 방법은 논리적인 다양한 주제와 접근방법이지만, 공식이나 알고리즘과 같이 간결하고 깔끔하진 않다. 사실상, 개념설계 도구는 공식적이고 수학적인 용어로 쉽게 나타낼 수 없는 질문들에 대해 답하고자 하는 것이다. 개념설계에서 사용하기 위해 제시한 이 도구들이 엄격성은 부족해 보이지만 **문제 해결**에 일반적으로 상당히 유용하다는 것 또한 아이러니하다.

동시에, 초기설계 단계에서의 설계방법에 대한 상세한 설명을 자제하였음을 기억해야 한다. 여기서는 고객이 실제적으로 구입할 수 있는 제품으로 설계를 변환하기 위해 수행해야 할 많은 프로세스와 활동에 관해서는 더 이상 깊이 탐구하지 않을 것이다.

2.3 설계 프로세스의 전략, 방법 및 수단

설계 프로세스의 규범적인 설명은 설계를 생성하거나 창출하는 방법을 말해주지는 않으므로 우리를 실망시킬 수 있다. 제3~5장에서 더 상세하게 설명하겠지만, 여기서는 몇몇의 공식적인 설계방법과 설계관련 정보를 취득하기 위한 수단에 대해 간략하게 소개하고자 한다. 여기서 소개될 의사결정 지원기법 및 도구들은 가공물 설계를 어떻게 할 것인가를 설명하기 위함이며, 그것은 설계 프로세스에서 소위 말하는 **사고 프로세스**(thought process) 혹은 **인지 과업**(cognitive task)이라고 한다. 따라서 설계 사고의 전략적 접근방법에 대한 아이디어로부터 설명을 시작한다.

2.3.1 설계 프로세스의 전략적 사고

부가적인 정보와 선택 대안이 고갈되기 전까지는 하나의 특별한 개념이나 형태 구성만을 고집하는 것은 일반적으로 현명한 일이 아니다. 설계 사고에 있어서 이런 일반적인 전략을 **최소 공약**(least commitment)이라고 한다("**첫 번째의 설계와 결혼하지 말라**"는 속담을 기억하자). 최소 공약은 하나의 방법이라기보다는 사고의 전략이나 좋은 습관이다. 이것은 의사결정을 내려야 하는 이유가 있기 전에 의사결정을 하지 않도록 영향을 준다. 때 이른 공약은 우리가 나쁜 개념에 고착되거나 설계 차선책의 범위를 제한할 수 있기 때문에 위험할 수 있다. 따라서 최소 공약이 개념설계에 있어서 특히 중요한 이유는 초기설계의 의사결정 결과가 후속 프로세스에 파급될 수 있기 때문이다.

설계 사고에 있어서 또 다른 중요한 전략은 **분해**(decomposition) 능력을 응용하는 것인데, 이는 커다란 문제(혹은 실물(entity)이나 아이디어)들을 크기가 작은 하위문제(혹은 하위 실물이나 하위 아이디어)로 분류하거나, 세분하거나 혹은 분해하는 것을 말한다. 이러한 하위문제들은 대체적으로 문제를 풀거나 취급하기가 쉽기 때문에, 분해는 종종 **분할해결**(divide and conquer)이라고도 한다. 하위문제들은 상호작용할 수 있기 때문에, 특정한 하위문제에 대한 해결책이 상호보완적인 하위문제들 간의 가정이나 제약조건에 위배되지 않도록 해야 한다.

2.3.2 설계 프로세스의 공식적인 방법

이 절에서는 설계 프로세스의 다섯 단계에 대하여 그림 2.1~5에 나열된 공식적인 설계방법을 간략하게 소개하고자 한다.

목적나무(objectives tree)는 고객 프로젝트 기술문을 명확하게 하고 더 잘 이해하기 위해서 만들어진다. 목적나무는 나무 형태의 구조로 전개되는 계층적 목록이며, 설계가 수행해야 할 목적들이 하위목적에 의해 군집화되고, 상세 수준에 따라 정돈된다. 목적나무의 가장 추상적인 수준은 고객 프로젝트 기술문에서 발췌된 최상위 설계 목표이다. 3.1절에서 목적나무의 구성방법과 그것으로부터 얻을 수 있는 다양한 정보에 대해 상세하게 설명한다.

쌍대비교도표(pairwise comparison chart)를 이용해서 목적들의 순위를 정하는데, 이는 매우 단순한 방법으로서 목적들을 행렬이나 도표의 행과 열에 나열하고, 첫 행부터 시작하여 아래로 내려가면서 일대일로 비교해 나가는 방식이다. 쌍대비교도표는 초기설계 프로세스에서 목적들의 순위 서열을 정하는 데 유용하며, 또한 경쟁력 있는 속성이나 요구사항 중에서 선택을 할 때에도 도움이 된다. 3.3절에서 쌍대비교도표에 대해 설명한다.

기능 분석(functional analysis)은 설계가 해야 할 일을 식별하는 데 사용된다. 제안된 장치(device)의 기능성을 분석하는 출발점은 주로 장치와 그 주변 간의 경계를 명확하게 나타낸 "블랙박스"가 된다. 기능 분석에서는 종종 전반적인 기능을 하위기능으로 분해한다.

이는 장치를 통한 자재, 신호 등의 흐름을 추적하고, 바람직한 기능을 산출하기 위해 필요한 자재 혹은 신호처리를 구체화함으로써 성취된다. 4.1절에서 기능적인 분석과 그와 관련된 기능-수단나무(function-means tree)를 설명한다.

성능명세 방법(performance-specification method)은 설계 프로젝트에 대한 설계자의 목표인 설계명세를 한층 더 상세하게 만들도록 지원한다. 그 목적은 필수적이고 바람직한 설계개념의 특성에 맞는 성능명세와 해결방안에 독립적인(solution-independent) 속성의 목록을 나열하는 데 있다. 성능명세와 그 용도에 관한 것은 5.2절에서 소개된다.

형태도표(morphological chart)는 요구되는 기능을 발휘하게 하는 데 사용될 수 있는 방법이나 수단을 확인하기 위해 이용된다. "형태(morph)" 도표는 설계 문제를 해결할 수 있는 잠재적인 설계 대안의 생성, 수집, 식별, 저장 및 탐색을 위해 사용할 수 있는 상상의 "평면", "방" 혹은 "공간"을 말하는 설계공간(design space)의 시각화를 위한 틀을 제공한다. 설계공간과 형태도표는 5.1절과 5.3절에서 좀더 공식적으로 설명된다.

좀더 진보된 도구인 품질기능전개(quality function deployment; QFD)는 성능명세 방법에 기초하여 구축되는데, 보다 높은 품질의 제품을 성취하고자 하는 목표를 갖는다. 일반 제조업에서 흔히 사용되는 품질기능전개는 고객과 사용자의 요구사항 및 공학적 속성을 행렬 형태로 나타내어 일대일로 연관성을 비교하고 가중치를 부여할 수 있도록 한다. 그 목적은 공학적 명세의 양이나 음의 상호작용을 나타내는 품질의 집을 세우는 데 있으며, 그로 인해 설계자는 성능 간의 상충을 예측하고 제거할 수 있다. 품질기능전개는 8.5절에서 간략히 설명된다.

2.3.3 설계 지식 획득과 처리 방법

이 절에서는 공식적인 설계방법에 있어서 궁극적으로 사용하기 위해 정보를 수집하고 분석하는 방법을 설명하고자 한다. 이러한 방법과 도구들은 많은 훈련을 통해 개발된 도구들이며, 세 가지 범주로 구성된다. 이는 정보 획득을 위한 방법, 획득된 정보의 분석 및 목적하는 결과에 대비한 결과 시험을 위한 방법, 고객, 사용자 및 관련자(혹은 관심을 갖는 이들)로부터의 피드백을 획득하기 위한 방법이다. 방법이란 단어는 광범위하게 사용되는 경우가 많기 때문에 상세한 설명은 피하도록 한다. 다른 경우에는 방법이 매우 중요하기 때문에 차후에 더 확장된 의미로 설명하겠다.

2.3.3.1 정보 획득을 위한 방법　문헌 참조(literature review)는 한 분야에서 최신 기술과 선행 작업들을 결정하는 고전적인 방법인데, 너무 많이 사용되어서 그것에 대해 언급한다는 것은 쓸데없는 것처럼 보일 수 있다. 개념단계와 사전처리에 있어서 문헌 참조는 잠재적 사용자, 고객, 설계 문제 그 자체의 성격 등을 이해하기 위해 필요하다. 그런 후에 제

품 홍보와 공급자 조사를 포함해서 이전의 해법이나 현재의 해법을 고려할 수 있다. 예비 설계 단계에서는 가능한 해법의 물리적인 특성에 관한 기술적 문헌에 대해 면밀히 조사할 것이며, 상세설계 단계에서는 편람, 원자재 특성 개론, 설계 및 법률 코드 등과 같은 것을 찾아볼 것이다.

사용자 의견조사(user survey) 및 설문서(questionnaires)는 시장조사에서 사용된다. 그것은 문제 공간에 대한 사용자 이해와 가능한 해법에 관한 사용자 반응을 확인하는 데 당연히 초점을 둔다. 시장조사는 설계자로 하여금 초기 단계에서의 문제를 명확하게 하고 잘 이해할 수 있도록 도와주기 때문에, 질문들이 개방형일 필요가 있다. 차후의 의견조사는 쌍대비교도표와 형태도표를 이용해서 선정과 선택에 사용될 수 있다.

초점그룹(focus group)은 설계팀이 잠재적인 설계를 위해 적정하게 선택된 사용자와 다른 이들의 반응을 관찰할 수 있도록 하는 비용이 드는 방법이다. 초점그룹을 현명하게 사용하기 위해서는 복잡한 심리학적 문제를 고려해야 하기 때문에 일반적으로 학생 설계팀에서는 사용하지 않는다.

그와는 반대로, 비공식적인 면담(informal interview)은 팀들이 접근방법을 계획하기 위해 문제를 충분히 정의하고자 하는 설계 프로젝트 초기에 수행된다. 비공식적인 면담은 상대적으로 수행하기에 단순한 반면, 피면담자의 시간과 다른 제약을 매우 세심하게 살피는 것이 중요하다. 설계팀이 너무 자주 불쑥 나타나서 관련이 없어 보이는 질문을 하게 되면 대답하기가 어려워진다. 이러한 문제점을 감소시키기 위해서는 피면담자에게 미리 주제와 질문들을 송부하고 면담 수행에 앞서 광범위하게 참고문헌을 연구해야 한다.

구조적 면담(structured interview)은 의견조사의 요소와 비공식적인 면담의 유연성을 조합해서 정보를 도출하는 또 다른 방법이다. 여기서 면담자는 피면담자에게 미리 알려주거나 알리지 않은 사전에 정의된 질문을 사용한다. 직접적인 대답을 유도하는 질문 사용과 더불어, 면담자는 특별한 반응을 뒤쫓아 새로운 영역을 개척하도록 질문한다. 구조적 질문은 피면담자로 하여금 면담에 목적과 초점이 있다고 확신시키며, 흥미로운 부차적 이슈가 핵심 문제를 흐리지 않도록 한다.

설계팀이 통찰력을 좀더 획득할 수 있는 또 다른 방법은 브레인스토밍(brainstorming)이며, 이는 모든 참석자가 관련 있거나 혹은 관련이 없는 아이디어를 생성하도록 하는 활동이다. 여기서 도출된 아이디어 목록은 차후에 평가된다. 브레인스토밍의 자유분방한 성격은 연구와 분석을 위한 새로운 길을 여는 데 상당히 도움이 된다. 브레인스토밍은 6.2절에서 상세히 설명하겠지만, 다만 여기서 중요한 것은 다른 이들의 아이디어를 존중해야 하며 그들의 모든 아이디어는 제시된 그대로 목록화되어야 한다는 것이다.

설계팀들은 그들 자신의 능력을 발휘하여 처음에는 관련이 없어 보이는 해법과 아이디어 간의 유사성과 관계성을 발견하고 탐색할 수 있다. 자유롭게 비평하고 평가하는 환경 속에서, 팀은 브레인스토밍과 유사하게, 어느 한 형태의 문제와 다른 형태의 문제나 현상 간에 유추(analogies)를 발견하고 개발하는 **창조공학적(synectic) 활동을 수행한다.** 예를 들면, 이전의 팀에 의해 해결되었던 다른 문제를 이용해 현재의 문제를 재정의하고자 하거나, 혹은 가장 터무니없는 해법을 먼저 구한 후에 나중에 이런 해법을 유용하게 할 수 있는 방법을 찾을 수도 있다. 5.2절에서 창조공학에 대해 더 설명하겠지만, 여기서는 그것이 시간을 많이 소요하고 설계팀들에게 상당한 부담감을 주기에 더 이상 언급하지 않는다. 결과적으로, 창조공학은 일반적으로 학문 분야보다는 산업 설계 분야에서 더 많이 사용된다.

마지막으로, 설계팀들은 새로운 제품을 개발할 때 "과연 거기에 무엇이 있는지" 살펴보기 위한 두 개의 서로 관련이 없는 활동들을 종종 사용한다. 그 하나의 경우가, **경쟁력 있는 제품은 벤치마킹해야 한다**는 것인데, 이는 설계자들이 글자 그대로 기존에 만들어져 가용한 유사한 제품을 보고 과연 이러한 제품들이 얼마나 잘 어떤 기능을 수행하거나 어떤 특징을 보여주는가를 평가하는 것이다. 이러한 경쟁력 있는 제품들은 더 나은 신제품을 만들기 위한 표준 역할을 하게 되는데, 이는 제안된 새로운 설계들을 기존 소비자의 마음을 끄는 제품과 비교할 수 있기 때문이다. 두 번째 활동인 **역공학(reverse engineering)** 혹은 **분해(dissection)**는 경쟁력이 있거나 유사하거나 혹은 기존의 제품들을 글자 그대로 분해하는 과정으로 구성된다. 그 아이디어는 동일하거나 혹은 유사한 하위기능을 수행하기에 더 좋은 방법을 찾아내기 위한 목적으로, 주어진 제품이나 장치가 그렇게 설계된 이유를 찾아내는 것이다.

2.3.3.2 정보 분석 및 결과 시험을 위한 방법 설계 개념이 수행될 수 있을지 여부를 결정하기 위한 가장 중요한 첫 번째 단계는 결과를 측정할 수 있도록 **측정기준을 정의하는** 것이다. 여기서 특별히 흥미로운 사실은 설계명세에서 설계를 기술한 목적과 제약조건의 표현과, 수용할 수 있고 바람직한 설계 결과에 대한 기술문의 관계이다. 이에 대해서는 4.4절과 5.3절에서 깊이 토의할 것이며, 이것은 상당히 중요한 주제이다.

때로는 실험실 실험을 통해 잠재적 설계 해법에 대한 자료를 수집하고 평가하는 일이 가능한 경우도 있다. 예를 들어 만일 해법 중에 구조가 포함된다면, 실험을 통해 설계의 주요 부품에 대한 스트레스나 강도의 관계를 측정할 수도 있다.

설계가 요구되는 기능들을 수행할 수 있는지 여부를 결정하는 가장 중요한 방법은 바로 **원형 개발(prototype development)**이다. 여기서 원형이나 시험 단위는 비록 그것이 기대되는 최종제품처럼은 보이지 않을지라도, 최종설계의 중요한 기능적 특성을 구체적으로 구현할 수 있을 것이다. 사실상, 초기 원형은 전형적으로 개발시간의 단축과 비용 감소를 위해 요구되는 기능성의 일부분만을 갖고 있으며, 원형은 실험실 혹은 다른 시험들을 지원하는 기구로 사용될 수 있다.

개념설계에서 상세설계로 나아가는 경로에서 결정적인 단계는 **개념검증시험(proof-of-**

concept testing)이며, 이러한 시험에서는 고려중인 개념이 설계 요구사항을 합리적으로 충족할 수 있는지의 여부를 결정하기 위한 공식적인 방법을 설정한다. 대다수의 개념검증 시험에서는 시험 단위가 살아남거나 혹은 기술된 기능을 수행하는 것을 요구하지는 않는다. 오히려 어떤 사전에 정해진 조건 아래서 설계가 기능을 완수할 수 있는가를 보여주는 것이 목적이다. 대부분의 과학적인 시험에서와 같이 개념을 채택하거나 기각하는 데 충분한 결과물을 정의해야 한다.

대부분의 경우 비용, 크기, 위험성 혹은 다른 이유로 원형의 개발 혹은 시험을 할 수가 없다. 이런 경우, 종종 **모의실험**을 하는데, 그것은 기술된 조건 아래서 설계의 성능을 모의실험하기 위해서 제안된 설계의 분석모형, 컴퓨터모형, 혹은 물리적인 모형을 연습시키는 것이다. 또한 모의실험은 모형화될 장치, 작동 조건, 작동으로 인한 영향 등이 모형의 유용성을 보장할 수 있을 만큼 충분히 이해되어 있다는 전제를 바탕으로 한다. 이러한 모의실험의 좋은 사례는 바로 고층빌딩과 길고 가느다란 현수교에 미칠 바람의 영향을 평가하기 위해서 바람터널과 그와 연관된 컴퓨터 분석을 사용하는 것이다.

모의실험과 밀접하게, **컴퓨터 분석**(computer analysis)은 설계 및 다양한 분석적 훈련 기반 기법의 응용을 설명하는 데 적합한 공식들로 구성된 컴퓨터 기반 모형을 개발한다. 이는 유한 요소 분석, 통합회로 모형, 고장모드 분석, 임계 분석 등을 포함한다. 컴퓨터 기반 분석 모형은 공학 전 분야에서 널리 사용되는데, 설계 프로젝트가 상세설계로 전개됨에 따라 더욱 중요해진다. 이런 이유로 컴퓨터 분석 도구를 2.2.2절 네 번째 상자(상세설계 단계)에서 **적용분야별** CADD 시스템 도구, 혹은 분야별 적용 컴퓨터지원 설계 및 제도 시스템으로 언급하였다.

2.3.3.3 피드백을 얻기 위한 방법

고객과 사용자들로부터 피드백을 얻을 수 있는 가장 중요한 수단 중의 하나는 **정기적인 회의**인데, 여기서는 설계 프로세스의 다양한 단계에 대한 설명을 포함하여 설계 프로젝트의 진도를 추적하고 토의한다. 이 책에서 우리는 설계팀이 언제나 고객과 사용자와 의사소통하고 있다고 간주하며, 다양한 공식적인 설계 결과를 그들로 하여금 검토하도록 자주 제안할 것이다.

설계 프로세스의 특정 단계에서 공식적인 설계 검토를 갖는 것이 표준적인 관행인데, 여기서는 현재의 설계가 고객, 선택된 사용자 그리고 다른 관련자들에게 발표된다. 이러한 발표에 전형적으로 설계의 함축된 의미가 공정하게 연구되고 평가될 수 있는 충분한 기술적인 세부사항을 포함한다. 특히 경험이 없는 젊은 설계자들이 검토에 주로 수반되는 의견교환(give and take)을 통해 편안함을 얻게 된다는 점이 중요하다. 때론 고객과 다른 이들에게 다양한 기술적인 세부사항을 정당화하기 위해 질문을 하는 것이 거슬릴 수도 있지만, 설계 검토 프로세스는 잠재적인 보증되지 않은 가정과 실수 혹은 간과사항이 종종 드러나도록 하기 때문에 일반적으로 유익하다.

어떤 설계 환경에서는, 관련된 민법이나 공공정책으로 인해 공청회를 열어야 하는 경우도 있는데, 이는 공공의 검토와 제안을 얻기 위해 설계를 발표하는 목적으로 개최된다. 공청회를 상세히 고려하는 것은 이 책의 영역 밖이지만, 설계팀이 점차적으로 설계 선택의 내적인 조직구조 역할을 하는 것과 마찬가지로, 고객이 개인적 기업인 만큼 공청회와 회의 또한 점차적으로 주요 설계 프로젝트의 기준(norm) 역할을 하고 있다는 것을 설계자들이 이해할 필요가 있다.

이미 우리는 **초점그룹**이 문제 정의에 있어서 사용자 입력물의 중요한 출처라는 것을 인지했다. 그런 그룹들은 또한 설계가 거의 수용되고 시장 판매가 임박함에 따라 설계에 대한 사용자의 반응을 평가하는 데 이용된다.

어느 산업 분야에서는, 특히 대부분의 소프트웨어 설계에서, 설계는 거의 되었지만 완전하지는 않은 제품의 버전을 적은 수의 사용자에게 배포한다. 이런 관행을 베타시험(beta testing)이라 하며, 제품이 더 큰 시장에 나가기 전에 설계자들로 하여금 설계나 실행상의 오류를 발견하고 제품에 대한 피드백을 얻을 수 있게 한다. 베타시험은 이 책에서는 소개되지 않는다.

2.4 설계 프로세스 관리

설계 프로세스를 설명하는 모형이 많은 것처럼, 프로젝트 관리에 대한 묘사 또한 다양하다. 그림 2.3의 설계 프로세스와 유사하게, 그림 2.5는 설계 프로젝트를 위한 프로젝트 관리 경로의 로드맵을 나타낸다. 이 그림은 프로젝트 관리는 다음 사항을 수행하는 경로

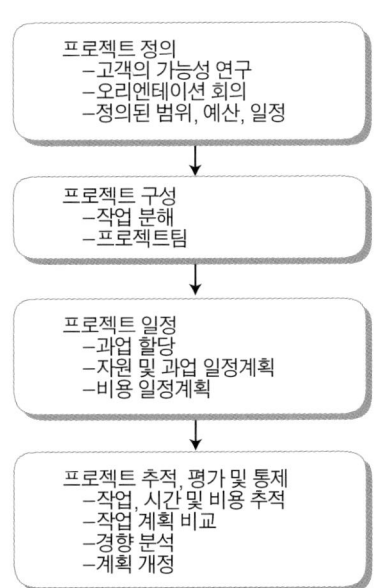

그림 2.5 설계 프로젝트 관리는 문제에 대한 고객의 이해를 시작으로 정렬된 절차를 따른다. 설계팀은 초기 단계에서 문제 이해 및 해결방안에 관심이 있으나, 나중에는 프로젝트 통제 및 계획 유지로 그 초점이 바뀐다. (Orberlander, 1993)에서 발췌함.

39

를 따라야 함을 나타낸다.

- **프로젝트 정의** — 설계 문제와 그와 연관된 프로젝트의 초기 이해 개발
- **프로젝트 구성(framework)** — 설계 프로젝트를 수행하기 위한 계획 개발 및 응용
- **프로젝트 일정계획(scheduling)** — 시간과 그 밖의 다른 자원 제약조건을 고려한 계획 결성
- **프로젝트 추적(tracking)** — 평가 및 통제; 시간, 작업 및 비용의 추적

제7장에서 위에서 언급한 경로를 따라 진행하는 데 도움이 되는 많은 도구들을 상세하게 설명할 것이나, 이러한 모형이 프로젝트 초기에 팀에게 어떻게 영향을 미치는가를 주목할 가치가 있다. 가능성 연구나 오리엔테이션 회의, 혹은 전반적인 일정계획 및 예산설정과 같이 프로젝트 정의와 연관된 많은 활동들은 설계팀의 통제 밖의 것일 수도 있다. 그럼에도 불구하고 설계팀은 주로 이러한 쟁점들을 보다 잘 이해하기 위해서 초기 회의와 활동에 최선을 다할 것이다. 여기서 더 이상 미룰 수 없는 중요한 활동은 바로 다음 절에서 소개될 프로젝트팀의 결성과 개발이다.

2.4.1 설계팀의 결성

설계는 개인보다는 팀에 의해 수행된다.

설계란 점차적으로 개인보다는 팀에 의해 수행되는 활동이다. 예를 들면, 새로운 제품은 종종 설계자, 제조공학자 및 마케팅 전문가 등으로 구성된 팀에 의해 개발된다. 이러한 팀들은 새로운 제품들의 성공적인 설계, 제조 및 판매에 필요한 다양한 기술, 경험 및 견해를 모으도록 구성된다. 우리가 토론해왔던 설계의 단계, 방법, 수단 등을 돌아보건대, 이와 같이 팀에게 의존한다는 것이 그리 놀라운 일은 아니다. 문제의 공통적인 이해를 실현하기 위해 다양한 재능과 기술을 응용하는 데 많은 활동과 방법들이 사용되어 왔다. 예를 들어 구조물에 대한 실험실 시험과 컴퓨터 기반 분석의 차이를 고려해 보자. 두 방법 모두 공통적으로 구조적인 역학에 관한 지식을 요구하지만, 특별한 시험과 실험실 기술이나 컴퓨터 기술과 분석을 다 터득하려면 오랜 시간이 필요한 것이다. 따라서 팀원들이 필요로 하는 모든 기술을 갖추고 모두 함께 성공적으로 협력할 수 있는 팀을 구성하면 놀라운 가치가 있을 것이다. 이 절에서는 팀 구성과 수행도 측면을 간략하게 소개한 후에, 위에서 언급한 아이디어를 생성 수단의 하나인 브레인스토밍과 연관시켜 설명할 것이다.

2.4.1.1 그룹 구성 단계 그룹과 팀은 인간사회에서 중요한 요소이므로 이들이 광범위하게 연구되었고 모형화되었다는 사실에 놀랄 이유가 없다. 그룹 형성의 가장 유용한 모형 중 하나는 거의 모든 그룹은 전형적으로 다음과 같이 명명된 다섯 가지의 개발 단계를 거친다는 점을 시사한다.

- 형성(forming)
- 훈련(storming)
- 명명(norming)
- 수행(performing)
- 휴회(adjourning)

우리는 이 다섯 단계 모형을 공학설계 프로젝트에서 종종 나타나는 그룹 역학의 요소들을 설명하는 데 사용하기로 한다.

형성: 팀이나 그룹에 처음 배정되면 대부분의 사람들은 동시에 많은 감정을 경험한다. 이러한 감정이나 느낌은 흥분과 기대로부터 불안과 걱정에 이르기까지 다양하다. 우리는 주어진 과업을 수행할 수 있는 자신이나 팀원들의 능력에 대해 걱정할지도 모르며, 일을 성공적으로 수행하기 위해 필요한 리더십을 누가 발휘할지에 대해서도 관심이 있을 수 있다. 또는 너무 빨리 시작하고자 하는 마음에 시작할 준비도 되기 전에 할당과 활동 업무에 뛰어들 수도 있을 수 있다. 이런 감정과 걱정은 그룹 형성(forming) 단계의 요소이며, 다음과 같은 많은 상황과 행동으로 특성화된다.

- 준비된 설계 과업에 적응함
- 팀의 다른 구성원들과 친밀해짐
- 팀원간의 공통적인 견해와 가치를 결정하기 위해 그룹 행위를 시험함
- 프로젝트나 과업을 맡게 될 사람에게 신뢰감을 가짐
- 명확하게 기술되거나 외적으로 표현된 규칙을 참조하여 초기 기본규칙을 정의하고자 함

이 단계에서, 팀원들은 그들의 불확실성과 불안감을 반영하는 무언가를 말하거나 하려 한다. 이를 이해하는 것이 중요한데, 형성 단계에서 설정된 판단은 프로젝트의 전체주기 동안에 그리 적합하지 못하기 때문이다.

훈련: 초기 혹은 형성 단계 후에, 대부분의 그룹들은 프로젝트와 이를 성취하기 위해 필요한 과업을 정의하는 데 능동적인 역할을 수행해야 한다는 것을 깨닫게 된다. 여기서 팀은 주어진 업무에 대해 저항하거나 분개할 수도 있고, 설정된 역할과 기준(norms)에 도전할 수도 있다. 이러한 그룹개발 시기를 **훈련**(storming) 단계라고 하는데, 팀원 간에 팀의 리더가 누가 될 것이며 개인적으로 해야 할 역할이 무엇인가에 대해 의사결정을 하는 과정에서 격렬한 의견대립이 나타나는 경우도 있다. 동시에, 팀은 보통 프로젝트와 과업을 재정의하고 팀이 탐구해 나가야 할 방향에 관한 의견을 토론한다. 그룹 훈련 단계의 특징

은 다음과 같다.

- 과업 요구에 대한 저항
- 개인간의 의견대립
- 종종 명백한 해결방안 없는 의견차이 발산
- 그룹 리더십을 향한 투쟁

훈련 단계는 설계팀에 있어서 특히 중요한데, 이는 고객과 사용자 요구사항에 대한 높은 수준의 불확실성과 애매모호함이 존재하기 때문이다. 어떤 팀원은 해결방안을 빨리 내고 싶어 서 단지 고집스럽게 설계공간을 좀더 깊이 탐구하려 할 것이다. 동시에, 대부분의 설계팀들은 건축, 제조 혹은 연구 프로젝트에서와 같은 명확한 리더십 구조를 갖지 못할 것이다. 이러한 이유로, 유능한 팀에서는 그룹 훈련 단계에서 많은 시간을 소요하게 될 때 이를 깨닫고, 다음 단계인 그룹 명명 및 수행 단계로 이동하도록 격려하는 것이 중요하다.

명명: 대부분의 그룹들은 함께 작업하는 방법과 그룹을 위한 수용할 수 있는 행동 혹은 기준에 어느 정도 의견을 일치하게 된다. 그룹 구성의 이 중요한 기간에 예를 들면, 모든 구성원을 회의에 참석하게 할 것인가, 모욕적이고 존경할 만한 가치가 없는 비평을 용납할 것인가, 그리고 팀원들이 만족스러운 작업을 위하여 높거나 낮은 표준을 지킬 것인가 하는 것 등을 정의하게 된다. 팀원들이 소위 **명명(norming)** 단계의 결과를 이해하고 동의하는 것은 매우 중요한데, 이는 후속 작업의 상태와 품질 모두를 결정하는 것이 당연하기 때문이다. 그룹 명명 단계의 특성은 다음과 같다.

- 그룹의 역할 명시
- 비공식적인 리더십 출현
- 그룹 행위와 기준에 대한 합의 개발
- 그룹 활동 및 목적에 관한 합의 도출

확실히 명명은 종종 구성원들이 얼마나 진지하게 프로젝트를 착수할 것인가를 결정하는 단계이다. 따라서 성공적인 결과를 바라는 팀원들은 수용할 수 없거나 좋지 않은 제품을 단지 무시하는 것이 생산적이지 않다는 것을 인지하는 것이 중요하다. 대부분 팀들에게 는 명명 단계 동안 설정되는 행동 기준이 남은 프로젝트 기간에 있어서 행위의 근거가 된다.

수행: 형성, 훈련 및 명명 단계를 거치고 팀은 프로젝트를 위해 적극적으로 활동하는 단계에 이르게 되는데, 이것이 **수행(performing)** 단계이며 모든 팀들이 도달하고 싶어 하

는 단계이다. 여기서 팀원들은 그들 자신의 에너지를 과업에 중점적으로 부여하고, 설정된 그룹의 기준에 따라 수행하며, 당면한 문제의 유용한 해결방안을 생성한다. 수행 단계의 특성은 다음과 같다.

- 역할과 과업의 명확한 이해
- 전반적인 프로젝트 목표를 지원하는 잘 정의된 기준
- 과업 수행을 위한 충분한 관심과 에너지
- 해결방안과 결과 도출

이 단계는 팀의 목표를 충분히 실현할 수 있는 팀을 개발하는 단계이다.

휴회: 팀이 전형적으로 경험하는 마지막 단계는 휴회(adjourning)라고 일컫는다. 이 단계는 그룹이 주어진 과업을 완수했을 때 도달되며, 해산을 준비하는 과정이다. 그룹에서 세운 정체성의 정도에 따라, 이 단계에서는 그룹 구성원들이 더 이상 함께 작업을 못할 것이라는 후회의 감정이 나타나기도 한다. 어떤 팀원들은 그룹의 사전 기준에 부합되지 않은 방법으로 이러한 우려를 행동으로 나타낼 수도 있다. 이러한 후회의 감정은 전형적으로 팀이나 그룹이 한 학기나 두 학기 이상의 긴 시간 동안을 함께 작업한 후에 나타나는데, 이는 완전한 그룹 정체성은 보통 오랜 시간 후에 개발되기 때문이다.

이러한 그룹 형성 단계에서 마지막으로 주목해야 할 한 가지는 각각의 팀원은 통상 **최소한 한 번**은 서로를 경험하게 된다는 것이다. 회원 자격의 변경, 혹은 팀 리더십의 변경과 같은 구성요인이나 구조의 심각한 변화를 팀이 떠맡게 된다면, 훈련과 명명 단계를 다시 거쳐야 할 것이다.

2.4.1.2 팀 역학과 브레인스토밍 2.3.3절에서 정보 수집, 아이디어 생성 및 평가, 그리고 피드백 획득 방법에 관해 설명하였다. 이러한 수단의 일부는 팀과 그 밖의 관련자들이 자유스러운 아이디어를 고취할 수 있는 분위기로 이끄는 방법들이었다. 브레인스토밍과 창조공학은 특별히 어떤 한 사람의 아이디어가 다른 사람에게 자극이 되어서 좀더 나은 대안을 찾아낼 수 있도록 하는 데 착안하고 있다. 여기서는 브레인스토밍을 간략하게 요약하고, 이를 그룹 구성 단계의 토의와 연관시키고자 한다. 문제를 충분히 이해할 때까지 해결방안을 정하지 않도록 한 우리의 경고는 설계 프로세스 모형뿐만 아니라 팀이 최선의 기능을 다하는 방법에 대한 이해와도 일치함을 알게 될 것이다.

브레인스토밍은 문제에 대한 아이디어와 해법을 생성하기 위한 고전적인 기법이다. 브레인스토밍은 개인적 아이디어를 아무런 평가 없이 제시하는 그룹 구성원들로 구성되어 있다. 전형적으로 책상에 둘러앉아서 풀고자 하는 문제를 간략하게 검토한 후에, 그것에 관한 아이디어를 제시한다. 팀의 한두 명은 제시된 각각의 아이디어를 토론과 검토를 위해 기록한다. 그룹 구성원 모두는 자기 차례가 왔을 때 정리되지 않고 부족하더라도 아이디어를 제시해야 한다. 때로는 차례를 지나치도록 허용해도 될 듯하겠지만, 이는 명백히 수행되어야 한다.

브레인스토밍의 예측되는 결과물 중의 하나는 문제에 관한 잠재적인 해법의 포괄적인 목록이다. 또 한 가지 바라는 결과물은 한 구성원의 아이디어가 비현실적이라 할지라도, 다른 구성원에게 처음의 아이디어보다는 좀더 유용한 아이디어를 도입할 수 있도록 자극을 줄 수 있다는 것이다. 참가자들이 아이디어의 **생성과 평가를 분리해야** 한다는 것은 매우 중요한 사실이다. 브레인스토밍은 그 성격상, 아이디어를 먼저 생성하고 차후에 기각하는 기법이다. 즉, 브레인스토밍의 핵심은 아이디어에 대한 판단을 잠시 유보하고, 그 동안에는 다른 이의 아이디어를 존중하는 원칙을 지키는 활동이다. 만일 팀이 어느 한 부분의 아이디어 평가에만 초점을 둔다면, 그것은 팀원들의 아이디어 제안을 제한할 수도 있다. 따라서 팀은 창의적인 변화나 "부차적인" 아이디어가 초기에 출현할 수 있는 범위를 제한하게 된다.

이전에 언급된 그룹 형성 단계에 대한 토의는 팀이 브레인스토밍과 같은 활동에 효과적으로 참여할 수 있는 시점을 이해하는 데 도움이 된다. 확실히 형성과 훈련 단계에서는, 팀의 역학에서 신뢰와 확신이 없을 수도 있다. 사실상, 이 단계에서는 팀의 진정한 과업이 무엇인지 정의하기 위한 노력을 아직도 하고 있을 수 있다. 팀의 명목적인 목표를 달성하기 위해 얼마나 열심히 노력할 것인가에 대해 서로가 동의하지 않을 수도 있다. 이런 경우 팀은 확실히 효과적인 브레인스토밍을 착수할 수 없을 것이다. 반면에 명명 단계에서의 팀은 행위 기준에 관한 합의를 도출할 가능성이 많은데, 이를 통해 브레인스토밍이 요구하는 존중-기반(respect-based) 행위에 착수할 수 있을 것이다. 수행 단계에서의 팀은 브레인스토밍에 거의 착수할 수 있다. 이는 충분한 초기 연구와 문제 정의를 허용하는 설계 모형이 팀이 수행할 방법의 역학과 일치하고 있음을 의미한다.

아이디어의 생성과 그들의 평가를 분리하라.

2.4.2 건설적 의견대립: 좋은 싸움을 즐겨라

과업 수행을 위해 사람들이 모일 때마다 의견대립은 필수불가결한 부산물이다. 대다수의 이러한 의견대립은 아이디어를 교환하고 대안을 비교하고 견해 차이를 해소하는 데 있어서 건전하고 필요한 요소이다. 그러나 의견대립은 그룹에 있어서 불쾌하고 바람직하지 못할 수도 있다. 어떤 팀원은 나머지 그룹에 의해 소외당하는 기분을 초래할 수도 있다. 따라서 건설적이고 파괴적인 의견대립의 개념에 대한 확실한 이해는 팀 프로젝트를 위해 필수적인 시작점이다. 경영관리 기술과 도구에 대한 의견대립에 노출된 팀의 경우라 할지라도, 모든 프로젝트의 시작점에서 그들을 검토하는 것이 유용하다.

건설적 의견대립에 대한 개념은 1920년에 수행된 경영관리 연구에서 그 기원을 찾을 수 있다. 모든 의견대립의 바탕이 되는 필수적 요소는, 의견의 차이, 관심의 차이, 열망의 차이 등과 같은 차이들의 집합인 것으로 관찰되었다. 의견대립은 사람과 사람 사이의 환경에 있어서 피할 수 없는 것이므로, 이를 이해하고, 모든 사람이 참여하는 효과를 증진시키기 위해서 이용해야 한다. 그러나 이를 효과적으로 이용하기 위해서는 의견대립은 건설적이어야 한다. 건설적 의견대립(constructive conflict)은 보통 아이디어나 가치의 영역에 근거한다. 그와 반대로 파괴적 의견대립(destructive conflict)은 보통 참여한 사람들의 인간성에 근거한다. 우리가 만일 유용하거나 건전한 의견대립 상황을 나열하게 된다면, "새로운 아이디어의 생성"이나 "대체적인 관점의 도출"과 같은 용어를 발견할 수 있을 것이다. 그와 반대되고 팀의 효과를 감소시키는 의견대립 상황의 유사한 용어들은 아마도 "감정을 건드림" 혹은 "다른 사람에 대한 존중 감소" 등일 것이다.

> 건설적 의견대립은 아이디어와 가치에 근거한다.

　파괴적인, 성격 기반의 의견대립과 건설적인, 아이디어 기반의 의견대립의 차이는 그 결과로부터 인식되어야 한다. 팀이 기준을 설정하는 동안에, 그것이 명명 단계에서 공식화되거나 혹은 의견이 일치되기 전이라 할지라도, 팀은 파괴적 의견대립을 피할 수 있는 확고한 기본적인 규칙을 설정해야 하며, 이러한 확고한 규칙을 위반할 수 없도록 해야 한다. 팀은 처음부터 모욕, 인격 훼손, 그리고 유사한 행동을 포함한 파괴적 의견대립을 허용하지 말아야 하며, 그렇지 못할 경우에는 파괴적 의견대립이 팀 분위기의 한 부분으로 정착될 것이다. 건설적 의견대립과 파괴적 의견대립의 차이점을 깨달은 후에는 사람들이 의견대립에 대해 반응하는 다양한 방법을 인식하는 것이 유용하다. 다음의 다섯 가지 전략은 의견대립을 해소하기 위한 것들이다.

- **회피** — 의견대립을 무시하고 사라지길 바람
- **유연** — 의견대립을 피하기 위해 상대방의 승리를 허용함
- **강요** — 해결을 상대방에게 강요함
- **타협** — 상대방의 의견을 어느 정도 인정하려고 시도함
- **건설적 의견조합** — 모든 이의 욕구를 확인하고 그것을 실현하는 방법을 추구함.

　위의 처음 세 가지(회피, 유연 및 강요)는 모두 의견대립을 어느 정도 "사라지게" 만드는 개념을 지향한다. 회피의 효과는 거의 없으며, 오히려 의견대립을 피하는 사람에 대한 상대방의 존중심을 없애버리게 한다. 유연은 의견대립에 있는 상대방들이 주어진 이슈에 대해 별로 관심이 없는 경우에는 적절할 수 있지만, 매우 심각하고 중요한 문제에 대한 논쟁이 있는 경우에는 효과가 없을 것이다. 다시 한 번 언급하면, 논의를 "포기하는" 이에 대한 존중심은 시간이 지남에 따라 사라질 것이다. 강요는 "상관과 부하"의 상황처럼 지배력이나 힘의 관계가 명확한 경우에 있어서만 효과적일 것이나, 그런 경우에도 사기진작이나 미래 참여 여부에 미치는 영향은 부정적이라고 할 수 있다. 많은 사람들이 첫 번째

로 선택하는 타협은 사실상 팀과 그룹에게는 매우 위험한 전략이다. 그 중심에는 논쟁이 근본적인 원칙이나 차이에 관한 것이라기보다는 오히려 "양"이나 "정도"에 대한 것으로 간주하고 있다. 이 방법은 노동 임금이나 할당시간과 같은 경우에는 효과가 있는 반면에, 두 개의 경쟁하는 설계 대안 중에 하나를 선택하는 데 있어서는 효과적일 수 없다. (예를 들어 터널과 교량 사이의 결정에서 타협이 있을 수 없는 것이다.) 타협이 가능한 경우에라도, 어느 정도의 시간이 흐르면 다시 의견대립이 발생할 수 있다는 것을 예상하고 있어야 한다. 예를 들면, 노사는 종종 임금에 대해 타협을 하면서도 언젠가 다시 다음 계약을 할 때가 되면 바로 똑같은 이유로 마주치게 된다. 따라서 중요한 의견대립에 대해 안정된 해결 방안의 가능성을 유지하는 유일한 도구로써 건설적 의견대립만이 남게 된다.

건설적 의견대립은 각 당사자의 근본적인 요구를 진실하게 말하고 듣는 것으로부터 시작된다. 각 당사자는 의견대립을 통해 진실로 원하는 것이 무엇인지를 곰곰이 생각하고 상대방에게 솔직하게 알려야 한다. 또한 상대방이 진실로 추구하는 것이 무엇인지에 귀 기울어야 한다. 많은 경우에 있어, 의견대립은 명백한 문제 때문이라기보다는 각 당사자의 근본적인 욕구가 서로 다르기 때문이다.

건설적 의견대립의 아이디어 창시자인 Mary Parker Follett은 다음과 같은 모범적인 예화를 말했다. 바람이 부는 어느 날, 그녀가 하버드대학교 도서관에서 창문을 닫고 일을 할 때 한 사람이 들어오자마자 바로 한쪽 창문을 열었다. 이는 의견대립과 그것을 해결하는 방법을 찾아내야 하는 상황을 설정한다. 위에서 언급한 다섯 가지 해결대안이 가능하나, 대부분은 모두 수용되지 않았다. 아무 반응도 안 하거나 유연하게 있다는 것은 그녀에겐 몹시 추웠고, 창문을 반만 열어 놓도록 타협하는 것도 실행 가능한 대안으로 보이질 않았다. 그보다 그녀는 상대방에게 말하기로 결정하고, 냉기와 외풍을 피하기 위해 창문을 닫고자 하는 그녀의 요구를 표현했다. 상대방은 그것이 좋은 생각이라는 데 의견을 일치했으나, 그 방이 통풍이 나빠서 결국 그 사람의 목감기에 나쁘다고 했다. 쌍방은 그들의 요구에 대한 이성 있는 해결방안을 찾기에 동의했으며, 그들은 근접한 곳에 창문을 열어 놓고 외풍을 간접적으로 들어오게 함으로써 신선한 공기를 느낄 수 있다는 것을 알았다. 이러한 해결방안은 도서관의 구조가 그렇기 때문에 가능할 수 있었다. 그럼에도 불구하고, 그들의 요구만을 토론하고자 하는 의지만 있고, 이런 결과를 도출하기 위해 노력하지도 않았을지도 모른다. 두 사람이 모두 같은 한 사람과 결혼하기를 원하는 경우처럼 건설적 해결방법이 없는 경우도 많다. 그러나 건설적 계약이 의견대립 중인 당사자의 해결공간을 증가시키고 상대방의 이해와 존중을 증진시키는 경우도 많다. 팀이 승-패 전략으로 되돌아가는 한이 있더라도 먼저 중요한 의견대립 해소를 위한 건설적 계약을 고려해야 하는 것이다.

2.5 사례연구와 예제

저명한 경제학자인 John Maynard Keynes는 "아주 작은, 아주 매우 작은, 명백한 사고 이외에는 아무것도 요구되지 않으며 또한 아무것도 사용할 수 없다"고 말한 적이 있다. 그러나 설계는 지속적으로 사고와 실행을 함으로써 최선으로 배우게 되는 것이다. 설계는 실행함으로써 최선의 경험을 갖는 것이라고 말하는 것이 적절할 것이다. 그것 때문에, 우리는 풋내기 설계자와 공학자가 설계 프로젝트를 수행할 때 팀에 적극적으로 참여하라고 강력히 격려한다. 대부분의 공식적인 기법들은 훈련과 연습을 통해서, 그리고 이런 기법들에 어떻게 다른 것들을 응용할 수 있는지를 관찰함으로써 배울 수 있다. 따라서 우리는 설계사례 연구를 살펴볼 것이며, 설계 문제 해결을 위해 개념이나 아이디어를 고안해야 하는 개념설계를 행할 때 공학자들이 당면하는 유형의 문제를 설명하는 두 가지의 설계 사례로 시작할 것이다.

2.5.1 사례연구: 극소후두 외과안정장비 설계

첫 번째 사례연구는 후두나 성대를 수술하는 동안에 사용되는 안정수술기구를 위한 장치에 대한 개념설계이다. 이 설계 프로젝트는 캘리포니아대학교(어바인)의 Beckman Laser Institute의 의학박사인 Brian Wong을 대표하여 하비머드대학 1학년 설계 클래스의 네 개의 학생팀에 의해 착수되었다. 이 사례연구는 설계팀이 **고객을 위한 장치를 설계할 때 설계 프로세스를 통해 사고하는 방식**을 보여주는 네 팀들의 결과를 조합함으로써 편집되었다.

후두나 성대의 수술은 종종 폴립이나 암종양 같은 종양을 제거하도록 요구되기도 하는데, 이러한 종양을 유발하는 "선도"세포는 정확하고 완전하게 제거되어야만 한다. 환자들 역시 이런 수술을 받는 동안에 성대에 큰 손상을 입고 말을 못하게 되는 위험을 부담한다. 지난 몇 십 년간 다른 많은 외과수술의 진보가 있었음에도 불구하고, 후두수술은 그리 많은 변화가 없었다. 최근 변화된 것 중 하나는 외과의사가 목을 통하지 않고 입을 통해 성대에 접근하는 것이다. 그러나 이로 인해 오히려 절단하고, 흡입하고, 쥐고, 이동하며 봉합하는 광학장치와 외과수술 기구를 삽입하고 안정화시키기가 더욱 어려워졌다. 외과의사는 수술하는 동안 정확하고 정밀한 절단을 하기 위해서 자신의 진전(tremor)을 통제할 수 있어야만 했다.

진전이란 자연스럽고 작은 손의 미동이다. (앞으로 쭉 편 손을 잡고 손가락 끝의 움직임을 보라.) 후두수술의 경우, 이러한 진전은 환자의 목에 약 12 in. 길이의 기구를 삽입하고 통제하는 데 있어 증폭되는 경향이 있다.

이 프로젝트는 Wong 박사가 프로젝트에 참가하고자 하는 학생들에게 다음과 같은 초

기 문제 기술문을 발표하면서 시작되었다:

> 성대수술을 수행하는 외과의사들이 현재 사용하고 있는 극소후두 기구들은 1～2 mm의 작은 조직을 갖는 표면을 수술하기 위해 약 12～14 in. 거리를 두고 사용해야만 하는 것들이다. 이런 스케일에서 외과의사의 진전은 커다란 문제가 될 수 있다. 외과 기구들을 안정시키는 기계적인 시스템이 요구되며, 안정 시스템은 성대에 대한 시야를 방해해서는 안 된다.

각 3～4명으로 구성된 네 팀들은 Wong 박사와 그 밖의 다른 의사들과 상의했고, 후두외과수술에 관한 더 많은 정보를 얻기 위해 기본적으로 도서관에서 참고문헌에 대한 연구를 수행했다. 그들은 성대의 너비가 약 0.15 mm인데 반해, 비정상적인 것은 전형적으로 1～2 mm라는 것을 알았으며, 이것은 외과의사의 손의 생리적인 외과 진전이 0.5～3.0 mm에서 허용할 수 있는 진전의 진폭인 0.1 mm로 감소되어야 한다는 것을 의미했다. 그들은 또한 외과의사가 환자의 입과 성대로부터 멀리 떨어진 거리에서 기구들을 통제할 필요가 있다는 것도 인지했다. 한 팀에서 다음과 같은 수정된 문제 기술문을 개발했다:

> 극소후두 외과수술은 성대에서 이상을 바로잡는 것이다. 종양과 포낭과 같은 비정상인자의 크기는 종종 1～2 mm 정도이며, 전형적으로 0.15 mm 크기밖에 안 되는 성대에서 제거된다. 수술 동안에 외과의사는 성대에 접근하기 어렵기 때문에 300～360 mm(12～14 in.)의 거리에서 외과기구를 통제해야 한다. 이렇게 작은 스케일에서 외과의사의 생리적인 진전은 문제가 될 수 있다. 따라서 기구 말단에서의 의도하지 않은 움직임을 진폭 1/10 mm 이하로 줄이기 위해 손의 진전의 영향을 최소화하는 해결방법을 설계한다. 해결방안은 성대에 대한 시야를 방해해서는 안 된다.

이런 수정된 문제 기술문은 좀더 상세한 내용을 담고 있으며, 문제 기술문의 원본에서 언급한 암시된(implied) "기계적" 해결방안은 배제되어 있음을 주목하여야 한다.

정보 수집 활동의 일부로서, 팀들은 설계된 안정장비에 대한 고객들의 목적 목록을 개발하고자 작업을 했는데, 이 목록은 고객이 희망하는 장비의 속성을 요약하고, 설계팀이 그러한 속성들을 우선순위로 배열하는 것을 지원한다. 목적들과 하위목적들은 일상적으로 **목적나무**로 묘사되며, 이 프로젝트에 대한 한 팀의 목적나무는 그림 2.6과 같다. 두 가지 목적은 장비가 외과의사의 시야장벽을 최소화해야 하며, 제조비용이 최소화되어야 한다는 것이다. 또한 동시에 제약조건 목록을 개발했는데, 그것은 설계된 장비가 유지해야 하는 엄격한 한계이며, 다음과 같은 것을 포함한다.

- 독성이 없는 재료로 만들어야 한다.
- 부식성이 없는 재료로 만들어야 한다.
- 살균될 수 있어야 한다.
- 제조비용은 5,000달러 이내여야 한다.

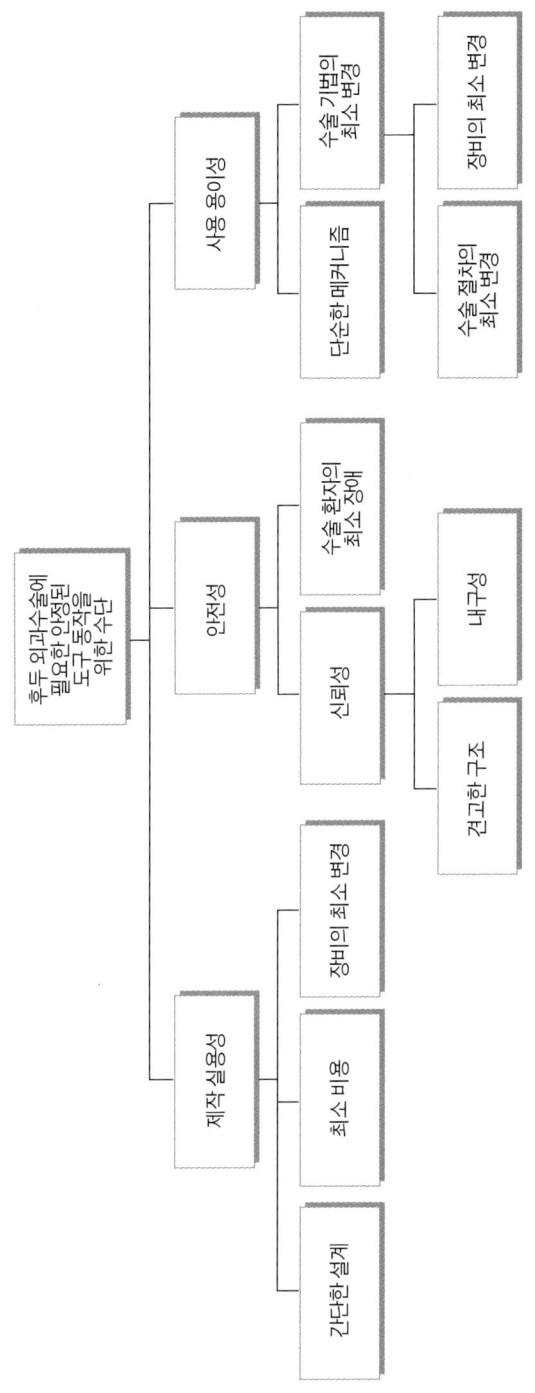

그림 26 2.5.1절의 사례연구에 발표된 설계인 극소후두 안정장비에 대한 고객의 목적 및 하위목적을 묘사한 목적나무. 이 나무는 이 프로젝트를 수행한 세 팀 중 한 팀의 작업에 의해 개발되었다. (Chan et al., 2000에서 발췌함.

- 끝부분이 날카롭지 않아야 한다.

- 환자를 괴롭히거나 성대를 도려내지 말아야 한다.

- 정상적인 외과수술이 진행되는 동안에 부서지지 말아야 한다.

여기서는 다른 제약조건과 함께, 제조비용의 상한과 장비의 날카로운 끝부분에 대한 제약이 있다는 것을 알 수 있다.

다음으로 팀들은 다양한 설계들이 프로젝트에서 설정된 목적들을 실질적으로 성취할 수 있는지 여부를 (설계 프로세스의 적정한 시점에서) 결정할 수 있도록 하는 **측정기준(metrics)**을 선택하는 일에 착수했다. 그림 2.6의 두 목적들을 고려한 측정기준과 그 측정단위는 다음과 같다.

목적: **시야장애의 최소화**

단위: 시야장애 비율, 척도 1(나쁨)에서 10(최선)까지

측정기준: 기구에 의한 시야장애의 백분율 측정. 선형척도 1(100%)에서 10(0%)까지 시야장애의 백분율의 비율 할당

목적: **비용의 최소화**

단위: 비용척도 1(최악)에서 5(최선)의 비율

측정기준: 자재명세서의 결정. 인건비, 간접비 및 간접비용의 예측. 총 비용의 산출. 척도 1(최악)에서 5(최선)까지 산출된 비용에 대한 할당: 4,000~5,000 달러는 1; 3,000~4,000 달러는 2; 2,000~3,000 달러는 3; 1,000~2,000 달러는 4; 그리고 1~1,000 달러는 5

팀들은 그들의 목적이 성취되는 정도를 측정할 뿐만 아니라, 그들이 인지하고 있는 상대적 중요도에 따라 설계 목적의 순위를 매기길 원했다. 이것은 **쌍대비교도표(PCC)**에 의해 수행되었는데, 이는 사람들이 두 사물을 하나씩 서로 비교할 때 일반적으로 하는 행동을

표 2.1 극소후두 안정장비의 목적들을 비교한 한 학생팀의 쌍대비교도표. 입력 숫자 1은 그 행의 목적이 열의 목적보다는 더 중요하며, 외과의사의 진전(떨림)을 감소시키는 것이 이 프로젝트의 가장 중요한 목적임을 보여준다.

목표	진전 감소	견고성	안전성	저비용	사용 용이성	점수
진전(떨림) 감소	· · · ·	1	1	1	1	4
견고성	0	· · · ·	0	1	0	1
안전성	0	1	· · · ·	1	1	3
저비용	0	0	0	· · · ·	0	0
사용 용이성	0	1	0	1	· · · ·	2

확장한 것이다. 쌍대비교도표는 각각의 목적을 다른 모든 목적들과 하나씩 비교하게 한다. 한 팀에서 작성한 표 2.1 의 쌍대비교도표에 의하면, 가장 중요한 목적이 외과의사의 진전을 감소하는 것이며, 장비의 비용은 가장 덜 중요한 것이라고 보여준다. 이런 순위는 우리의 직관과 일치하여 보일 뿐만 아니라 팀의 주목을 집중시키는 데 효과적이다.

고객이 설계로부터 원하는 것과 바람직한 설계 속성을 좀더 깊이 이해함으로써 설계팀들은 성공적인 설계가 실질적으로 수행할 것이 무엇인지를 결정하게 되었다. 즉, 설계팀은 그들이 제안한 장비의 기능을 결정하고, 기능의 성능을 측정하고 검증하는 방법을 공학적인 용어로 나타낸 **성능명세** 작성에 착수하였다. 여기서 팀들은 4.1 절에서 토의하게 될 **블랙박스, 유리박스** 및 **기능-수단나무**를 포함한 몇몇의 도구들을 응용하면서 요구되는 기능들을 확인했다. 극소후두 안정장비가 갖추어야 할 기능 목록은 다음과 같다.

- 장비의 안정화
- 장비의 이동
- 장비 끝부분의 안정화
- 수술 중 외과의사의 근육긴장 (혹은 흔들리는 진전)의 감소
- 자체의 안정화

첫 번째 기능에 대한 성능명세는 다음과 같다:

기능: **장비의 안정화**

성능명세: 설계가 손 떨림의 진폭을 0.5 mm 이하로 감소시키지 못하면 이 기능은 성취될 수 없다. 손 떨림의 진폭이 0.05 mm 이하로 통제되면 최적의 성취이며, 다른 어떤 기구나 손의 사용을 금지하거나 허가하지 않으면 그것은 과도하게 제한적이다.

기능과 명세가 대부분 결정되면 설계 프로세스는 **설계 대안 생성** 단계로 넘어간다. 설계 창의를 시작하는 가장 훌륭한 방법은 요구되는 기능을 각각 행렬의 왼쪽 열에 나열하고, 각 기능을 실행시킬 수 있는 다양한 **방법**들을 각 기능별 행에 나열하는 것이다. 그 결과로써 얻는 행렬이나 도표를 **형태도표**라고 하며, 극소후두 안정장비의 예를 그림 2.7 에서 볼 수 있다. 이런 형태도표는 우리가 작업하는 **설계공간**(design space)이 얼마나 큰지를 알려주는데, 이는 어떤 실행이나 수단을 사용하더라도 각각의 후보 설계는 모든 기능을 성취해야 하기 때문이다. 따라서 그림 2.7 에 나타난 6가지 기능들에 대해, 한 열에 하나씩 선택하는 "중국메뉴" 형식으로 6가지 수단들을 조합해서 가능한 설계를 산출한다.

하나의 설계 후보는 끝부분이 철사 **교차연결**로 되어있고, 후두경에 직접 부착되어 있어 외과의사가 손으로 기구를 잡고 움직이는 것이며, 외과의사는 진전을 유발하는 근육 긴장을 감소시키기 위해 **팔뚝 지지대**를 사용한다.

두 번째 설계 대안은 스탠드 위에 지탱하는 기구인데, **도르래**를 사용하여 이동하고, 스

기능	가능한 수단						
기구의 안정화	손	스탠드	겸자(clamp)	자력	후두경 가장자리	철사	
기구의 동작	손	기어 장치	압축 공기	볼 베어링	지레	도르래	
기구 끝부분의 안정화	자력	철사 교차 연결	추적 시스템	용수철	회전운동	볼 베어링	스탠드
수술중 외과의사의 근육 긴장 감소	기구 스탠드	손받침대	머리 받침대	팔걸이 받침대	팔뚝 지지대	어깨 멜빵	
자체의 안정화	회전운동	용수철 시스템	스탠드	자력	현수 (suspension) 시스템	안정된 표면 위의 지지대	후두경 가장자리 부착

그림 2.7 기능과 그와 관련된 수단이나 실행을 보여주는 극소후두 안정장비의 형태도표. 가능한 설계들은 한 열에서 하나씩 선택하는 "중국메뉴" 형식으로 조합된다. (Chan et al., 2000)에서 발췌함.

탠드 자체에 의해 지지된다. 기구 스탠드(instrument stand)는 외과의사가 고정된 위치에서 수술해야 할 필요성을 제거하여, 진전을 유발하는 근육 긴장을 감소시킨다.

형태도표에 관한 공식적인 소개는 앞으로 상세하게 하겠지만, 주어진 기능적 수단들은 다른 모든 기능들의 모든 수단과 연결될 필요는 없기 때문에, 피치 못하게 제외되는 조합이 존재하기 마련이다. 그러나 여러 가지 수단으로 실행 가능한 많은 기능을 갖는 설계에서는 방대한 크기의 조합이 존재한다. 그러나 조만간 우리는 가능한 설계들의 영역을 좁혀야 할 것이며, 결국에는 최종설계에 대한 최종 선택을 할 것이다. 이는 **의사결정** 혹은 선**택행렬**을 연습함으로써 수행하는데, 여기서는 그림 2.8에서 보듯이 각각의 설계목적들을 얼마나 잘 수행하는지에 따라 각각의 가능한 설계에 점수를 부여하고, 각 설계에 대한 총합계 점수를 구한다. 나중에 지적하겠지만, 각 목적에 할당된 가중치와 점수들은 주관적이기 때문에 의사결정 행렬의 결과를 사용할 때 주의해야 한다. 지금의 사례에서 예를 들면, 고객에 의해 실질적으로 선택된 설계가 선택절차에서 두 번째로 평가되었다. 이는 임상 환경에서 엄밀하게 원형을 시험하는 과정에서 마지막에서야 고객들이 중요한 것으로 판명된 목적을 설계팀에게 말하지 않았음을 깨달았기 때문이었다.

설계 개념이나 아이디어는 그것이 작동할지를 확신하기 위해 의미 있는 방법으로 시험되어야 한다. 한 학생 설계팀은 설계물을 부착한 것과 부착하지 않은 상황에서 외과수술 도구의 끝부분에 연필을 부착하고 기구에 미리 그려놓은 정사각형을 따라 그려봄으로써 그들의 개념을 시험했다. 그림 2.9에서처럼 그들의 시험결과는 손의 진전을 거의

설계 제약		지레	기구 스탠드	후두경 철사 교차연결
C: 수술 중에 망가지면 안 된다.		y	y	y
C: 비부식성 원자재		y	y	y
C: 의료살균 절차를 따른다 (소독용 고압기구, 효소, 표백 등).		y	y	y
C: 수술기구에 방해되지 말아야 한다.		y	y	y
C: 성대 관찰을 방해할 수 없다.		y	y	y
C: 재료는 인간 몸에 적합해야 한다.		y	y	y
C: 전통적인 방법으로도 청소가 용이해야 한다 (솔 문지르기, 물 분출, 물담그기 등).		y	y	y
C: 비용은 5,000 달러 이상이면 안 된다.		y	y	y

설계 목적	가중치 (%)	점수	가중 점수	점수	가중 점수	점수	가중 점수
O: 견고한 구조	15	0.75	11.25	0.85	12.75	0.80	12.00
O: 강한 재료	11	0.85	9.35	0.9	9.9	0.85	9.35
O: 성대의 최소 장애	29	1	29	1	29	0.65	18.85
O: 환자와 외과의사/간호사 간의 최소 방해	9	0.65	5.85	0.7	6.3	1	9
O: 간단한 설계	2	0.6	1.2	0.7	1.4	0.9	1.8
O: 최소 비용	2	0.5	1	0.7	1.4	0.55	1.1
O: 기존 기구와의 조화	10	0.3	3	0.8	8	0.5	5
O: 기존 수술 절차의 최소 변경	8	0.45	3.6	0.8	6.4	0.7	5.6
O: 기존 수술 절차의 최소 변경	8	0.3	2.4	0.85	6.8	0.8	6.4
O: 단순한 메커니즘	6	0.7	4.2	0.6	3.6	0.95	5.7
총합	100		59.6		72.8		62.8

그림 2.8 극소후두 안정장비 작업에 참가한 한 팀에 의해 최종설계를 선택하기 위해 사용된 *의사결정* 혹은 *선택행렬*. 숫자 사용에 있어 주의해야 하는 의사결정 행렬은 어떤 설계가 좋은지를 제시한다. (Chan et al., 2000)에서 발췌함.

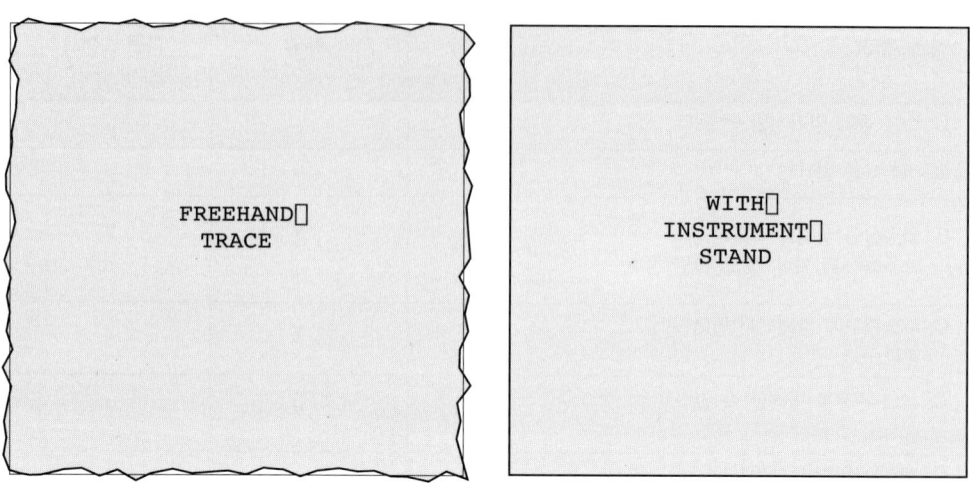

그림 2.9 성공적으로 외과의사의 손을 안정시키고 떨림을 감소시키는 개념을 보여주기 위해 학생팀이 수행한 시험의 예로서, 미리 그려놓은 정사각형을 따라 성공적으로 덧그렸다.

제거했다.

　마지막으로, 모든 작업과 선택을 마친 후에 설계 프로세스는 완성되며 고객에게 설계가 제공된다. 이 사례에서 선택된 설계 중에 하나는 후두 외과수술에 이용되고 있으며, 의료기기로서 제조를 준비하는 중이다. 그림 2.10은 일부 팀의 최종설계를 Wong 박사와 그의 대학동료에 의해 원형시험이 진행 중인 안정기와 더불어 나타낸 것이다.

　이 사례연구는 이 책의 주요 초점인 많은 설계 도구를 제시하고 있으며, 설계팀들이 이 프로젝트에서 경영관리 도구들을 사용했음에도 불구하고, 우리는 아직 언급하지 않았고 다른 각 세 팀들의 역학에 관해서도 설명하지 않았다. 이러한 아직 설명되지 않은 요소들 역시 효과적인 설계 결과를 성취하기 위해서 매우 중요한 것이다.

2.5.2 예제: 문제 설명 및 프로젝트 기술문

　이 절에서는 아직 나오지는 않았지만 개발되어야 할 다양한 설계 기법들을 예시하기 위해서 앞으로 전개될 네 개 장을 통해 소개될 두 개의 예제를 서술하고자 한다. 첫 사례는 새로운 주스제품의 용기에 대한 설계이며, 이것은 앞으로 전개될 공식적인 설계방법을 소개하고 설명하는 설계 프로젝트이다. 음료용기 프로젝트의 요약은 다음과 같다.

　유아용 음료배달을 위한 용기의 설계. 이것은 설계자가 보다 전통적인 공학과학 지식을 문제에 응용하기 전에 접근해야 할 초기 질문을 강조하는 양식화된 산업 설계 프로젝트이다.

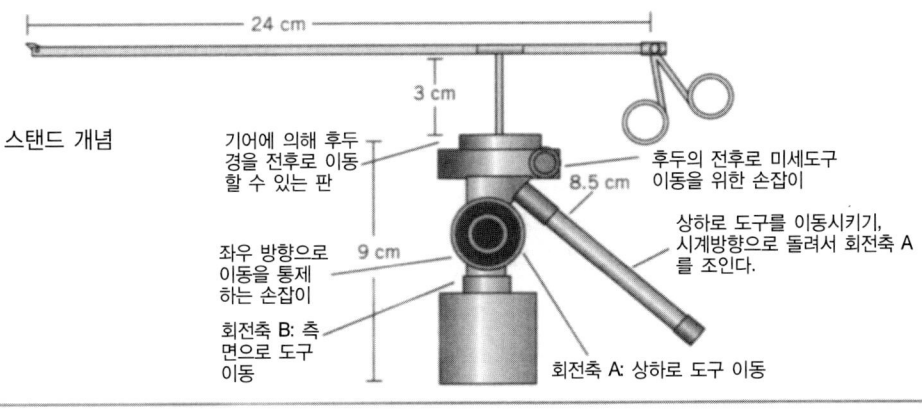

스탠드 개념

24 cm

3 cm

기어에 의해 후두
경을 전후로 이동
할 수 있는 판

후두의 전후로 미세도구
이동을 위한 손잡이

8.5 cm

상하로 도구를 이동시키기,
시계방향으로 돌려서 회전축 A
를 조인다.

좌우 방향으로
이동을 통제
하는 손잡이

9 cm

회전축 B: 측
면으로 도구
이동

회전축 A: 상하로 도구 이동

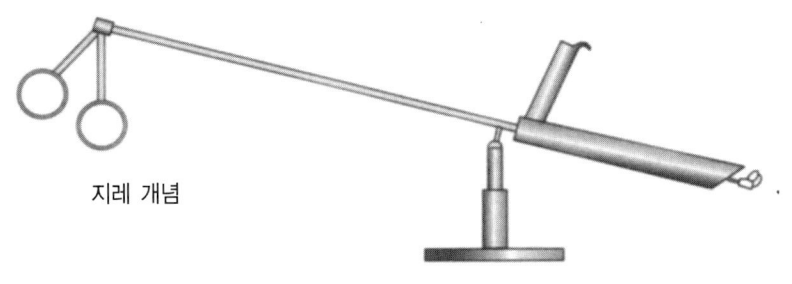

지레 개념

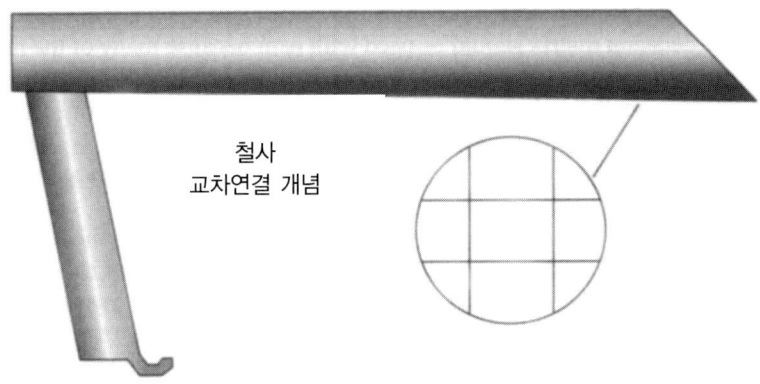

철사
교차연결 개념

그림 2.10 극소후두 안정장비 작업에 참가한 캘리포니아대학교(어바인) 학생팀들이 산출한 다양한 설계대안. Wong 박사와 그의 대학동료가 임상적인 노력으로 철사 교차연결 개념을 채택했다. (Chan et al., 2000, Saravonas et al., 2000)에서 발췌함.

설계자: Clive L. Dym과 Patrick Little

고객: GRAFT(Great American Food and Tobacco)와 BJIC(Bringing Juice Into Children)

사용자: 미국과 외국에 모두 살고 있는 어린아이들

프로젝트 기술문: 우리의 새로운 유아용 주스제품을 위한 용기의 설계

두 번째 설계 예제는 하비머드대학(Harvey Mudd College)의 1학년 설계 과정에 재학 중에 있는 학생들의 작업에 근거한 것이며, 우리는 그들의 허가와 프로젝트 자체사후 비평을 한 결과를 가지고, 공식적인 설계방법들이 어떻게 사용되는지를 설명하기 위해 이용할 것이다. 이에 대한 부가적인 설명은 특별한 공식적 설계방법이 소개될 장의 뒷부분에서 나타날 것이다. 이 특별한 프로젝트는 다음과 같다.

과테말라의 Mayan 회사에 의해 건축되고 사용될 닭장의 설계. 닭장은 하비머드대학 (HMC)의 설계 강좌를 수강하는 신입생 팀에 의해 설계되었으며, 인도주의 원조그룹인 Xela Aid의 지원으로 학생들에 의해 그 지역에서 토속적 재료로 건축되었다.

설계자: HMC의 1학년 설계 강좌 학생팀

고객: 인도주의 원조그룹인 Xela-Aid

사용자: 과테말라의 시골지방인 Quetzaltenango의 San Martin Chiquito 마을에 사는 마야족

프로젝트 기술문 요약: 과테말라 마을의 여러 가족이 사용할 닭장의 설계 및 생산. 닭장은 그 지방의 토속적 재료로 만들어져야 하며, 그리고 그 설계는 중앙아메리카 비와 숲의 환경과 기후를 고려해야 한다.

2.6 요약

2.1절: 발판사다리 예제는 하비머드대학의 설계과정을 수강하는 신입생들에게서 얻었으며 (Dym, 1994b)에 간략히 서술되었다.

2.2절: 설계 정의와 더불어 설계 프로세스에 관한 많은 설명은 (Cross, 1989), (Dym, 1994a), (French, 1985, 1992), (Pahl and Beitz, 1984), 그리고 (VDI, 1987)에서 찾아볼 수 있다. 설계 과업에 관한 설명은 (Asimow, 1962), (Dym and Levitt, 1991a), 그리고 (Jones, 1981)에서 찾아볼 수 있다. 문제해결 도구로서의 개념설계 응용에 관한 자동차 평가 사례는 (Schroeder, 1998)에서, 대학선정에 관한 것은 (Kaminski, 1996)에서 찾아볼 수 있다.

2.3절: 설계에 있어 전략적 사고의 더 많은 역작은 (Dym and Levitt, 1991a)에 나타나고, 공식적인 설계방법들의 더 자세한 설명은 (Cross, 1989), (Dym, 1994a), (French, 1985, 1992),

(Pahl and Beitz, 1984), 그리고 (VDI, 1987)에서 찾아볼 수 있다. 동시공학에 관한 토론은 (Carlson-Skalak, Kemser, and Ter-Minassian, 1997)에서, 지식의 절차와 획득을 위한 방법의 더 자세한 설명은 (Bovee, Houston, and Thill, 1995), (Ulrich and Eppinger, 1995), 그리고 (Jones, 1992)에서 제공하였다.

2.4절: 팀 결성의 근본적인 것은 (Tuckman, 1965)에서 설명되고, (Bartol, 1992)에서 인용된다. 건설적 의견대립에 관한 Mary Parker Follett의 토론은 (Graham, 1996)에서 발췌했으며, 그룹 형성의 기본 단계는 최근의 경영학 교재에서 토론된다.

2.5절: 극소후두 안정장비 사례연구는 (Both et al., 2000, Chan et al., 2000, Feagan et al., 2000, and Saravanos et al., 2000)에서 상세히 설명된다. 예제로 사용한 두 개의 Xela-Aid 닭장 설계는 (Gutierrez et al., 1997)과 (Connor et al., 1997)에서 발췌했다.

2.7 연습문제

2.1 그림 2.1～2.4에서 보여주는 설계 프로세스 네 개의 유사성과 상이함을 나름대로의 단어로 설명하라.

2.2 설계 프로세스의 기술적 모형과 규범적 모형을 언제 사용할 것인지를 논하라.

2.3 그림 2.5의 관리 프로세스와 그림 2.4의 설계 프로세스를 매핑하라.

2.4 과업, 방법, 그리고 수단의 상이함을 설명하라.

2.5 만일 작은 공학설계회사인 HMCI에서 일한다고 가정하고, 연습문제 3.2와 3.5에서 좀더 상세하게 서술될 네 사람이 포함된 설계 프로젝트의 지도자로 임명되었다고 하고, 이 팀의 누구와도 이전에 함께 작업한 적이 없다고 할 때 팀을 빠른 시간 내 그룹 형성 단계로 만들고자 할 여러 전략을 설명하라.

2.6 HMCI의 공대학장이라고 가정하고, 팀의 지도자와 고객 간의 일정계획에 대해 서로 의견일치가 안 된다고 할 때 이 문제를 건설적으로 해결하기 위해 팀 지도자에게 어떻게 충고를 할 것인가?

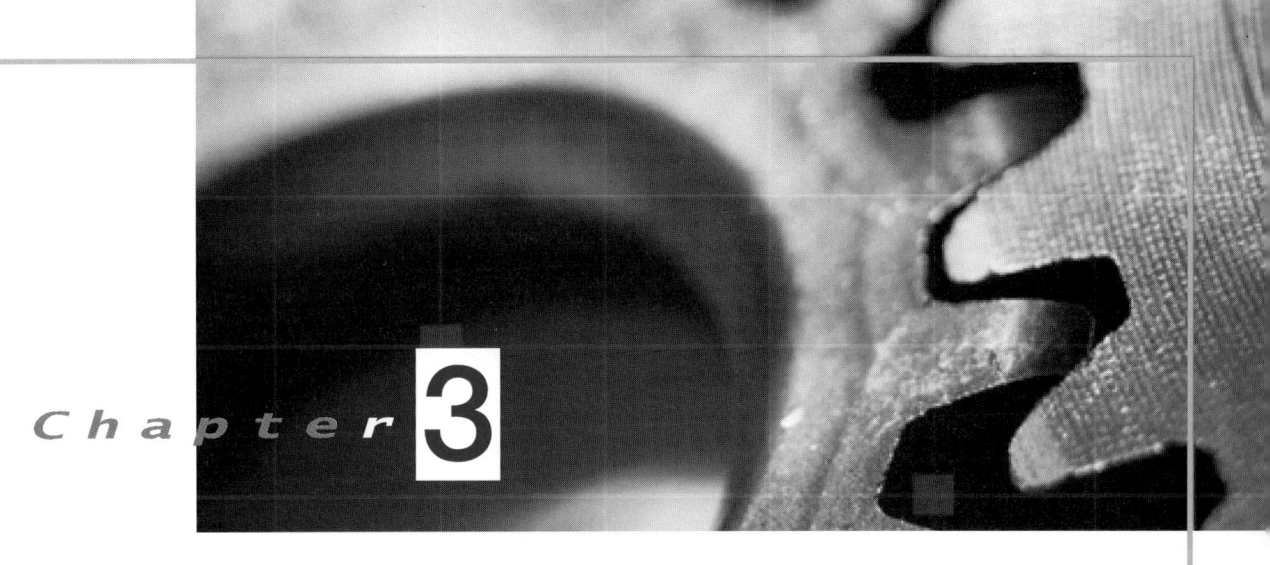

Chapter 3

고객의 문제 이해

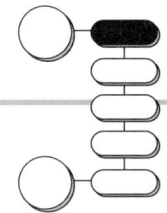

이 고객은 무엇을 원하는가?

제2장에서는 공학설계를 정의하고, 설계 프로세스를 자세히 기술하였고, 설계 프로젝트를 관리하고 조정하는데 사용되는 도구들에 대하여 살펴보았다. 이 장에서는 문제의 공학적 정의를 개발하는 과정인 **전처리 단계**(preprocessing phase)에서 사용하는 도구들을 살펴보겠다. 전처리 단계에서 실행하는 활동을 **문제 정의**(problem definition)라한다.

3.1 목적나무: 고객의 요구를 해석하고 명료화하기

대부분의 설계 프로젝트의 시작점은 충족시켜야 할 고객의 요구를 찾아내는 것이다. 그 요구를 만족시키는 것이 선택된 설계팀의 목표가 된다. 그림 2.1~2.4에 나타난 설계 프로세스 모형에서와 같이, 고객의 요구는 대개 문장(verbal statement)으로 표현된다. 이 문장에서 고객이 특정 시장에서 인기 있는 제품(예를 들어, 새로운 음료를 위한 용기)이나 특정한 기능을 수행하는 시설(예를 들어, 닭장), 혹은 새로운 설계(예를 들어, 새로운 교통망과 허브)를 통해 해결될 수 있는 문제들을 기술하고 있다.

때로는 고객의 프로젝트 기술문은 간단할 수도 있다. 예를 들면, 2.5절의 음료용기 설계 문제의 경우, 설계팀이 GRAFT(Great American Food and Tobacco)나 BJIC(Bringing

Juice Into Children) 어느 회사를 위하여 일하든지 간에, 상부 경영팀에서 단순히 "새로운 어린이용 음료제품을 위한 용기를 설계할 것"이라고 메모하여 적어 보낼 것이다. 설계팀은 기존 용기에 새 라벨을 붙여서 결과물이라고 제출할 수도 있다. 하지만 이러한 새 용기가 **좋은** 설계인지 혹은 **적합한** 설계인지 자문해 보아야 한다. 이 질문에 대해 대답하려면, 어떻게 좋은 설계를 평가할 수 있는지, 어떻게 설계의 적합성이나 정확성을 측정할 수 있는지를 알아야 한다. 따라서 이 장에서는 설계를 평가하는 **측정기준**(metrics)에 대하여 토의한다.

또 다른 간단한 프로젝트 기술문은 "클레어몬트대학(Claremont College)은 학생들이 건널 수 있도록 Foothill Avenue와 Vartmouth Avenue 사이의 교차로를 다시 설계하고자 한다"일 수 있다. 이러한 문장은 문제가 무엇인지에 대한 아이디어는 전달하지만, 오류가 있거나 편견을 보이거나, 혹은 해법을 이미 암시하고 있기 때문에 한계가 있다. **오류**(error)에는 부정확한 정보나, 결함 있고 불완전한 데이터, 혹은 문제의 특성에 대한 단순한 실수 등이 포함된다. 위의 문제 기술문에서는 Foothill Boulevard를 Foothill Avenue로 언급한 오류가 있다. **편견**(bias)은 상황에 대한 가정사항(presumption)으로서, 고객이나 사용자가 전체 상황을 다 파악하지 못함으로 인해 부정확할 수 있다. 교차로 문제의 경우, 진짜 문제는 교차로가 아니라 교통신호의 주기에 있거나, 학생들의 무단횡단일 수도 있다. 문제 기술문에 자주 등장하는 **암시된**(implied) 해법은 고객이 미리 추측한 문제 해결을 위한 해법을 의미한다. 암시된 해법이 고객이 생각하는 바에 대하여 유용한 정보를 제공하긴 하나, 공학자가 해법을 찾는 설계공간을 미리 제한할 수도 있다. 또는 암시된 해법이 문제 해결에 실패할 수도 있다. 예를 들면, 교차로를 다시 설계한다고 해서 학생들의 교통문제가 해결되지 않을 수도 있고, 교차로를 다시 설계해도 학생들의 무단횡단이 없어지지 않을 수도 있다. 만약 문제가 학생들의 무단횡단이라면, 학생들이 향하는 목적지를 다른 곳으로 옮기는 것도 생각해 볼 수 있다. 오류, 편견, 혹은 암시된 해법이 있는지 확인하기 위해 프로젝트 기술문을 주의 깊게 살펴보는 것이 중요하다. 그렇게 해야만 문제의 핵심을 파악할 수 있다.

문제에 대한 고객의 이해는 대개 설계자에 의한 명확성을 요구한다.

여기에서는 설계에 대한 척도가 무엇인지 윤곽을 잡기 위하여 고객이 원하는 것이 무엇인지 명확하게 이해하는 데 초점을 맞출 것이다. 즉, 고객이 원하는 것을 명확하게 이해하고, 잠재적인 사용자가 필요로 하는 것을 나열하고, 제품이나 설비가 기능을 발휘할 기술적 환경, 마케팅 환경, 및 기타 환경 등을 이해하려고 한다. 이렇게 함으로써 설계 문제를 보다 명료하고 현실적으로 정의할 수 있다. (문제 정의가 끝나면, 설계 대상의 특성과 기능을 공식적으로 기술한 **제품명세**(product specification)를 정할 수 있다.)

3.1.1 목표 속성과 목표의 나열

낮은 정밀도와 높은 정밀도의 공구 모두를 생산하는 기업에서 컨설팅을 수행하는 팀의 일원이 되었다고 상상해보자. 이 기업체의 경영진이 새로운 시장을 개척하기 위해 다음과 같이 "전기기술자를 위한, 혹은 일반적인 유지보수 및 건설 현장에서 사용하는 신형 사다리를 설계하시오"라는 의뢰를 하였다고 가정하자. 이 일은 보통의 흔한 설계업무이지만, 이 설계의 목표를 제대로 이해하려면 경영진이나 잠재적인 사용자, 회사의 영업팀이나 전문가와 상의해야 한다. 또한 우리 자신의 브레인스토밍 회의를 열어야 한다. 설계 프로젝트가 진정 무엇에 대한 것인지 더 잘 이해하기 위해서는 또한 다음과 같은 질문을 해야 한다.

- 사다리가 어떤 특성이나 속성을 가졌으면 하는가?
- 사다리가 어떤 일을 하기를 원하는가?
- 비슷한 특징을 갖는 사다리가 이미 시장에 나와 있는가?

위의 세 가지 질문을 할 때는 다음 질문들도 함께 해야 한다.

- 그것은 무엇을 의미하는가?
- 어떻게 그것을 할 수 있는가?
- 왜 그것을 원하는가?

토의와 브레인스토밍 회의를 통해 얻은 결과로서, 안전한 사다리 설계의 특성과 속성 목록을 목록 3.1에 나열하였다.

목록 3.1 안전한 사다리의 속성 목록

사다리는 유용해야 함

천정의 전선관(conduit)과 전선 설치에 사용됨

높은 곳의 전기 콘센트 보수 및 수리에 사용됨

전구나 부착물을 교체하는 데 사용됨

실외에서는 평지에서 사용됨

특별한 경우, 매달아 걸어서 사용됨

실내 바닥이나 매끄러운 표면에서 사용됨

발판사다리나 짧은 신축사다리도 가능함

접이식 사다리도 가능함

줄사다리도 가능하지만, 자주 쓰이는 것은 아님

튼튼하고 사용자에게 편안해야 함

계단의 휘어짐은 0.05인치 미만이어야 함

중간키의 사람이 최고 11피트 높이까지 작업/도달할 수 있어야 함

평균 작업자의 체중을 지탱할 수 있어야 함

안전해야 함

직업안전위생관리국(OSHA) 요구사항을 만족해야 함

전기가 통해서는 안 됨

알루미늄이 아닌, 섬유유리나 나무로 만들어져야 함

비교적 저렴해야 함

작업장 간 운반이 용이해야 함

가벼워야 함

내구성이 있어야 함

세련된 디자인일 필요는 없음

이 목록을 살펴보면 모든 기술문이 동일한 종류는 아님을 알 수 있다. 일부는 "예"와 "아니요"에 의해 답해질 수 있는 것도 있고, 어떤 것들은 범위 내에서 대답을 결정할 수 있는 것도 있다. 예를 들면, "전기가 통해서는 안 됨"과 같은 문장은 선택의 여지가 없다. 사다리가 전도체나 비전도체로 만들어질 수 있는데, 이 경우 전류를 차단하는 재료를 사용해야 함을 의미한다. 반대로 "비교적 저렴해야 함"과 같은 문장은 사다리가 제조 및 판매될 수 있는 가격 범위를 허용한다. 모든 특성이 동일하다면 20달러에 만들 수 있는 사다리보다는 15달러에 생산 가능한 사다리가 보다 바람직할 것이다.

이 문장들에는 다른 차이점도 있다. 사다리 재료의 선택은 (알루미늄이 아닌 나무나 섬유유리여야 하지만) 고객이 설계 프로세스 초기에 정하도록 특별한 정보를 주지 않는 한 설계 프로세스의 후반부로 미루어져야 할 문제이다. 사다리는 어떤 형태로는 특정한 압력에 견딜 수 있어야 한다는 아이디어(예를 들어, 계단의 휘어짐)는 공학자가(제5장에서 언급하겠지만) 설계의 특성을 명세로 전환하기 시작하는 방법을 반영한다. 목록 3.1에 나열된 기술문 간의 차이점은 근본적으로 상이한 아이디어 간의 차이를 보여주는 것이므로 설계자에게 매우 중요한 관심사이다. 3.2.1절에서 이 문제에 대하여 더 논의하도록 한다.

3.1.2 목적과 목표, 제약조건, 기능 및 구현

안전한 사다리에 대한 앞의 목록에 포함된 기술문이 유형의 차이를 나타내는 이유는 설계자에 의해 고려되고 평가되어야 할 상이한 지적 대상을 각각 반영하고 있기 때문이다. 어떤 기술문은 달성하고자 하는 목표이고(예: 사다리는 비교적 저렴해야 한다), 어떤 것은 제약조건(예: 사다리의 휘어짐은 0.05인치 미만이어야 한다), 어떤 것은 기능을 나타내고(예: 작업자를 떠받쳐야 한다), 어떤 것은 수단이나 실행방법(예: 사다리는 알루미늄이 아닌 나무나 섬유유리로 만들어져야 한다)에 해당한다. 일부 용어를 1.2절에서 정의하였지만, 위의 안전한 사다리 목록처럼 설계 프로젝트의 초기에 나타나는 상이한 유형의 기술문으로 구성된 속성 목록에서 그 유형을 파악할 수 있도록 복습하기로 한다.

목적은 희망하는 설계의 속성이다.

목적(objective) 혹은 **목표**(goal)는 설계가 달성하려고 하는 최종 목표를 가리킨다. (최상위 목적을 목표라 부를 때를 제외하고는 일반적으로 설계 목표와 설계 목적은 동일한 의미를 갖는다.) 목적은 설계된 대상에서 고객이나 소비자가 보고자 하는 기능이나 속성을 나타낸다. 일반적으로 설계가 "수행(do)"할 것이 무엇인지에 대한 기술문과는 달리, 설계가 어떻게 될 것인지를 가리키는 "상태(being)"의 기술문으로 표현된다. 예를 들면, "사다리의 운반이 용이해야 한다"는 "상태"를 나타내는 용어이다. "상태" 용어는 고객이나 잠재적 사용자의 자연 언어로 표현되며, 고객이나 소비자의 눈에 설계 대상이 좋아 보이게 하는 속성들을 파악하도록 한다.

목적들을 구별하는 다른 방법은 이들이 종종 "목적이 적은(많은) 것보다는 더 많으면(적으면) 낫다"와 같은 문장으로 표현된다는 사실이다. 예를 들어 목적이 운반의 편리함이라면, 가벼운 것이 무거운 것보다 낫다고 할 수 있다. 이와 같이 목적은 어떤 방식으로든 측정할 수 있다. 이렇게 목적들을 통해 여러 개의 대안 중에서 한 가지를 선택할 수 있게 한다.

제약조건(constraint)은 설계된 대상의 성능의 반응이나 가치, 혹은 다른 측면을 제한하는 것이다. 제약조건은 명확하게 정의된 한계치로 나타나는데, 이 한계치의 만족여부는 이진(0-1) 선택으로 표현된다. 예컨대 사다리 재료는 전도체가 아니면 비전도체이며, 계단의 휘어짐은 0.05인치 미만이 아니면 그 이상인 것이다. 제약조건은 수용할 수 없는 대안을 미리 배제시킴으로써 설계공간을 제한하므로 설계자에게 매우 중요하다. 예를 들면, 직업안정위생관리국(OSHA)의 표준에 못 미치는 사다리의 설계는 모두 배제된다.

목적과 제약조건이 때로는 바뀌어도 상관없는 것처럼 보이지만 그렇지 않다. 하지만 이 둘은 밀접한 관련이 있다. 제약조건은 설계공간을 제한하고, 목적은 설계공간의 남은 영역에 대한 탐색을 허용한다. 즉, 제약조건은 수용 불가능한 대안을 거부할 수 있도록 하는 반면, 목적은 적어도 수용 가능한 대안들 중에서 한 가지를 선택 가능하게 한다. 충족된 설계(혹은 선택된 설계 대안)는 최선이나 최적의 설계는 아닐지라도, 최소한 모든 제약조건을 다 만족한다. 예를 들면, OSHA 표준을 간신히 만족하는 사다리를 만들 수도 있고, 혹은 마케팅에서 강점을 갖도록 "매우 안전한" 사다리를 만들어 그 표준을 "확실히" 충족시킬 수도 있다. 가격 측면에서 사다리가 "저렴"해야 한다는 목표는 사다리 제작비용이 25달러를 넘지 말아야 한다는 기술문으로 나타낼 수 있다. 이런 경우에는 고정된 한계치, 즉 제약조건을 갖게 된다. 만약에 저렴해야 한다는 목표와 25달러 제약조건을 둘 다 갖는 경우, 제약조건에 근거해서 일부 설계를 초기에 배제하고, 비용과 다른 비경제적인 목표에 근거해서 나머지 설계 중에서 자유롭게 선택할 수 있다.

목적과 제약은 설계되는 대상을 가리키는 것이지, 설계 프로세스 자체를 가리키는 것은 아님을 상기해야 한다. 예를 들면, "저가 사다리"는 낮은 제조비용이나 생산비용을 갖는다. 설계 프로세스의 비용(기술자 임금, 시장조사 비용, 원형 개발비 등)이 높을 수 있지만, 이는 별도의 문제이다.

제약조건은 설계가 채택되기 위해서 만족해야 하는 (엄격한) 한계치이다.

63

기능은 성공한 설계가 수행해야 하는 행위다.

기능(function)은 설계가 해야 할 것, 즉 수행해야 하는 행위를 의미한다. 초기 속성 목록에서 기능은 보통 "행위" 용어로 표현되는데, 이는 공학자가 즐겨 쓰는 언어이다. 기능에 관해서는 제4장에서 자세하게 설명할 것이다.

마지막으로, **구현(implementation)** 혹은 **수단(mean)**은 설계가 수행해야 하는 기능을 실현하는 방법을 의미한다. 이들은 속성 목록의 항목으로서, 최종설계의 형태나 재료(예를 들어, 사다리가 나무로 만들어져야 하는지, 섬유유리로 만들어져야 하는지)를 구체적으로 제시하므로 '상태' 용어로 나타나는 경우가 많다. 하지만 어떤 "상태" 용어가 달성해야 하는 목표를 나타내고, 어떤 "상태" 용어가 구체적인 속성을 의미하는지는 분명하다. 우리가 선택할 수단이나 구현은 구체적인 설계 대상이 실행할 기능에 의해 좌우되기 때문에, 이 시점에서 "수단"에 대하여 상세하게 설명하기는 아직 이르다고 할 수 있다. 즉, 구현이나 수단은 이미 선택된 설계가 수행할 기능을 실현하기 위한 것이므로 구체적인 **해법에 의존**한다.

구현은 설계의 선택사항을 구체적으로 선택하는 것이다.

속성 목록 3.1에서 제약조건, 기능, 구현 항목들을 제외하고, 목적만 남은 사다리에 대한 속성 목록은 목록 3.2와 같다.

목록 3.2 안전한 사다리의 단순화된 목적 목록

사다리는 유용해야 함

천정의 전선관(conduit)과 전선 설치에 사용됨

높은 곳의 전기 콘센트 보수 및 수리에 사용됨

전구나 부착물을 교체하는 데 사용됨

실외에서는 평지에서 사용됨

특별한 경우, 매달아 걸어서 사용됨

실내 바닥이나 매끄러운 표면에서 사용됨

튼튼하고 사용자에게 편안해야 함

중간키의 사람이 최고 11피트 높이까지 작업/도달할 수 있어야 함

안전해야 함

비교적 저렴해야 함

운반이 편리해야 함

가벼워야 함

내구성이 있어야 함

목록 3.2는 달성해야 할 목표들을 나열한 목록으로 유용하지만, 다른 용도로도 사용 가능하다. 만약에 목록이 훨씬 길면 체계화하지 않고서는 사용하기 어려울 것이다. 어떤 일관된 방식으로 이러한 목적들을 그룹화하든지 **군집화(cluster)**해야 한다. 목록의 항목들을 그룹화하기 위한 시작 단계는 왜 이 항목들을 유념해야 하는지 물어보는 것이다. 예를 들

면, 왜 우리는 사다리를 실외에서 사용하려고 하는가? 그에 대한 대답은 목록에도 나와 있지만, 사다리의 유용성을 위함일 것이다. 마찬가지로, 우리는 왜 사다리의 유용성에 유념하는지 질문해 볼 수 있다. 이 경우 목적 목록에는 답이 없다. 사다리가 유용해서 사람들이 구매하길 원하는 것이다. 다시 말해서, 사다리의 유용성이 사다리를 판매 가능하도록 한다. 이 점은 예를 들면, "사다리는 시장성이 있어야 한다"와 같이 시장성에 관한 항목이 목록에 있어야 함을 의미한다. 이는 굉장히 유용한 목적이 된다. 왜냐하면, 이 목적은 왜 우리가 싸고, 운반하기 편리한 사다리를 원하는지를 말해주기 때문이다. 만약에 우리가 이런 종류의 질문들을 군집화한다면, 다음과 같은 주요 목차와 다양한 **계층의 부제**로 구성된 **들여쓰기**(indented) 개요를 만들 수 있다.

목록 3.3 안전한 사다리의 들여쓰기 목적 목록

0. 전기기술자를 위한 안전한 사다리

  1. 사다리는 안전해야 함

    1.1 사다리는 안정적이어야 함

      1.1.1 바닥이나 매끄러운 표면에서 안정적이어야 함

      1.1.2 비교적 평탄한 지면에서 안정적이어야 함

    1.2 사다리는 상당히 강도가 있어야 함

  2. 사다리는 판매 가능해야 함

    2.1 사다리는 유용해야 함

      2.1.1 사다리는 실내에서 유용해야 함

        2.1.1.1 전기 작업에 유용해야 함

        2.1.1.2 보수 작업에 유용해야 함

      2.1.2 사다리는 실외에서 유용해야 함

      2.1.3 사다리의 높이는 적당해야 함

    2.2 사다리는 비교적 저렴해야 함

    2.3 사다리는 운반 가능해야 함

      2.3.1 사다리의 무게는 가벼워야 함

      2.3.2 사다리는 운반이 용이하도록 작아야 함

    2.4 사다리는 내구성이 있어야 함

이렇게 수정된 들여쓰기 개요를 사용하면, 최상위의 목적들을 실현하는 방법을 알려주는 하위목적들을 통해서 더 자세하게 검토할 수 있다. 최상위 단계의 목적을 살펴보면, 특정한 소비자 그룹에 판매 가능한 안전한 사다리를 설계해야 한다는 원래의 설계 기술문으로 되돌아와 있음을 알 수 있다.

위의 개요에서 사다리에 관한 모든 질문들을 나열한 것은 아니지만, 앞에서 제시한 세 가지 질문에 대한 답을 찾아낼 수 있다. 예를 들면, "안전의 의미는 무엇인가?"라는 질문은 안전 문제에 관련된 두 개의 하위목표들에 의해 답변된다. 즉, 설계된 사다리는 안정적이고 견고해야 한다는 것이다. "어떻게 그것을 할 것인가?"라는 질문에 대해, "사다리는 유용해야 한다"는 그룹에서 사다리의 유용성에 대한 여러 개의 하위목표들을 확인하고 사다리의 실내 유용성에 관한 두 개의 부차적 **하위목표(sub-subgoals)**를 찾아냄으로써 답변할 수 있다. "왜 그걸 원하는가?"에 대하여는, 전기기술자와 건설 및 유지보수 전문가들의 시장에 도달하려면 사다리는 저렴하고 운반 가능해야 한다는 점을 지적함으로써 답변하였다.

들여쓰기 개요를 그림 3.1과 같이 상자들의 계층적 구조로 나타낼 수 있는데, 각 상자는 설계 대상의 목표를 갖는다. 각 목적 상자의 층은 들여쓰기 수준(첫 번째 소수점 오른쪽 숫자의 개수로 표시)을 나타낸다. 따라서 들여쓰기 개요는 **목적나무(objectives tree)**로 변환된다. 목적나무란 **가공물을 위한 목적이나 목표**들을 그림으로 나타낸 것이다. (이는 설계 프로젝트나 프로세스의 목표와는 다르다.) 목적나무의 최상위 목표는 나무의 정점에 위치한 마디로 나타내고, 이 마디는 다시 하위목표로 분해되고, 이 과정을 반복함으로써 나무는 아래로 확대되면서 계층적 구조를 갖게 된다. 각 계층마다 중요도가 다르며, 아래로 내려갈수록 더욱 상세한 내용이 나타난다. 목적나무는 또한 연관된 하위목표들이나 유사한 아이디어들이 군집화 될 수 있음을 보여주므로 목적들을 체계화하는 데 유용하다.

목적나무는 그림 형태를 가지므로, 설계 프로세스에서 고객이나 다른 참여자와 토론을 할 경우 유용하다. 또한 우리가 측정해야 할 것을 결정하는 데 유용한데, 이러한 목적들을 사용하여 대안 중에서 결정을 내릴 것이기 때문이다. 나무로 된 그림 형식은 많은 설계자가 적용하는 프로세스 절차에 일치하기 때문에도 유용하다. 많은 목적들의 목록을

목적나무는 희망하는 설계 속성의 순서화된 목록이다.

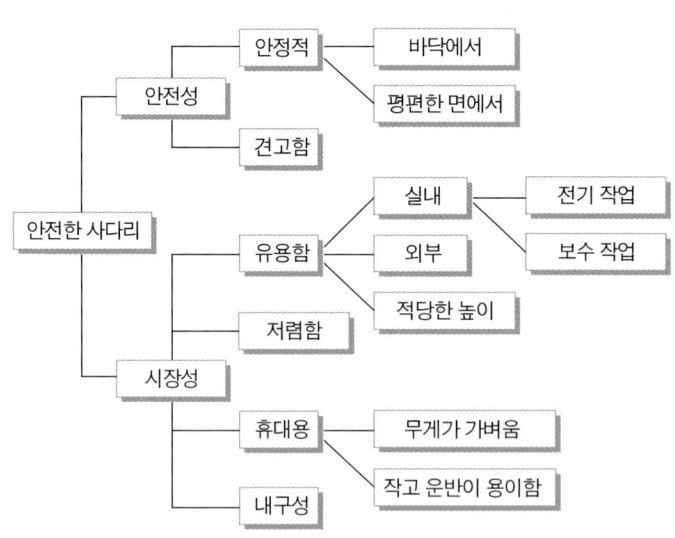

그림 3.1 안전한 사다리를 위한 목적나무. 문제 기술문의 첫 번째 결과물을 보여줌. 비슷한 아이디어들이 묶여있고 계층화되어 있음을 주목하라.

"정리"하는 최선의 방법은 포스트잇에 모두 적어 설계팀원 모두가 만족할 때까지 나무에서 이리저리 옮겨 보는 것이다. 3.5절에서 나무 작성의 절차와 문제 정의에 관해 설명할 것이다.

방금 기술한 과정은(목록에서 간추린 목록으로, 다시 개요에서 나무까지) 글쓰기의 기본적인 방법 중의 한 가지(즉, 개요를 만들 수 있는 능력)와 비슷한 점이 있다. 주제 개요는 주제의 들여쓰기 목록과 더불어, 각 주제에 포함되는 세부 주제들의 세부사항까지 나타낸다. 각 주제는 해당 내용의 목적을 나타내므로, 목적나무는 논리적으로 주제 개요(혹은 들여쓰기 개요)와 동일하다.

이 간단한 예제에서 마지막으로 지적할 점이 있다. 나무를 따라 **내려가거나** 혹은 들여쓰기 개요의 아래 수준으로 내려갈 때, 단지 더 세부사항으로 들어가는 것만은 아님을 주목해야 한다. 설계의 여러 측면에 관한 공통적인 "**어떻게**(how)" 질문, 즉 "그것을 하는 방법은 무엇인가?"라는 질문에 답해 나가는 것이다.

반대로, 나무 혹은 들여쓰기의 **상위** 수준으로 진행할 때는 특정 기능에 대한 "**왜**(why)" 질문, 즉 "왜 그것을 원하는가?"라는 질문에 대해 답해 나간다. 덕분에 우리는 설계의 어떤 특징이나 다른 세부항목을 원하는 이유를 추적할 수 있는데, 이는 여러 특징 간에 **균형교환**(trade-off)해야 하는 경우에 매우 중요하다. 왜냐하면 이런 특징들의 가치는 달성하고자하는 목표의 중요성에 직접적으로 연관되어 있기 때문이다. 3.3.절에서 이에 대해 더 설명할 것이다.

우리는 목적나무 아래 부분으로 내려감으로써 "어떻게"에 대답한다.

우리는 목적나무 위부분으로 올라감으로써 "왜"에 대답한다.

3.1.3 목적나무의 깊이는? 잘려진 항목은?

어느 수준에서 목적들의 목록이나 나무를 종결지어야 하는가? 간단한 답은, 목적이나 목표가 사라지고 실행방법이 등장할 때 종결하는 것이다. 즉, 주제 그룹 내에서 하위목표를 계속 세분화해 나가는데, 그 하위단계를 하위목표로 나타낼 수 없을 때까지 계속 진행한다. 이 방법의 요지는 목적나무를 **해법에 독립적인** 설계 문제의 기술문으로 유도하는 것이다. 즉, 우리는 설계를 구현하는 방법에 대해 판단하지 않고서도, 설계가 보여야 하는 특성에 대하여 알고 있다. 다시 말하면, 우리는 설계 대상이 구체적 형태로 실현되는 방법을 정하지 않은 채, 그 속성을 결정한다.

목적나무의 깊이를 정하는 또 다른 방법은 기능을 나타내는 동사나 "행위(do)" 단어를 찾아보는 것이다. 기능이 목적나무나 목적 목록에 나타나서는 안 된다.

목적나무 작성에 있어 두 번째 이슈는 목록에서 제거된 항목의 처리에 관한 것이다. 기능이나 구현방법들은 따로 기록해 두었다가 설계 프로세스의 후속 단계에서 필요할 때 사용하면 된다. 제약조건들은 목적과 구분하면서, 목적나무의 적절한 위치에 다시 삽입한다. 들여쓰기 개요에서는 기울여 쓰기나 다른 활자체를 사용하여 제약조건을 나타낼 수 있다(목록 3.4 참조). 그림 형식의 목적나무에서는 다른 형태의 상자를 사용하여 제약조건을 표시할 수 있다. 두 경우 모두, 제약조건들이 목적들과 관련은 있지만 다르다는 점과 다른 용도로 사용된다는 점을 기억해야 한다.

3.1.4 음료용기 설계를 위한 목적나무

음료용기 설계 문제에서, 설계팀은 경쟁관계에 있는 두 식료품 회사 중 하나인 BJIC를 위해 일한다. (경쟁관계인 두 고객들을 위해 비슷한 설계 업무를 동일한 회사의 설계팀이 수행함으로 인하여 발생하는 윤리적인 문제에 대한 토론은 제9장에서 다룬다.) 지금은 한 고객만을 상대하는 경우이며, 고객의 프로젝트 기술문은 2.5절에서 언급한 것처럼 다음과 같다. "새로운 주스 제품을 위한 병을 설계하라."

이 설계에 요구된 사항들이 무엇인지 명확히 하기 위해 우리 팀은 BJIC의 영업부서를 포함한 많은 사람들과 접촉하였고, 잠재적인 사용자, 즉 소비자에게도 많은 질문을 던졌다. 결과적으로 새로운 "주스병"의 필요에 대한 다음과 같은 동기를 찾아내었다. 플라스틱 병이나 용기들이 대부분 비슷하게 생겼고, 고객 회사는 다양한 기후와 환경에서 제품을 판매하고 있으며, 아이들이 주스를 마시기 때문에 부모에게 "안전" 문제는 큰 이슈이고, 부모들은 환경적인 측면에 지대한 관심이 있으며, 시장이 경쟁적이고, 부모들은(그리고 선생님들은) 아이들이 스스로 음료를 마실 수 있기를 원하고, 아이들은 항상 음료를 흘린다.

이러한 동기들이 인터뷰 과정에서 나타났고, 그 영향까지 포함한 확장된 속성 목록은 아래의 목록 3.4와 같다. 이 목록의 일부 항목들은 기울여 썼는데, 그것들은 제약조건을 나타낸다. 제약조건을 나타내는 항목들은 목표를 나타내는 최종적인 속성 목록에서는 제외할 수 있는 항목들이다.

목록 3.4 음료용기의 확장된 속성 목록

안전	→	직접 중요
안전하다고 인식됨	→	부모에게 인기 있음
제조단가가 저렴함	→	마케팅 유연성이 허용됨
마케팅 유연성을 허용	→	판매 촉진
화학적으로 안정	→	안전에 대한 *제약조건*
외관이 구별됨	→	브랜드 정체성을 창출함
환경적으로 무해함	→	안전
환경적으로 무해함	→	부모들에게 인기 있음
맛을 유지함	→	판매 촉진
아이들이 사용하기 쉬움	→	부모들에게 있기 있음
온도 변화에 견딤	→	탁송 중 내구성이 있음
외부 충격이나 힘에 견딤	→	탁송 중 내구성이 있음

배급이 용이함	→	판매 촉진
탁송 중 내구성이 있음	→	배급이 용이
열기 쉬움	→	아이들이 사용하기 쉬움
쉽게 쏟아지지 않음	→	아이들이 사용하기 쉬움
부모들에게 인기 있음	→	판매 촉진
화학적으로 안정	→	맛 보존을 위한 *제약조건*
날카로운 모서리가 없음	→	맛 보존을 위한 *제약조건*
브랜드 정체성을 창출함	→	판매 촉진
판매 촉진	→	**직접 중요**

확장된 목록 3.4는 추가적인 브레인스토밍과 인터뷰 뒤에, 나열된 목표들의 일부는 하위목적(또는 하위목표)으로 확장되며, 다른 일부는 상위 단계에서 기존 목표와 연결됨을 나타낸다. 일례로, 새로운 최상위 목표로서 판매 촉진이 식별된다. 확장된 속성 목록에 해당하는 목적나무는 그림 3.2와 같고, 목적과 제약조건을 같이 포함한 나무는 그림 3.3과 같다. 이러한 나무들에 등장하는 세부적인 하위목표들은 명료화 단계에서 파악된 관심사나 동기들을 그대로 반영하고 있다.

목록 3.4와 그림 3.2, 3.3의 목적나무에 기울인 노력과 사고의 결과로서, 설계팀은 이

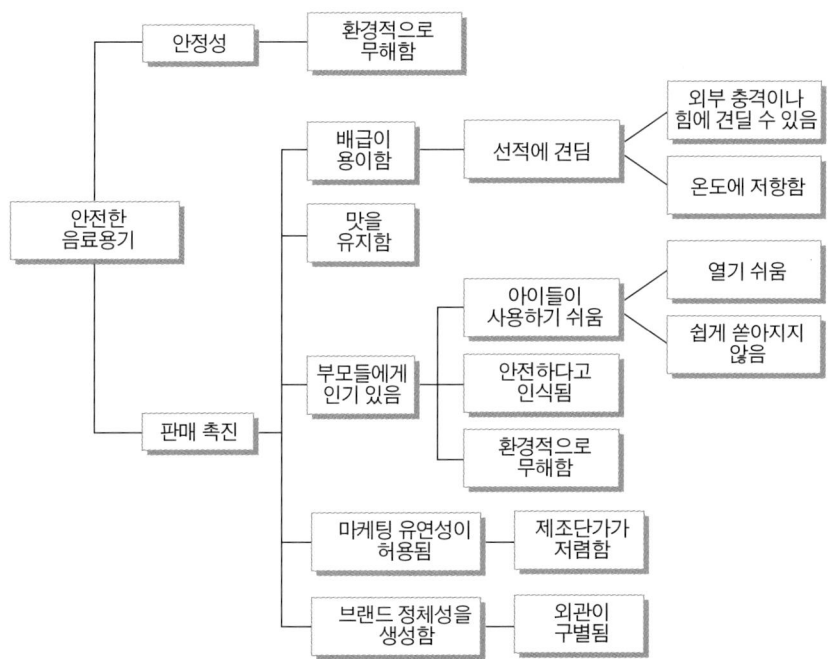

그림 3.2 새 음료용기를 위한 목적나무. 문제 기술문으로부터 음료수 제조회사 및 잠재적인 소비자(혹은 적어도 새로운 아동용 음료수 소비자의 부모들)의 요구를 계층 구조화한 것임

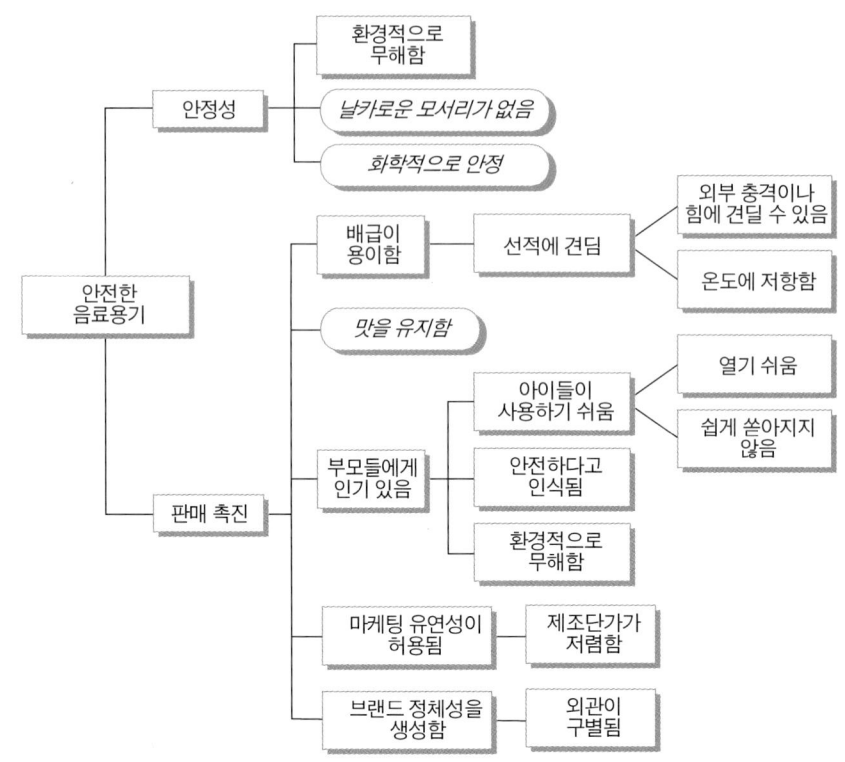

그림 3.3 새 음료용기를 위한 결합된 나무(목적은 직사각형으로, 제약조건은 둥근사각형으로 표시함). 이 그림에서는 신제품을 위한 목표가 설계의 목적에 대한 제약조건과 함께 보여짐.

설계 프로젝트의 문제 기술문을 다음과 같이 수정하였다. "맛을 보전하고, 중산층 부모에게 판매를 촉진하기 위한 브랜드 정체성을 확립하는, 아동용 주스 제품의 안전한 포장 및 배송 방법을 설계하시오." 제2장에서 확인한 것처럼, 설계 전처리(혹은 문제 정의) 단계의 결과물 중 한 가지는, 설계 프로젝트의 목표에 관해 습득한 지식을 반영하는 **수정된 기술문**이다. 즉, 고객의 설계 문제를 더 명확하게 이해하게 됨으로써 설계 대상의 바람직한 특징과 행위를 표현하는 목적나무를 얻게 되고, 동시에 고객의 원래 문제 기술문을 수정하는 효과를 얻는다.

3.2 제약조건: 고객이 가질 수 있는 것에 한계 정하기

모든 일에는 한계가 있기 마련이다. 3.1.2절에서 제약조건과 목적의 차이에 대해 명시한 것처럼 공학설계에서 제약조건은 굉장히 중요하다.

실제로 많은 설계자들은 설계를 다루기 쉽게 적절한 크기로 줄이기 위해 제약조건을

제약조건은 우리에게 받아들일 수 없는 설계를 파악하고 배제하게 한다.

일종의 "대조표(checklist)"로 사용한다. 목적과 제약조건이 포함된 나무에서 제약조건은 구체적인 숫자로 표현된다. 반면에, 목적은 보통 구두 기술문으로 표현되는데, 이는 설계자의 관심범위 내에서 허용되는 연속 변수나 숫자의 공식으로 나타낼 수 있다. 예를 들어, 사다리의 가격이 저렴해야 한다는 목표는 제조비용이 25달러를 넘지 말아야 한다는 제약조건으로 나타날 수 있다. 반면에, 사다리가 저렴해야 한다는 목적과 비용의 한계를 정한 제약조건을 **동시에** 가질 수도 있다. 이 경우, 제약조건에 의해 정해진 기준치를 넘지 않는 한, 원가가 다른 여러 설계 중에서 선택할 수 있다. 이는 수용할 수 있는 다수의 설계 중에서 선택하는 "충족(satisficing)" 전략에 해당한다.

"연속변수"로 나타낼 수 있는 목적을 취급하는 또 다른 방법이 있다. 다수의 설계변수 사이에 수학적 관계식을 형성할 수 있는 설계영역이 있다. 예를 들면, 사다리의 제조비용은 사다리의 무게, 높이, 시장의 규모 및 다른 변수에 연관되어 있다. 이런 경우, 다변수 미적분 문제의 최대값이나 최소값을 찾는 것과 유사한 방법으로 최적의 설계, 즉 최소비용 사다리를 찾아낼 수 있다. 마찬가지로, 설계변수가 수량으로만 표현되는 경우, **경영과학**(operations research) 기법을 사용할 수 있다. 최적화는 분명히 이 책의 범위를 넘어서는 주제이지만, 설계변수와 설계목표가 상호작용한다는 근본적인 아이디어는 설계목표의 비교 값 평가 방법을 설명하는 다음 절에서 다룰 주제 중의 하나이다.

3.3 우선순위 부여: 고객이 원하는 것에 순위 정하기

이 장에서 지금까지 제약조건이나 기능, 수단 등을 설계 대상의 목표와 혼동하지 않도록 주의하면서, 고객의 모든 목적을 확인하고 나열하도록 강조하였다. 하지만 확인된 모든 목적들이 고객이나 사용자에게 동일하게 중요하고 가치가 있는가? 지금까지는 인식된 가치에 어떤 차이가 있는지 확인하지 않았기 때문에, 각각의 최상위 목적은 동등한 가치를 갖고 있다고 가정하였다. 확실히 어떤 목표는 다른 목표에 비해 더 중요하며, 우리는 그 점을 인식하고 측정할 수 있다. 그러면 측정은 어떻게 할 것인가?

3.3.1 사물의 측정에 관하여

잠시 뒤로 물러나, 설계를 위한 목적이든, 설계 속성이든, 혹은 개념 설계의 집합이든 간에, 설계 대상을 측정하고 비교하는 것이 무얼 의미하는지 생각해보자. 각 개별적인 설계 대상을 어떤 축 상에 의미 있게 표시하는 것이 가능한지 분명하지 않지만, 각 대상이 얻은 평가점수를 축에 따라 표시하는 것은 가능하다. 그러한 평가점수는 비교할 수 있고, 설계에 관한 일부 결정이 이루어질 수 있다. 그렇다면 어떻게 평가점수를 부여할 것이며, 각 설계에 대한 평가점수들을 나열하는 데 사용할 수 있는 척도가 있는가?

공학자는 빔(beam)의 길이, 이차원 면적, 구멍의 지름, 속도, 온도, 압력 등과 같은 모든 사물을 측정하는 데 익숙하다. 각각의 경우, 0점과 한 단위의 크기를 표시한 잣대(ruler)가 있는데, 인치, 마이크론, 수은의 높이(mm), 화씨, 섭씨 등과 같은 단위가 사용된다. 잣대가 없이는 "A가 B보다 크다"와 같은 주장을 의미 있게 정량화할 수 없다. A와 B를 직접 등을 맞대고 서게 해서 해결할 수는 없다(특히 A와 B를 쉽게 이동시킬 수 없는 경우에는). 영점과 일정한 간격의 눈금이 표시되어 있는 잣대를 사용하면 A와 B의 높이를 나타내는 실수(real number)를 정할 수 있다.

여기에서 중요한 개념은 (1) 정의된 0점과 (2) 일정한 간격으로 표시되는 단위가 있는 잣대를 갖는 것이다. 수학적인 용어로는, 이러한 특징은 강측정(strong measurement)을 가능하게 하여 그 결과로서, 미적분학에서 변수를 사용하는 것처럼 측정된 변수(길이는 L, 온도는 T 등)를 사용할 수 있다. 따라서 수학 모형에서 일반적인 물리적 변수를 사용하듯이 강측정을 사용할 수 있다.

표 3.1에서처럼 여섯 가지 유형의 척도(scale)를 제품설계를 평가하고 검사하는 데 사용할 수 있다. 이러한 상이한 유형의 척도와 관련 측정단위는 다양한 상황에서 사용 가능하지만, 실제 측정이 아닌 경우도 있으므로, 이러한 "측정법(measurements)"을 사용할 때는 한계가 있다. 명목척도(nominal scale)의 경우, 범주를 구별할 때 사용된다. 즉, 색상의 개수를 세는 것은 가능하나, 색상의 차이는 측정할 수 없다. 이런 한계는 가족의 계층(hierarchy)과 같이 "부분순서척도(partially ordered scale)"에 대하여도 동일하게 적용된다. 따라서 구분하는 것이 고객이나 사용자나 설계자에게 중요할지라도, 앞의 두 가지 척도는 대부분의 설계 선택을 고려할 때 유용하지 못하다.

순서척도(ordinal scale)는 사물을 등급 순서에 따라, 첫 번째, 두 번째, 세 번째 등으로 배열하는 데 사용한다. 간단해 보이지만, 개인의 주관적인 선호도를 평가하는 경우에는 측정이 더욱 어려워지게 된다. 즉, 고객에게 어느 설계목표가 가장 중요한지 물어보는 것은 고객이 판단한 중요도의 주관적인 순위를 물어보는 것이다. 사다리 설계에서 비용과

표 3.1 제품설계 분야에서 설계를 시험하거나 평가할 때 사용되는 측정척도. (Jones, 1992)에서 발췌함.

명목척도(nominal scale): 색깔, 냄새, 혹은 직업(교사, 변호사, 공학자)

부분순서척도(partially ordered scale): 연령에 따라 어느 정도 배열이 가능한 조부모, 부모, 자식 등

순서척도(ordinal scale): 첫째, 둘째, 셋째 등

비율척도(ratio scale): 인치, 초, 달러 등과 같이 자연적인 준거점 혹은 기준점을 갖는다.

구간척도(interval scale): 섭씨와 같이 인위적인 준거점이나 기준점을 갖는다.

다차원척도(multidimensional scale) 혹은 지수(index number): 갤론당 마일 혹은 유지보수 회수 당 킬로미터와 같이 여러 개의 측정척도가 복합적으로 사용된다.

이동성 중 어느 것이 더 중요한지 묻는 것은 "홍길동의 키는 2피트 1인치이다"라는 진술과는 다른 형태의 답을 기대하는 질문이다. 가격보다 이동성에 대한 선호를 나타낼 수는 있지만, 그 선호도의 양이나 정도를 측정할 수 있는 현명한 방법은 없다. 예를 들면, "이동성은 비용보다 다섯 배 중요하다"라고 말할 수 없는 까닭은 0점과 단위가 정의되어 측정이 가능하도록 하는 척도나 잣대가 없기 때문이다.

비율척도(ratio scale)는 자연적으로 정의된 물리적 의미를 갖는 기준점(base points)이 있고(0원, 혹은 높이 0 등) 측정이 가능하다. 목적의 경우, 설계목적을 위한 비율척도가 "0"으로 정할 수 있는 특정한 값을 가질 수 있다. 예를 들면, "공해물질을 전혀 유발하지 않는 제품"의 경우, 쉽게 0을 정할 수 있다.

구간척도(interval scale)는 정의된 참조점(reference point), 혹은 기준점이 정의되고, 다른 점들은 기준점을 기준으로 지시된다(related). 구간척도는 강측정이라 부르는 전통적인 척도와 가장 비슷한 척도이다.

목적을 측정할 때, 잣대가 없는 경우도 자주 있다. 만약에 제품의 "단순성"이 설계 목적이라면, 단순성을 어떻게 측정할 수 있는가? 여기에 대한 답은 부품의 개수와 같은 측정기준(metric)을 도입하는 것이다. 특정한 최소수의 부품을 기준점으로 정하고, 다른 설계가 갖는 부품의 개수를 기준점에 비교하여 측정할 수 있다. 3.4절에서 "측정기준"에 대하여 더 설명하도록 한다.

단일 제품에 대한 설계목적이나 설계대안의 이질적 특성으로 인하여, 목적이나 설계를 평가하거나 측정하기 위해 확인 가능한 척도나 잣대를 의미 있게 사용할 수 있는지는 분명하지 않다. 예를 들면, 제조단가의 추정치와 같이 표준 비율척도로 측정된 숫자에 의해 설계를 평가하기는 쉬울 것이다. 하지만 제안된 설계나 설계목적들에 대하여, 쉽게 정량화되지 않는 주관적인 선호도를 측정하기 위해서는 많은 노력이 요구된다.

3.3.2 쌍대비교도표: 사물의 등급순위를 정하는 한 가지 방법

프로젝트의 여러 목표들 간의 상대적인 가치를 평가하고자 하는 경우를 생각해보자. 즉, 목표들 상호간의 가치나 중요성을 확인하여 순위를 매기고자 하는 경우이다. 어떤 경우에는 고객이나 잠재적인 사용자가 분명하고 확실하게 선호도를 나타내어, 설계자가 순위를 매길 필요가 없는 경우도 있다. 그렇지만 대개는 설계자가 순위를 매기거나 가치를 부여해야 한다. 이 절에서는 목적계층 중 같은 수준에 있고, 같은 그룹에 속하는, 즉 목적나무에서 동일한 부모마디(parent node)를 갖는 목표들의 순위를 매기는 직접적인 기법을 제안한다. 사과를 사과와 비교하고 오렌지를 오렌지와 비교하는 것과 같이 동질의 항목끼리 비교하기 위해서는, 동일한 군집과 동일한 계층 내에서 목표들을 비교해야 함을 명심해야 한다. 예를 들면, 사다리의 하위목표 중에서 '전기공사에 사용 가능함'과 '내구성이 있어야 함'이라는 항목들을 비교할 수 있는가? 반대로, 사다리의 유용성, 비용, 이동성, 내구성 중 어느 것이 더 중요한지 순위를 매기는 것은 설계에 필요한 중요한 정보이다.

사다리를 설계할 때 4개의 상위목표가 다음과 같이 주어진 경우를 생각해보자. 사다리는 저렴해야 하고, 유용해야 하고, 운반이 편리하고, 내구성이 있어야 한다. 또한 이들 중 어떤 두 항목도 일대일로 쉽게 비교할 수 있다고 가정하자. 예를 들면, 내구성보다는 비용, 비용보다는 운반의 편리함, 유용성보다는 운반의 편리함 등과 같은 선호도를 보일 수 있다. 4가지 목표 모두의 순위를 매기는 데 어떻게 위와 같은 가정이 도움이 될까? 이에 대한 한 가지 대답은, 만약에 우리가 (1) 한 가지 목표를 나머지 모든 목표들과 비교할 수 있고, (2) 각 목표에 합산한 점수를 부여하는, 간단한 도표나 행렬을 구성할 수 있다면 도움이 된다는 것이다.

표 3.2는 4가지 목적을 갖는 사다리에 적용된 **쌍대비교도표(PCC)**의 각 항목은 이산선택(binary choice), 즉 모든 항목의 값이 0 혹은 1인 값으로 정해져 있다. 예를 들면, 비용에 관한 행에서 이동성과 유용성이 비용보다 선호되는 경우에는 그 열에 0을 적고, 비용이 내구성보다 선호되는 경우 1을 적는다. 목표 자신에 대한 평가가 기록될 수 있는 대각선 상의 항목에는 0을 삽입하고, 동등한 가치를 갖는 목표에는 1/2을 부여한다. 각 목표의 점수는 행을 따라 합한 값으로 결정한다. 이 경우 이동성(세 번째), 유용성(두 번째), 비용(첫 번째), 내구성(네 번째) 등 중요성의 감소 순으로 순위를 매길 수 있다.

점수가 0인 내구성을 목적에서 제외해야 하는 게 아닐까 생각할 수 있지만, 잠시만 생각하면 점수가 0인 목적을 제외할 수 없음을 알 수 있다. 0이라는 점수는 단지, 4개의 순위를 매긴 목적들 가운데서, 내구성이 네 번째 순위이며 가장 덜 중요하다는 것을 의미한다. 또한, 순위는 단지 줄에서의 위치를 의미하므로, 이후의 계산에서 사용하지 않으며, 0 또한 문제를 일으키지 않는다.

위에서 기술한 단순 PCC 과정은 사물의 순서를 매기는 타당한 방법이지만, 말 그대로 순위를 매긴 것에 지나지 않는다. 표 3.2에 기록한 점수들은 수학적인 강측정에 속하지 않는데, 이러한 상이한 목적들을 측정할 수 있는 합리적인 척도가 없을 뿐만 아니라, 수학적으로 강측정을 정의할 때의 0이 정의되어 있지 않기 때문이다. 따라서 추후의 계산에 이 점수를 사용해서는 안 된다. 점수는 앞으로의 사고와 토의를 위한 유용한 지표이지

쌍대비교도표는 비교되는 항목(예를 들어, 목적)의 상대적 중요성을 이해할 수 있게 해준다.

표 3.2 사다리 설계를 위한 쌍대비교도표

목표	비용	이동성	유용성	내구성	점수
비용	••••	0	0	1	1
이동성	1	••••	1	1	3
유용성	1	0	••••	1	2
내구성	0	0	0	••••	0

만 추후의 계산을 위한 기준은 아니다.

3.3.3 쌍대비교도표: 합의된 등급순위 정하기

집단의 선호도를 측정하기는 더 어렵다. 지금까지는 의미 있고 유용한 순위를 매기고자 주관적인 평가를 내리는 설계자나 의사결정자 한 사람만 있는 경우에 관해 연구하였다. 집단의 구성원 개개인이 자신의 선호도에 대해 투표한 뒤, 개인의 투표가 합해져서 그룹선호도가 되는 경우는 더 복잡하고, 논란을 불러일으킬 수 있다(이 절 요약의 참고문헌 참조). 한 가지 곤란한 점은 유명한 "Arrow 불가능 정리(Arrow Impossibility Theorem)"인데, 이 이론으로 Kenneth J. Arrow는 1972년에 노벨 경제학상을 수상하였다. 이 정리의 핵심은 입후보한 후보가 세 명 이상인 경우, 혹은 세 개 이상의 대안이 주어진 경우, "공정한" 선택이 불가능하다는 것이다. 설계자들 사이에서는 설계자가 하는 일에 이 정리가 어떤 연관을 갖고 있는지 논쟁이 계속되고 있지만, PCC는 설계팀의 집단선호도를 나타내는 데 사용될 수 있다고 믿는다.

12명의 설계자로 구성된 팀에게 A, B, C 세 가지 설계의 순위를 결정해줄 것을 요청했다고 하자. 12명의 설계자는 다음과 같이 순위를 명시하였다.

$$\text{한 명은 } A > B > C \qquad\qquad 4\text{명은 } B > C > A \tag{3.1}$$
$$4\text{명은 } \quad A > C > B \qquad\qquad 3\text{명은 } C > B > A$$

여기에서 >는 "A가 B보다 선호된다"를 "$A > B$"로 나타낼 때 사용되는 기호이다.

설계팀의 집단선호도는 표 3.3에 나타낸 PCC를 사용하여 표시한다. 두 개의 상호비교에서 선호되는 제안에게 1점을 주고, 모든 설계자에게서 받은 점수를 설계별로 합한다. 선호된 설계의 합산된 순위는

$$C > B > A \tag{3.2}$$

즉, 그룹의 합의는 C를 첫 번째로 선호하였고, B는 두 번째, A를 마지막으로 선호하였다. 따라서 12명의 설계자는 C설계를, 모든 이들의 만장일치는 아니지만, 자신들의 집단적일 순위 선택으로 뽑았다. 하지만, 12명 중 3명만이 C를 첫 번째 순위로 정하였다. 하지만 Arrow가 지적한 바와 같이, 후보자가 3명 이상인 경우, 아무리 투표자가 많더라도(적

표 3.3 12명의 설계자를 위한 통합 쌍대비교도표(PCC)

승/패	A	B	C	합계/승
A	••••	1 + 4 + 0 + 0	1 + 4 + 0 + 0	10
B	0 + 0 + 4 + 3	••••	1 + 0 + 4 + 0	12
C	0 + 0 + 4 + 3	0 + 4 + 0 + 3	••••	14
합계/패	14	12	10	••••

설계팀원에 의한 쌍대비교 투표는 그 결과가 오해될 수 있기 때문에 주의해서 사용해야 한다.

어도 3명 이상인 경우) "공정한" 선거는 없다. 여기에서 사용한 PCC는, 그 결과를 개인의 PCC 결과처럼 주의해서 사용하면, 유용한 도구를 제공한다.

설계에서는 어떻게 PCC를 사용할 수 있는가? 한 가지 방법은 점수를 많이 받은 설계에는 매력적인 특징이나 요소가 있다는 점을 이용하는 것이다. 예를 들면, PCC 투표에서 $C = 24$, $B = A = 6$이라면 A와 B에서 투표자들이 큰 장점을 못 느꼈다는 것을 의미한다. 반대로 $C = 18$, $B = 16$, $A = 2$로 투표결과가 나왔다면, 두 개의 설계가 비슷하게 인식되었고, 두 특성을 결합하면 좋은 설계 전략이 될 수 있음을 의미한다.

3.3.4 주관적인 가치를 현명하게 사용하기

쌍대비교방법은 **강제적인 상의하달**(top-down) 방식으로서, (1) 목적나무의 동일한 계층에 속하고, 동일한 부모마디로 갖는 마디들 사이에서 적용해야 하고, (2) 상위목적들 간의 순위는, 하위목적들 간의 순위보다 먼저 결정되어야 한다. 두 번째 점은 좀더 "전체적인" 목적들의 순서가 세부목적들의 순위 결정 이전에 결정되어야 한다는 점이다. 예를 들면, 그림 3.1에 소개된 안전한 사다리 목적을 살펴보면, 전기 작업이나 보전성 관련 순위를 비교하기보다는, 시장성과 안전성 등 상위목적들 간의 순위를 비교하는 것이 더 중요하다. 마찬가지로, 음료용기 설계(그림 3.2 참조)에서는 쉽게 쏟아지지 않음, 열기 쉬움 등의 비교보다는 판매 촉진, 안전성 등의 비교가 더 큰 의미를 갖는다.

게다가 이러한 순위의 주관적인 특성을 고려할 때, 순위를 매기는 도구를 사용할 때는 반드시 누구의 가치가 평가되는지 살펴보아야 한다. 사다리 설계에서, 시장가치(marketing value)는 다양한 순위 비교에 쉽게 사용될 수 있는데, 예를 들면 사다리가 저렴한 것이 나은지, 무거운 것이 더 나은지 알고 싶을 때와 같은 경우이다. 반면에 고객과 설계자의 근본적인 가치를 언급하는 보다 어려운 이슈도 있다. 예를 들면, 음료용기 설계 문제로 돌아가, 만약에 GRAFT와 BJIC, 즉 경쟁사를 위해 설계가 개발되고 있는 경우, 어떻게 설계목적의 순위가 결정되는지 살펴보자. 그림 3.4(a)와 (b)에 GRAFT 소속과 BJIC 소속의 설계팀들이 작성한 쌍대비교도표를 나타내었다. 이 두 도표와 오른쪽 열에 기록된 점수를 보면, GRAFT의 사람들은 환경적으로 안정적이거나 부모들에게 인기 있는 것보다, 강한 브랜드 정체성이나 분배가 용이한 특성을 갖는 용기 설계에 훨씬 더 관심이 많음을 알 수 있다. 반대로, BJIC의 사람들은 환경과 맛을 유지하는 목적에 우선순위를 부여하므로, 주관적인 가치판단이 쌍대비교도표에, 최종적으로는 시장에 나타남을 알 수 있다.

순위가 정해진 목표들을 저울 위에 올려놓고, 목표 간에 상대적인 가중치를 부여하려고 시도할 수도 있다. 예를 들면, "사다리에 있어서 비용보다 이동성이 **얼마만큼** 더 중요한가?"와 같은 질문에 답할 수 있다면 좋을 것이다. 음료용기의 경우는, "내구성보다 환경친화적인 것이 **얼마만큼** 더 중요한가? 약간 더 중요한가, 훨씬 더 중요한가, 혹은 10배 중

목표	환경적으로 무해함	배급이 용이함	맛을 유지함	뷰모들에게 인기 있음	마케팅 융통성	브랜드 정체성	점수
환경적으로 무해함	· · · ·	0	0	0	0	0	0
배급이 용이함	1	· · · ·	1	1	1	0	4
맛을 유지함	1	0	· · · ·	0	0	0	1
부모들에게 인기 있음	1	0	1	· · · ·	0	0	2
마케팅 융통성	1	0	1	1	· · · ·	0	3
브랜드 정체성	1	1	1	1	1	· · · ·	5

(a) GRAFT의 가중 목적

목표	환경적으로 무해함	배급이 용이함	맛을 유지함	뷰모들에게 인기 있음	마케팅 융통성	브랜드 정체성	점수
환경적으로 무해함	· · · ·	1	1	1	1	1	5
배급이 용이함	0	· · · ·	0	0	1	0	1
맛을 유지함	0	1	· · · ·	1	1	1	4
부모들에게 인기 있음	0	1	0	· · · ·	1	1	3
마케팅 융통성	0	0	0	0	· · · ·	0	0
브랜드 정체성	0	1	0	0	1	· · · ·	2

(b) BJIC의 가중 목적

그림 3.4 새로운 음료용기 설계를 위한 쌍대비교도표. (a) GRAFT와 (b) BJIC에 근무하는 설계자들에 의해 각 목표에 부여된 상대적인 가치는 두 표에서 상당히 많은 차이를 보여주는데, 두 회사에 소속된 사람들 사이에 가치관의 차이가 있음을 반영한다.

요한가?"와 같은 질문도 매력적이다. 항공 관제시스템 설계에서, 비용이나 외관이라는 목적과는 비교할 수 없을 정도로 안전이 훨씬 중요한 목적인 경우나, 특정 목적이 다른 목적들과 거의 비슷한 경우를 쉽게 생각해 볼 수 있다. 하지만 아쉽게도 PCC와 같은 도구를 사용하여 측정하거나 표준화하는 데 대한 수학적인 근거는 존재하지 않는다. PCC를 사용하여 얻어진 숫자들은 상대적인 가치나 중요성에 대한 대략적이고 **주관적인** 견해나 판단에 불과할 뿐, 강측정을 나타내지 않는다. 따라서 이러한 값을 사용하여 후속 계산을 한다든지, 보장되지 않은 정밀도를 부과한다든지 하여, 이 값에 확대된 의미를 부여해서는 곤란하다.

마지막으로, 쌍대비교도표의 점수와 목적나무를 결합하여, 모든 목표와 하위목표의 상대적인 점수를 나타내는 **가중목적나무**(weighted objectives trees)를 구성할 수도 있다. 하지만 방금 확인했던 바와 같이, 부실한 수학적 기초 위에 멋진 수리적 건물을 짓는 실수를 저지르기 쉽다. 따라서 이 절의 시작에서 설명한 사항 외에 추가로 목표를 비교하지 말라고 권고한다. 동일한 마디에서 비롯된 목표들이나 하위목표들에 대하여 간단한 PCC를 실행하는 것은 의미가 있지만, 상이한 그룹에 존재하는 하위목표들을 비교하고자 목적나무 전체에 걸쳐 점수를 부여하거나 표준화하는 것은 올바르지 않다.

3.4 성과 측정: 고객이 얻게 되는 것을 정량화하기

측정기준은 목적들이 어떻게 잘 달성되었는지를 측정하는 데 사용된다.

고객이 **좋은 설계**(목적)로 생각하는 것이 무엇인지 결정한 뒤에, 특정 설계가 이 모든 것들을 **실제로** 얼마나 잘 **성취하는지** 결정해야 한다. 이 질문에 대한 답은 3.3절과 병행하는데, 이 점은 특정 설계가 목적을 얼마만큼 달성했는지 측정하는 표준인 **측정기준**(metrics)에 관한 것이다. 측정기준은 이상적으로, 우리가 관심 있는 목적의 정확한 측정값을 제공한다. 하지만 실제에서는, 적합한 측정기준을 구성하는 것은 무엇인지, 그 측정기준을 실제로는 어떻게 적용할 수 있는지, 설계 목적의 달성을 측정하는 데 얼마만큼의 비용이 드는지 등에 관하여 어려운 선택을 해야 한다.

3.4.1 측정기준 개발단계

측정기준 선정을 위해 세 단계 절차를 따른다.

1. 목적을 측정하는 데 적합한 기본 단위와 척도가 무엇인지 파악한다.
2. 적절한 단위를 사용하여 설계의 가치를 평가할 수 있는 수단을 파악한다.
3. 특정한 측정과 이에 따르는 평가가 타당한지 평가한다.

대개의 경우, 목적을 기준으로 설계를 측정하는 적합한 방법을 찾을 때까지 이 과정을 반복적으로 되풀이 한다. 전 과정은 아래에 좀더 상세하게 기술되어 있다.

설계 속성을 위한 측정기준을 결정하기 위한 첫 번째 단계는 우리가 관심 갖고 있는 목적에 대하여 적합한 측정단위를 결정하는 것이다. 사다리가 가벼워야 한다는 목적에 대하여, 무게나 질량에 관련된 측정단위, 예를 들면, kg, lb 혹은 oz 등을 생각해 볼 수 있다. 저렴한 비용이 목적이라면, 미국화폐단위인 US달러처럼, 측정기준은 화폐단위로 측정되는 비용이 된다. 어떤 경우, 적합한 "단위"는 일반적인 범주에 속하거나, 주관적인 순위, 예를 들어 "높은", "중간", "낮음"에 해당하기도 한다.

적합한 측정 단위를 정한 후에는, 두 번째 단계로서 특정 설계에 **어떻게** 정확하게 숫자나 가치를 부여할지 결정해야 한다. 이 단계의 중요한 측면은 설계의 성능을 측정하는 계획은 첫 번째 단계에서 선정한 척도 및 측정단위와 맞아야 한다는 점이다. 예를 들면, 실험실 시험, 현장 시험, 설문지에 대한 소비자 응답, 포커스 그룹 등이 포함된다. 무게가 가벼워야 한다는 목적이 주어진 경우, 전통적인 균형저울로 무게를 잴 수도 있다. 반면에, 비용의 경우 채택된 제조기법이나 제조되는 물량, 설계에 포함된 모든 부품을 알기 전에는 측정하기 어렵다. 비용을 측정하는 일은 복잡하고 노력이 요구되는 분야이다. 제8장에서 다시 논의하지만, 여기에서는 사다리의 제조 및 배송에 필요한 비용을 측정할 수 있다고 가정하자.

측정기준을 정하는 세 번째 단계는 측정기준을 사용하여 얻어진 정보가 측정하는 데 소요되는 비용보다 가치가 있는지 결정하는 것이다. 어떤 경우에는 우리가 보유한 자원이나 측정치를 얻기 위해 소요되는 자원과 비교할 때 측정기준의 유용성이 떨어짐을 보게 된다. 이런 경우에는, 새로운 측정기준을 개발하든지, 고가의 측정기준을 측정하기 위한 새로운 방법을 찾든지, 혹은 설계를 평가하는 다른 방법을 찾아야 한다. 사용 편이성이 동일한 여러 개의 측정기준이 있는 경우에는, 가장 비용이 적게 드는 측정기준을 선택할 수 있다. 다른 상황에서는 설계 평가를 위해 덜 정확한 방법을 사용해야 하는 경우도 있다. 최후의 수단으로, 목적을 제약조건으로 변환하여 어떤 설계는 포기하고 특정 설계는 채택할 수도 있다. 제약조건은 설계공간의 일부 가능성을 삭제하게 하고, 목표는 다수의 설계 대안 중 선택을 가능하게 한다.

사다리의 제조단가가 낮아야 한다는 목적을 다시 고려해 보자. 상당한 연구비용을 지불하지 않으면 사다리의 제조단가를 정확하게 측정하기 위한 정보를 얻을 수 없는 경우도 있다. 대안으로써, 특정 로트 규모로 구매할 때 소요되는 개별부품의 단가를 합산하여 제조단가를 측정할 수 있다. 이러한 방법은 몇 가지 중요한 비용, 즉 부품조립이나 간접비를 언급하고 있지 않지만, 설계팀은 부품단가가 저렴한 설계와 고가의 설계를 구별할 수 있게 된다. 혹은 고객으로부터 전문가적 조언을 구해서 각각의 설계를 "매우 비싼", "비싼", "적당히 비싼", "저렴한", "가장 저렴한" 등으로 등수를 매길 수 있다. 모든 것이 안 되면, 설계자는 이 목적을 "20달러가 넘는 부품을 갖지 않음"이라는 제약조건으로 재구성할 수 있다.

3.4.2 좋은 측정기준의 특징

좋은 측정기준은 다수의 속성을 갖는다. 첫째, 측정기준은 설계가 만족시켜야 하는 **목적을 실제로 측정**할 수 있어야 한다. 종종 설계자들은 요구되는 대상에 중요하지도 않은 현상을 측정하려고 노력한다. 예를 들면, 만약에 목적이 좋은 소비자 반응을 얻는 것이라면, 포장에 사용되는 색상의 개수를 측정하는 측정기준은 좋은 측정기준으로 볼 수 없다. 둘째, 측정기준은 정확도(accuracy)나 허용차(tolerance)의 올바른 수준을 나타낼 수 있어야 한

좋은 측정기준은 적합한 대상을 측정하고, 명확한 단위를 갖고 있으며 비용이 저렴하다.

좋은 측정기준을 찾을 수 없는 경우에는, 해당하는 목적을 제약조건으로 전환할 수 있는지 고려한다.

다. 만약에 "무게가 가벼움(혹은 경량)"이 목적 중의 하나라면, 사다리의 무게를 잴 때 톤이나 밀리그램 단위로 측정하는 것은 적절하지 못하다.

셋째, 측정기준은 **반복성(repeatability)**이 있어야 한다. 즉, 다른 사람들이 동일한 실험이나 측정을 했을 때 어느 정도의 오차 범위 내에서 같은 결과를 얻어야 한다. 이러한 특징은 표준화된 방법이나 기구를 사용하거나 만약에 그런 방법이 없다면, 측정을 수행하는 절차를 정확하게 기록하여 적용할 수 있다. 또한 설계팀은 가능하면 많은 양의 통계 샘플을 반드시 사용해야 한다. 넷째, 반복성과 관련하여, 좋은 측정기준은 **이해할 수 있는 측정단위**로 표현되어야 한다.

마지막으로, 모든 측정기준은 **명확한 해석**이 가능해야 한다. 즉, 설계팀의 모든 구성원이나(그리고 모든 관련자들에게) 측정값에 대한 동일한 결론을 내리게 하는 측정기준이어야 한다. 주어진 측정기준을 사용하여 얻어진 측정값의 의미에 대하여 논란을 벌이게 해서는 곤란하다.

좋은 측정기준을 설정하는 데는 좋은 판단이 요구된다. 측정단위는 설계 목표에 부합해야 하고, 측정하는 수단은 용이하고 저렴해야 한다. 일반적으로, 좋은 측정기준은 세심한 사고, 폭넓은 연구, 충분한 경험을 통해 얻어지며, 측정기준의 선택은 서로 협조하고 기능을 잘 발휘하는 팀으로부터 발생되는 시너지 효과에 의해 얻어진다.

3.5 문제 정의에 필요한 기본요소

이 절에서는 목적(및 제약)나무가 어떻게 발전해 가는지, 누구에게, 언제 질문을 해야 하고 어떻게 정보와 지식이 취급되고 저장되어야 하는지를 포함하여, 고객과 사용자가 설계로부터 얻고자 하는 것이 무언지 명확하게 파악하기 위해 필요한 실제적인 이슈에 대하여 집중하여 논의한다.

3.5.1 질의와 브레인스토밍

고객의 요구에 의해 설계 업무를 맡게 된 다음 거의 동시에 설계팀이 시작해야 하는 두 가지 활동이 있다. 그 첫 번째는 설계에 다양한 관심을 갖고 있는 고객이나 제 3자들에게 질문을 하는 것이다. 제 3자에는 잠재적인 사용자나 그 분야의 전문가가 포함된다. 여기서 전문가란 기술적인 분야에 능통한 사람들이거나, 설계가 겨냥하고 있는 소비자 시장을 잘 아는 영업 전문가들이다. 우리는 이미 어떤 종류의 질문을 던지는지 3.1절에서 확인한 바 있지만, 여기에서 명심해야 할 점은 우리가 의도하는 바가 정보를 획득하기 위한 동료적 접근법이지, 응답자를 방어자세로 몰고 가는 적대적 접근법이 아니라는 점이다.

질문을 던질 때는 또한 준비를 미리 해야 한다. 우리가 찾는 것이 무엇인지 미리 알고 있다면, 더 많은 정보를 얻을 수 있도록 대화를 유도할 수 있다. 그리고 질문에 답하는 사람이 자신의 노력이 값지게 쓰이고 있다고 느낄 수 있어야 한다. 이는 전문가들이나 사용자들에게 체계적인 인터뷰를 실행할 경우, 응답자들이 많은 양의 질의에 답할 가치가 있다고 느끼는 경우에만 유용하고 진지한 답변을 얻을 수 있기 때문이다.

문제 정의 단계에서 설계팀이 수행하는 두 번째 활동은 브레인스토밍이다. 제2장에서 본 것처럼, 브레인스토밍은 새로운 아이디어를 뽑아내고, 기록하고, 문제 구조에 적합하게 체계화하고자 하는 집단적 노력이다. 어떤 팀이 브레인스토밍을 통해 이상적인 속성이나 특성을 파악하고자 할 때, 기능이나 수단에 초점을 맞추어서는 안 된다. 별로 효용이 없는 제안이 나올 수도 있지만, 목표와 목적, 그리고 제약조건을 파악하는 데 집중해야 한다. 팀이 이를 달성할 수 있는 한 가지 방법은 지휘자가 "제품의 이상적인 속성 중의 한 가지는…"과 같은 방식으로 속성을 강조하는 문장으로 구성원을 유도하는 것이다. 이는 그 팀의 초점이 무엇인지 참가자들에게 상기시키는 효과를 갖는다. 물론 우리가 원하는 결과물은 3.1.2와 3.1.3절에 기술된 것처럼, 다듬어질 수 있는 속성과 특징들의 목록이다. 이러한 목록은 다시 목적들의 들여쓰기 목록 혹은 목적나무로 수정될 수 있다.

3.5.2 목적나무를 언제, 어떻게 작성하는가?

우리는 언제 목적나무를 만드는가? 당장? 고객이 설계 업무를 맡기자마자? 아니면, 우리가 맡은 설계 업무에 대하여 배우는 걸 먼저 해야 하는가?

이와 같은 질문에 대하여 직접적인 답은 없지만, 부분적인 답으로는 목적목록이나 목적나무를 만드는 일이 초기조건을 만족하는 수학문제를 푸는 일은 아니다. 또한 나무를 만드는 일이 한 번 실행하면 더 이상 손댈 일 없는 종류의 활동이 아니다. 반복적으로 수정해가는 일이며, 설계영역에 대해 어느 정도 이해가 되면 설계팀이 시작해야 하는 활동이다. 따라서 고객이나 사용자, 전문가들에 대한 질의활동을 시작해야 하고, 정보가 얻어질 때마다 사안별로 목적나무를 만들어야 한다.

목적나무를 만드는 일의 한 가지 흥미 있는 점은 그 일의 논리적 속성이다. 만약에 우리가 회의탁자 주변을 왔다 갔다 하며 집중적인 브레인스토밍을 수행할 때 어떻게 정보를 체계화할 수 있는가? 분명히 칠판을 사용하겠지만, 팀원이 아이디어를 급속도로 의식의 흐름처럼 쏟아 부을 때 군집(cluster)이나 계층조직으로 정리할 수 있을까? 한 가지 방법은 다양한 크기의 포스트잇 노트를 사용하여 목록이나 나무의 개별 항목을 각각의 노트에 적는 것이다. 노트들을 칠판 같은 곳에 부착시킨 후, 나중에 팀원들이 설계 속성의 목록을 정리하기 시작할 때 이리저리 옮겨 붙이면서 정리할 수 있다.

목적나무를 일찍 만들어서, 문제를 정의하는 과정에서 여러 번 수정하라.

두 가지 사소하지만 중요한 점은 첫째, 쏟아진 모든 제안과 아이디어를 기록하기 위해서는 누군가가 브레인스토밍 시간에 기록을 해야 한다. 자연스러운 아이디어나 영감을 나중에 다시 얻으려고 애쓰는 것보다는, 충분히 확보된 아이디어를 정리해나가는 방법이 항상 쉬운 법이다. 둘째, 목적나무의 대략적인 개요가 등장한 뒤에는 표준화된, 상업용 소프트웨어 패키지를 사용하여 조직도표(organization chart)나 비슷한 그림 형태로 공식 문서화해야 한다.

3.5.3 수정된 프로젝트 기술문

수정된 기술문을 고객과 공유하라–고객이 옳을 것이다.

지금까지는 설계 프로젝트가 고객이 원하는 내용을 간략하게 작성한 기술문에 의해 시작된다고 가정하였다. 이 장에서 기술한 모든 방법과 결과물들은 다른 잠재적인 이해당사자(stakeholders)의 요구사항을 정리함과 동시에, 필요한 것이 무엇인지 이해하고 분명히 하기 위한 것이다. 고객, 사용자 및 다른 이해당사자들로부터 정보를 수집해가는 과정에서 설계 문제에 대한 우리의 입장은 암묵적인 가정이나 암시된 해법에 대한 편견이 해소되는 과정에서 변해간다. 따라서 우리가 발굴한 새로운 정보의 영향을 이해하고, 설계 문제를 명확히 이해했음을 의미하는 수정된 문제 기술문을 다시 작성하는 것이 중요하다. 우리는 수정된 문제 기술문이 음료용기 설계(3.1.4절)의 새로운 결과물로 등장함을 보았다. 또한 이 프로젝트를 위해 원래의 문제 기술문과 수정된 문제 기술문을 비교함으로써, 고객이 원하는 바가 무엇인지 더 명확하게 알 수 있다. 다음 절에서 이와 유사한 결과를 보게 될 것이다.

3.6 과테말라 여성협동체를 위한 닭장 설계

하비머드대학(Harvey Mudd College)의 공대 1학년 학생들이 수강하는 첫 번째 공학과목인 **E4: 공학설계입문**에서 학생들에게 설비나 시스템의 개념적 설계를 개발하는 일이 주어진다. 이 프로젝트는 대개 비영리 혹은 교육단체를 위해 수행되며, 학생들은 프로젝트를 통해 훌륭한 공학적 설계가 비전통적인 비기업 환경에서도 가능하다는 인식을 갖게 된다. 이 과목에서는 이 책에서 소개하는 공식적 설계방법론을 강조한다. E4 환경에서의 학생 설계를 설명하기 위해, 과테말라 외딴곳인 San Martin Chiquito 마을의 닭장 설계 문제를 소개한다. 이 프로젝트의 후원단체인 Xela-Aid는 하비머드대학의 E4 과목 학생들과 오랫동안 같이 일해 왔다. Xela-Aid를 위해 수행한 E4 프로젝트 중에는 그린하우스, 운동장, 산악도로의 가파른 언덕을 물건을 지고 올라가기 위한 개선된 방법에 관한 것들이 있다.

E4 팀들은 지역 노동자들이 쉽게 찾을 수 있고 보관 가능한 재료를 사용하여 달걀과 닭 생산을 증가시킬 닭장을 설계하도록 요청받았다. 최종 사용자들은 뜨개질에 종사하는 가정주부들로, 뜨개질 일손을 크게 줄이지 않으면서 전통적인 식단에 어긋나지 않는 범위 내에서 아이들에게 공급되는 단백질의 양을 늘리기를 원하고 있다. 문제 기술문 전체(요약된 형태는 2.5절에 소개되었음)는 다음과 같다.

이 마을의 여성들은 작은 울타리가 쳐진 구역을 이용해서 닭을 키우고 있는데, 가족들의 수입을 보충하기 위해 생산된 달걀과 닭을 시장에 내다 팔아야 한다. 현재 닭은 물통이 놓여진(12피트×12피트) 크기의 작은 울타리 쳐진 곳 바닥에 모이를 뿌리는 방식으로 사육되고 있다. 많은 달걀이 금이 가고, 빗자루로 배설물을 청소하는 동안 닭장의 바닥은 점점 파헤쳐진다. 여성들은 새로 구입한 땅에서 생산량을 증가시켜 생산된 모든 달걀 중 절반을 가족을 위해 사용하고 나머지 절반은 판매할 수 있기를 희망한다. 좋은 땅에서 닭/달걀의 생산량을 극대화하며 동시에 가장 비용 효율적인 방법으로 생산하는 것이 주어진 임무이다. 추운 온도 때문에 전기를 사용하여 닭을 따뜻하게 보존할 수도 있지만, 전기에 너무 의존하면 사업비용이 초과하게 된다. 여자들은 모이통과 물통을 자주 채우지 않더라도 물이 오염되거나 모이가 덩어리지는 일이 생기지 않아서 유지노력이 적게 드는 시스템을 원한다. 닭장 바닥이 쉽게 오염되지 않는 손쉬운 청소방법도 원하고 있다.

우선 분명한 점은 위의 초기 문제 기술문을 읽고 나서 설계팀이 닭장의 최종적인 형태를 결정하기 전에 물어야 할 많은 질문이 있다는 것이다. 아마도 이중에서 가장 시급한 질문은, "고객과 최종 사용자가 원하는(그리고 필요로 하는) 것이 무엇인지, 그리고 가능한 답변 중에서 가장 중요한 것은 무엇인가?"하는 질문이다. 이 질문의 첫 번째 부분에 답하기 위해 학생들은 닭의 사육방법, 기존의 닭장 설계, 그리고 과테말라의 문화와 기후에 관해 연구하였다. 추가로, 팀원들은 고객과 최종 사용자에게 "비용 효율적인" 설계와 "유지비용이 낮은" 설계가 의미하는 바가 무엇인지 결정하기 위해, 도서관 연구, 웹 탐색, 지역의 양계 사육자 및 연구자들과의 인터뷰 및 고객 연락원(liaison)과의 인터뷰를 실행하였다. 이 연구의 최종 결과물로서 목적나무와 수정된 고객 기술문이 개발되었다.

3.6.1 과테말라의 닭장을 위한 목적나무

그림 3.5와 3.6에 두 팀이 작성한 목적나무가 그대로 소개되었다. 따라서 추가로 논의가 필요한 문제점이나 착오를 볼 수 있다. 예를 들면, 그림 3.5의 "썩지 않는 바닥"은 수단이거나 제약조건일 수 있지만, 목적이라고 볼 수는 없다. 하지만 그러한 결함에도 불구하고 이 두 개의 목적나무에는 많은 흥미 있는 점들이 존재한다. 첫째, 두 개의 목적나무는 일치하지 않는다. 두 개의 서로 다른 팀이 제작한 것을 고려할 때, 특이한 사항은 아

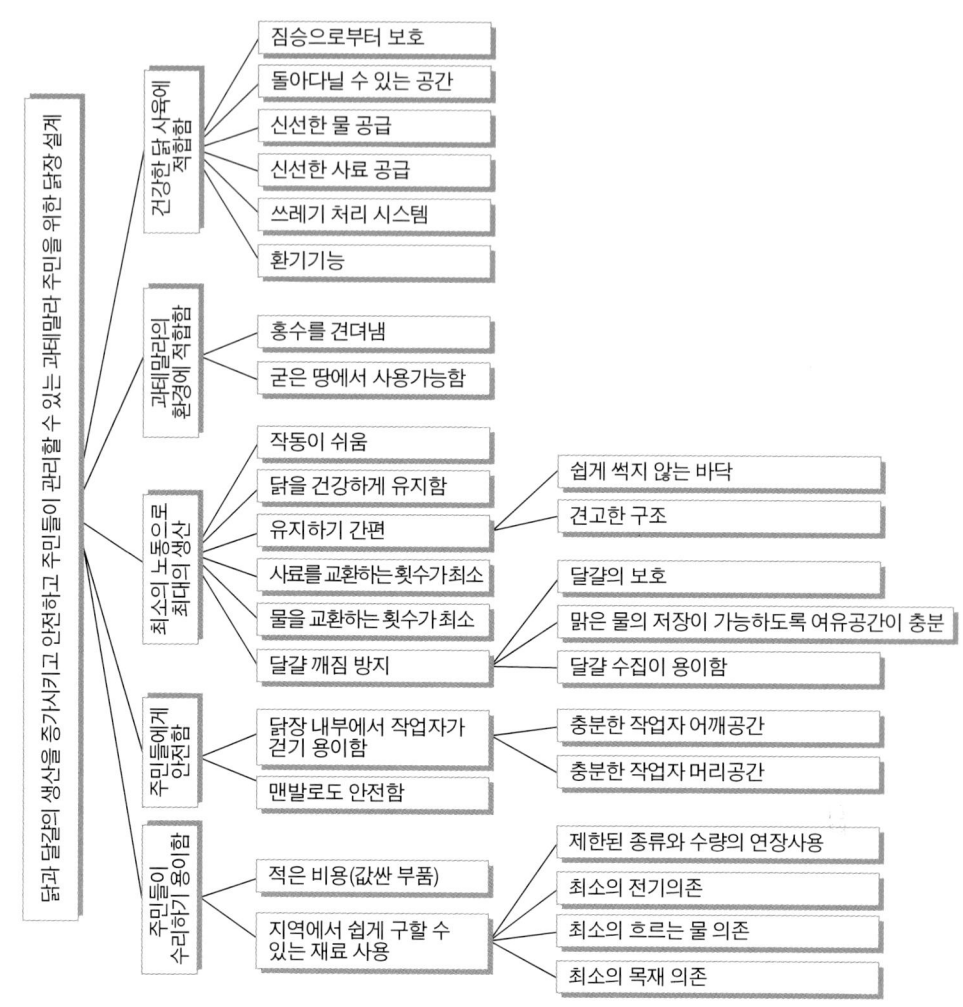

그림 3.5 Xela-Aid 닭장을 위한 일년차 설계팀에 의해 개발된 목적나무. 이 목적나무에는 적절하지 못한 항목도 포함되어 있다. 어떤 항목인지 찾을 수 있는가?

니지만, 설계자가 생각해낸 많은 목적과 제약조건들이 분석, 해석 및 수정을 요구한다. 따라서 설계자는 설계 프로세스가 너무 많이 진행되기 전에 자신들이 찾아낸 점을 고객과 조심스럽게 재검토하는 것이 매우 중요하다.

두 번째로 특기할 만한 점은, 한 팀은 그들 연구의 결과물(그림 3.6의 "달걀 손상을 방지하는 것")을 포함시켰고, 다른 팀은 고객 연락원이 개인 인터뷰에서 언급한 내용을 반영하여, 목표를 매우 일반적인 단계에 포함시켰다. 설계자는 목적을 명료화하는 과정에서 고객이 문제를 더 잘 이해하게 도와서 고객에게 유용한 정보를 제공하고 교육시키기도 한다. 이 점은 기능과 **매개변수 명세**(parametric specification)(제6장에서 논의됨)에 대해 고려

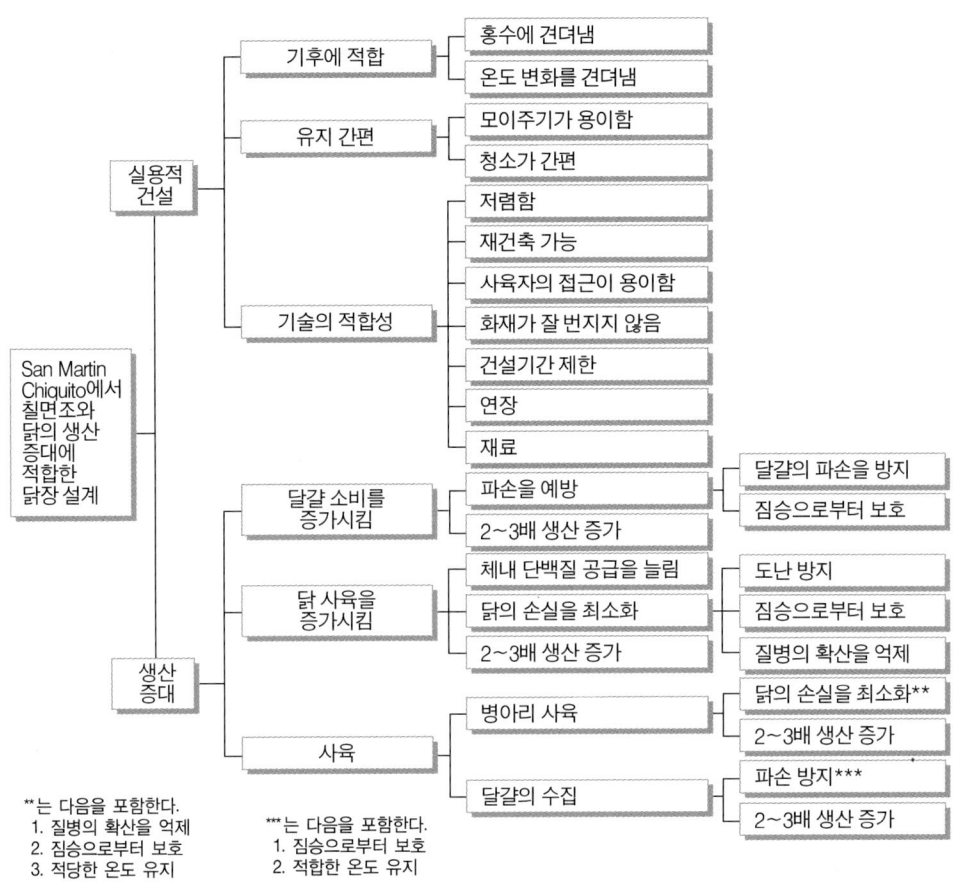

그림 3.6 Xela-Aid 닭장 프로젝트를 위한 다른 학생팀의 목적나무. 이 나무에는 성능규격과 같이 목적이 아닌 것이 포함되었다(4장 참고). 이 팀 역시 안전성을 최상위 목적으로 간주하지 않았다.

할 때 특별한 중요성을 갖는다.

3.6.2 과테말라 닭장을 위한 측정기준

목적들을 위해 각 팀들은 측정기준을 개발하였다. 여기에 소개된 두 가지 경우에서, 두 팀 모두 한 학기의 기초 설계 프로젝트만으로 설계의 성능을 목적에 의거해 측정하기는 불가능함을 깨닫게 되었다. 그림 3.7은 한 팀에 의해 개발된 측정기준을 보여주고 있다. 이러한 측정기준은 근본적인 우려(화재가 번지지 않는지 담배로 시험하기)를 이해하고 있다 는 점을 보여주고는 있지만, 대부분 측정하고 시험할 수 없는 것들이다. 결과로서, 이 팀 은 대부분의 목적에 대한 공식적 측정기준을 포기하고, 대신에 각 닭장 설계에서 키울 수 있는 닭의 수를 측정해서 최종 설계를 선정하였다. 이와 같은 방식은 추천할 만한 접근방 식이 아니다.

홍수를 견뎌냄	원형에 소방호스를 사용하여 홍수를 재현한 후, 기반 구조물이 안전하고 지붕에 물이 새는지 확인
온도 변화를 견뎌냄	반복적으로 냉각과 가열을 하여 설계에 사용된 재료를 파괴하는 실험을 함(과테말라 기후의 범위 내에서)
모이주기와 청소가 용이함	자원자에게 필요한 작업을 수행하게 한 뒤 시간과 노력을 측정함
닭장 건설이 저렴함	사육하는 닭의 수와 단가 사이의 비율을 결정함
재건축 가능	축소모형을 만든 다음, 자원자에게 동일한 재료를 써서 똑같은 모형을 만들도록 함
사육자의 접근이 용이	(3피트보다 좁은) 협소한 통로와 (5피트가 넘는) 출입구의 존재 및 부재를 시험함
화재가 잘 번지지 않음	(지붕에) 불똥을 떨어뜨린다든가 바닥에 담뱃불을 떨어뜨려 다양한 형태의 화재에 대한 모형의 내화 능력을 시험함
적당한 연장과 재료	지역에서 쉽게 구할 수 있는지 확인
짐승으로부터 보호	원형을 제작한 뒤, 미끼를 새장에 넣어 짐승이 미끼에 접근 가능한지 시험
달걀의 파손 방지	(참고자료를 사용하여) 은폐된 둥지를 만들 수 있는지 확인
생산 증가	설계에 포함된 새장의 개수 확인
신체 단백질 성장 촉진	닭이 바닥에서 벌레들을 먹을 수 있는지 확인
(달걀과 닭을 위해)적당한 온도 유지	실제 닭을 사용하든가 인위적인 열을 사용하여 온도계로 온도의 변화를 측정함
질병의 확산 억제	실제 크기 모형에 건강한 닭과 병에 걸린 닭을 넣어 질병이 번지는 속도를 측정. 다수의 닭이 생존하는 경우, 설계를 통과시킴

그림 3.7 이 표는 닭장을 위해 학생 설계팀이 제안한 시험(측정기준)의 일부를 보여준다. 많은 시험이 학생들이 실제 가진 자원보다 더 많은 시간과 자원을 필요로 한다. 이와 같은 경우, 측정기준이나 시험을 단순화시키는 것이 더 낫다.

그림 3.8은 다른 팀이 개발하여 사용한 더 단순한 측정기준 및 이와 관련된 시험을 보여준다. 이 팀은 전체 설계 자체에 초점을 맞추지 않고, 전체 설계에 포함된 개별 부품의 시험을 하기로 결정하였다. 시험은 단순한 현장시험으로 '예', '아니요'의 결과가 기록되었다. 이러한 방법은 간편하다는 장점이 있다. 아쉽게도, 목적과 시험을 분리함으로써 각 시험을 왜 하는지 불분명하게 만드는 결과를 초래하였다. 이 방식은 너무 적은 수의 설계 대안을 졸속으로 채택하는 반면, 한 대안 안에서 선택해야 하는 부품의 수는 너무 많아지는 문제점을 갖는다. 두 팀 모두, 여러 번의 사려 깊은 반복적인 과정을 거쳤더라면 더 나은 결과를 얻을 수 있었을 것이다.

시험된 닭장 컴포넌트	시험에서 사용한 자재	측정기준	부품이 시험을 통과했는가?
바깥 울타리 철근 기둥	철근 기둥	세웠을 때 무게를 지탱하는가?	아니요
벽면 철근 기둥	철근 기둥	세웠을 때 무게를 지탱하는가?	예
이동식 먹이통 받침	철제	수평인 경우, 무게를 지탱하는가?	예
홈통	골판 지붕재과 홈통 부품	골판 지붕재는 홈통을 지탱하는가?	예, 특정한 연결부품을 사용하였을 경우에만
건축 용이성	스티로폼, 발사(balsa)나무, 접착제	모형을 제작할 수 있을 정도로 건축 설명서가 쉽게 기술되어 있는가?	예

그림 3.8 그림 3.7과 동일하지만 다른 접근방식을 보여줌. 시간과 자원의 제약으로 인하여 이 팀은 설계상의 여러 부품만을 예/아니요 시험방식으로 변환하였음. 그림 3.6의 목적에 대하여 비슷한 시험을 적용할 수 있는가?

3.6.3 과테말라 닭장을 위한 수정된 프로젝트 기술문

목적나무를 재검토하는 과정을 거친, 고객과의 폭넓은 인터뷰와 연구를 통해, 설계팀은 원래의 문제 기술문을 수정 및 보완하여 새 기술문을 채택하였다. 한 팀은 다음과 같은 수정된 문제 기술문을 만들었다.

Xela-Aid 기구에서는 과테말라의 작은 마을에 거주하는 여러 세대가 사용할 닭장의 설계를 의뢰하였다. 마을의 기후는 60°F 아래로 거의 내려가지 않는 열대성 기후이다. 마을은 대부분 다공질 화산토양에, 해발 7000피트 높이에 위치하고, 우림(雨林)에 의해 둘러싸여 있다. 3월부터 9월까지의 우기에는 매일 1인치 이상의 강수량을 보인다. 닭장은 폭 8피트, 길이 20피트 땅에 설치된다. 이 땅은 온실과 여자들이 직물을 생산하는 건물이 있는 토지의 일부이다. 닭장을 설계할 때, 지역에서 쉽게 구할 수 있고 사용가능한 재료는 철사, 자갈, 콘크리트, 지역에서 쉽게 구할 수 있는 벽돌 등이다. 나무도 사용할 수 있지만, 인근 숲에서 벌목하게 되므로 사용을 자제해야 한다. 공구와 나사못, 못 등과 같은 부가적 재료 및 다른 값싼 부품들은 Xela-Aid가 제공해줄 수 있지만, 닭장 설계에 있어서는 부족할 수 있음을 유념해야 한다. 마을에 전기가 공급되기는 하지만, 값이 비싸고 불안정해서 설계에 포함되어서는 안 된다. 마을에는 식수 공급이 되질 않아서 30분 거리에서 마을로 물을 길어 와야 한다. 건설은 Xela-Aid 직원이 돕고, 과테말라 현지 주민들이 참여하므로 설계가 간단한 경우 건설기술이 문제가 되지는 않는다. 닭장 설계의 전체 목표는 각 세대 단위의 달걀 및 닭 생산량을 현재의 두 배 이상으로 증가시키는 것이다. 각 세대는 생산한 닭과 달걀 중 반은 소비하고 나머지 반은 판매할 수 있다. 이차적인 목표로는 닭장과 닭을 키우는 데 소요되는 노동을 최소화하고 닭의 배설물을 비료로 이용하는 것이다. 닭장에 필요한 노동을 최소화하기 위해서는 누수와 부패가 생기지 않도록 청소가 쉬워야 하고, 신선한 사료와 식수의 공급이 쉬워야 한다. 이 지역에서 닭을 공격하는 짐승은 고양이처럼 생긴 동물로서 닭장을 둘러싼 울타리 밑을 뚫고 침입할 수 있다. 이 동물이 침입하지 못하도록 특별한 주의가 요구된다.

3.7 요약

3.1 절: 더 많은 목적나무 예제는 (Cross, 1994), (Dieter, 1991)과 (Suh, 1990)에서 찾아볼 수 있다. 또한 (Cross, 1994)와 (Dieter, 1991)에서는 가중치가 부여된 목적나무의 예가 소개된다. 충족 개념은 (Simon, 1981)에 의해 소개된다.

3.2 절: 제약조건은 (Pahl and Beitz, 1997)에서 논의된다.

3.3 절: 측정과 척도의 문제는 최근에 공학설계 방법론에서 논란이 되고 있는 주제 중의 한 가지이다. 일부 비판의 근거는 설계 선택과 방법론이 경제학이나 사회선택이론(social choice theory)에서 사용하고 있는 방법론과 비슷하다는 데 있다(Arrow, 1951, Hazelrigg, 1996, Hazelrigg, 2001, Saari, 2001a와 2001b). 다른 분석방법들은 실증주의자(positivist)들의 방법과 좀더 비슷하다. 이 책에서 소개한 PCC는 사회선택이론에서 사용하는 방법론과 일치한다.

3.5 절: 문제 기술문에서 편견과 암시된 해법을 찾아 제거할 필요성에 관한 훌륭한 논의는 (Collier, 1997)에서 제공하였다.

3.6 절: Xela-Aid 닭장 설계 프로젝트의 결과는 하비머드대학에서 1997 봄학기에 개설된 1 학년 과목인 E4: 공학설계 입문의 결과(Gutierrez et al., 1997 and Connor et al., 1997)에서 인용하였다. 이 과목에 대한 자세한 내용은 (Dym, 1994b)에 설명되어 있다.

3.8 연습문제

3.1 편견, 암시된 해법, 제약조건 및 목적 간의 차이점을 기술하라.

3.2 연습문제 2.5에서 소개한 HMCI 설계팀에게 다음과 같은 문제 기술문이 주어졌다. 편견이나 암시된 해법을 다음 기술문에서 찾아내라.

> 기존의 전기기타와 소리, 모양, 느낌이 아주 흡사한 항공기 탑승객을 위한 소형 전기기타를 설계하라.

이러한 편견과 암시된 해법을 제거한 수정된 기술문을 작성하라.

3.3 소형 전기기타를 위한 목적나무를 개발하라. (팀원 중 일부가 고객과 사용자 역할을 해야 함)

3.4 연습문제 3.3의 목적나무를 위한 가중치를 개발하기 위한 전략을 찾아라.

3.5 연습문제 2.5에서 소개한 HMCI 설계팀에게 다음과 같은 문제 기술문이 주어졌다. 편견이나 암시된 해법을 다음 기술문에서 찾아라.

> 과테말라의 원시림에 위치한 마을의 여성협동단체를 위한 온실을 설계하라. 이 온실을 이용하여 예방약 기능의 약초를 재배하고 마을 사람들의 영양섭취에 도움을 주며, 마을주민들의 수입을 보완하도록 화훼를 재배할 수 있어야 한다. 온실은 높은 강우량으로부터 내부의 작물을 보호할 수 있어야 하고 마을주민이 가난하므로 현지에서 쉽게 구할 수 있는 재료로 만들어져야 한다.

편견과 암시된 해법을 제거한 수정된 기술문을 작성하라.

3.6 원시림 프로젝트를 위한 목적나무를 개발하라. (팀원 중 일부가 고객과 사용자 역할을 해야 함)

3.7 그림 3.5에 소개한 닭장 프로젝트의 한 팀이 개발한 목적나무를 올바르게 고치고 수정하라.

3.8 그림 3.6에 소개한 닭장 프로젝트의 나머지 팀이 개발한 목적나무를 올바르게 고치고 수정하라.

3.9 연습문제 3.2의 소형 전기기타 프로젝트를 위한 측정기준을 개발하라. 만약에 측정기준이 측정하기에 아주 어렵다면, 제약조건으로 어떻게 바꿀 수 있는지 보여라.

3.10 연습문제 3.5의 원시림 프로젝트를 위한 측정기준들을 개발하라. 만약에 측정기준이 측정하기에 아주 어렵다면, 제약조건으로 어떻게 바꿀 수 있는지 보여라.

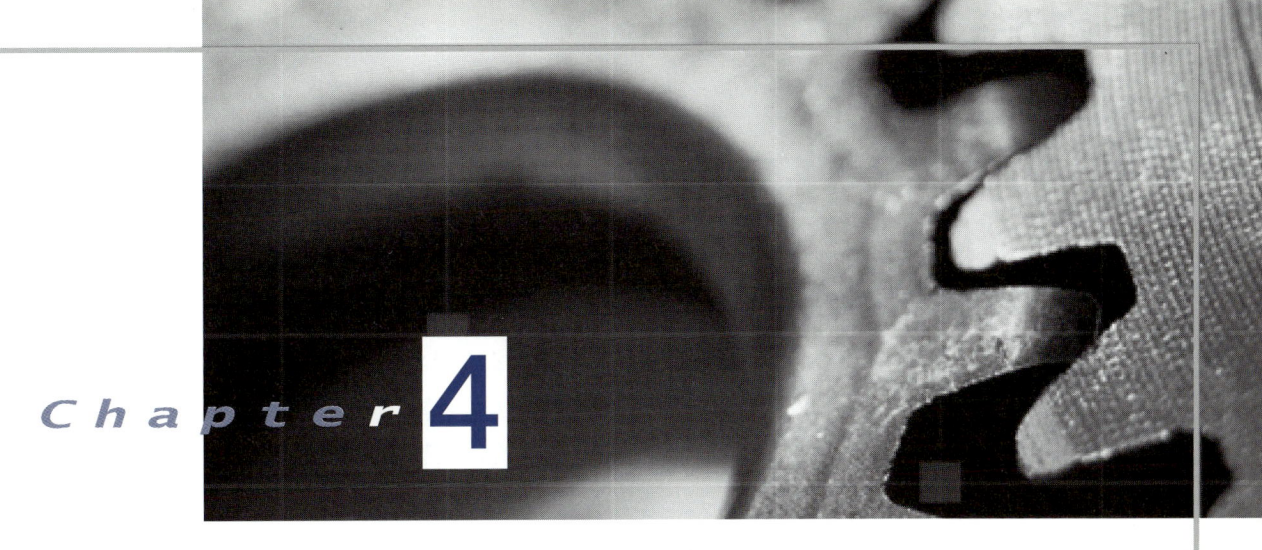

Chapter 4

기능과 명세

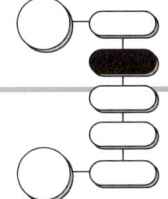

고객이 원하는 것을 공학 용어로 어떻게 표현할 것인가?

> **지**금까지는 고객이 설계에서 원하고 필요로 하는 것이 무엇인지 이해하는 데 주력하였다. 이 장에서는 고객이 사용하는 언어에서 공학적 언어로 나아간다. 특히, 고객과 사용자의 필요와 요구를 전문용어로 번역하여 이를 실현하고 그 성공여부를 측정할 수 있도록 돕고자 한다. 기술자와 설계자의 용어로서 기능과 성능명세를 식별한다. 기능과 성능명세는 설계된 가공물이 의도된 설계 목표를 어떻게 구현하는지에 대해 연관성은 있지만 개별적인 측면을 나타낸다.

설계 목표를 구현하려면 **설계된 대상이 무엇을 해야 하는지**를 결정해야 하기 때문에, 먼저 기능과 기능적 명세를 살펴볼 것이다. 기능이 얼마나 잘 수행되는지를 보기 전에, 어떤 기능이 수행되어야 하는지를 먼저 정해야 한다. 그 다음에는 설계된 대상이 얼마나 잘 수행해야 하는지를 정한 **성능명세**(performance specification)에 대하여 살펴볼 것이다.

사실, 3.4절에서 소개된 기능, 명세, 측정기준 순으로 소개하는 것은 임의적이다. 예를 들면, 많은 경우 설계자는 기능이 무엇인지 정확히 정의하기 전에 특정한 대상의 구현을 어떻게 측정할 것인지를 미리 고려하기도 한다. 어떤 경우에는, 설계 업무가 시작될 때 성능명세가 이미 고객에 의해 정해져 있는 경우도 있다. 이러한 설계 도구와 기법을 이 순서대로 소개하는 이유는 설계에 대한 논리적인 사고방식을 나타내기 때문이다. 하지만 설계의 반복성 때문에 기능, 성능명세, 측정기준이 등장하고 소개되는 순서에는 변화가 있기 마련이다.

4.1 목표 구현을 위한 기능 식별하기

어린 아이에게 책꽂이의 기능을 물어보면, "아무것도 안 하고 조용히 서있다"고 답할지 모른다. 하지만 공학자는 책꽂이가 다양한 기능을 수행하고 있고, 성공적인 설계자가 되려면 그러한 기능을 잘 수행해야 한다고 답변할 것이다. 이 관점에 따르면, 책꽂이는 책이 바닥에 떨어지지 않도록 중력에 저항하는 기능을 하고 있다. 책꽂이의 선반에는 사용자가 책들을 종류에 따라 분류 가능하도록 칸막이가 있다. 그리고 책꽂이가 실내 건축가에 의해 설계되었다면, 시각적 공간미를 향상시키도록 설계되었을 것이다. 책꽂이가 이와 같이 수행하는 일은 기능에 속한다. 설계된 대상을 바라보는 공학자는 그 대상이 "그 자리에 가만히 서있어도" 어떤 기능을 수행하는지 생각하도록 교육받는다. 성공적인 설계를 위해서는 설계된 대상이 수행해야 하는 기능이 무엇인지 이해하는 것이 필요하다. 이 절에서는 설계가 어떤 기능을 수행하는지에 대하여 말할 때 무엇을 의미하는지 살펴보고, 기능을 이해하고 찾는 기법을 살펴본다.

설계자가 필요한 기능을 이해하지 못했거나 설계에 포함되어야 하는 모든 기능을 설계하지 못하면 큰 실수를 저지르게 되므로 적합한 기능을 파악하는 일이 무엇보다 중요하다. 추가로 요구되는 기능을 설계자가 구현하지 못하여 발생한 비극적인 사고에 관한 얘기를 흔히 들을 수 있다.

4.1.1 기능이란 무엇인가?

기능을 여러 가지로 생각해 볼 수 있다. 예를 들면, 기초 미적분학에서 $y = f(x)$라 하면 종속변수인 y는 독립변수 x의 함수라고 말한다. 즉, y의 값은 x의 값에 의존한다. 다변량 해석학에서는 이 개념을 확대하여 다변량 종속변수와 다변량 독립변수가 정의된다. 경제학에서는 노동, 재료, 기술 등의 입력벡터가 제품, 서비스 등과 같은 출력물로 변환되는데, 이때 **변환함수**(transformation function)라는 개념을 사용한다. 이 각각의 경우, 독립변수(입력)와 반응 혹은 종속변수(출력물) 사이에는 관계가 존재하고, 이 관계를 좀더 공식적으로 정의할 수 있다. 설계하는 대상이 갖는 기능을 고려할 때 함수와 비슷한 개념을 사용한다. 설계자에게 기능은 설계된 대상이 성공적이기 위해 반드시 수행해야 할 것들이다. 그래서 기능의 기술문은 "행위" 동사와 명사로 구성되어 있다. 예를 들면, 들어올리다, 들다, 움직이다, 이전하다, 밝히다 등은 모두 행위동사이다. 기능 기술문에서 명사가 특정한 대상을 가리킬 때도 있지만, 숙련된 설계자는 좀더 일반적인 경우를 고려한다.

예를 들어, 책꽂이 기능 중의 하나는 중력을 견디는 것인데, "책을 지지함"이라는 특징을 나타낸다. 하지만 이렇게 정의하면 마치 책꽂이는 책을 넣는 용도로만 사용된다고 말하는 것 같다. 그러나 책꽂이의 선반에 트로피, 미술품, 혹은 숙제파일들을 올려놓기도 한

기능은 종종 동사-목적어 쌍으로 표현된다.

다. 따라서 더 근본적이고 유용한 기능에 관한 정의는 책꽂이 선반은 정해진 무게를 초과하지 않는 범위 내에서 대상의 무게를 지탱하는 것이다. 즉, 선반의 기능 기술문에서는 특정한 kg(혹은 lb)의 무게를 지탱한다고 명시해야 한다. 기능을 정의할 때는 가장 일반적인 경우를 묘사하는 동사-명사 조합을 사용해야 한다.

또한 특정 기능을 특정한 해법에 묶어놓지 말아야 한다. 예를 들면, 담배 라이터를 설계할 때 "담배에 불꽃을 붙임"을 기능으로 정의할 수 있다. 이는 담배에 불을 붙이는 유일한 방법은 화염을 이용하는 것을 의미하는데, 자동차 라이터는 전기적 저항을 이용하여 동일한 기능을 수행한다. 따라서 이 기능에 적합한 더 나은 기술문은 "잎이 있는 물질에 불을 붙임"이나 "불붙을 수 있는 물질에 불을 붙임"으로 할 수 있다. 부가적으로 다음과 같은 질문을 고려해 볼 수 있다. 흡연이 건강에 해롭다는 건 잘 알려져 있는데, 공학자가 더 나은 담배 라이터를 설계해 달라고 요청을 받으면 윤리적인 문제는 없는가? 이 일은 적합한 설계 업무인가? 제9장에서는 공학설계에서의 윤리와 설계에 관해 논의하지만, 라이터를 캠핑에 필요한 도구로 인식하면 이러한 이슈는 발생되지 않는다.

기능은 다시 **기본기능**(basic function)과 **부가기능**(secondary function)으로 분류할 수 있다. **기본기능**은 "프로젝트, 과정, 혹은 절차가 실행하도록 설계된 특정한 작업"으로 정의한다. **부가기능**은 (1) 기본기능을 수행하는 데 필요한 기타 기능이나 (2) 기본기능을 수행해서 초래하는 기타 기능으로 정의된다. 부가기능은 그 자체로 필요할 수도 불필요할 수도 있다. **필수적 부가기능**(required secondary)은 기본기능 수행에 필요한 기능이다. 예를 들면, 오버헤드 프로젝터의 기본기능은 이미지를 영사하는 것이고, 필수적 부가기능으로는 에너지 변환, 빛의 생성 및 초점 맞추기 등이다. **불필요한 부가기능**(unwanted secondary)은 기본기능이나 필수적 부가기능의 불필요한 파생기능이다. 오버헤드 프로젝터의 경우, 열과 소음이 발생하는 기능이다. 이러한 불필요한 부가기능은 소음을 차단한다든가 발열을 촉진시키는 새로운 필수적 부가기능을 발생시킨다.

4.1.2 기능의 확인 및 명세를 정하는 방법

설계 프로젝트의 핵심이 되는 가공물이 수행해야 하는 기능을 식별하고 규정하는 방법은 무엇인가? 최종적인 설계가 원래 수행하도록 설계된 일을 하도록 이러한 기능을 결정해야 한다. 여기서는 기능 결정을 위한 네 가지 방법, 즉 나열, "블랙"박스 분석, "투명"박스 분석, 기능-수단나무 작성, 분해라고도 불리는 **역공학**(reverse engineering) 등을 소개한다.

4.1.2.1 나열(enumeration)   설계된 대상이 갖는 기능을 결정하기 위한 가장 기본적인 방법은 바로 파악할 수 있는 모든 기능을 나열하거나 목록을 만드는 것이다. 이 방법은 많

은 사물의 기능적 분석을 시작하는 훌륭한 방법이다. 또한 대상의 기본기능이 무엇인지 살피게 하고, 부가기능을 파악할 수 있게 도와준다. 하지만, 이 과정의 초기 단계에서 더 이상의 나열이 불가능할 수도 있다. 예를 들면, 고속도로에 놓인 다리를 생각하면, 승용차와 트럭이 통과할 수 있게 해주는 역할을 기본기능으로 정의할 수 있는데, 이 한 가지 기능 외에 다른 기능의 추가가 쉽지 않음을 경험하게 된다. 하지만 나열된 목록을 확대하는 방법이 있다.

효과적인 기능나열은 단순한 목록작성의 범위를 넘는다.

한 가지 방법은 어떤 대상이 존재한다고 가정하고 만약에 그 대상이 갑자기 사라지면 어떤 일이 생기는지 자문해 본다. 예를 들어, 다리가 갑자기 없어지면 다리 위의 모든 차량은 밑에 있는 강이나 계곡으로 떨어질 것이다. 즉, 다리의 한 가지 기능은 다리에 부과된 부하를 견디는 것이다. 만약에 다리의 교량받침이 없어지면, 받침이 받치고 있는 교량은 추락할 것이며, 이는 다리의 또 다른 기능이 자신의 무게를 지탱하는 것임을 시사한다. (자기 자신의 무게를 지탱하지 못해서 무너지는 것이 이상하게 들릴지 모르지만, 대표적인 예는 St. Lawrence 강의 Quebec 다리로서, 1907년 사고로 75명의 사상자를 냈고, 1916년에 다시 사고가 발생했다.) 만약에 다리 끝의 도로와 연결된 부분이 없다면, 연결된 도로에서 다리로 건너거나, 다리에서 도로로 내려가는 것이 불가능할 것이다. 이는 다리의 또 다른 기능이 두 개의 도로를 연결하는 것임을 제시한다. 만약에 다리 한가운데 있는 분리대가 없어지면, 한 방향 쪽 차량이 분리대를 넘어 반대방향으로 진행하는 차량과 충돌을 일으킬 수 있다. 즉, 방향에 따라 교통을 분리시키는 것은 많은 다리가 제공하는 기능이고 다른 방법으로도 이룰 수 있는 기능이다. 예를 들어, 뉴욕시의 George Washington 다리의 경우 각각 다른 층에서 다른 방향의 교통을 할당하고 있다. 다른 다리의 경우에는 도로 한가운데 분리대를 설치한다.

기능을 결정하는 다른 방법은 어떻게 대상물이 그 수명주기 동안 사용되고 유지되는가를 생각해보는 것이다. 예를 들어 다리의 경우, 다리는 페인트칠이 요구되고, 따라서 다리의 한 가지 기능으로는 다리 유지보수를 담당한 작업자들이 다리의 모든 부분에 쉽게 접근할 수 있도록 하는 것이다. 이 기능은 사다리나 엘리베이터, 좁은 통로 등을 이용하여 제공할 수 있다.

다시 음료용기 설계 문제를 고려해 보자. 이런 용기에 대한 충분한 경험이 이미 있으므로, 음료용기의 기능으로 다음과 같은 항목을 열거할 수 있다.

- 음료를 담음
- 음료를 용기에 담을 수 있음(용기를 채움)
- 음료를 용기 바깥으로 뺄 수 있음(용기를 비움)
- 용기를 연 다음 닫음(여러 번 사용할 수 있는 경우)
- 극심한 온도 변화에 견딜 수 있음

- 이동 중의 외부 충격을 견딜 수 있음

- 제품을 식별할 수 있어야 함

음료를 용기에 채우는 기능과 비우는 기능은 서로 상이한 기능이다. 캔 음료수를 생각해보면 내용물이 고정된 뚜껑에 의해 밀폐되어 있고, 음료용기를 여는 것은 당기는 탭에 의해 가능하다. 음료용기의 수명주기를 고려하면, 채우는 기능과 비우는 기능 사이의 차이를 인식할 수 있다.

기능을 열거하고자 할 때 가장 핵심적인 것은 설계된 대상의 각각의 기능에 해당하는 동사-명사를 나열하는 것이다. 하지만 단순 나열이 때로는 어렵기 때문에 다른 방법을 찾아야 한다.

4.1.2.2 블랙박스와 투명박스

블랙박스 분석은 입력과 출력을 연결한다.

이전에 수학함수와 경영함수를 설명할 때 단독의, 혹은 그룹의 입력과 출력에 관해 특징을 설명했다. 입력과 출력을 연관시키는 것, 혹은 변환시킬 때 블랙박스라는 도구를 사용할 수 있다. 블랙박스는 입력과 출력이 어떻게 연관 혹은 변환되어 있는지 알 수 있게 한다. 블랙박스는 설계되는 시스템이나 대상을 상자로 표현하고, 왼쪽에는 입력이 들어가고 오른쪽으로 출력이 나가는 형태로 되어있다. 모든 입출력 기능과 부가기능에 의한 원치 않는 부산물 결과까지도 명시되어야 한다. 블랙박스가 완성되면 설계자는 "이 입력은 나중에 어떻게 되는가?"나 "이 출력물은 어디에서 오는가?"와 같은 질문을 던질 수 있다. 이와 같은 질문에 대답하려면 블랙박스의 덮개를 열고 블랙박스를 **투명박스**로 만들어, 안이 어떻게 되어있는지 들여다보면 된다. 즉, 상자를 투명하게 만듦으로써 입력과 출력 사이의 변환 과정을 드러나게 할 수 있다. 또한 상자 안에 작은 상자를 넣어, "세부입력(subinputs)"과 "세부출력(suboutputs)" 사이의 관계를 모형화할 수 있다.

다음처럼 세 가지 입력을 갖는 시스템을 고려해 보자: **라디오 주파수**(Radio Frequency; RF)가 포함된 주파수 대역의 공기 중 신호, 제어 가능한 전원, 특정 방송채널 및 볼륨 과 같은 원하는 출력물 벡터. 이 시스템은 세 가지 출력물(소리, 열, 그리고 사용자의 주파수와 볼륨을 나타내는 디스플레이)을 갖는다. 라디오 시스템은 RF 신호를 음악, 대화 혹은 소음까지 포함되는 가청신호로 변환시켜 주는 상자 안에 들어있다. 어떻게 라디오가 가능한가? 라디오에는 어떤 기능이 담겨 있는가? 라디오 상자의 내부를 들여다보고 라디오의 많은 기능을 파악할 수 있는가?

라디오의 기능들을 여러 개의 상자들을 사용하여 그림 4.1 처럼 나타내었다. 그림 4.1(a)를 보면, 라디오의 기본기능인 RF 신호를 가청신호로 변환하는 기능 외에 다른 부산물이 동시에 발생됨을 알 수 있다. 이 상자의 겉을 열면 다수의 블랙박스가 그 안에 있음을 그림 4.1(b)에서 볼 수 있다. 이 상자들 중에는 110V 전원을 라디오 내부회로에 적합한 12V

로 변환하는 기능도 포함되어 있다. 다른 내부 기능들로는 원하지 않는 대역대의 잡음을 제거하고, 신호를 증폭하고, RF를 스피커를 작동할 수 있는 전기신호로 바꾸는 기능이 속한다. 따라서 블랙박스의 덮개를 열어 다수의 추가 기능을 볼 수 있다. 우리가 직접 라디오 설계를 한다면 지금 보이는 상자들을 추가로 열어야 할지 모른다. 반대로, 주어진 부품들로 라디오를 조립하는 경우에는 이 단계에서 멈출 수도 있다. 내부 상자를 투명하게 하여 내부 기능을 분석하는 방법을 유리박스(glass box), 혹은 **투명박스**(transparent box) 방법이라 한다. 어떤 용어를 사용하든지 효과는 같다: 모든 입력이 출력에 어떻게 변환되는지, 그리고 이러한 변환과 동시에 발생하는 부가적인 효과는 무엇인지 모두 이해할 때까지 내부 상자를 계속해서 열어본다.

입력이 어떻게 출력물로 변환되는지 알고자 할 때 블랙박스는 유리박스가 된다.

시스템이나 장치에 **물리적인** 케이스나 상자가 없더라도 블랙박스 방법은 기능을 결정하는 데 매우 효과적이다. 블랙박스나 투명박스를 사용하기 위한 유일한 조건은 모든 입출력을 파악하는 것이다. 예를 들면, 강우량이 많은 지역에 놀이터를 설계하는 경우 입력으로는 어린이, 부모, 유아교사, 비가 포함된다. 출력으로는 즐거운 아이들, 만족한 부모 및 물이 포함된다. 만약에 물을 무시한다면, 설계된 놀이터는 배수가 문제될지 모른다. (추가로, 상자 안에서 날씨가 구체적으로 물, 얼음, 바람, 혹은 열로 어떻게 표현되는지 정해져 있으면 몰라도 일반적으로 "날씨"와 같은 일반적인 용어를 블랙박스에 포함하지 않는다.)

블랙박스나 투명박스 방법에 관해 마지막으로 유의할 점은 기능을 파악하고자 하는 장치나 시스템의 경계(boundary), 혹은 한계(limit)를 정의할 때 주의해야 한다는 것이다. 이러한 경계의 결정은 균형교환(trade-off)을 요한다. 만약 경계의 폭이 너무 넓으면, 예를 들면 라디오 설계에 있어서 가정에 공급되는 전류를 경계 안에 포함한다면, 제어 불가능한 요소까지 상자 안에 포함시킬 수 있다. 반면에 경계가 너무 좁으면 설계범위를 제한할 수 있다. 예를 들면, 라디오의 출력이 스피커에 전송되는 전기신호인지, 스피커로부터 출력되는 음성신호인지 모호해질 수 있다. 경계를 정함으로써 답변될 수 있는 의문은 스피커가 라디오의 일부인가 하는 점이다. 이러한 결정은 대개 사용자와 고객에 의해 정해진다.

그림 4.1(a) 라디오를 위한 블랙박스. 모든 입력과 출력이 한 개의 최상위 기능에 의해 연결되었음. 이 최상위 기능을 *기본기능*이라 한다. 만약에 각 입력이 어떻게 출력으로 실제로 변환되는지 알기 위해서는 블랙박스의 뚜껑을 열어보아야 한다.

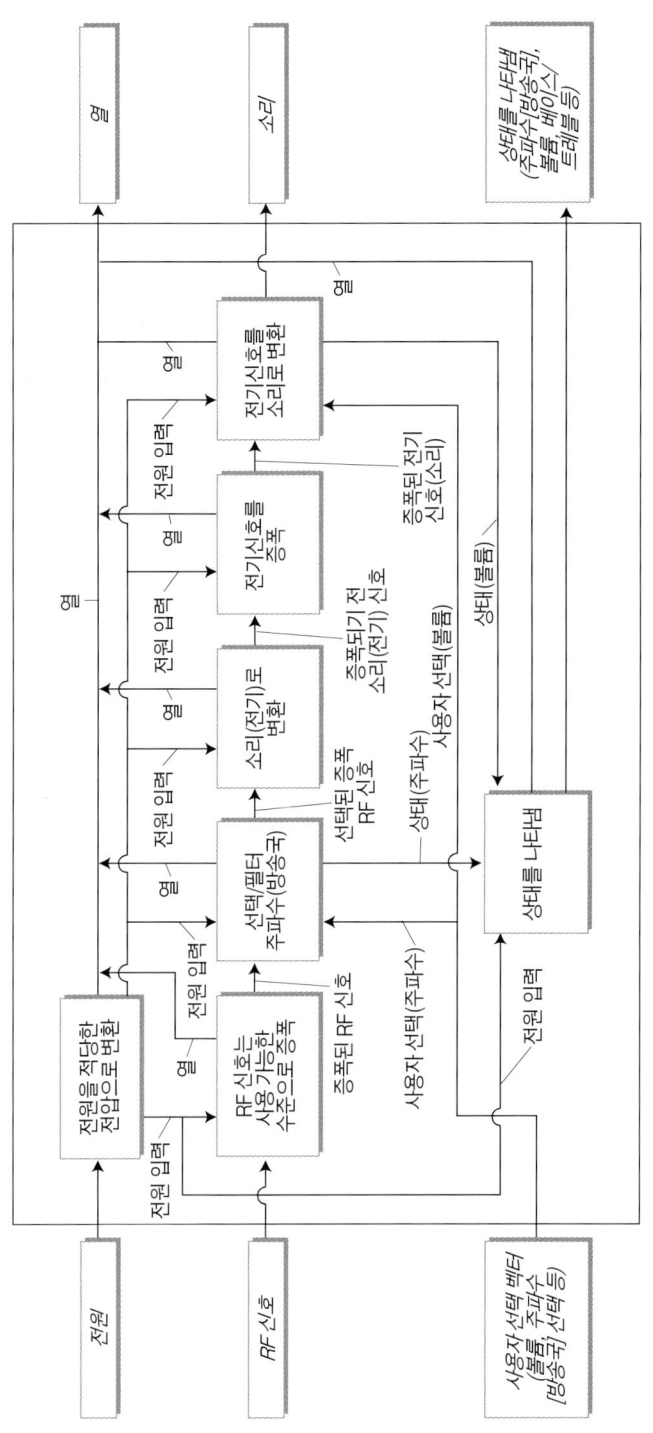

그림 4.1(b) 블랙박스의 뚜껑이 열린 그림 혹은 투명박스의 그림. 입력을 출력으로 변환시키기 위해서는 많은 부가 기능이 요구된다. 흥기성이나 설계 필요성에 의해 이 기능들이 뚜껑을 다시 열 수도 있다. 또한 이 설계에서는 열이 라디오 케이스에서 발열되는 데 대하여 기능을 명시하지 않았다. 하지만 "발열기능"을 명 시하고, 발열을 위한 전략을 추가할 수도 있다.

4.1.2.3 기능-수단나무 설계 과정에서 설계될 장치나 시스템의 동작에 대해 미리 파악할 수 있는 경우가 있다. "첫 설계에 목매지 말라"라든지 설계 문제를 완전히 이해하기 전에 손댔을 경우의 위험에 대하여 많이 들어왔지만, 초기 설계 아이디어가 다른 기능적 측면을 제시할 수 있다. 예를 들면 담배 라이터를 생각해 보면, 불꽃으로 담배에 불을 붙일 때는 열선이나 레이저를 사용하여 불을 붙이는 경우와는 다른 부가기능을 산출해 낼 것이다. 이런 경우, 장치를 주머니에 넣고 다니려면, 점화장치의 보호 기능에 차이가 생길 것이다. 수단이나 구현방법이 상이한 기능으로 인도하는 경우, 기능-수단나무를 사용하여 부가기능을 분류할 수 있다.

기능-수단나무(function-means tree)는 설계의 기본기능 및 부가기능을 그림으로 나타낸 것이다. 나무의 최상위 수준은 충족시켜야 할 기본기능을 보여주고, 그 다음 단계부터는 기본기능을 구현할 수 있는 수단을 보여주는 단계와 그 수단 때문에 필요해진 부가기능을 다음 단계에 넣는 방식으로 기능과 수단을 번갈아 보여준다. 기호를 사용하여 기능과 수단을 다르게 그릴 수도 있다. 예를 들면, 기능과 수단을 다른 형태의 사각형을 사용하여 나타낸다든지, 혹은 다른 활자체를 사용하여 표시할 수 있다. 그림 4.2는 휴대용 담배 라이터의 기능-수단나무의 일부를 보여주고 있다. 최상위 상자의 기능은 가장 일반적인 용어로 표현되었다. 두 번째 단계에는, 화염과 열선이 서로 다른 두 가지 수단으로 표시되었다. 두 가지 수단은 서로 상이한 부가기능들과 공통의 부가기능을 갖고 있다. 일부 부가기능들과 가능한 수단들이 하위단계에 나타나 있다.

기능-수단나무가 완성되면, 어떤 기능들이 모든 수단에 공통적으로 존재하고 어떤 것들이 특정한 수단에만 국한되는지 주목하여 모든 기능을 나열할 수 있다. 모든 수단에 공통적인 기능들은 문제 자체의 속성에 내재되어 있는 경우가 많다. 다른 기능들은 관련된 설계 개념이 평가된 후에 정해진다.

기능-수단나무는 또 다른 유용한 특징이 있는데, 수행해야 할 기능과 그 기능을 구현하는 방법 간의 연관성을 파악하는 프로세스를 생성한다. 이 점에 대하여는 제5장에서 대안을 생성하고 분석하는 도구를 소개할 때 다시 논의하도록 한다. 형태도표(morphological chart)는 설계된 대상의 기능들과 그 기능들을 구현하기 위한 수단을 행과 열의 형태로 제시한다. 기능-수단나무를 만들기 위한 우리의 노력은 그 곳에서 결실을 맺는다.

기능-수단나무에 대하여 두 가지를 주의해야 한다. 첫 번째로 그리고 아마도 가장 분명히 주의해야 할 점은 기능-수단나무가 문제를 형성한다든가 대안을 생성하는 대체방법이 아니라는 점이다. 기능-수단나무의 결과로 가능한 모든 대안들이 생성된다고 간주하면 좋겠지만, 이는 다른 잠재적 대안들이 배제되어, 불필요하게 설계공간을 축소시키는 결과가 초래된다. 두 번째로 주의할 점으로, 기능-수단나무는 위에서 언급한 다른 방법들과 함께 사용되어야 한다. 학생들이나 초보자에 의해 저질러지는 흔한 실수 중의 하나는, 도구를 선택할 때 미리 정해놓은 해결책에 가장 "맞는" 도구를 채택하는 것이다. 이는 설계 프로

기능-수단나무를 사용하여 선입견을 강화하지 않도록 주의하라.

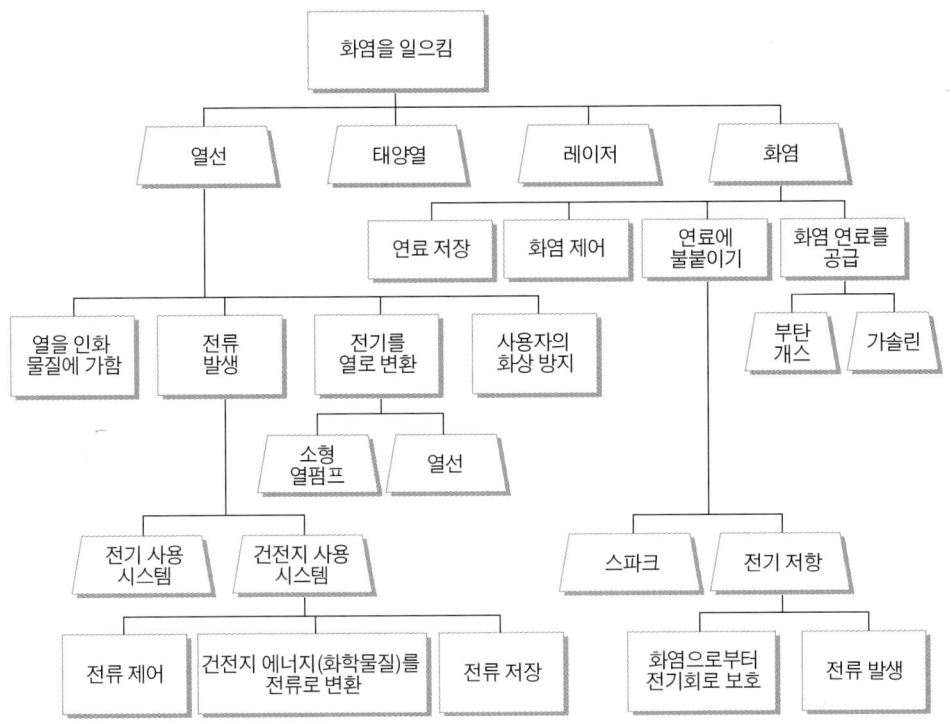

그림 4.2 담배 라이터를 위한 기능-수단나무의 일부. (기능은 직사각형으로, 수단은 사다리꼴로 나타냄) 상이한 수단에서 상이한 부가기능이 도출되었음을 볼 수 있다. 종종 설계의 초기 및 후반 단계에서 개념적인 설계 선택이 완전히 다른 기능을 선택하게 되는 경우를 볼 수 있다.

세스를 본래의 창의적이고, 목표중심의 활동으로부터 설계자가 원하는 몇 가지 대안 중 기계적으로 선택하는 과정으로 탈바꿈시킨다. 즉, 기능-수단나무는 즉각적으로 사용 가능한 수단이나 구현방식을 보여주기 때문에 "해법 중심의" 기술이 적용되기 어려운 기능들을 간과하기 쉽다.

4.1.2.4 분해와 역공학 대부분의 공학자나 호기심 많은 사람들은 버튼이나 손잡이나 다이얼 등을 보면 "이것의 기능은 무엇일까"하고 궁금해 한다. 그 다음 자연스런 단계는 "어떻게 이 기능을 수행할까?" 혹은 "왜 이런 기능이 필요한가?"와 같은 의문들이다. 이러한 의문들 뒤에, 어떻게 하면 같은 기능을 더 잘하거나 다른 방식으로 할 수 있을까를 생각한다면, 우리는 **분해**(dissection) 혹은 **역공학**(reverse engineering)을 적용하는 것이다. 역공학은 우리가 설계하고자 하는 기능을 수행하는 기존의 가공물이나 장치를 선택해서 어떻게 동작하는지를 상세하게 분해(해체 혹은 해부)하는 것을 의미한다. 다음과 같은 여러 가지 이유로 그 설계를 사용하기 어려울 수도 있다: 원하는 모든 기능을 다 수행하지 못한

다; 혹은 잘하지 못한다; 너무 비싸다; 특허에 의해 보호되고 있다; 경쟁사의 설계이다. 하지만 이런 이유들이 모두 타당한 것이라 해도, 비슷한 문제에 대하여 다른 사람들이 어떻게 생각하는지 앎으로써 우리 자신의 설계 문제에 대하여 영감을 얻을 수 있다.

역공학의 과정 자체는 사실은 상당히 간단하다. 다른 설계자가 사용했던 수단을 가지고, 그 수단에 의해 구현되는 기능이 무엇인지 결정한다. 그 다음에는 같은 기능을 실행할 수 있는 다른 수단들은 무엇이 있는지 찾아본다. 예를 들면, 오버헤드 빔 프로젝터의 기능을 이해하고자 할 때, 버튼을 눌렀을 때 프로젝터가 켜지는 버튼을 찾아본다. 프로젝터 버튼의 기능은 프로젝트를 켰다 끄는 기능을 한다. 이 기능은 다른 방법으로, 토글스위치나 전면에 바(bar)를 사용해도 구현할 수 있다. 이와 같이 흔한 장치에서 얼마나 많은 기능이 있는지 생각해 보는 일은 흥미롭다.

역공학의 과정 자체는 사실은 상당히 간단하다. 다른 설계자가 사용했던 수단을 가지고, 그 수단에 의해 구현되는 기능이 무엇인지 결정한다. 그 다음에는 같은 기능을 실행할 수 있는 다른 수단들은 무엇이 있는지 찾아본다. 예를 들면, 오버헤드 프로젝터의 기능을 이해하고자 할 때, 눌렀을 때 프로젝터가 켜지는 버튼을 찾아볼 수도 있다. 프로젝터 버튼의 기능은 프로젝트를 켰다 끄는 기능을 한다. 이 기능은 다른 방법으로, 토글스위치나 전면에 바(bar)를 사용해도 구현할 수 있다. 이와 같이 흔한 장치에서 얼마나 많은 기능이 있는지 생각해 보는 일은 흥미롭다.

역공학을 사용하여 기능을 발견하는 방법에 대해 몇 가지 유의할 점은, 첫째, 분해되는 장치는 특정한 고객과 특정 사용자들의 목표를 염두에 두고 개발되었다는 점이다. 현재 프로젝트의 사용자들은 이 설계에서 전혀 다른 요구가 있을 수도 있다. 따라서 설계자는 현재 고객의 필요가 무엇인지에 항상 초점을 맞추어야 한다. 두 번째로, 새로운 수단을 현재 분해되는 대상하고만 연관지어, 그 대상에서 작동하는 것에만 국한시킬 수도 있다. 예를 들면, 교실 프로젝터를 끄고 켜는 모든 수단들은 독립적인(stand-alone) 장치들에만 적용된다. 하지만 이런 스위치를 장치에서 때내어, 교실의 제어스위치에 함께 포함시키는 것이 더 나을 수도 있다. 예를 들면, 극장에서는 모든 조명 스위치가 벽에 설치되어 있지 않고 영사실에 위치한다. 우리의 사고를 돕는 데 사용되어야 할 설계에 오히려 붙잡혀서는 곤란하다.

세 번째로 주의할 점은 분해와 역공학을 동일시 하지만, 항상 같은 프로세스를 의미하는 것은 아니다. 왜냐하면 분해는 때로는 개구리를 해부하여 해부학적 구조를 살펴보는 고등학교 생물 실험과 비슷한 의미로 사용되기 때문이다. 여기에서 분해는 분석적이라기보다 묘사적인 것을 의미한다. 역공학에서는 기능의 구현이 가능한 수단을 정할 때 한걸음 더 나아가, 장치의 기능적인 형태뿐만 아니라 그 기능적 동작(behavior)이 어떻게 구현되었는지를 분석하려고 한다.

전에 언급한 것처럼, 여기에서 다시 반복하는 네 번째 고려사항이 있다. 기능을 정의할

분해는 다른 사람의 아이디어를 이해하게 도와준다.

때는 가장 넓은 의미의 용어로 정의하고 필요할 때만 구체적인 용어로 정의한다. 역공학이 적용되는 대상에서 발견되는 가장 구체적인 용어로 기능을 정의하면, 새로운 아이디어를 개발하기보다는 다른 사람의 설계를 흉내 내기 쉽다. 또한 역공학과 관련된 심각한 지적 소유권 문제와 윤리적인 문제들이 있다. 다른 사람의 아이디어를 자기 자신의 것이라 주장해서는 안 된다. 어떤 경우에는 이는 위법행위를 초래하기도 한다. 제5장에서 지적 재산권 문제를 논의하고 제9장에서 윤리적 문제들에 대하여 논의할 것이지만 다른 사람의 아이디어를 손에 쥘 수 있는 다른 재산들처럼 엄격하게 존중해 주어야 한다. 결국 우리 자신의 아이디어도 마찬가지로 보호되어야 하는 것 아닌가?

4.1.3 기능과 목적에 관한 거듭된 주의

미숙한 설계자는 종종 기능이 요구될 때 목적을 대신 나열하는 실수를 저지른다. 목적과 기능이라는 두 가지의 새로운 개념을 배우면서 목적과 기능을 정의하는 데 사용되는 혼동되기 쉬운 비슷한 도구를 같이 배우기 때문이다. "새로운 개념을 습득할 때 생기는" 어려움은 각각의 개념의 예를 나열하고 목적과 기능에 대한 실질적인 감을 얻도록 팀원, 강사, 경험이 풍부한 설계자와 토론을 같이 할 때 극복될 수 있다. 도구 자체의 비슷함 때문에 생기는 혼동은 즉각적인 초점을 "상태" 용어에 두어야 하는지 아니면 "행위" 동사에 두어야 하는지를 명심하면 쉬워진다. 3.1.2절에서 본 것처럼,

목적들은 형용사에 해당하고 기능은 동사에 해당한다.

- 목적은 설계된 가공물이 어떻게 보일지, 즉 최종 목적은 무엇인지, 어떤 속성을 갖게 될지를 묘사한다.

- 기능은 사물이 하게 될 일이 무엇인지, 특히 가공물 혹은 시스템이 달성하게 될 입력-출력 변환에 초점을 맞춰 기술한다. 따라서 기능은 **입력을 출력으로 변환하며**, 행위 동사에 의해 표현된다.

목적과 기능의 차이점은 매우 중요하지만, 대개 실제를 반복해서 수행한 뒤에야 그 중요성을 인식하게 된다.

4.2 설계명세: 속성과 기능적 동작 표현하기

제1장에서 설계명세는 다양한 방법으로 속성과 설계의 동작을 나타낸다고 하였다. "명세"는 설계가 성공적인지 비교하는 설계 과정의 목표가 되기 때문에 설계를 평가하는 기초로 사용된다. 그러한 설계명세 혹은 설계 요구사항은 공학적 분석 및 설계를 위해 고객이나 사용자가 원하는 바를 세 가지 방법으로 공식화하여, 세 가지 형태로 제시된다.

규범명세(prescriptive specification)는 설계된 대상의 속성들의 **값**을 규정한다. 예를 들면, "사다리의 계단은 A급 전나무로 되어있고, 길이 20인치 이하, 양 끝은 폭 크기의 홈(glove slot)에 부착되어 있으면 안전하다."

절차명세(procedural specification)는 속성이나 동작을 계산하는 특정 **절차**를 의미한다. 예를 들면, "사다리의 계단은 최대 휘어짐 압력이 $\sigma_{max} = Mc/I$ 이고 σ_{max} 는 σ_{allow} 를 초과하지 않는 값으로 계산되면 안전하다."

성능명세(performance specification)는 달성된 희망하는 기능적 동작에 도달하는 것을 나타내는 **성능수준**(performance level)을 의미한다. 예를 들면, "사다리의 계단은 800 lb 의 고릴라를 지탱하는 경우 안전하다."

따라서 **규범명세**는 성공적인 설계가 반드시 충족시켜야 할 속성의 값을 규정한다(예를 들어, 닭장은 투명한 플라스틱 지붕을 가져야 한다). **절차명세**는 속성이나 형태를 계산하는 데 사용되는 특정절차나 방법을 나타낸다(예를 들어, 닭을 안전하게 기르는 능력은 USDA 사육권고규정을 적용하도록 규정한다).

성능명세는 설계된 대상이나 시스템의 희망하는 기능적 동작을 나타낸다(예를 들어, 닭장은 닭 25마리를 사육한다). 4.1 절에 나타낸 바와 같이, 설계 대상이나 시스템이 무엇을 해야 하는가를 결정하는 것이 설계 프로세스의 핵심이다. 설계가 그 기능을 얼마나 잘 수행하는지 고려할 때에야 기능명세가 의미를 갖는다. 예를 들면, 음악적 소리를 내는 장치를 원하는 경우, 얼마나 소리가 커야 하는지, 얼마나 명료한지, 그리고 어떤 대역대의 소리가 나와야 하는지를 명시해야 한다. 따라서 성능 혹은 기능적 요구사항은 반드시 명시되거나 정의되어야 한다.

추가로, 시스템이나 가공물이 다른 시스템이나 가공물과 함께 동작해야 하는 경우에는 두 시스템이 어떻게 상호작용하는지를 명시해야 한다. 이와 같은 종류의 명세를 **인터페이스 성능명세**(interface performance specification)라 한다.

4.2.1 설계명세의 수량화

공학적 원리를 공학설계 문제에 적용하기 편리하도록 기능을 주조하는(cast) 것은 설계자의 몫이다. 따라서 설계자는 설계를 개발하고 측정할 수 있도록 기능을 측정 가능한 용어로 번역해야 한다. 설계가 특정한 기능이나 목적을 구현하기 위해서는 설계의 성능을 측정할 수 있는 방법이 있어야 하고, 설계에 적합한 측정범위를 정해야 한다. 또한 성능향상이 어느 범위까지 실질적인 의미를 갖는지 정해야 한다.

설계에 적합한 측정범위를 결정하는 것과 어느 정도의 성능향상이 가치가 있는지를 결정하는 일은 흥미로운 일이다. 설계 성능향상이 갖는 가치를 측정하기 위한 개념적인 시작점은 그림 4.3 에 나와 있다. 경제학자들이 사용하는 **효용함수곡선**과 비슷한 이 그래프는

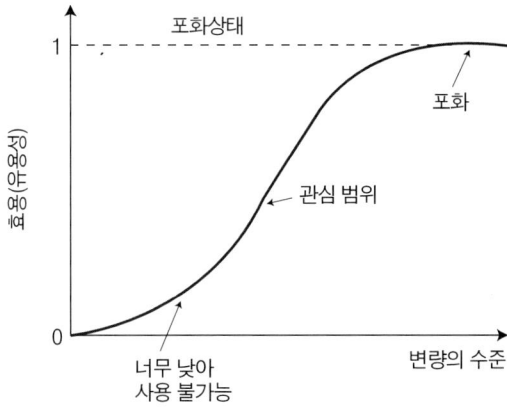

그림 4.3 가상의 성능명세 곡선. 최소 수준에 도달하기 전에는 의미 있는 효과가 나타나지 않음을 보여준다. 유사하게 특정한 포화수준을 넘으면, 추가적 향상이 갖는 의미 있는 효과는 없다. 대부분의 경우 곡선의 실제 형태는 정해져 있지 않다.

성능개선의 한계이득이 얼마인지 보여준다. 설계향상의 효용 혹은 가치는 y축에 0과 1 사이의 값으로 환산하여 기록되어 있고 측정되는 속성의 수준 혹은 "비용"이 x축에 기록되어 있다. 예를 들면, 노트북 컴퓨터의 성능에 대한 척도로써 프로세서의 속도를 사용하는 경우를 보자. 100 미만의 프로세서 속도에서는 컴퓨터가 너무 느려서, 예를 들어 50 MHz 으로부터 75 MHz의 속도 증가는 컴퓨터 속도에 거의 영향을 미치지 않는다. 즉, 100 MHz 미만의 프로세서 속도가 갖는 효용은 0이다. 효용곡선의 반대편 끝에서, 즉 5 GHz 이상에서는, 이 컴퓨터가 수행할 작업들은 프로세서 속도의 추가적인 증가를 활용할 수 없다. 예를 들면, 웹을 서핑하는 경우 타이핑 속도나 통신망의 속도에 더 제약이 있기 때문에, 5 GHz에서 효용곡선은 포화되어 있다.

예를 들면, 100 MHz과 5 GHz 사이의, 즉 효용이 0과 1인 사이의 성능 개선은 어떤 효과가 있는가? 이 범위 내에서는 변화가 중요하고, 프로세서 속도의 향상은 한계효용을 증가시킨다. 그림 4.3에 정성적으로 어떤 일이 일어나는지를 S 혹은 포화곡선(saturation curve)으로 나타내었다. 분명히 축 오른쪽으로 빨리 움직일 경우, 효과를 볼 수 있고, 그러한 속도 향상의 가치는 곡선으로부터 결정된다. 즉, 전체 S곡선의 효용은 낮은 프로세서

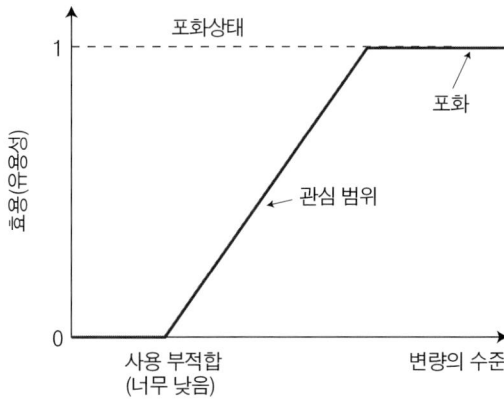

그림 4.4 가상의 성능명세 곡선. 최소 수준에 도달하기 전에는 의미 있는 효과가 나타나지 않음을 보여준다. 유사하게 특정한 포화수준을 넘으면, 추가적 향상이 갖는 의미 있는 효과는 없다. 대부분의 경우 곡선의 실제 형태는 정해져 있지 않다.

속도인 초기에는 거의 없고 관심범위 내에서는 급히 증가하다가, 추가적 속도향상의 가치가 없으므로 1에 멈추게 된다.

효용곡선에서 관찰되는 이런 현상은 흔히 볼 수 있다. 경제학자들은 이를 **수확체감의 법칙**(law of diminishing returns)이라 부르지만, 사실 이는 "법칙"은 아니다. S 곡선의 실제 모양이나 세세한 부분에 대하여 알기 어려우므로, 그림 4.3처럼 매끄러운 곡선이 아닐 수도 있다. 그림 4.4처럼 직선을 사용하여 근사화시킬 수 있다. 여기에서 향상이 별 의미가 없는 부분(즉, 효용값이 0과 1인 수평선으로 나타낸 부분)이 여전히 존재한다. 하지만 중간범위에서는 효용을 비례하여 증가시키기 위해서는 설계변수, 즉 프로세서 속도를 원하는 만큼 증가시킬 수 있다고 가정한다. 여기에서 가장 중요한 점은, 정성적으로 볼 때 직선부분은 설계변수를 조정해서 설계 효용을 증가시킬 수 있는 영역을 정의한다고 할 수 있다.

다른 예를 보자. 사무실에서도 사용할 수 있을 정도로 조용한 Braille 인쇄기를 설계하도록 요청받았다고 가정하자. 이 경우 경쟁설계들은 모두 소음기준을 만족할 수 없다고 하자. 이 설계의 소음은 어느 정도이어야 하는가? 이 질문에 답하기 위해서는 적합한 소음 측정단위와 의미 있는 범위를 결정해야 한다. 또한 현재의 프린터 설계에서는 얼마만큼의 소음이 발생되는지, 사용자가 상이한 설계의 소음 정도를 식별할 수 있는지 확인해야 한다. 만약에 어떤 프린터의 소음 정도가 카펫에 핀을 떨어뜨릴 때 발생하는 소리 정도나 손목시계의 똑딱거리는 소리 정도라면 허용 가능한 수준일 것이다. 마찬가지로, 어떤 프린터의 소음이 잔디 깎는 기계의 소음 정도이고, 또 다른 프린터의 소음은 머플러가 고장 난 트럭의 소음 정도라면, 두 설계 모두 사무실 환경에서 사용할 수 없으므로 두 설계 간의 차이를 구분하는 것이 의미가 없다. (이 예제는 역 S 곡선을 보여주는데, 소음 정도가 아주 낮은 정도에서는 효용의 증가가 거의 없는 포화상태에서 곡선이 시작되고, 효용이 떨어져서

표 4.1 다양한 장치에서 발생되고 상이한 환경에서 측정된 소리의 강도 수준. 소리의 강도 수준은 dB로 측정되고, 어쿠스틱 파워(acoustic power) 제곱의 로그함수이다. 따라서 3 dB의 차이는 음원에서 발생되는 에너지의 제곱에 해당하며, 사람의 귀로 1 dB 이하의 차이는 구별할 수 없다. (Glover, 1993)에서 발췌함.

수준(dB)	정성적 기술	음원/환경
10	거의 희미한	가청 한계치 방음실
20	거의 희미한	속삭임; 빈 극장
30	희미한	조용한 대화
40	희미한	보통의 개인 사무실
50	적당한	일반적인 사무실 소음
60	적당한	일반적인 대화
70	시끄러운	라디오; 보통의 도로 소음
80	시끄러운	전기면도기; 시끄러운 사무실
90	매우 시끄러운	악대; 머플러 고장 난 트럭
100	매우 시끄러운	잔디깎는 기계(가스); 공장 내부

표 4.2 다양한 일별 작업시간 동안에 소리의 강도 수준(dB)으로 표현된 미국 작업환경에서 허용되는 소음노출 수준. 이러한 수준과 시간은 작업안전위생관리국에 의해 정해진다. 작업자가 이러한 수준을 초과하거나 혹은 시간주기보다 오래 소음에 노출되면, 청각보호장치를 지급하여야 한다. (Glover, 1993)에서 발췌함.

일별 지속시간(시간)	소리 수준(dB)
0.5	110
1	105
2	100
3	97
4	95
8	90

소음이 지나치게 큰 단계에서는 프린터의 효용이 없는 단계에 이르게 된다.)

소리의 정도는 일반적으로 데시벨(dB)로 측정되므로, dB의 특정범위에 관심을 갖게 된다. 이 문제를 좀더 살펴보기 위해, 다른 장치들이 발생시키는 소음의 정도는 다양한 환경에서 어느 정도인지 알 필요가 있다. 표 4.1에는 다양한 장치와 환경 하에서의 소리의 정도를 나타내었다. 표 4.2에는 작업환경하의 일별 소음의 허용수치를 나타내었다. 시간들로 나타낸 이 수치들은 작업환경 안전에 관련된 연방 기관인 OSHA가 정의한다. 위와 같은 환경 및 노출정보를 가지고서, 설계자는 Brailes 프린터의 성능명세를 위한 소음범위를 정할 수 있다. 사무실 환경에서 새 프린터의 소음은 60 dB 이하여야 한다. 발생된 소음의 값이 더 작은 것들은 20 dB까지 고려된다. 20 dB 미만의 소음을 내는 설계는 모두 훌륭하다고 간주한다. 60 dB을 초과하는 설계는 수용 불가능하다. 현실적인 설계들은 대개 OSHA의 노출수준보다 훨씬 적은 소음을 발생시키므로 작업 안전 문제는 고려할 필요가 없다.

4.2.2 성능수준 정하기

이제 위의 토론을 확대하여 성능수준을 정하도록 하자. 첫째, 기능을 반영하는 설계변수, 측정되어야 하는 속성, 위의 변수가 측정될 단위를 결정해야 한다. 그 다음에는 각 설계 변수들의 관심범위를 정한다. 설계변수(즉, 정성 혹은 속성들)에 대하여, 정한 한계치에 못 미치는 효용가치는 의미 있는 향상이 불가능하므로 동등하게 취급된다. **포화수준** 이상의 효용가치도 유용한 향상이 불가능하기 때문에 구별하지 않는다. 한계치가 왼쪽에 오고 포화수준이 오른쪽에 있는 표준적인 S곡선을 가정한다. 관심범위는 한계치와 포화수준 사이에 놓이게 된다. 이 관심범위 내에서 설계향상은 주어진 성능명세의 대상인 설계 변수에 대하여 측정되고 일치해야 한다. 이 과정은 건전한 공학적 원칙, 합리적으로 측정 가능/불가능한 것이 무엇인지에 대한 이해, 사용자나 고객의 관심을 고려함을 기초하여 성능명세에 대한 판정을 내릴 때 효과적이다:

성능명세는 올바른 엔지니어링, 적합한 측정 및 고객 요구사항의 명확한 파악을 요구한다.

다시 음료용기를 고려해 보자. 4.1.2.1 절에서 정한 각 기능들에 대하여 값의 범위를 각각 정해야 한다. 기능들 일부와 각 기능과 관련된 적합한 질문들은:

- **음료를 보관**: 용기가 담는 음료의 양과 온도는? 용기에 담는 음료수 양에는 범위가 있는가?

- **극심한 온도에 의해 부여되는 힘에 저항함**: 어떤 온도범위가 적합한가? 어떻게 음료용기에 가해지는 열응력(thermal stress)을 측정할 수 있는가?

- **이동 중 발생하는 힘에 저항함**: 일상적인 취급에서 발생되는 힘의 범위는? 용기로서 적합하려면, 이 힘을 어느 정도 견딜 수 있어야 하는가?

이 목록의 두 번째와 세 번째 기능에 대하여는 힘에 연관된 비슷하지만 상이한 문제가 발생한다.

이제는 이와 비슷한 의문에 답함으로써, 용기설계가 반드시 지켜야 하는 성능명세들을 개발한다. 예를 들면, 각 용기는 12 ± 0.01 oz 를 담을 수 있어야 한다고 정할 수 있다. 이 경우 규격은 제약조건이 되어버린다. 왜냐하면 대응되는 효용곡선은 이 규격을 맞추든지 못 맞추든지 하는 단순한 0-1 스위치가 되어 버리기 때문이다. (물론, 용기 설계 문제를 가변적인 단일-용량 문제로 연구할 수 있다. 이 경우 작을수록 더 좋은 용기용량에 관한 선형화된 S-곡선이 존재할 수도 있다.) 여전히 다른 성능 요구조건이 생산과 관련하여 발생할 수 있다. 예를 들면, 분당 채워지는 용기의 수가 $60 \sim 120$ 개여야 한다는 요구조건이 있는 경우, 이 속도로 용기를 채워 넣을 수 없는 설계는 곤란하고, 현재의 수요예측으로 볼 때 더 빠른 속도는 필요 없다.

또한, $-20°F$ 에서 $+140°F$ 의 온도에서 용기에 이상이 없어야 한다고 규정할 수 있다. $-20°F$ 보다 낮은 온도는 정상적인 배송 과정에서 발생할 수 없으며, $140°F$ 를 초과하는 온도는 저장에 문제가 있음을 의미한다. 다른 각도에서 매력 있는 다른 설계들이 이러한 온도한계 때문에 배제될 수도 있다. 이 기능과 관련된 성능 요구조건의 중요성에 대한 판단이 내려져야 한다.

사용자나 소비자가 제품이 의도된 사용목적에 적합한지 알고 싶어 하기 때문에 어떤 장치의 성능명세가 그 제품이 설계되고 생산된 이후에 종종 발표되기도 한다. 하지만 최종 사용자는 대개 설계 과정에 참여하지 않으므로, 장치나 시스템에서 기대되는 성능수준을 설명하는 발표된 성능명세에 의존한다. 많은 경우에 설계자는 최종 사용자에게 문제가 될 수 있는 이슈들을 미리 파악하기 위해 동종의 혹은 경쟁사의 설계를 위한 성능요구조건을 조사한다.

4.2.3 인터페이스 성능명세

이전에 언급했듯이 성능명세는 장치나 시스템이 어떻게 다른 시스템과 상호작용을 하는지 규정한다. 이러한 요구사항을 **인터페이스 성능명세**(interface performance specification)라 하는데, 이는 여러 팀의 설계자들이 최종 제품의 서로 다른 부품을 개발하고, 모든 부품들이 같이 어우러져 매끄럽게 작동되어야 하는 경우 특히 중요하다. 예를 들면, 자동차 라디오를 설계하는 경우, 최종 설계가 차내의 공간, 가용한 전력, 배선 등과 잘 조화되어야 한다. 따라서 프로젝트 하나를 여러 개의 부분으로 나눈 경우, 최종적인 부분들이 함께 작동함을 확인해야 한다. 이러한 경우, 하위시스템 간의 경계(boundary)는 분명히 정의되어야 하며, 경계를 통과하는 어느 것에 대하여도 모든 팀들이 계속 진행할 수 있을 정도로 충분히 상세하게 기술되어야 한다.

점차 치열해져가는 경쟁적 상황에서, 인터페이스 성능명세는 신제품을 설계하고, 시험하고, 제작하고, 시장에 내놓는 데 필요한 전체시간을 최소화하고자 노력하는 대기업들에게 특히 중요하다. 대부분 세계의 주요 자동차 제조업체들은 신차 설계 및 개발에 필요한 시간을 10년 전보다 절반 이하로 줄였다. 이러한 단축은 설계팀들이 여러 시스템이나 제품개발을 동시에 수행함으로써 가능하게 되었다. 이런 이유로 인터페이스 성능명세를 이해하고 개발할 수 있는 능력이 중요하게 되었다.

인터페이스 성능명세를 개발하기는 이론적으로는 쉽지만, 실제로는 매우 힘든 일이다. 개념적인 설계단계에서 상호작용해야 할 시스템 간의 경계, 혹은 인터페이스가 규정되어야 하며, 그 다음에는 경계를 지나가는 각 항목에 대한 규정이 개발되어야 한다. 이러한 명세는 어떤 값의 범위(예를 들어, 5 ± 2 V), 혹은 경계를 통과하게 해주는 논리적 혹은 물리적 장치(예를 들어, 출력 핀이나 물리적 커넥터), 혹은 경계를 넘나드는 것이 불가능하다는 상호이해(예를 들어, 열 시스템과 연료 시스템 사이의 경계)일 수 있다. 이 모든 경우에 두 시스템의 설계자들은 어디가 경계이고 어떻게 경계를 건널 수 있는지에 대하여 완전히 동의해야 한다. 실제에서 이 과정은 상당히 어렵다. 왜냐하면 각 팀들이 실제로 다른 팀들에게 제약조건을 부여하는 일이기 때문이다. 블랙박스 기능분석이 인터페이스 명세를 개발할 때 도움이 될 수도 있는데, 이는 입력과 출력이 어떻게 대응하고, 부작용이나 원치 않는 부산물을 어떻게 해결해야 하는지 확인하게 해주기 때문이다.

4.2.4 측정기준과 성능명세

3.4절에서 정의된 측정기준과 성능명세의 차이점은 간혹 혼동의 원인이 되기도 한다. 둘 다 설계가 어떤 것을 얼마나 잘해야 하는지를 정량화하거나 규정한다. 어떤 경우에는 목표에 대한 측정기준이 어떤 기능에 대한 명세가 되기도 한다. 그럼에도 불구하고 명심해야 할 중요한 차이점은 다음과 같다:

- **측정기준은 (오직) 목적에만 적용된다.** 이를 통해 설계자와 고객이 특정한 설계에 의해 목적이 어느 정도까지 실현되었는지 평가할 수 있다.

측정기준은 목적을 측정하고, 성능명세는 기능을 측정한다.

- **성능명세는 일반적으로 기능에 적용된다.** 그런 기능이 설계에 의해 얼마나 잘 실현되어야 하는지를 규정한다.

성능 요구사항을 맞추지 못한 설계는 실패로 간주되기 때문에, 성능명세는 제약조건과 비슷한 성격을 갖는다. 측정기준은 설계 선택과정에서 고려되는 모든 목표에 대하여 필요하다; 성능명세는 수용한계가 정의될 수 있는 기능에만 적용된다.

4.3 Xela-Aid 닭장의 기능

제3장에서 Xela-Aid 닭장 설계 프로젝트의 목표들을 명확히 기록하였고, 문제 기술문을 수정하였다. 여기에서는 학생팀들이 개발한 기능분석과 성능명세를 소개한다. 이곳에서 제시한 원칙과 기법을 성공적으로 적용하였기 때문에 학생들의 설계 결과를 이곳에서 소개한다. 설계 문서를 검토할 수 있는 능력은 꾸준하고 신중하게 다른 팀의 설계 노력을 읽고 평가하면서 연마되는 또 다른 중요한 설계 기술이다.

닭장은 다음과 같은 기능을 수행한다. 표 4.1에는 나열을 사용하여 개발한 기능목록을 제시하였다. 많은 기능이 "…하도록 하다(allow)" 형태로 되어있다. 이 방법도 기능 분석을 시작하는 합리적인 방법이긴 하나, 기능은 대개 보다 능동적인 형태로 묘사할 수 있다. 예를 들면, "쓰레기를 치우도록 하다"는 "쓰레기를 치우다"로, "닭에게 모이를 주도록 하다"는 분명하게 "닭에게 모이를 주다"로 나타낼 수 있다. 표 4.3에 나열된 기능이 해법을 제시하기도 한다. 예를 들면, "물을 신선하게 유지하다"는 물이 자주 교체되어야 함을 의미

표 4.3 일년차 설계팀 중 한 팀에 의해 개발된 Xela-Aid 닭장 설계를 위한 기능 목록

주간에 닭을 짐승으로부터 보호
야간에 닭을 짐승으로부터 보호
닭을 날씨로부터 보호
닭 모이 주기가 가능
닭에 물 주기가 가능
물이 신선한 채 유지
달걀 수집이 가능
달걀을 보호
달걀 부화가 가능
닭장 환기
새장 청소가 가능
닭의 출입이 가능
쓰레기 청소가 가능
닭장에 사육자의 출입이 가능
닭장 주변에서 닭장으로의 출입이 용이

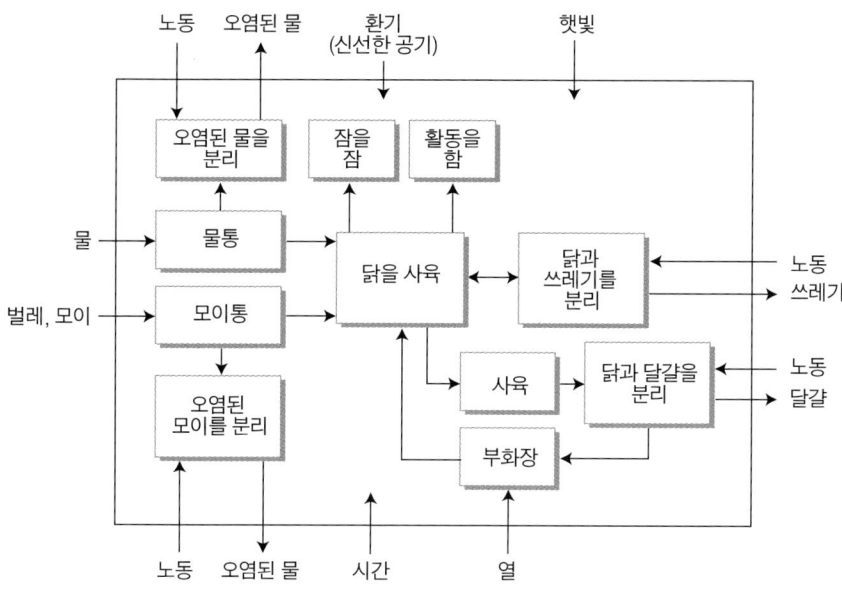

그림 4.5 학생팀 중 한 팀에 의해 개발된 Xela-Aid 닭장의 블랙박스 분석. 이 블랙박스에는 많은 문제가 있다. 일부 박스에는 출력이 없는데, 여기에 대하여 지적을 했어야 했다. 좀더 근본적으로 이 블랙박스가 닭을 위한 것인지, 닭장을 위한 것인지 불분명하다.

한다. 물론 오래된 물을 제거한다든지 물을 항상 흘려보낸다든지, 혹은 물을 정수한다든지 하는 다른 해법도 가능하다. 좀더 일반적인 기능 기술문은 "닭에게 신선한 물을 공급하다" 가 될 것이다. 설계자는 기능을 정의할 때, 해법을 암시하는 용어가 아닌, 일반적인 용어로 정의하여야 한다. 비교적 간단한 문제에 대하여도 일반적인 용어를 정의할 수 없다면, 해법을 쉽게 찾을 수 없는 더 복잡한 설계 문제에서는 어려움에 빠지게 될 것이다.

그림 4.5에서는 다른 학생팀에 의한 닭장의 블랙박스 분석을 보여준다. 그림 4.5의 블랙박스는 몇 가지 흥미로운 점 및 문제점들을 보여준다. 예를 들면, "오염된 물"은 기능이라기보다는 물체인데, 설계팀에서는 이를 물통의 출력물로 확인하였다. 설계팀은 이를 통해 기능인 "오염된 물을 분리하다"와 출력물인 "오염된 물" 모두를 식별하게 된다. "잠자다", 혹은 "연습하다"와 같이 분명한 출력물이 없는 기능들이 포함되어 있는데, 이는 설계팀이 닭장의 기능과 닭의 기능을 혼동한 것이다. 이 그림을 자세히 검토하면, 이 예와 비슷한 실수들이 발견될 것이다.

닭장 설계 개발을 담당했던 팀이 설계의 성능명세까지 개발할 필요는 없다. 이는 설계 보고서에 빈 칸을 남기겠지만, 흥미 있는 지적인 도전과 사고 연습문제를 남긴다. 예를 들면, 적용 가능한 설계 규범명세는 무엇인가? 어떻게 유도해 낼 수 있을까? 닭장과 주변 환경 사이의 인터페이스는 무엇인가? 등이다.

4.4 명세화 단계 관리하기

많은 미숙한 설계자에게, 명세화 단계는 가장 어려운 단계이다. 기능 중심으로 사고하고 기능을 목표나 제약조건과 다른 지적 대상으로 여기는 데는 훈련과 노력이 필요하다. 이를 위해서는 팀 중심 접근방법이 매우 유용하다.

개인에 의해 수행되는 것이 더 나은 공학적 과업도 있고(예를 들어, 교량 케이블에 가해지는 하중 계산), 그룹에 의한 것이 최선인 경우도 있다(예를 들어, 대규모의 현수교 설계). 명세를 정하는 일은 개인적인 요소와 그룹에 의한 요소를 둘 다 갖고 있다. 처음에는 각 구성원이 개인적으로 방법론들을 적용한 뒤, 전체 팀이 개인의 결과를 검토, 토의 및 수정하는 방식을 많은 팀들이 사용하고 있다. 이러한 일종의 분할-해결(divide-and-conquer) 접근법을 사용하기 위해서 팀원은 회의를 위해 철저히 준비해야 하고, 각 방법론이나 도구마다 숙련된 전문가가 있어야 한다. 그룹 검토와 수정 보완을 통해 팀원들은 기능명세를 개발하고 정할 때, 다른 구성원의 아이디어로부터 배울 수 있기 때문에 팀 전체는 신선한 시각과 비판적인 사고로부터 혜택을 얻게 된다.

4.5 요약

4.1 절: Quebec 교량에 대한 역사나 다른 "공학자의 꿈"에 대한 것은 Petroski의 미국 교량건축역사(1995)에서 찾을 수 있다. 4.1.1 절에서 사용된 라디오의 블랙박스는 머드대학 1학년 설계 과목을 위해 동료인 Carl Baumgaertner가 개발하였다. 유리박스라는 용어는 (Jones, 1992)에서 인용하였다. 기능-수단나무는 (Akiyama, 1991)에서 제안된 예를 설명하기 위해 하비머드대학의 James Rosenberg에 의해 개발되었다.

4.3절: Xela-Aid 닭장 설계 프로젝트의 결과는 최종 보고서 (Gutierrez et al, 1997)와 (Connor, 1997)로부터 계속 인용될 것이다.

4.6 연습문제

4.1 기능과 목적 간의 차이점을 설명하라.

4.2 측정기준과 성능명세 간의 차이점을 설명하라.

4.3 4.1절에서 설명한 기능개발을 위한 여러 방법론들을 사용하여 연습문제 3.2의 소형 전기기타를 위한 기능목록을 작성하라. 특정 기능을 개발할 때 이러한 각각의 방법들은 어떻

게 효과적인가?

4.4 4.1절에서 설명한 기능 개발을 위한 여러 방법론들을 사용하여 연습문제 3.5의 원시림 프로젝트를 위한 기능목록을 작성하라. 특정 기능을 개발할 때 이러한 각각의 방법들을 어떻게 효과적인가?

4.5 연습문제 4.3이나 4.4의 결과를 기초로 기능을 결정하기 위한 방법론과 결정되는 기능의 속성, 설계되는 가공물과의 연관성을 논의하라. 기능 분석에 설계자의 경험 정도가 영향을 미치는가?

4.6 연습문제 3.2의 소형전기기타를 설계하는 데 사용할 수 있는 표준(안전표준, 성능표준, 인터페이스 표준)이 있는지 조사하라.

4.7 연습문제 3.2의 소형 전기기타가 사용자 및 외부환경과 갖는 인터페이스를 설명하라. 어떻게 이러한 인터페이스가 설계 자체를 제한하는가?

4.8 캐나다나 미국과 같은 나라 이외에 개발도상국에서는 다른 안전규격이 존재하기도 한다. 연습문제 3.2의 소형 전기기타나 연습문제 3.5의 원시림 프로젝트에 이러한 안전규격의 차이가 끼치는 영향을 기술하라.

4.9 건물에 새로 설치될 변기의 인터페이스 설계 경계와 문제점들을 찾아라.

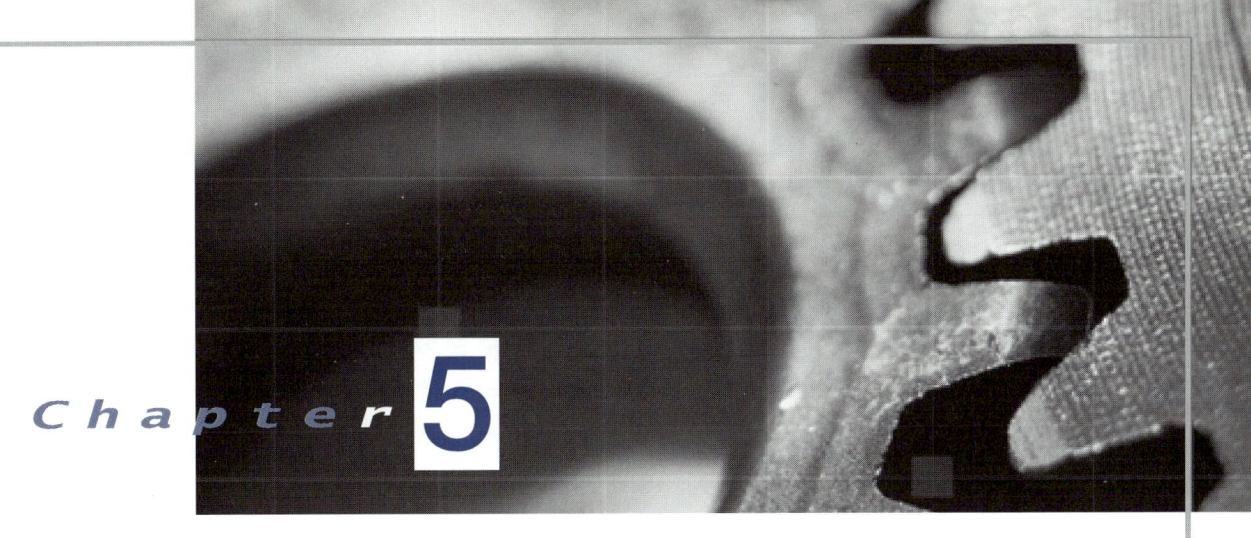

문제에 대한 해답 찾기

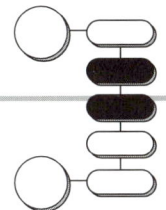

좋은 설계가 얼마나 많이 있으며 어떤 것이 최선인가?

지금까지 제3장에서는 설계 프로세스의 문제 정의 단계를, 제4장에서는 설계명세를 설명하였다. 이제부터는 개념설계에서 예비설계로의 전이(transition)를 탐구할 것이고 목적에 부합하는 설계 개념과 계획(scheme)을 창출해볼 것이다. 따라서 (1) 잠재적 설계를 창출하고 (2) 그것들을 탐색하기 쉽게 체계화하고 (3) 수행할 가치가 있는 것이 어떤 것인가를 평가하길 원한다. 또한 품질을 고려한 설계와, 개념 검증 및 원형 제작 등에 관하여 토의할 것이다.

5.1 설계공간이란 무엇인가?

설계공간(design space)이란 설계 문제에 대한 모든 잠재적 해결방안을 포함하는 지적 공간의 정신적 구조물(construct)이다. 넓은 의미로서 설계공간 개념의 효용성은 설계 문제에 대한 느낌을 가까이 전달할 수 있는 능력에 제한받는다. **큰 설계공간**은 (1) 잠재적 설계의 수가 아주 크거나, 혹은 무한대이고, (2) 설계변수가 가질 수 있는 값들의 개수가 큰 만큼, 설계변수의 개수도 크다는, 설계 문제의 이미지를 전달한다.

여객기(예를 들어, 보잉 747)와 주요 사무실 빌딩(예를 들면, 시카고의 Sears Tower)은 큰 설계공간을 갖는 설계 가공물이며, 이것들은 많은 부품을 가진 공학적 물체이다. 보잉 747은

> 설계공간의 "크기"는 가능한 설계 해들의 수와 설계변수들의 수를 반영한다.

600만 개의 다른 부품을 가지고 있다. 100층짜리 건물에는 창문 틀, 구조물 리벳, 수도꼭지, 엘리베이터 버튼 등 얼마나 많은 부품이 있을까 겨우 상상할 뿐이다. 부품이 많은 만큼, 설계 변수와 설계 선택의 수는 보다 많이 존재한다.

그러므로 보잉 747과 Sears Tower는 매우 큰 설계공간을 갖는다. 반면에, 이 가공물들은 서로 다른데, 이들의 성능은 서로 다른 도전(challenge)을 발생시키고, 빌딩이 제약받는 것과는 다른 식으로 비행기가 제약받기 때문이다. 건축가와 고층빌딩을 설계하는 구조공학자는 비행기 동체와 날개를 설계하는 항공공학자보다 모양, 평면도, 구성 요소 등에 대해 무수히 많은 선택을 할 수 있다. 고층건물의 층수와 거주인의 수가 많아지면서 하중이 중요해지고 바람의 영향에 대해 건물의 모양이 분석되고 시험되지만, 고층건물이 갖는 제약조건들은 비행기의 하중과 공기역학적 모양이 갖는 제약조건들보다 상대적으로 적다. 이런 제약조건들은 설계공간의 크기를 제한하는 데 중요한 역할을 한다. 이에 대해서는 5.2.3절에서 자세히 토의할 것이다.

작거나 혹은 제한된 설계공간은 (1) 잠재적 설계의 수가 제한되거나 적고, (2) 설계 변수의 수가 적고 제한된 범위 안에서만 값을 가질 수 있는, 설계 문제의 이미지를 전달한다. 큰 시스템의 개별 컴포넌트나 하부시스템에 대한 설계는 종종 작은 설계공간에서 발생한다. 예를 들면, 비행기와 빌딩의 유리창에 대한 설계는 열릴 때의 크기와 자재에 제약을 받기 때문에 설계공간이 상대적으로 작다. 이와 유사하게, 저층의 산업창고 빌딩을 구성하는 (framing) 패턴의 범위는 제한되며, 구조적 프레임을 구성하기 위해 사용되는 구조물과 연결물들의 종류도 제한된다.

5.1.1 복잡한 설계공간과 분해

큰 설계공간은 수많은 설계 변수가 할당될 때 발생하는 많은 조합의 가능성들로 인해 복잡하다. 설계공간은 또한 선택의 수가 많지 않은 경우에도 하부시스템과 컴포넌트 사이의 상호작용으로 복잡하다. 사실, 설계 복잡성의 한 단면은 많은 전문가들의 공동연구가 중요하다는 점인데, 한 사람의 공학자가 모든 설계 선택과 분석을 할 수 있을 만큼 충분한 지식을 갖는 경우는 드물기 때문이다.

또한 많은 설계 변수의 값이 이미 결정되었거나 아직 결정되지 않은 선택에 크게 의존하기 때문에 이런 복잡성은 발생한다. 이런 복잡한 설계공간을 어떻게 공략할까? 한 가지 접근방법은 **분해**(decomposition) 혹은 **분할**(divide)**과 해결**(conquer)의 개념을 적용하는 것이다. 즉, 복잡한 문제를 훨씬 쉽게 풀리는 하위문제로 나누는 프로세스를 사용하는 것이다. 예를 들면, 비행기를 설계할 때 날개, 동체, 전자장치, 꼬리, 주방, 객실 등의 하위문제로 나눌 수 있다. 다시 말하면, 설계 문제와 설계공간은 한번에 관리할 수 있는 단위로 나누어 생각한다.

문제를 분할하고 해결하거나, 혹은 분해하라.

이 장에서 보여줄 도구들은 설계 문제를 풀 수 있는 하위문제로 분해하고 해를 일관성 있고 가능한 설계로 재조립하는 데 도움을 주기 위해 설계되었다. 특히 5.3절에서 설명할 **형태도표**(morphological chart)는 (1) 설계의 전체 기능을 하위기능으로 분해할 때, (2) 각 기능을 획득하기 위한 수단을 식별할 때, (3) 가능 설계 해의 구성과 재구성을 가능하게 할 때 적합하다. 가능하고 실행할 수 있는 설계 해의 재구성 혹은 **통합**(synthesis)은 특히 중요하다. 매우 정교한 시계의 어떤 부품을 수리하기 위해 시계를 분해하고 난 뒤, 새 부품이 너무 크거나 조금 다른 형태를 가져서 조립할 수 없을 때의 기분이 어떻겠는가? 이와 같이 설계 후보를 재구성할 때 적합하지 않은 대안들을 제거하는 것이 중요하다. 그래서 5.4절에서 새로 조립된 설계물이 작동하는 것을 확인하는 아이디어와 도구를 제시할 것이다.

5.2 설계 아이디어 생성: 설계공간 확장

어떻게 설계 아이디어를 생성하는가? 혹은 어떻게 설계공간의 크기와 범위를 유용하게 확장할 수 있을까? 이런 문맥에서 다음과 같은 점들을 지적한다.

- 공학적 창의성은 목표 지향적이고, 새로운 목적을 탐색하는 것이 아니고, 알고 있는 목적을 달성하기 위해 설계하는 것이다. 목표는 공학설계회사의 경우 같이 외적으로 강요될 수도 있고 차고에서 개발되고 있는 신제품인 경우 같이 내적으로 강요될 수도 있다. 그러나 **창의적 활동은 목표를 향하고 있다.**

- **창의적 활동은 노동을 포함한다.** Thomas Edison이 말한 것 같이, "발명은 99%의 노력과 1%의 영감이 필요하다." 즉, 우리가 설계 대안을 만들기 위해 진지하게 일을 할 준비가 되어있지 않으면 실패할 가능성이 많다.

그러므로 좋은, 목표 지향적 설계를 창출하기 위해서 "어떤 수단이 우리가 설계 아이디어를 만들고 잠재적 설계의 공간을 조직화하고 넓히는 데 활용 가능한가?"를 생각해야 한다.

두 가지 중심 주제는 다음 두 가지 질문의 답으로 나타난다. 하나는 우리가 바퀴를 재발명함으로써 얻는 이득이 거의 없다는 것이다. 즉, 특히 기능과 수단을 수행하기 위해 정의할 때 다른 사람들도 그 기능들 중 몇 개를 수행하기 위해 이미 노력했을지도 모른다는 것을 알아야 한다. 이미 활용 가능한 어마어마한 양의 정보를 식별하고 연구하고 사용하는 것을 제안하는 것은 당연한 일이다. 따라서 지금 토의할 상당 부분이 정보를 얻기 위한 수단들에 대하여 이미 토의한 내용과 유사하다는 사실은 놀라운 일이 아니다(2.3.3.1절 참조).

두 번째 주요 주제는 다음에 설명할 팀 상호작용의 종류와 양식이 브레인스토밍과 상당히 많은 공통점이 있다는 것이다. 즉, 설계 대안을 만들기 위해 설계팀(아마도 전문가나 다른 주주들을 포함하여)이 취할 수 있는 활동을 설명할 때 브레인스토밍에 대하여 3.5.1절에 전개한 몇 가지 아이디어들에 다시 귀를 기울일 것이다. 5.2.3절에서 그룹이 취할 특별한 활동들과 팀원이 5.2.4절에 있는 것들을 어떻게 생각할지에 대한 아이디어들을 같이 제안할 것이다.

5.2.1 기존에 존재하는 설계 정보 활용

2.3.3.1절에서 그 분야의 이전 연구를 확인하고 현재의 기술 상황을 결정하기 위해 문헌 연구의 중요성을 상세히 기술하였다. 이것은 핸드북이나 자재 특성, 설계, 법률 코드 등의 개요뿐만 아니라, 이전 해결방안, 상품 광고, 공급자 문건 등을 찾아내고 연구하는 것을 포함했다. 「The Thomas Register」는 상품 매각자의 중요한 요람이다. 그것은 기계, 전자 설계에 사용되는 시스템과 부품을 제조하는 회사를 백만 개 이상 열거하고 있다. 매년 개정된 23권의 「Register」는 대부분의 기술 도서관에서 발견할 수 있다. 더구나, 더 많은 자료는 WWW(World Wide Web)에서 구할 수 있지만 훨씬 더 많은 정보가 쓸모 있는 것은 아니다. 그러므로 정보를 획득하기 위해 인터넷상에서 정보를 탐색하는 방법은 중요한 수단이지만 설계 관련 지식을 식별하고 검색하는 유일한 방법이 되지는 못한다.

두 가지 정보 획득 과업이 제품 설계에 중요하다. 경쟁 제품들은

• 이런 기존 제품이 어떤 기능들을 얼마나 잘 수행하는지를 평가하기 위해 **벤치마킹**되고

• 얼마나 기능들이 잘 수행되고 유사한 기능들을 수행하는 다른 방법들을 잘 식별하는지를 알기 위해 **분해**(dissect)되거나 역공학이 수행된다.

여기서 다음과 같은 사항을 도출하기 위해 이 수단들을 반복한다: 고유의 설계 목표를 분명히 하는 동안 생긴 요점을 재점검하면 설계 개념과 대안들을 만드는 데 도움을 줄 수 있다. 왜냐하면 어떤 아이디어들과 해결방안들은 문제 정의 단계에서 생길 수 있기 때문이다. 그러므로 "오래된" 기록을 돌아보는 것은 당시에 기록된 오래되었거나 시기상조의 아이디어들을 다시 생각나게 해줄 수 있다.

5.2.2 특허: 바퀴를 재발명하지 않고 설계공간 확장

대안을 만드는 동안 떠안을 수 있는 한 가지 연관된 활동은 적절한 특허들을 찾는 것이다. "바퀴의 재발명"을 피하고 이미 존재하는 설계에 대하여 이미 알고 있는 것을 만듦으로써 우리들의 사고를 강화하기 위해서 이렇게 한다. 우리는 또한 특허 소지자와 적절한 라이선스 계약을 진행할 수 있다는 가정 하에 설계에 이용할 수 있는 가용한 기술을 식별하기 위해 특허를 찾을지도 모른다.

특허는 일종의 **지적 재산**(intellectual property)이다. 특허 소유자란 장치나 어떤 일을 하는 새로운 방법을 발견하거나 발명했다는 소유권(credit)이 주어진 사람임을 의미한다. 설계자의 특허 목록은 공학 실행에 큰 가치를 부여한다. 이런 지적 소유권은 접수된 신청서에 자세히 기록된 내용이 새로운 기술이라고 인정되거나 혹은 독창성이 있는 발명품이나 발견이라고 인정되면, 미국특허상표국(U.S. Patent and Trademark Office; USPTO)에 의해 개인이나 단체에 수여된다. 다음의 두 가지 기본적인 특허는 미국특허상표국 특허 검사관들에 의해 철저히 평가된 뒤에 수여되거나 거절된다:

- **설계 특허**(design patent)는 아이디어의 형태(form)나 외관(appearance), 또는 "보고 느끼는 것"에 대하여 주어진다. 이는 사물의 시각적 외관과 상당히 연관이 있다. 결과적으로 이 특허는 상대적으로 효력이 약하다. 왜냐하면 장치의 외관을 조금만 변경하여도 새로운 제품을 만들기에 충분하기 때문이다.

- **효용 특허**(utility patent)는 어떤 것을 하는 방법이나 어떤 일을 일어나게 하는 기능에 대하여 주어진다. 이 특허는 좀더 효력이 강하며, 종종 일을 착수하는 데 어려움이 따른다. 왜냐하면 이 특허는 형태보다 기능에 초점을 더 두기 때문이다.

두 경우의 특허는 모두 특허 소유자가 지적 재산의 소유자로 확인되었다는 사실을 반영함을 유념해야 한다.

컴퓨터에 근거한 특허 색인, 즉 **분류 및 검색 지원 정보시스템**(Classification And Search Support Information System; CASSIS)을 대부분의 도서관에서 볼 수 있다. 특허는 각각의 클래스와 서브클래스 번호로 목록화 되어있고 이 번호들은 좀더 복잡한 분류 색인에 의해 세밀화 되어있다. 미국특허상표국은 주어진 특허에 대한 데이터를 보여주는 웹사이트(그리고 검색 엔진)를 유지하고 있으며, 클래스 번호로 정렬해서 지난주에 등록된 모든 특허를 목록화하여 개재한 「*Official Gazette*」를 매주 발행한다.

특허는 이를 신청(claim)한 결과이기 때문에 종종 **도전**(challenge)을 받는다. 왜냐하면 다른 사람들이 도전받는 특허의 기초가 되는 선행기술들을 자신이 개발했다고 느끼기 때문이다. 특허 신청서를 제출하는 것은 설계자에게는 복합적인 축복이다. 특허를 받으면 새롭고 혁신적인 아이디어를 보호받는다. 그렇지만 동시에 특허는 현존하는 기구나 프로세스의 제2~3세대 개선을 위한 아이디어의 개발을 막을지도 모른다.

5.2.3 설계팀을 위한 그룹 활동

브레인스토밍은 일찍이 고객의 목표를 분명히 하기 위한 소그룹 활동으로 인식되었다. 우리는 다소 연관성이 있거나 없는 새로운 아이디어가 생성될 것이라는 사실을 지적하였다. 그리고 이러한 새로운 아이디어를 기록하지만 평가하지는 말 것을 제안했다. 또한 설계팀 구성원들이 팀 동료들의 아이디어와 제안들을 존중할 것을 제안했다. 설계 대안들을 생성하기 위해 팀에서 하는 세 가지 다른 "게임들"에 대하여 어떤 "게임의 법칙"을 강조하면서 이제 설계 생성과 관련하여 그들의 행동 테마를 넓히려고 한다.

성공적인 설계는 두 가지 다른 종류의 사고, 즉 분산적 사고와 수렴적 사고를 요구한다:

- **분산적 사고(divergent thinking)**는 우리가 설계 아이디어나 선택들의 저장소를 늘리려고 노력하면서 제한이나 장벽을 제거하려고 시도하고 오히려 확장시키기를 바랄 때 행해진다. 그러므로 우리는 설계공간을 늘리거나 설계 대안을 생성하려고 노력할 때 "상자의 바깥을 생각"하거나 "봉투를 늘리기"를 원한다.

- **수렴적 사고(convergent thinking)**는 우리가 설계공간을 충분히 넓혀 시작한 후 "최선의" 대안(들)에 초점을 맞추어 설계공간을 좁힐 때 하는 것들을 설명한다. 우리가 문제를 해결하기 위해서는, 알려진 장벽과 한계 안에서 하나의 해에 수렴하기 위해 세밀한 초점을 요한다.

목표 지향적인 활동인 설계는 분산적 사고와 수렴적 사고를 결합시킨다. 설계 프로세스는, "최선"이 정의된다 할지라도, 최선의 가능 해에 수렴하기 위해 노력한다. 동시에 우리를 해로 수렴하게 하는 프로세스 활동들은 분산적 사고를 요구한다. 예를 들면, 우리는 문제를 더 잘 이해하고 다른 이해당사자들을 식별하기 위해 문제 공간을 공개하기를 원한다. 유사하게, 우리는 대부분의 일반적인 사례를 포함하기 위해 우리들의 기능을 확장할 때 분산적 사고를 사용한다. 이런 "분산적" 활동들을 마치고 난 뒤, 우리들의 이해에 대한 적절한 표현에 수렴하고자 노력한다. 그러므로 목적들 사이에서 우선순위를 정하거나 문서화하는 것은 목적들을 위한 적절한 측정 기준을 정하는 것 같이 수렴적 프로세스이다. 이런 사고(그리고 행위) 형태들의 상호 작용은 설계에 지적인 풍요로움을 제공하는 한 부분이다.

이제 축적된 창의성을 증진시키기 위하여 발산적인 "자유 사고"를 격려하는 세 가지 직관적인 활동들에 대하여 설명한다. 그렇지만 여기서 사고를 장려하는 것이 논리의 공리와 물리적 원리들을 부정하는 것을 의미하지는 않는다. 기대할 수 없거나 논리적으로 강요할 수 없는 방법들로 그룹구성원들로부터의 협력을 끌어내는 자유로운 사고방식으로 그룹에서 활동하는 사람들은 더 자발적으로 반응할지도 모른다. 이러한 활동들은 또한 본질적으로 **진보적(progressive)**이다. 왜냐하면 이것들 안에는 결과적으로 새로운 설계 아이디어들의 진보적 출현과 조율을 이루는 반복적인 주기들이 있기 때문이다.

상자 밖에서, 그러나 물리적 특성 안에서 생각하라!

5.2.3.1 6-3-5 방법

첫 번째 그룹 설계 활동은 6-3-5 방법이다. 이 이름은 여섯 팀의 구성원들이 한 테이블 주위에 앉아 이런 아이디어 생성 게임에 참여하고 각 구성원이 주제어나 문구로 간략히 표현된 처음 세 가지 설계 아이디어 목록을 쓰는 방식에서 비롯된다. 그런 다음 여섯 개의 각각의 목록들은 나머지 그룹 구성원을 지나 다섯 번 순환하는데, 그때 논평과 주석이 쓰인다. 언어 의사소통이나 잡담(cross-talk)은 허용되지 않는다. 따라서 각각의 목록은 테이블 주위를 완전히 돌고, 한 바퀴 돌 때마다 그룹의 각각의 구성원은 다른 팀원들에 의해 늘어난 주석 목록들에 고무된다. 모든 참가자가 각각의 목록들에 논평을 달면, 팀은 구성원 각각의 아이디어들을 그룹 차원에서 강화하고, 그 결과 완성된 설계 아이디어 모두를 나열하고, 토론하고, 평가하고, 기록하기 위하여 일반적 시각 매체(예를 들면, 칠판)를 이용할 것이다.

이 방법은 m 명의 팀원이 $m - 1$ 번의 순환을 할 경우 "$m - 3 - (m - 1)$" 방법으로 일반화시킬 수 있다. 그렇지만 증가된 복잡한 종이들에 쓰인 훨씬 많은 목록들의 관리와, 여섯 명 이상이 앉을 수 있는 테이블의 조달에 어려움이 있으므로, 이런 활동에서는 여섯 명 정도가 자연적인 상한이 될 것이다. 그리고 특별히 학교 환경에서는 여섯 명보다 적은 수 (이상적으로 4명을 넘지 않게)의 프로젝트 팀 구성을 선호할 것이다.

5.2.3.2 C-스케치 방법

C-스케치 방법(C-sketch method)은 팀원 각자에 의한 하나의 설계 개념의 초기 스케치에서 시작하고, 그 뒤에는 6-3-5 방법에서처럼 진행된다. 각각의 스케치는 초기 개념 스케치에서 기록되었거나 스케치된 모든 주석과 제안된 설계 변경사항을 가지고 6-3-5 방법에 있는 아이디어 목록처럼 팀을 통하여 순환된다. 유일하게 허용되는 의사소통의 형태는 종이 위에 연필로 쓰는 것이다. 스케치와 수정의 완전한 주기 뒤를 따르는 토론은 6-3-5 방법에 설명된 방식을 따른다. 연구에 의하면, C-스케치 방법은 주어진 스케치에 대한 주석과 수정의 복잡성으로 인하여 다섯 명 규모의 팀원에서조차 점점 다루기 힘들게 된다는 것이다. C-스케치 방법은 기계 설계와 같은 분야에서 매우 호소력이 있다. 왜냐하면 스케치는 기계 기구 설계에서 자연스러운 사고 형태라고 제안하는 강한 증거들이 있기 때문이다. 또 다른 연구에 따르면, 그림이나 도표는 방주(marginal note)에 추가된 관련 정보를 그룹화하는 것을 용이하게 하고, 사람들이 토론된 대상들을 시각화하는 데 도움을 준다고 한다.

시각적으로 생각하기 위해 예술가가 될 필요는 없다.

5.2.3.3 갤러리 방법

갤러리 방법(gallery method)은 스케치나 의사소통 주기가 다르게 다루어지긴 하지만, 그림과 스케치에 대한 팀 반응을 얻는 세 번째 방법이다. 갤러리 방법에서 먼저 그룹 구성원은 주어진 시간 안에 그들 각자의 초기 아이디어를 개발한다. 그리고 나서 모든 결과 스케치는 코르크판이나 회의실의 화이트보드에 게시한다. 이런 스케치의 모음은 모든 게시된 아이디어들의 열린 그룹 토론을 위한 배경을 형성한다. 질문하고, 비평하고, 제안한다.

그리고 나서 모든 참가자는 주어진 시간 안에 2세대 아이디어를 만든다는 목표 아래, 그들의 그림으로 돌아가서 적절하게 수정하거나 새로 고안한다. 그러므로 갤러리 방법은 반복적이고 진보적이다. 개개의 아이디어 생성과 그룹 토론에 대해서 얼마나 많은 주기들이 주어지는지에 대하여 예측할 방법이 없다. 유일하게 의지하는 방식은 **수확체감의 법칙**(law of diminishing return)이라는 상식적인 격언을 적용하는 것이다: 그룹 안에서 주기가 한 번 더 진행된다고 더 많은 정보를 생성하지는 않는다는 합의가 나타날 때까지 진행하다가, 합의 시점에서 종료한다.

5.2.4 분산적 사고법

은유(metaphor)는 언어의 일상적인 의미와 다른 뜻을 나타내기 위해 사용하는 말의 표현이다. 그것은 어떤 사물이나 프로세스의 묘사에 깊이와 색깔을 더하기 위해, 다른 사물이나 프로세스의 속성들을 사용하는 문체(style)이다. 예를 들면, 공학 교육을 불자동차 호스에서 물을 마시는 것으로 묘사하는 것은, 공학도는 많은 양의 지식을 급하게 그리고 엄청난 압력으로 흡수하는 것을 기대한다는 것을 제안하는 것이다. 우리는 두 가지 다른 상황들 간의 유추(analogy)를 지적하기 위해 은유를 사용한다. 즉, 두 가지 환경들에서 병행하는 것과 유사성이 있음을 제안한다. 유추는 공학설계에서 매우 설득력 있는 도구이다. 가장 자주 인용되는 것 중의 하나는 Velcro 파스너(fastener)인데, 그것을 위한 유추는 날려가면 어디든지 붙는 성가시고 작은 공장 쇳조각(burr)들이다.

Velcro 파스너는 **직접 유추**(direct analogy)의 결과로서, 그것을 발명한 사람은 공장 쇳조각의 개별 요소들과 파스너의 부착 섬유들을 직접 연결시켰다. 또한 아이디어를 수립하거나 목적나무에 관하여 얘기할 때처럼 **기호적 유추**(symbolic analogy)를 사용할 수 있다. 이 경우 근본적인 상징성을 통하여 명확하게 연관성을 끌어낸다. 또한 설계하고자 하는 물체(또는 그것의 일부)가 되는 것이 어떤 느낌일까 상상함으로써 **사적 유추**(personal analogy)를 적용할 수도 있다. 예를 들면, 따개(pull-tab)를 가진 양철 음료용기가 되면 어떤 느낌이 들까? 우리는 문자 그대로 환상적이거나 혹은 믿음을 넘어서는 어떤 것을 상상하면서 **환상 유추**(fantasy analogy)의 영역에서 방황할 수 있다. 물론, 다음 천년의 마지막에 있을 세상을 바라보는 것이 우주여행, 지구를 가로지르는 즉각적이고 신뢰할 수 있는 개인 통신, 그리고 CT 촬영이나 자기공명영상(MRI)을 통하여 신체를 자세히 보는 것보다 얼마나 환상적이겠는가?

환상 유추는 "상자 밖을 생각하는 것"에 대한 또 다른 접근법을 제안한다. 지금은 당연하다고 생각하는 많은 기술들이 한때는 믿을 수 없는 터무니없는 아이디어라고 생각되었던 때가 있었다. Jules Verne이 자기의 고전 『*해저 2 만리*』를 1871년에 출간했을 때 더 깊은 곳을 "항해"할 수 있는 배라는 아이디어는 터무니없는 환상으로 여겨졌다. 이제는 당연히 잠수함들과, 생소하지만 재미있는 해저 생물체를 보는 것이 일상적 경험의 일부가

불가능은 종종 탁월성을 위한 시작점이다.

되었다. 우리는 설계팀들이 설계 문제에 대해 가장 터무니없는 해들을 상상하고 이러한 해들을 유용하게 하는 방법들을 찾을지도 모른다는 생각을 피할 수 없다. 예를 들면, 레이더에 잡히지 않는 비행기들은 한때 실현 불가능하다고 여겨졌다. 혈관 성형 수술에 사용되는 동맥 스텐트(stent)는 한때 불가능한 기구라고 생각되었다(그림 5.1 참조). 좁은(직경 3~5 mm) 인간 동맥의 한계 안에 공학적 구조물이 세워질 수 있다고 누가 믿을 수 있었겠는가?

한편으로 스텐트는 유추적 사고의 다른 단면, 즉 유사 **해결방안**(similar solution)에 대한 탐색을 제안한다. 광산과 터널에서 벽을 지지하기 위해 세워지는 비계와 스텐트는 의도와 기능이 확실히 비슷하다. 그러므로 스텐트와 비계는 비슷한 아이디어이다.

우리는 **대조적 해결방안**(contrasting solution)을 찾음으로써, 이 아이디어를 뒤집을 수 있다. 대조적 해결방안에서는 조건이 너무 다르고 대조적이어서, 해결방안들의 이동은 완전히 받아들이기 어렵게 보인다. 여기서 **상반된** 아이디어(opposite idea)를 찾아낼 수도 있다. 아주 분명한 대조는 강함과 약함, 밝음과 어두움, 뜨거움과 차가움, 높음과 낮음 등이다. 상반된 아이디어를 사용하는 하나의 예는 기타 설계에서 볼 수 있다. 대부분의 기타들은 목 끝부분에 정렬된 튜닝 펙(tuning peg)을 가지고 있다. 휴대용 기타를 만들기 위해 공간을 절약하고 휴대성을 강조하기 위해 어떤 똑똑한 설계자가 스트링의 반대편 끝, 즉 몸통의 하단에 튜닝 펙을 설치하기로 결정하였다.

마지막으로, 유사하거나 대조적인 해결방안을 찾는 것에 추가하여 세 번째 범주를 생각해본다. **근접한 해결방안**(contiguous solution)은 아이디어들, 개념들, 가공물들 간의 자연스러운 연관성을 이용하여 **인접한**(혹은 근접한) 아이디어들을 생각함으로써 개발된다. 예를 들면, 의자는 테이블을 생각나게 하고 타이어는 차를 생각나게 한다. 근접한 해결방안들은 근접

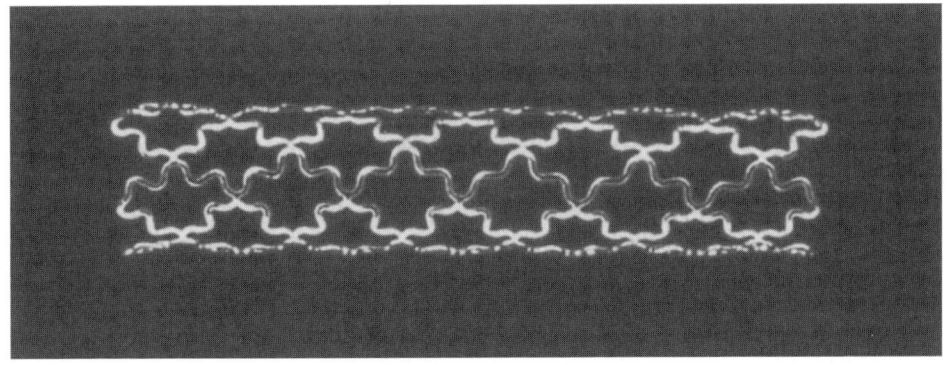

그림 5.1 이것은 막히지 않는 자연적인 피의 흐름을 가능하기 위해 동맥의 형태와 크기를 유지하는 데 사용되는 기구인 PALMAZ-SCHATZ™ 기구 확장 관상동맥 스텐트이다. 이 구조가 빌딩 수리와 건설 프로젝트에 사용되는 비계의 종류와 얼마나 닮았는지 주의해서 보라. Johnson & Johnson Company의 Cordis이 사진을 제공함.

성(adjacency)을 갖는다는 점에서 유사 해결방안과 구별된다. 즉, 볼트는 너트와 근접하므로 근접한 해결방안이지만, 볼트와 리벳은 둘 다 고정시키는 기능들을 하기 때문에 유사 해결방안이다.

5.3 유용한 크기로 설계공간 제한

설계 해결방안의 탐색을 안내하는 좀더 일반적인 주제에 대하여 몇 가지 실용적 이슈들이 있는데, 이들은 가공물의 사용 및 제작 방법과 연관되어 있으며, 탐색 공간을 개발하는 데 이정표(guidepost)를 제공한다. 그러나 이런 이정표는 탐색 공간들을 확장하기보다는 오히려 좁힐 수도 있다. 특히 이정표는 설계 대안들을 다음과 같은 항목의 "기능들"로 분석할 것을 권장한다:

- 사용자의 필요
- 가용한 기술
- 외부 제약조건

예를 들면, 학교 구내 교통 시스템을 위한 수송 수단의 설계는 잠재적 **사용자의 요구**(user need)에 영향을 받을 것이다. 수송 수단 후보로는 저가의 간단한 자전거; 멋진 첨단 자전거; 드러누운(recumbent) 자전거; 세발자전거; 혹은 인력거 등을 생각할 수 있다. 이런 수송 수단들의 설계와 고려에 영향을 줄지도 모르는 사용자 요구 중에는 강의실과 기숙사의 주차 시설 가용성, 짐을 옮길 필요성, 신체 장애인의 이용을 위한 필요성 등이 있다. 사용자 요구는 학교 구내 수송 수단에서 요구되는 특성들에 상당히 영향을 줄 수 있고 결국 수송 수단의 형태에 영향을 줄 수 있다. **다른 기술들의 가용성**은 대안들을 생성하는 프로세스를 자극할 수도 있다. 자전거나 자전거와 유사한 기구들을 만드는 데 사용되는 재료들을 상상해 보라. 재료의 선정은 자전거의 외형, 제조사, 가격 등에 영향을 미친다. 마지막으로, **외적 제약조건**(external constraint)이 설계에 영향을 미칠 수도 있다. 이러한 제약조건의 예로써, 어떤 설계 분야에서의 팀의 능력(예를 들면, 첨단 기능의 자전거보다 세발자전거를 설계하는 것이 더 편안할 수 있다)과 제조 능력의 가용성(예를 들어 유일한 제조 설비가 금속만을 만들거나 연결할 수 있다면, 합성 재료로 만든 자전거를 만드는 것을 피해야 한다) 등이 있다.

유사하게, 설계공간의 크기와 범위를 관리할 수 있는지 확실히 하기위해 유념해야 할 실제적인 고려사항이 있다. 이러한 고려사항은 종종 **상식적인** 문제들이다. 특히, 문제들과 후보 설계들의 목록이 너무 크거나 너무 단순하게 되지 않게 하기 위하여, 우리는 다음과 같은 것들을 할 수 있다:

- 사용자 요구의 영향과 중요성을 평가할 때 위에서 한 것과 같은 방법으로 **제약조건을 구하고 적용한다.**

- 이 시점에서 설계에 심각하게 영향을 주지 않을 세부 사항을 피하기 위하여, 고려될 **속성의 수를 고정시킨다**(예를 들어, 자전거나 자동차의 색은 설계의 초기 단계에서 고려할 가치가 적다).

- 특정 기능들과 특성들이 보다 중요하다는 것을 시사하는 문제정의 단계에서 수집된 데이터로 되돌아가서 **목록에 어떤 순서를 부여한다.**

- 단순하거나 불가능한 아이디어들이 자주 반복될 때, "**꿈 깨라!**" 혹은 다시 말해서, 주의하라. 그러나 설계 브레인스토밍을 위한 지원 환경의 유지에 관하여 이미 권고한 바와 같은 방식으로 상식을 적용하여야 한다.

설계 대안들을 생성하고 선택하는 프로세스를 관리하는 사항에 대해서는 5.7절에서 좀 더 설명할 것이다.

5.4 형태도표: 작동하는 설계를 생성하기 위한 기능과 수단의 편성

형태도표(morph chart)는 설계공간의 요소들을 시각화하는 또 다른 방법을 제공한다. 사실, 형태도표는 (그것은 다정하게 불리는 것 같이) 가능한 설계들을 식별할 수 있게 하는 동시에, 그 크기에 대한 느낌을 주면서 설계공간을 보여준다.

우리는 설계가 갖추기 원하는 특성들이나, 설계가 수행하기를 원하는 기능들의 목록을 만듦으로써 시작한다. 이 목록은 모든 특성들과 기능들이 세세한 부분에서 같은 수준을 가지는 상태에서, 합리적이고 관리 가능한 크기여야 한다. 그것들과 대응하는 목적들과 기능-수단 나무 안에서 이야기하라. 왜냐하면 그것이 내적 일관성을 보증하는 것을 돕기 때문이다. 그런 다음, 식별된 각 기능과 특성을 실행하는 모든 다른 수단들을 나열한다. 따라서 예를 들면, **Promote Sales**(그림 3.2 참조) 목적의 하위목적들과 일치하는, 음료용기 프로젝트를 위한 특성들과 기능들의 목록은 다음과 같을 수 있다:

> 음료를 넣음
> 음료용기를 위한 재료
> 주스를 마실 수 있게 함
> 제품 정보를 눈에 띄게 함
> 주스와 용기의 제조사를 배열함

그런 다음, 이런 각각의 기능과 속성을 달성하기 위하여 수단들의 목록을 작성하고, 각각을 대응하는 표제어에 첨부하여 표를 만든다:

음료를 넣음:	깡통, 병, 봉지, 상자
음료용기를 위한 재료:	알루미늄, 플라스틱, 유리, 왁스 입힌 보드지, 선이 그려진 보드지, 마일라 필름
주스에 접근 가능하게 함:	따개(pull-tab), 부착된 빨대, 트위스트-탑, 귀퉁이 찢기, 용기 열기, 지퍼
제품 정보를 전시함:	용기 모양, 라벨, 재료 색
주스와 용기의 제조사를 순서대로 배열함:	동시 배열, 일련 배열

이렇게 표로 된 정보는 형태도표를 작성하기 위해 필요한 것들을 제공한다. 사실, 그림 5.2는 **형태도표**의 결과를 보여주는데, 이 도표에서는 동일한 정보를 시각적으로 보기 좋고 유용하게 정리된 형태로 나타낸다. 장치(device)들이 담당해야 하는 특성들과 기능들은 수직축에 나열되고, 각각의 속성에 대하여 두 개 이상의 수단들이 식별되고 그 행의 셀에 나열된다. 각각의 식별된 기능에 대하여 수단들을 연결함으로써 개념설계를 구축할 수 있는데, 인터페이스 제약조건으로 인해 특정 수단들의 조합은 금지될 수 있다. 예를 들면, 하나의 설계는 트위스트-탑을 갖고, 그 색깔은 특정 음료에 대응하여 선택되고, 음료의 예상 배달시점에 앞서 만들어지거나 저장되는, 플라스틱 병으로 구성될 수 있다. 이와 같이, A, B, C, … 등의 각 행에서 한 가지 수단을 선택하는 고전적인 "중국메뉴" 스타일로 설계들

수단 특성/기능	1	2	3	4	5	6
음료 저장	깡통	병	봉지	상자	· · · ·	· · · ·
음료 용기를 위한 재료	알루미늄	플라스틱	유리	왁스입힌 보드지	선이 그려진 보드지	마일라 필름
주스를 마시게 하는 메커니즘	따개	포함된 빨대	트위스트-탑	귀퉁이 찢기	용기 펴기	· · · ·
제품 정보를 전시함	용기 모양	라벨	재료 색	· · · ·	· · · ·	· · · ·
주스와 용기의 제조사를 배열함	동시	일련	· · · ·			· · · ·

그림 5.2 음료용기 설계 문제의 형태도표. 장치가 해야 하는 기능들은 수직 축에 열거되고 그것들 각각에 대해 두 개 이상의 수단들이 식별된다. 특별한 조합을 막을지도 모르는 인터페이스 제약조건 하에서 개념설계 혹은 기획은 각 식별된 기능들을 위하여 수단들을 연결함으로써 만들어질 수 있다. 즉, 설계를 고전적인 "중국메뉴" 스타일로 모은다.

을 조립하여 설계 기획에 결합시킨다. 마찬가지로, 형태도표는 특정 유형의 계산을 가능하게 하는 스프레드시트와 유사하다.

형태도표에서 식별될 수 있는 잠재적 해결방안은 얼마나 많은가? 즉, 설계공간은 얼마나 큰가? 정확한 답은 주어진 행의 하나의 수단을 다른 모든 행의 남은 수단들의 각각과 조합하여 결과적으로 생기는 **순열조합론**(combinatorics)을 설명할 것이다. 그러므로 그림 5.2의 음료 용기 형태도표에서 설계 후보의 수는 $4 \times 6 \times 6 \times 3 \times 2 = 864$만큼 클 수 있다.

그렇지만 계산을 하고 설계공간이 얼마나 큰가를 보고 나서, 864가지의 결합(connection) 모두가 사실상 가능하거나 설계 후보가 되는 것은 아니라는 사실을 인식하는 것이 중요하다. 예를 들면, 우리는 지퍼를 가진 종이 봉지를 설계하지는 않을 것이다! 따라서 형태도표를 작성하는 것이 우리들의 설계공간을 확장하는 대안들을 식별하는 방법을 제공하지만, 그것은 또한 **모순된 대안들을 식별하고 제거함으로써 설계공간을 잘라내는**(prune) 기회도 제공한다. 우리는 조합 연산으로 만들어지는 모든 결합이 유효한 결합이라고 가정할 수 없다. 분명히 작동하지 않는 다른 조합의 음료 설계들이 있고(예를 들면, 따개나 빨대를 가진 유리 깡통), 그러므로 설계공간에서 제거되어야 한다. 이러한 대안들을 제거하기 위하여 설계 제약조건, 물리적 원칙, 평범한 상식 등을 적용할 수 있다. 또한 기술이나 결과적으로 가능한 수단들은 시간에 따라 변한다는 것을 기억해야 한다. 예를 들면, 왁스 입힌 종이 용기는 단지 내용물을 담아두는 기능을 지원하는 것으로부터, 윗부분에 트위스트-캡을 결합한 현대적인 것으로 발전하여 왔다. 이 용기는 내용물을 담아두는 것뿐만 아니라 내용물의 간헐적인 혼합(그것이 열린 후)을 지원한다. 오렌지 주스 판지용기(carton)는 이러한 트위스트-캡이 있지만, 우유 판지용기에는 없는 이유가 여기에 있다.

형태도표를 작성할 때 동일한 상세 수준에 있는 특성과 기능들을 나열하는 것이 중요한데, 이는 사과와 오렌지를 비교하고 싶지 않기 때문이다. 그러므로 음료 용기에 대해서 우리는 그림 5.2의 형태도표 안에 온도에 견디는 수단들과 힘과 충격에 견디는 수단들을 포함시키지 않을 것이다. 왜냐하면 이것들은 그림 3.2의 목적나무에서 훨씬 더 아래에 있는 하위목표에서 끌어낸 보다 더 세부적인 기능들이기 때문이다. 유사하게, 빌딩을 설계하는 것과 같은 복잡한 설계 과업을 수행할 때, 엘리베이터, 에스컬레이터, 계단 등과 같이 층과 층 사이를 움직이는 다른 개념들을 개발하는 동안, 우리는 출구를 식별하거나 문을 열기 위한 수단들에 대해 걱정하기를 원치 않는다.

좀더 예를 들면, 그림 5.3은 "블록 쌓기" 아날로그 컴퓨터의 설계와 관련된 하비머드(Harvey Mudd)의 일학년 설계 프로젝트에서 만들어진 형태도표를 보여준다. 이 형태도표는 각 기능을 달성하기 위하여 적용될 수 있는 많은 수단들을 설명하기 위해 그래픽과 아이콘을 사용한 점에서 매력적이다. 이런 형태도표는 5.2.3.2절에서 토론한 C-스케치와 같은 유형의 수단에도 유용할 수 있다.

형태도표는 모든 대안들을 포함한다. 가능하지 않는 것은 제거되어야 한다.

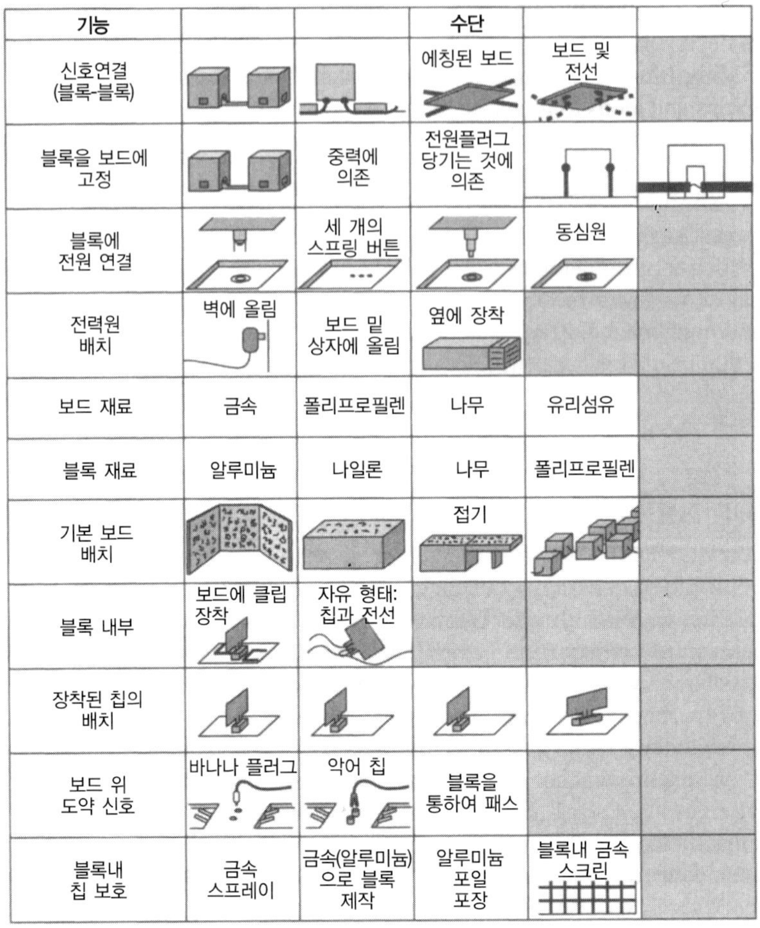

기능	수단				
신호연결 (블록-블록)			에칭된 보드	보드 및 전선	
블록을 보드에 고정		중력에 의존	전원플러그 당기는 것에 의존		
블록에 전원 연결		세 개의 스프링 버튼		동심원	
전력원 배치	벽에 올림	보드 밑 상자에 올림	옆에 장착		
보드 재료	금속	폴리프로필렌	나무	유리섬유	
블록 재료	알루미늄	나일론	나무	폴리프로필렌	
기본 보드 배치			접기		
블록 내부	보드에 클립 장착	자유 형태: 칩과 전선			
장착된 칩의 배치					
보드 위 도약 신호	바나나 플러그	악어 칩	블록을 통하여 패스		
블록내 칩 보호	금속 스프레이	금속(알루미늄) 으로 블록 제작	알루미늄 포일 포장	블록내 금속 스크린	

그림 5.3 하비머드의 E4 설계 강좌에서 이루어진 "블록 쌓기" 아날로그 컴퓨터를 위한 형태도표(Hartmann, Hulse et al. 1993)

유사하게, 형태도표는 시작 열에 주요 하위시스템을 나열하고, 각각의 하위시스템을 실행하는 여러 수단들을 식별함으로써, 크고 복잡한 시스템을 위한 설계공간을 확장하는 데 사용될 수도 있다. 예를 들어 수송 수단을 설계하고자 할 때, 동력원은 하나의 하위시스템인데, 이에 대응하는 수단들은 휘발유, 디젤, 배터리, 증기, LNG 등일 수 있다. 이런 동력원 각각은 그 자체로 더 세부적인 설계를 필요로 하는 하위시스템이지만, 동력 하위시스템들의 배열은 우리들의 설계 선택의 폭을 확장시킨다.

5.5 개념과 목적의 연결: 최선의 설계 선택

설계 개념을 생성하는 작업을 잘 수행하면, 이로부터 선택할 여러 가지 기획들과 대안들을 만들 수 있을 것이다. 우리는 수많은 설계 기획들을 식별하기 위하여 형태도표를 이용할 수도 있고, 또는 덜 구조적인 접근방법으로 대안들을 만들 수도 있다. 그러나 어떤 방식을 사용하였든지, 식별된 옵션들 중에서 "승자를 결정"해야 하고, 좀더 다듬고 시험하고 평가하기 위하여 한 두 개의 개념을 선택한다. 시간, 자금, 인적 자원 등이 항상 제한되어 있기 때문에 우리는 단지 하나, 혹은 두 가지만을 선택한다.

많은 접근방법들이 설계 대안들을 평가하기 위하여 사용된다. 어떤 것들은 공식적이고 겉보기에 엄격하다. 어떤 것들은 "좋아하는" 것을 최선으로 선택하거나, 고객이나 의뢰인에게 구체적인 이유 없이 선택하게 하거나, 혹은 임원이나 챔피언에게 개인적인 기준으로 결정하게 하는 것 같이 단순하다.

우리는 설계나 개념대안들의 집합으로부터 선택하는 세 가지 방법들을 이용할 것인데, 각각은 Pugh 선택 도표(Pugh selection chart)의 변형이다: 수치평가행렬, 가중대조법, 최선분류도표 등. 더 나아가, 설계 목적에 의하여 그 방법들을 주조(cast)할 것인데, 설계는 의뢰인, 사용자, 대중 등을 포함한 모든 이해당사자들의 목적에 부합해야 하기 때문이다.

또한, 우리가 사용하는 목적들은 가중치가 주어지며, 그 계산 값은 분명히 유한하다. 3.3.4절에서 언급한 것처럼, PCC를 사용하여 목적들에 가중치를 부여하지만, **목적들이 공통의 노드에 근원을 두는 경우에만** 비교가능하다. 그러므로 다음에 설명할 가중치 부여방법들은 제약적이고 한정된 것이다.

"최선"의 설계를 선택하기 위해 우리가 제안한 세 가지 방법들은 분명하게 설계 대안들과 목적들을 연결하지만, 수학에서 최대값과 최소값을 찾는 것 같이 수학적인 엄격성을 갖지는 않는다. 그보다는, 우리는 본질적으로 주관적인 판단과 평가에 어떤 순서를 정하기를 애쓴다. 마치 교수가 학생들의 개념, 아이디어, 방법들에 대한 이해와 습득의 정도를 판단하고 요약하기 위해 학점을 주는 것 같이, 설계자들은 주주와 설계팀원들의 최선의 판단을 종합하고자 노력하고, 이런 판단들이 분별 있고 질서 있게 개발되도록 한다. 지금 우리가 설명한 방법들의 결과를 바라볼 때, 우리는 상식을 사용해야 한다.

어떤 도표를 적용하든지 첫 번째 단계는 항상 모든 제약조건하에서 각각의 대안을 평가하는 것이다. 왜냐하면 제약들을 만족시키지 못하는 설계 대안들은 제거되어야 하기 때문이다. 세 가지 선택방법들의 개요를 설명할 때, 모든 가능한 제약조건들이 적용되고 설계공간이 이에 따라서 좁아진다고 가정할 것이다.

5.5.1 수치평가행렬

그림 5.4와 5.5는 BJIC 회사와 GRAFT 회사를 위한 **수치평가행렬**(numerical evaluation matrix)을 나타낸다. 이 도표는 목적들과 계산된 가중치들을 왼쪽 열에 보여주고, 각 목적에 할당된 점수들은 오른쪽에 있는 특정-설계(design-specific) 열에 나타나 있다. 이 음료용기 문제들의 제약조건들은 도표의 상단에 나타나 있고, 그것들을 적용하여 유리병과 알루미늄 용기를 제거할 것인데, 날카로운 모서리를 가질 잠재성이 있기 때문이다. 이는 설계의 수를 두 개, 즉 마일라 봉지와 폴리에틸렌 병으로 줄인다. 이제 제3장에서 자세히 다루었고 위에서 설명한 것같이 가중치를 할당한 목적들에 대비하여 이 두 가지 대안들에 점수를 매긴다.

우리는 환경적 무해함 측면에서 폴리에틸렌 병의 점수는 0.9이고 마일라 봉지는 0.1을 받은 것을 안다(모든 측정기준의 결과는 0–1 범위 내에서 표준화됨을 주목하자). BJIC 회사(즉,

설계 제약 및 목적	가중치(%)	트위스트 오프 캡이 있는 유리병	따개가 있는 알루미늄캔	트위스트 오프 캡이 있는 폴리에틸렌 병	빨대가 있는 마일라 봉지
C: 날카로운 모서리가 없음		✖	✖		
C: 독소 방출이 없음					
C: 품질을 유지함					
O: 환경적으로 무해함	33			0.9×33% 29.7%	0.1×33% 3.3%
O: 배급이 용이함	09			0.5×9% 4.5%	0.6×9% 5.4%
O: 맛을 유지함	22			0.9×22% 19.8%	1.0×22% 22%
O: 부모들에게 인기 있음	18			0.8×18% 14.4%	0.5×18% 9.0%
O: 마케팅 유연성이 허용됨	04			0.5×4% 2.0%	0.5×4% 2.0%
O: 브랜드 정체성 생성	13			0.2×13% 2.6%	1.0×13% 13%
합계	99			73.0%	54.7%

그림 5.4 음료용기 설계 문제에 대한 수치평가행렬. 이 도표는 그림 3.4(b)의 쌍대비교도표에 주어진 것 같이 각 목적에 할당된 가중치에 대한 BJIC 회사의 값들을 반영한다.

33%)가 GRAFT 회사(즉, 4%)보다 환경적 무해함에 훨씬 많은 점수를 할당하였기 때문에, 이 측정기준에 대하여 각 설계 후보가 받은 점수들은 BJIC 회사가 GRAFT 회사보다 상당히 더 높다. 남은 두 가지 실용적 제품들을 위한 모든 목적들의 누적 결과를 보면, BJIC 회사의 값들은 폴리에틸렌 병을 상당히 앞에 두고, GRAFT 회사의 값들은 비슷한 차이로 마일라 봉지를 선택함을 보여준다.

이와 같이 두 가지 가정된 설계 후보들에 대한 계산된 결과를 떠나서, 그림 5.4와 5.5에 나타난 가장 중요한 특성은, 각 도표가 설계 대안에 적용된 측정기준들에 대하여 같은 값을 갖는다는 것이다. 4.3절의 토론으로부터 측정기준들은 구체적 목적들이 얼마나 잘 맞는가에 대한 측정 가능한 지표임을 상기하라. 그러므로 측정기준들이 설계 대안에 따라 다른 값들을 가진다면 시험 프로세스에 결함이 있다고 가정해야 할 것이다. 설계팀은 여

설계 제약 및 목적	가중치(%)	트위스트 오프 캡이 있는 유리병	따개가 있는 알루미늄캔	트위스트 오프 캡이 있는 폴리에틸렌 병	빨대가 있는 마일라 봉지
C: 날카로운 모서리가 없음		✖	✖		
C: 독소 방출이 없음					
C: 품질을 유지함					
O: 환경적으로 무해함	04			$0.9 \times 4\%$ 3.6%	$0.1 \times 4\%$ 0.4%
O: 배급이 용이함	22			$0.5 \times 22\%$ 11.0%	$0.6 \times 22\%$ 13.2%
O: 맛을 유지함	09			$0.9 \times 9\%$ 8.1%	$1.0 \times 9\%$ 9%
O: 부모들에게 인기 있음	13			$0.8 \times 13\%$ 10.4%	$0.5 \times 13\%$ 6.5%
O: 마케팅 유연성이 허용됨	18			$0.5 \times 18\%$ 9.0%	$0.5 \times 18\%$ 9.0%
O: 브랜드 정체성 생성	33			$0.2 \times 33\%$ 6.6%	$1.0 \times 33\%$ 33%
합계	99			48.7%	74.7%

그림 5.5 음료용기 설계문제에 대한 수치평가행렬. 이 도표는 그림 3.4(a)의 쌍대비교도표에 주어진 것 같이 각 목적에 할당된 가중치에 대한 GRAFT 회사의 값들을 반영한다. 그렇지만, 도표에서 각 측정기준에 대하여 발견된 점수들은 그림 5.4에서 BJIC 설계에 대하여 사용된 점수들과 같음을 주의하라. 그렇게 되어야 할까? 그렇다면, 왜?

기서 분명히 다른 대안들을 선택했는데, 이는 서로 다른 의뢰인들(즉, BJIC 회사와 GRAFT 회사)이 갖는 조직의 가치(corporate value)가 다르기 때문에 그들의 목적들에 다른 가중치를 주었다는 사실을 정확히 반영한다. 측정기준 혹은 시험 절차상에서 설계 선택 프로세스에는 차이점이 없었다.

만약 회사들이 독립적으로 설계를 하고 결과적으로 다른 차원에서 각 제품을 평가한다면 다른 경우가 될 것임을 주목할 필요가 있다. 즉, 어떤 회사가 마일라 봉지가 폴리에틸렌 병보다 생산하고 배급하는 데 상당히 비싸다는 사실을 발견할 수 있다고 전혀 어렵지 않게 상상할 수 있다. 이 경우, 저가 생산과 배급에 대한 측정기준은 예를 들면, 0.6에서 0.1로 떨어질 수도 있으며, 이로부터 얼마간 다른 결과가 생기게 될 것이다.

5.5.2 가중대조법

가중대조법(weighted check method)은 수치평가행렬의 더 간단한 버전이다. 우리는 단순히 목적들을 우선순위에서 높음, 중간, 낮음으로 정렬한다. 그림 5.6에 나타낸 것처럼, 높은 순위를 가진 목적들은 세 개의 체크를 갖고, 중간 순위는 두 개, 낮은 순위는 하나의 체크를 갖는다. 유사하게, 측정기준이 0.5보다 크면 1이 주어지고 0.5보다 작으면 0이 주어진다. 만약 설계 대안이 "만족할" 만한 정도로 목적에 부합되면 그림 5.6에 나타난 것처럼, 하나 이상의 체크를 갖는다. 마지막으로, 제약조건들이 적용된 상태에서 모든 유효한 대안들에 대하여 체크의 수는 합산된다. 이 방법은 사용하게 쉽고, 보다 간단히 우선순위를 매길 수 있고, 의뢰인과 다른 편에서도 쉽게 이해된다. 반면에, 가중대조법은 자세한 정의가 부족하고, 모든 측정기준들을 체크가 있는가(만족할 만한) 아니면 없는가와 같이 이진변수로 정한다. 이는 바라던 결과를 얻기 위해 유혹에 넘어가서 "결과를 조작"하게 하기 쉽다.

5.5.3 최선분류도표

대안을 평가하고 순위를 정하는 마지막 방법은 **최선분류도표**(best of class chart)이다. 각 목적에 대하여, 우리는 각 설계 대안에 증가하는 점수를 할당한다. 목적에 가장 잘 부합한 대안은 1점, 그 다음은 2점 등으로 점수를 매긴다. 대안이 목적에 가장 부합하지 않으면 고려되는 대안들의 수와 같은 점수가 주어진다. 만약 예를 들어 다섯 개의 대안들이 있으면, 특별한 목적에 가장 부합하는 것에 1점, 그 다음에 2점 등이다. 동점은 허용되고(예를 들어, 두 개의 대안들이 최선이라고 생각되면 첫 번째로 동점이 된다) 가능한 순위로 나누어 처리한다(예를 들면, 두 개의 "첫 번째"는 각각 (1 + 2)/2 = 1.5의 점수를 얻을 것이다). 이러한 점수들은 그런 다음에 가중치가 할당된 목적들에 따라 가중치가 계산되고, 나머지 계산은 그림 5.4와 5.5에서처럼 진행된다. **가장 낮은** 누적 점수를 갖는 대안이 이 방식에서 최선의

설계 제약 및 목적	가중치(%)	트위스트 오프 캡이 있는 유리병	따개가 있는 알루미늄캔	트위스트 오프 캡이 있는 폴리에틸렌 병	빨대가 있는 마일라 봉지
C: 날카로운 모서리가 없음		✘	✘		
C: 독소 방출이 없음					
C: 품질을 유지함					
O: 환경적으로 무해함	✓✓✓			1 × ✓✓✓ ✓✓✓	0 × ✓✓✓ ●●●●
O: 배급이 용이함	✓			1 × ✓ ✓	1 × ✓ ✓
O: 맛을 유지함	✓✓			1 × ✓✓ ✓✓	1 × ✓✓ ✓✓
O: 부모들에게 인기 있음	✓✓			1 × ✓✓ ✓✓	1 × ✓✓ ✓✓
O: 마케팅 유연성이 허용됨	✓			1 × ✓ ✓	1 × ✓ ✓
O: 브랜드 정체성 생성	✓✓			0 × ✓✓ ●●●●	1 × ✓✓ ✓✓
합계				9✓	8✓

그림 5.6 음료용기 설계 문제에 대한 가중대조법. 이 도표는 각 목적에 할당된 가중치에 대한 BJIC 회사의 값들을 정성적으로 반영한다. 그래서 이것은 그림 3.4의 비교도표의 정성적 버전이다.

설계 대안으로 간주된다.

　최선분류 접근방법은 장점과 단점을 갖는다. 하나의 장점은 우리가 가중 벤치마크를 방식에서 하는 것처럼, "예 혹은 아니요"의 이진법으로 단순하게 처리하지 않고 측정기준에 따라 대안들의 순위를 결정할 수 있다는 것이다. 또한 실행하고 설명하는 것이 상대적으로 용이하고, 각각의 팀원들이나 한 팀을 그룹으로 하여 우선순위와 접근방법에서의 차이점을 분명하게 할 수 있다는 것이다. 이 접근방법의 단점은 시험이나 실제 측정 기준보다 의견에 근거한 평가를 장려하고, 가중대조법에서처럼 도덕적 위험, 즉 결과를 조작하고자 하는 유혹으로 이끌 수도 있다는 것이다.

　세 가지 선택 방법 중에서 어떤 것이 사용되든지, 맹목적이고 무비판적으로 결과들을 수용해서는 안 된다. 우선, 결과를 평가할 때 상식에 근거를 두어야 한다. 두 가지 대안들이 상대적으로 비슷한 점수를 받았을 때, 만약 평가되지 않은 강점이나 약점 혹은 시험되

맹목적이고 무비판적으로 결과들을 수용할 어떤 변명도 없다.

지 않은 측정기준들이 없다면 그것들은 동점으로 처리되어야 한다. 둘째, 만약 예상치 못한 평가 결과가 발생하면, 우리들의 예상이 단순히 잘못되었는지, 방법이 일관성 있게 적용되었는지, 혹은 우리들의 가중치가 문제에 적합하지 못하였는지 등을 질문해야 한다. 셋째, 결과가 우리들의 기대와 부합하면, 이것들이 평가 프로세스의 공정한 적용을 의미하는지, 혹은 우리가 선입견이나 편견을 증대시키지 않았는지 등을 질문해 보아야 한다. 마지막으로, 어떤 대안들이 제약조건들을 만족시키지 못하여 제거되었다면, 그들 제약조건들이 실제 구속력이 있는지를 질문하여 보는 것이 현명할 것이다.

5.5.4 개념선별

앞의 방법들(특히, 가중대조법)은 상대적으로 쉽게 사용할 수 있으므로, 설계 프로세스 초기에 설계 후보의 범위를 쉽게 좁히는 방법으로서 비공식적인 **개념선별**(concept screening)에도 사용될 수 있음을 언급할 가치가 있다. 행렬이나 계산에서 가중치를 제거함으로써 가중 벤치마크방법이나 다른 선택 도구들로 빠른 선별을 용이하게 할 수 있다. 또한 개념에 투표한 사람 수에 따라 체크마크나 다른 기호들(예를 들어, 점들)을 모음(cluster)으로써 이러한 선별을 그룹 프로세스로 만들 수 있다. 이 경우, 투표수는 그룹 구성원 투표를 시각적으로 나타냄으로써 쉽게 계산될 될 것이다.

5.6 원형, 모형, 개념검증

우리는 이제 설계된 가공물들을 위한 개념들의 3차원적인 물리적 실현에 관하여 논의하기로 한다: 즉 "현실의 것"과 실제적으로 꼭 같지는 않더라도, 설계된 물체와 아주 닮은 물체를 만드는 것에 대하여 얘기할 것이다. 원형, 모형, 개념검증을 포함하여 만들어질 수 있는 여러 형태의 물리적인 것들이 있고, 이것들은 모두 주로 설계자에 의해 만들어 진다.

원형(prototype)은 "어떤 것을 만들기 위해 근거가 되는 원래의 모형들"이다. 이는 또한 "(비행기처럼) 건조물의 새로운 형태나 설계의 처음 실물 크기의 대개 기능적인 형태"로도 정의된다. 이런 맥락에서 원형은 설계된 가공물들의 모형들을 다룬다. 그것들은 최종 제품들이 작동하게 될 운영 환경에서 시험된다. 빌딩의 원형은 드물게 만들어지는 반면, 비행기 회사들이 반복적으로 원형을 만든다는 사실은 흥미롭다.

모형(model)은 "어떤 것의 축소물(miniature) 표현", 혹은 "만들어질 어떤 것의 패턴", 혹은 "모방(imitation) 혹은 본뜸(emulation)을 위한 예"이다. 우리는 어떤 기구나 프로세스를 나타내기 위해 모형을 사용한다. 그것은 종이 모형, 컴퓨터 모형, 혹은 물리적 모형일 수 있다. 우리는 어떤 근본적인(예언적인) 이론의 타당성을 증명하려고 노력하면서, 어떤 동작이나 현상을 설명하기 위해 그것들을 사용한다. 모형은 그들이 표현하는 가공물들보다 작고, 대개 다른 재료들로 만들어지고, 예상된 동작들을 확인하기 위해 실험실이나 혹은 어떤 통제된 환경에서 시험된다.

5.6.1 원형과 모형은 같은 것인가?

원형과 모형의 정의는 충분히 비슷하게 생각되어 다음과 같은 질문을 유발한다: 원형과 모형은 같은 것인가? 대답은 "정확히 같지는 않다"이다. 원형과 모형의 차이는 분명한 사전적 차이보다는 이들을 만드는 의도와 이들을 시험하는 환경과 더욱 관련이 있다. 원형은 제품이 설계된 것과 같이 작동하고 있는지를 증명하기 위한 것이므로, 실제 작업 환경이나 혹은 가능하면 관련된 "현실 세계"와 가까운 통제되지 않은 환경에서 시험된다. 모형은 모형을 만든 사람이(또한 만약 같은 사람이 아니면 설계자도 포함) 설계된 특별한 동작이나 현상을 이해할 수 있는 통제된 환경에서 의도적으로 시험된다. 해당 시리즈(즉, 보잉 747 혹은 에어버스 310s)에서 비행하도록 예정된 것처럼, 비행기 원형은 같은 물질로 만들어지고 같은 크기와 형태와 외형을 가진다. 비행기 모형은 훨씬 작을 것이다. 모형은 바람굴(wind tunnel)에서, 혹은 순전한 재미로 "날려"질 수 있지만, 원형은 아니다.

예를 들면, 공학자들은 종종 제안된 고층건물의 바람굴 시험을 위해서 빌딩의 모형을 만들지만 그것은 원형은 아니다. 오히려 신축 고층 빌딩이 있는 도시 경관(cityscape)의 바람굴 시뮬레이션에 사용되는 빌딩 모형은 본질적으로 스카이라인을 모방하기 위한 장난감 빌딩 블록들이다. 그것들은 비행기 원형은 실제로 비행한다는 의미에서 보면 빌딩이 아니다. 따라서 왜 도시공학자들은 원형 빌딩을 만들지 않는데 항공공학자들은 원형 비행기들은 만드는가? 그들은 다른 분야에서 무엇을 하는가?

5.6.2 언제 원형을 만드나?

답은 "때에 따라 다르다"이다. 원형을 만드는 결정은 설계공간의 크기와 형태, 원형을 만드는 비용, 원형 제작의 용이성, 새로운 설계의 광범위한 수용을 확인하기 위해서 실제 크기의 원형이 할 역할, 제작되거나 건설될 예정인 최종 가공물의 개수 등을 포함하여 수많은 사항에 의존한다. 항공기와 빌딩은 많은 공통점과 뚜렷한 차이점 때문에 재미있는 사례들을 제공한다. 항공기와 고층 빌딩의 설계공간은 크고 복잡하다. 수많은 부품들이 필요하고 많은 설계 대안들이 만들어진다. 항공기와 고층 빌딩을 만드는 비용은 아주 많이 든다. 또한, 현재 우리는 항공학적, 구조적 기술과 풍부한 경험이 있어서, 일반적으로 이 두 영역에서 상당히 좋은 아이디어를 생성한다. 그렇다면, 왜 항공기는 원형이고 건물은 원형이 아닌가? 사실, 항공기 원형 제작의 복잡성과 비용은, 그런 원형을 만들고자 하는 생각에 대하여 직접적으로 반대하지 않는가?

원형은 **그런 종류의 처음**이다: 모형은 장치나 프로세스를 나타낸다.

성공한 항공기에 대한 모든 과거의 경험이 있음에도 불구하고, 우리는 항공기의 원형을 만든다. 왜냐하면 많은 부분, 특히 새로운 민간항공기의 고객인, 고도로 규제되고 매우 경쟁적인 민영항공 산업에서는, "종이 설계(paper design)"가 치명적으로 실패할 기회가 여전히 수용할 수 없을 만큼 크기 때문이다. 달리 말하면, 신형 비행기의 후속 모델에 대한 투자와 신뢰의 부수적인 손실뿐 아니라, 수많은 생명의 손실을 단지 지켜보기 위하여, 우리는 신형 비행기가 승객을 가득 태우고 처음으로 이륙하는 비용을 어리석게 지불하지는 않을 것이다. 어떤 기술적 결정들이 우리 인간에게 영향을 미칠 때, 우리는 기술적 결정에 대한 책임이 있기 때문에, 이것은 윤리적인 문제이다. 또한, 원형 제작비용이 잠재적 손실과 비교하여 경제적으로 정당화되기 때문에, 이것은 경제적인 문제도 된다. 또한 원형들이 시험 후 "손실"로 단순히 버려지는 것이 아니기 때문에 우리는 비행기 원형을 제작한다. 원형은 일련의 실제 크기의 설계들 중 첫 번째의 설계로서 보존되고 사용된다.

빌딩은 건설하는 동안이나 그 후에 치명적으로 무너질 수 있다. 그러나 이런 일은 거의 일어나지 않으므로, 입주하기 전에 빌딩의 원형 시험을 요구할 만한 납득할 가치가 거의 없다. 고층 빌딩은 한층 한층 건설될 때마다 점진적으로 시험받고, 검사받고, 검토되기 때문에, 빌딩의 실패는 드물다. 빌딩을 건설하는 동안 수행하는 연속적인 검사는 민영항공기의 제조와 조립에서의 수많은 검사와 보증에 해당하는 것이다. 그러나 항공기의 처녀비행은 이진법적 문제이고(비행기가 날든지 아니면 그렇지 못하든지), 항공기의 고장은 (우리가 조치를 취할 수 있을 만큼) 우아하게 성능이 저하되어 발생하지는 않을 것이다!

빌딩과 항공기의 설계와 시험을 비교할 때 다른 재미있는 상황은, 제작되는 개수와 관련이 있다. 우리가 이미 주목한 바와 같이 비행기 원형은 처음 시험 비행 후 폐기되지 않는다. 그것들은 다시 비행하고 사용된다. 사실, 기체 제조사는 가능한 한 많은 수의 항공기를 제작하고 판매하는 사업을 하므로, 공업경제학은 원형제작 결정에 중요한 역할을 한다. 일련의 항공기들 중 첫 항공기의 제조비용은 매우 비싸기 때문에 경제적 고려는 복잡하다. 항공기 제작에 필요한 기계의 수와 도구의 종류에 대하여 기술적 결정이 이루어지고, 항공기 판매로부터 생기는 예상 이윤과 제조 프로세스 비용 간의 경제적 비교균형(trade-off)이 평가된다. 제8장에서 제조비용의 문제를 다룰 것이다.

빌딩과 항공기를 생각하면서 배울 수 있는 또 다른 교훈은, 원형제작(혹은 원형을 만드는 결정)의 규모 및 비용과, 설계공간의 크기 및 형태 사이에 분명한 상관관계가 없다는 것이다. 그리고 원형을 만드는 결정은 이를 만드는 상대적 용이성에 크게 영향을 받을 수도 있지만, 비행기의 경우는 비용이 많이 들고 복잡한 원형을 만들어야 될 때가 있다는 것이다. 한편으로, 만약 원형제작이 싸고 쉽다면 원형을 만드는 것은 일반적으로 훌륭한 아이디어일 것이다. 예를 들어 소프트웨어 사업에서와 같이, 원형이 보편적인 경우도 확실히 있다. 새로운 프로그램이 수축-포장되어(shrink-wrapped) 배송되기 오래 전에 초기 버전들이 원형으로 제작되고, 시험되고, 평가되고, 수리되는 것 같이, 알파, 베타 시험 등을 수행한다.

원형에 대한 하나의 교훈이 있다면, 일반적으로 원형을 만드는 것이 좋지만, 그 이상으로 프로젝트 일정과 예산이 원형을 만드는 계획을 반영하여야 한다는 것이다. 자원과 시간이 가용하지 않은 상황에서도 원형이 요구되는 경우가 많다. 무기 개발 계약에서 예를 들면, 미 국방부는 고가의 무기 조달 전에 그 성능을 평가할 수 있도록 설계 개념을 입증하기를 항상 요구한다. 동시에, 흥미로운 것은 항공기 회사들(그리고 다른 회사들)이 컴퓨터 지원 설계와 분석의 진보로 인해 원형의 일부 요소들이 복잡한 시뮬레이션으로 대체될 수 있음을 입증하고 있다는 사실이다.

때때로 우리는 부품들이 얼마나 잘 동작(behave)하고 작동(function)하는지를 확인하기 위한 모형으로 사용하기 위해 크고 복잡한 시스템의 부분적 원형을 만든다. 예를 들면, 구조공학자들은 기둥과 들보가 기하학적으로 복잡하게 교차되는 곳에 실제 크기의 연결부를 만들고, 실험실에서 그것을 시험한다. 유사하게, 항공공학자는 실제 크기의 비행기 날개를 만들고, 모래주머니를 거기에 싣고, 적재 시 날개 구조가 어떻게 가동하는지를 분석적 모형으로 확인한다. 앞의 모든 두 가지 경우에서, 더 큰 가공물의 부분적 원형이 제작되었고, 그런 다음 전체 설계 완성의 일부로서 이해될 필요가 있는 동작을 모형화하는 데 사용되었다. 따라서 우리는 설계된 물체의 현실 세계에서의 기능성을 확인하기 위해 원형을 사용하고, 큰 시스템의 축소물 혹은 부분의 작동을 조사하고 확인하기 위해 실험실에서 모형을 사용한다.

5.6.3 원형, 모형, 개념시험

우리는 모형과 원형에 대해서 논의할 때 시험을 소개했다. 설계에서 종종 가장 중요한 시험의 형태는 **개념검증**(proof of concept)시험이다. 이는 새로운 개념, 혹은 특별한 장치(device)나 구성(configuration)이 설계된 방식과 같이 작동하는지를 보여준다. Alexander Graham Bell이 그의 새 장치(gadget)를 가지고 다른 방으로부터 그의 조수들을 성공적으로 호출했을 때, 벨은 전화의 개념을 증명하였다. 유사하게, John Bardeen, Walter Houser Brattain, William Bradford Shockley 등이 성공적으로 수정(crystal)을 통하여 전자의 흐름을 통제했을 때, 그들은 진공관을 대체하는 트랜지스터로 알려진 솔리드-스테이트(solid-state) 전자 밸브의 개념을 증명하였다. 또한 날개 구조와 빌딩 연결부 등에 대한 실험실 실험은 새로운 날개 구조 형태와 새로운 종류의 연결부를 확인하기 위해 사용될 때, 개념검증시험으로 여겨질 수 있다. 사실, 새로운 제품의 시장조사(견본이 발송되고 일요 신문에 끼워 넣어지고)는 새로운 제품이 목표로 하는 시장의 수용성을 시험하는 개념검증시험으로 생각될 수 있다.

개념검증시험은 과학적 노력이다. 시험받을 합리적이고 뒷받침되는 가정들을 세우고,

그 타당성을 입증하거나 기각한다. 새로운 가공물을 돌려가며 그것이 "작동"하는지를 보는 것은 적당한 개념검증시험이 아니다. 실험은 어떤 결과가 발생하면 인정받지 못할 가정들을 가지고 설계되어야 한다. 원형과 모형은 근본적인 "존재의 이유"와 시험 환경에서 차이점이 있음을 기억하라. 모형은 통제된 실험실 환경에서 시험받고, 원형은 통제받지 않은 "현실 세계" 환경에서 시험받지만, 시험은 두 경우 모두에서 **통제된** 시험이다. 유사하게, 우리가 개념검증시험을 수행할 때, 어떤 개념을 반증하지 못하는 것이 핵심이 되는 통제된 실험을 한다.

예를 들면, 우리가 새로운 음료제품으로 마일라 용기를 선택하고, 제조 공장에서나 가게에서 선적과 취급에 견딜 수 있도록 이를 설계한다고 가정해 보자. 우리가 모든 것들이 잘못될 수 있다고(예를 들어, 선적물이 넘어지는 것) 생각하고, 이런 경우에 발생하는 일들의 역학을 분석한다면, 주요 설계 기준은 마일라 용기가 X 뉴턴의 힘을 견딜 수 있어야 한다는 결론에 도달할 수도 있다. 우리는 정확히 계산된 높이에서 그 용기를 떨어뜨려서 X 뉴턴의 힘을 가하는 실험을 준비할 것이다. 만약 그 봉지가 떨어져서 견디면 봉지는 선적과 취급을 견디고 생존할 것이라고 말할 수 있을 것이다. 그렇지만 우리가 절대적으로 생존을 보장할 수는 없다. 왜냐하면 우리는 음료가 든 마일라 용기에 발생할지도 모를 있음직한 일들을 모두 예측할 수는 없기 때문이다. 한편, 만약에 마일라 용기가 적절히 설계된 낙하 시험에서 실패하면, 우리는 그것이 선적과 취급에서 생존하지 못할 것을 확신할 것이므로, 우리들의 개념은 인정받지 못할 것이다. 미항공우주국(NASA)은 화성 상륙선을 위한 가스 충격 흡수기에 대해 비슷한 개념검증시험을 했다. 제품 시험에 포함된 잠재적 법적 책임의 문제가 있다(예를 들면, 제품의 비정상적(nonstandard) 사용에 대해 제조사가 얼마나 책임이 있는가?)이다. 이런 문제들은 우리의 범위 밖에 있다.

원형, 모형, 개념검증시험은 이들의 의도와 시험 환경으로 인해 공학설계에서 다른 역할을 한다. 설계 프로세스를 계획할 때 이런 차이점들을 명심해야 한다.

5.7 Xela-Aid 설계 프로젝트를 위한 아이디어 생성과 평가

제4장에서 닭장 팀을 마칠 때 성공적 닭장이 수행해야 할 기능들을 나열하였고, 프로젝트 목적들에 대하여 설계를 평가하기 위하여 측정기준을 개발하였다. (어떤 측정기준들은 한 학기 프로젝트에는 적당하지 않아서 한 팀이 부품 시험을 위한 측정기준에서 제거하였다.) 이제 팀에서 사용하는 몇몇 도구들을 그 용도와 효율적으로 사용될 수 있는 상황에 초점을 맞춰 살펴볼 것이다.

학생 팀들은 식별된 기능들을 의미 있는 대안들로 바꾸기 위해 형태도표를 사용했다. 한 팀은 하나의 매우 긴 형태도표를 사용했는데, 그것을 여기서 그림 5.7과 5.8에서 두 부

기능	가능한 수단				
달걀 수집 하용	나선형으로 기울어져 내려오게 하는 닭장 바닥을 성자에 머믐	알을 낳은 곳에서 누고 메인틀이 집어 오기	각 둥지에서 같은 장소로 가는 경사로	밑에 둥지 양동이 공간	컨베이어 경사로
계란 보호	둥지에 넘아있다면 둥지에 건조	달걀이 둥지에 남아 있지 않다면 아무것도 두지 않음	넘아 있지 않다면 "달걀 통로"를 따라 패드	시단에 걸습(이것은 다른 것들과 동시에 작동)	
달걀 부화 하용	마을 사람들(온실)	마을 사람들(닭장)	닭을 하용	닭을 하용	
달걀 환기	열린 벽	벽 뒷부에 돌출로 보호 받는 틈	벽에 "창문"	바람으로 작동하는 팬	
둥지	하나의 공동체	여러 개의 공동체	개개		
둥지 청소를 위한 하용	철사 바닥 그래서 똥이 아래로 옐어짐	청소를 위해 바닥 개별로 열 수 있는	들어가서 청소해야 하는 제거랑 수 없는 둥지	건조를 넣은 둥지, 건조를 교체	
닭이 출입을 위한 하용	개문과 같은 유형	사람이 들어가는 문 사용, 낮동안 열이둠	사람이 들어가는 문 사용, 낮동안 열이둠	단히지 않는 작은 출입구 만듬	
쓰레기 제거를 위한 하용	쓰레기가 옐어지도록 만든 철망 바닥	흙 바닥 청소	콘크리트바닥 청소		나무 바닥 청소
닭장에 사람의 출입을 하용	좋임을 포함하지 않은 설계	옆에 경첩이 달린 문	위에 경첩이 달린 문	옐릴 수 있는 제거 가능한 지붕	
주변에 사람의 출입을 하용	울타리에 문	울타리 없음	올타리를 올라감	닭장 환기	화장실로 데려 가기

그림 5.7 이것은 과테말라 마을 협력을 위해서 닭장을 설계하는 학생팀 중의 하나에 의해 개발된 형태도표의 전반부이다. 이것은(그림 5.8에서처럼) 상당히 광범위하다. 이런 완전성은 분석에 있어서 장점이지만 결과적으로 효과적인 설계 선택을 위해 너무 많은 조합을 생성한다.

기능	가능한 수단						
주간에 육식동물로부터 닭을 보호	땅 밑으로 들어가지 않은 경계울타리	땅 밑으로 들어가는 경계울타리	땅 밑 닭장				
야간에 육식동물로부터 닭을 보호	별도의 보호 아간 없음	밤에만 사용하는 경계 안에 강한 닭장	땅 밑 닭장				
날씨로부터 닭을 보호	기울어진 지붕, 벽이 없음	기울어진 지붕, 벽	평평한 지붕, 벽이 없음	평평한 지붕, 벽			
문을 잠금	걸쇠	문을 고정해 두는 장치	문을 가로지르는 모드				
벽	나무나 벽돌로 만든 벽	철망	철망				
경계울타리 크기	높음	낮음	높음				
경계울타리 재료	철망	나무	철망				
경계기둥 재료	나무기둥	두세 면 무인 철근	U-기둥(혹은 T)				
지붕	금속	주름진 섬유유리	주름진 금속	나무			
닭 사료 공급	이동 가능한 나무 구유	벽에 고정된 나무 먹이통	"급식방"으로 훌쩍함 분리	쓰레기통이 바닥이나 비슷한 실린더	개별 그릇	콘크리트 먹이통	땅에 먹이를 던짐
먹이 장소	지붕이 둘둘한 칸이 차고	닭장 안	닭장 밖	개별 그릇	개별 그릇	콘크리트 먹이통	
단계계 물 공급	이동 가능한 나무 먹이통	벽에 고정된 나무 먹이통	쓰레기통이 바닥이나 비슷한 실린더	단체 그릇	단체 그릇	콘크리트 먹이통	
물을 신선하게 유지	천천히 흐르는 물	닭장 바닥에 어떤 종류의 구멍을 통어 밑으로 빠지게 함	음식과 분리해서 물에 젖는 것을 방지				잎이 줄어드는 용기

그림 5.8 이것은 그림 5.7에서 시작한 형태도표의 후반부이다. 이 도표에서 그 팀은 경계 울타리의 크기(만약 있다면), 지붕이 재료와 같은 앞선 선택에 의존하는 수많은 특성들에 대안들을 제공하였다. 다시 한 번, 부가 기능들에서 기본 기능들을 분리하였다면 그 팀은 더 많은 결정을 하였을지도 모른다. 어떤 것이 기본 기능들이고 어떤 것이 부가 기능인가?

분으로 나누었다. 주 기능(primary function)들은 볼드체로 표시되고, 선택적인 하위기능들은 보통체로 기능 열에 또한 나열된다. 예를 들면, 주 기능인 인간이 닭장에 출입을 허용은 **출입**(entering)을 포함하지 않는 설계, 옆에 경첩이 달린 문(들), 위에 경첩이 달린 문(들), 위로 들어갈 수 있는 제거 가능한 지붕 등과 같은 수단들을 포함한다. 문에 걸쇠 걸기는 닭장 출입을 허용하는 하나의 수단인데, 그 아래에는 닭장 문을 닫아두기 위한 선택적 수단으로서, 걸쇠(hasp), 갈고리와 쇠고리(hook and eye), 빗장(board across doors) 등이 포함된다. 도표의 두 줄들 사이의 척도 차이에 주목하라. 어떻게 문에 걸쇠를 걸까에 관한 결정을 해야 할 때, 그것은 문을 달 것인지 말 것인지, 혹은 제거 가능한 지붕을 달 것인지 등과는 확실히 다른 종류의 결정이다. 그 차이는 우리가 개념설계 혹은 상세한 설계를 수행할지 여부에 따른다. 이러한 두 종류의 설계를 혼동하여 합치게 되면, 중요한 개념 결정이 뒤죽박죽되는 불행한 결과가 발생한다. 그림 5.7과 5.8에서 나타난 것과 같은 매우 긴 도표의 경우에서 고려해야 할 또 다른 문제는 가능한 조합의 수가 매우 크다는 것이다. 우리는 5.3절에서 단지 몇 가지의 기능을 가진 음료용기 설계가 864가지 가능한 결과들을 가진다는 것을 알았다. 닭장의 경우에는 결과의 총 수는 굉장하다. 분명히, 기능들과 그 결과로서 생기는 설계 대안들을 그룹화하고 체계화하기 위한 전략이 필요하다.

두 번째 팀은 그림 5.9(a)~(d)에 나타낸 것처럼, 기능들을 일반적인 영역으로 나누었다. 이 경우 그 팀은 서식동물들의 안전, 계란 생산, 병아리의 성장, 성장한 새들의 관리 등에 의해 기능적 결정을 체계화하였다. 이로 인해, 각 형태도표는 단지 서너 개의 기능들만 가지며, 결과적으로 더 관리하기 좋은 대안들을 생성한다. 어떤 경우에는 하나의 기능 영역에서 고려해야 할 대안들이 또한 다른 곳에 적용될 수도 있는데, 이는 결국 고려해야 할 대안들의 수를 제한한다. 예를 들면, **계란 부화**와 **알을 품기**는 알을 품은 암탉의 역할 면에서 분명하게 연관성이 있다. 왜냐하면 **계란 부화**와 **알을 품은 암탉** 모두가 어린 병아리들을 사육하기 위해 사용되지는 않을 것이기 때문이다.

그 팀들은 다양한 조합들로부터 많은 설계 대안들을 생성할 수 있었다. 그러나 이들 중 다수는 단지 개념적으로 차이가 없는 대수롭지 않은 변형들이다. 사실, 개발된 주요 개념대안들은 다음의 세 가지 기본적인 설계 세트에 의해 규정될 수 있다: 미국의 대규모 양계 농장에서 사용되는 것과 같이 새들이 자라고 성장하는 동안 새들을 수용할 새장들; 새끼들을 위한 작은 빌딩과 둥지를 둘러싼 울타리 안의 영역; 둥지(알 생산)와 잠자리를 위한 별도의 공간을 가진 울타리 안의 영역. 양 팀은 이런 세 가지 대안들의 다른 버전들을 조사하였는데, 이는 마을 사람들이 쏟아야 할 노동력의 많고 적음과 다른 건축재료 등을 포함한다. 각 팀은 또한 개념설계들 안에서 여러 더 상세한 설계 변형들을 고려하였다.

양 팀은 대안들의 순위를 정하고 관련된 목적들에 의해 가중치를 주기 위해 **최선분류도표**의 언어 버전을 사용함으로써, 이장의 초반에 제안한 평가 기구들의 간소화된 버전들을

(a) 서식동물들의 안전

기능	수단			
육식동물 축출	기둥 위 금속 스커트	콘크리트 바닥, 벽	모래 혹은 자갈 바닥	땅 밑 울타리연장
쓰레기 제거	쓰레기 구덩이	떨어뜨리는 보드	선플로어를 통한 쓰레기 버림	석회로 쓰레기 처리
기후 조절	철망벽	삼베 덮인 철망	창문	얇은 금속 지붕
닭장 내 난동 방지	어미로부터 새끼 분리	칠면조, 닭 분리	내부	가장자리 둥글게 처리

(b) 계란 생산

기능	수단			
계란 수집	어두운 둥지 상자	공동 둥지	새장	
계란 부화	알을 품은 암탉	열 램프가 있는 상자	사람 집안	
무수정(식용) 계란의 분리	부화 중 손으로			

(c) 병아리의 성장

기능	수단			
병아리 사육	알을 품은 암탉	열 램프가 있는 상자	사람 집안	
병아리 물주기	물통	샘(거꾸로 된 단지 혹은 접시)	비를 물통이나 대야에 받음	
병아리 먹이 주기	매일 손으로 채우는 공동 먹이통			

(d) 어른 새들의 관리

기능	수단			
성장 증진	곤충에 접근 허용	갈은 고기를 사료에 섞음	운동장	갈은 바다 조개
물	물통	샘(거꾸로 된 단지 혹은 접시)	비를 물통이나 대야에 받음	
먹이 주기	매일 손으로 채우는 공동 먹이통			

그림 5.9 이것은 과테말라 마을 협력을 위해서 닭장을 설계하는 다른 팀의 형태도표이다. 이 팀은 의사결정을 간략하게 하기 위해 기능들을 여러 범주로 체계화하였다는 것을 주의하라. 또한 많은 "기능들"이 제4장에서 토론한 표준적인 "동사-목적어" 구문으로 쉽게 개정될 수 있음을 주의하라.

사용하였다. 이는 양 팀들에게 분명히 다른 결과들을 제공하였다.

한 팀은 울타리로 막힌 새장들과 제한된 수의 새집을 만드는 데 모든 가용 공간이 사용되는 닭장 설계를 선택하였다. 그림 5.10과 5.11은 이 설계 선택을 위한 스케치를 보여준다. 새장들은 주로 콘크리트 블록 지지 기둥을 가진 철근과 철망으로 만들어진다. 그것들은 이 층으로 쌓도록 설계되고 제작되어서, 팀이 모든 가용 공간을 생산을 위해 쓸 수 있

그림 5.10 이것은 한 학생 팀에 의해 제안된 닭장 설계를 위한 외부 구조의 스케치이다. 그 팀은 미국 가금 공장들의 예를 따라 모든 공간을 울타리 쳐서 새장과 둥지로 채웠다. 구조를 지지하기 위해 사용된 보들의 크기는 바깥 울타리가 적절히 고정된다면 철도 다리로도 사용될 수 있음을 시사한다.

게 하였고, 결과적으로 닭 64마리와 병아리 12마리 이상을 수용할 수 있게 되었다. 그렇지만 그 팀은 이 설계의 비용이 너무 많이 들 것이라고 추정하였다.

다른 팀은 그림 5.12에 나타낸 것처럼 철사 울타리로 둘러싸인 6 × 3 × 4(ft) 닭장 구조를 선택하였는데, 그 지역에서 조달 가능한 콘크리트 블록으로 건설하였다. 이것은 두 부분으로 나뉜다: 하나는 둥지로, 하나는 잠자리로. 이 구조물은 문이 있는 울타리로 둘러싸이는데, 포식 동물로부터 보호하기 위해 울타리는 1피트 깊이 땅 아래에 묻힌다. 이 설계는 닭 50마리를 수용하기 위한 것이고, 다른 팀의 설계보다 비용이 적게 들지만, 실제로는 많이 저렴하지는 않다.

같은 반에 있는 두 팀은 같은 고객을 위해 왜 이렇게 다른 개념설계를 했을까? 그 이유는 두 팀이 고객의 목적들에 다른 가중치를 두었기 때문이다. 한 팀은 전체 목적들의 반 이상으로(55%) 증가하는 생산에 가중치를 두었고, 다른 팀은 이것에 대해 단지 11%를 주었고, 대신에 서식 동물의 안전(28%), 과테말라 기후에서의 생존(25%), 수리의 용이성(14%)과 같은 다른 문제에 초점을 두었다. 그러므로 한 팀은 더 높은 초기 비용과 더 큰 설계 복잡성에 따른 비용에도 불구하고 지원하는 닭의 수에 매우 높은 프리미엄을 두었지만, 다른 팀은 수리의 용이성과 자연력에 대한 안정성을 강조하였다. 제6장에서는 어떤 개념설계들이 결국 마을 사람들과 Xela-Aid에 의해 채택되었는지를 보여줄 것이다.

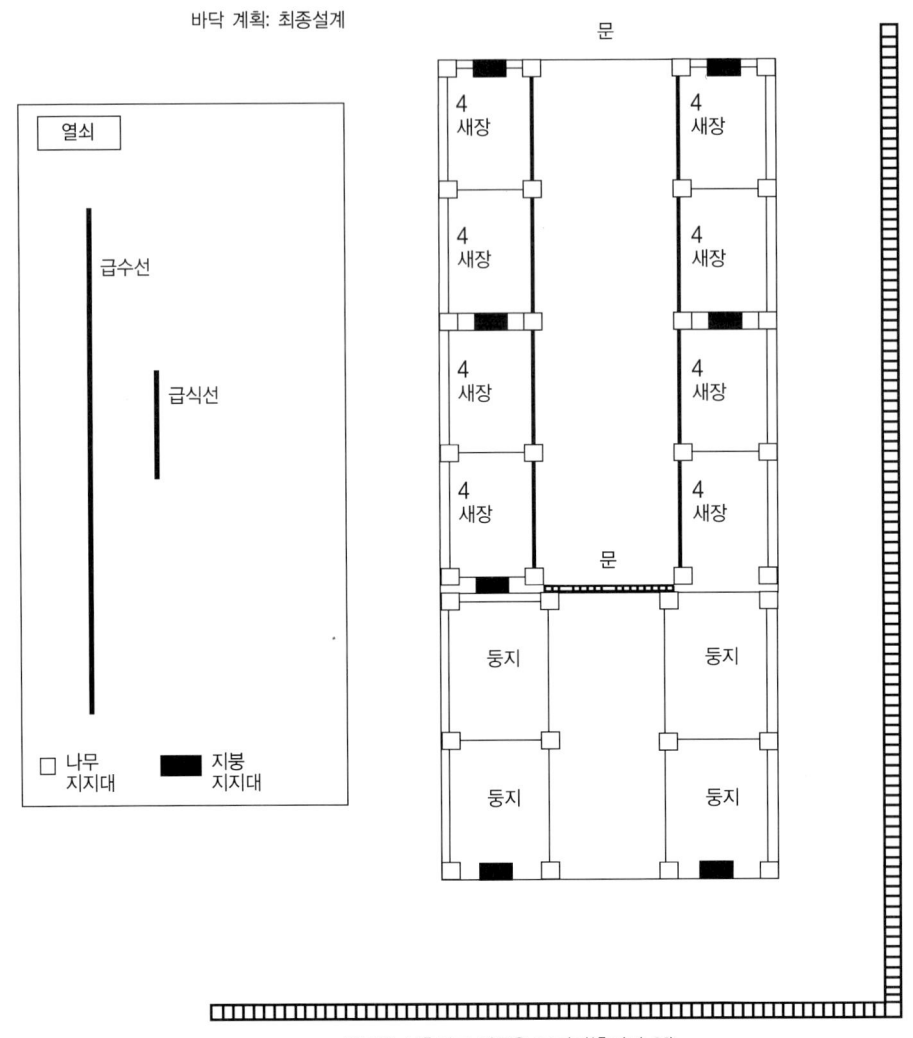

바닥 계획: 최종설계

새장은 이층이고 새들은 64마리(층마다 32)

그림 5.11 이 스케치는 그림 5.10에서 묘사된 제안된 닭장의 내부 구조를 펼쳐 보여준다. 이 팀은 대부분의 공간을 사용하는 수단을 결정하였음을 주의하라.

팀들이 그들의 설계 선택을 어떻게 모형하고 시험했는지를 전하는 것이 교육적일 것이다. 양 팀은 모든 설계자들이 검토해야 할 공통 문제를 가지고 있었다: 어떻게 설계가 운영할 시간과 예산 재원이 없이 기능하는 닭장을 만들고 운영함을 확인할 수 있을까? 닭장 팀은 안전하고 유용한 닭장들이 가용한 재료로 제작될 수 있다는 주요 개념을 확증하기 원했다. 그러므로 그들은 우선 콘크리트 블록, 철근, 철사 등을 이용하여 두 개의 닭장을 만들었다. 약간 당황스럽게도 이런 방법으로 만들어진 닭장들은 매우 무거웠을 뿐 아니라, 측면 버팀대 없이는 불안정하여 매우 어렵고 복잡하다는 것을 알았다. (그 팀의 기본 가설

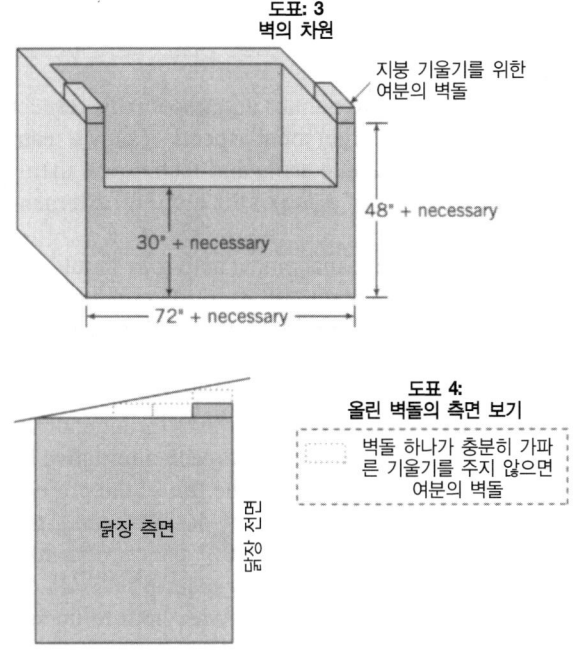

도표: 3
벽의 차원

지붕 기울기를 위한
여분의 벽돌

48" + necessary

30" + necessary

72" + necessary

도표 4:
올린 벽돌의 측면 보기

닭장 측면

벽돌 하나가 충분히 가파
른 기울기를 주지 않으면
여분의 벽돌

그림 5.12 닭장 문제에 대한 다른 학생 팀의 접근방법은 전체 가용 공간에 울타리를 치고 새들에게 피난처와 둥지를 제공하기 위해 울타리 안에 더 작은 빌딩을 사용한다. 이 구조는 둥지와 알 서랍을 지원하기 위해 전방이 더 낮은 벽으로 되어 있다. 이 기능이 쉽게 청소하고 환기시키는 다른 수단들에 부합할 수 있는지는 명확하지 않다.

은 닭장들이 한 사람이 미는 정도의 적당한 측면의 힘에 견딘다는 것이었다. 사실, 이러한 힘들은 많이 흔들리게 하고 팀 가설의 오류가 증명되었다.) 그 팀의 마지막 설계는 나무 골조를 철근과 철망의 닭장을 지원하는 것으로 대체하였다. 가용한 재료들로 완전한 닭장을 제작하는 데 필요한 시간을 측정함으로써, 그 팀은 또한 원래 설계된 대로의 닭장을 만드는 것이 매우 복잡하고 많은 시간을 필요로 한다는 것을 알았다; 단순화가 필요했다. 다시 한 번, 주어진 시간 안에 설계된 대로 닭장을 만들 수 있다는 가설이 잘못되었음이 증명되었다. 기대에 부응하지 못하고 팀이 설계를 수정하고 개선하게 한 이러한 시험 결과들은, 설계의 결점과 가능한 수정을 식별하는 데 시험이 어떻게 사용될 수 있는가를 보여준다.

두 번째 팀은 설계를 완성하고 의뢰인에게 인도하기 전에 설계의 어떤 부품들을 시험하였다. 여기서 그 지역에서 조달 가능한 재료를 사용하여 안전하고 강한 울타리를 제작하는 능력이 설계의 주요 요소였다. 그 팀은 기둥을 위해 하나, 두 개, 세 개의 철근을 사용하는 것을 포함하여 여러 대안들을 고려하였다. 분명히 적은 수의 철근을 사용하는 것이 비용이 적게 들고 건설하기 용이하다. 그 팀은 실험을 통하여, 18인치 이하의 간격으로 철망으로 함께 묶인 세 개의 철근은 울타리의 무게와 팀이 추정한 측면의 힘을 지탱할 수 있음을 알았다. 그래서 다시 한 번, 처음 실망을 준 실험들을 통하여 그 팀이 더 나은 설계를 할 수 있었다. 그것이 개념검증시험의 요점이다.

5.8 설계 대안 도출 및 선택 관리[1]

지금까지 일관성 있게 팀 역학(dynamics)과, 특히 다른 사람들의 아이디어들에 대한 존중의 중요성을 강조하였다. 왜냐하면 팀이 공식적인 도구(tools)나 기법(techniques)을 어떻게 사용하는가의 대인관계 면이 도구나 기법 그 자체만큼 중요하기 때문이다. 그러나 제7장에서 소개할 더 공식적인 관리 도구들의 역할을 고려하는 것 또한 중요하다.

첫째, 관리 활동들을 묘사하기 위해 사용되는 공간의 크기는 팀이 그것들을 이행하는데 필요한 실제 시간에 대한 정확한 추정치로 인식되어서는 안 된다. 아이디어 생성 활동은 종종 상대적으로 빨리 진행되지만, 개념검증을 입증하는 것은 훨씬 더 많은 시간을 필요로 한다. 이는 팀이 문제에 대한 사고와 연구에 투자한 자연스런 결과이다. 공식적인 대안 생성은 특정한 시간에 시작할 수도 있지만, 대부분의 팀원들은 프로젝트의 전 기간에 걸쳐서 대안들에 관하여 생각할 것이다. 한편, 대안을 평가하기 위해서는 각 대안이 체계적으로 배치되어야 하므로, 평가가 프로젝트 전 기간 동안 고르게 할당될 수 없다. 아이디어의 개념검증시험은 많은 설계팀들에게 "시간을 버리는 곳"처럼 여겨질 수도 있는데, 이를 수행하려면 종종 팀원들이 그들이 보유하고 있는지조차 모르는 기술들을 적용해야 하고, 도착하는 데 시간이 걸리는 부품들과 도구들을 주문해야 하기 때문이다. 따라서 개념시험은 "그것을 작동하게 하기" 위하여 여러 반복을 요구할 수도 있으며, 따라서 팀은 일정과 계획을 다시 검토하여 최신 것으로 개정하고, 그 목표들이 실제로 실현될 수 있는가를 결정해야 한다.

둘째, 아래에서 설명되는 활동들은 설계팀들이 그들의 활동들을 위한 책임이 팀원들에게 어떻게 할당되어야 되는지를 고려할 실질적 기회를 제공한다. 브레인스토밍이나 유사한 창의적 활동들은 전체 팀이 참가할 때 가장 효과적이다. 한편, 물리적 모형은 팀의 일부에 의해 가장 잘 제작될 수도 있다. 만약 인력배치 문제가 적절히 처리되지 않으면 결과적으로 힘든 느낌을 초래할 수 있다.

마지막으로, 설계팀들은 거의 항상 정해진 최종 기한과 여타 경쟁적인 활동들의 중압감을 가지고 일한다. 이는 시간 관리에 가치를 부여한다. 조정은 정보가 허용하는 한 빨리 초기에 이루어져야 한다. 이를 위해 팀이 주기적 간격을 두고 작업 계획을 검토하고 필요한 경우 변경하는 것이 가장 좋은 방법이다.

---

[1] 이 절은 제7장에서 제공된 관리 도구들의 더 자세한 묘사들을 예상한다.

5.8.1 과업 관리

설계 프로젝트를 시작할 때, 팀은 해결해야 할 특별한 설계 문제와, 일반적으로 성공적인 설계를 하기 위해 구성원들이 이행해야 할 과업들이 형식적으로 고려된 설계 프로세스에 충분히 익숙하지 않을지도 모른다. 제7장에서 상세히 다루겠지만, 팀은 이런 과업들과 각각이 가질 예상 시간들을 늘어놓기(lay out) 위해 **작업분해구조(WBS)**를 만들어야 한다. 팀은 이미 할당된 시간의 영향과 결과를 통하여 생각하지 못할 수도 있다. 그러나 팀이 어떤 개념대안들을 생성할 때쯤이면, 문제와 프로젝트를 완수하기 위해 가져야 할 과업들을 더 많이 이해해야 한다. 이런 이유로, 개념검증시험과 원형제작 이전에 설계대안들을(평가하기 전에) 생성하면서, 팀은 적어도 초기 작업분해구조를 검토해야 한다. 시험과 원형제작은 설계 개념들이 적절히 평가된 후에야 팀에게 유익할 것이다. 팀이 고려해야 할 과업들은 다음과 같다:

- 원형 혹은 물리적 모형의 기능과 작동 선택
- 원형을 만드는 데 필요한 부품들과 특별한 재료 확보
- 원형 만들기
- 시험 프로토콜 개발
- 시험 실시
- 원형이 초기에 작동하지 않을 때 개정과 개작(그리고 그것은 거의 작동하지 않는다!)

팀들은 종종 프로젝트의 마지막에 원형 혹은 개념검증이 원래 원했던 것처럼 완전하지 않을 것임을 발견한다. 이런 불쾌한 사실은 고객이나 후임 설계자가 이미 수행한 작업 위에서 제작하도록 한다는 면에서 직시되고 고려되어야 한다. 이런 시각(perspective)이 없으면 결과들은 의미가 없을지도 모른다.

5.8.2 일정계획

프로젝트의 과업들이 검토와 개정을 요구하는 것 같이, 과업들의 성취에 영향을 줄 수 있는 일정은 설계 생성, 대안 평가, 시험 등의 단계에서 또한 검토되어야 한다. 프로젝트를 완수하기 위해 남아있는 시간과 이미 수행된 과업들의 복잡도에 따라, 제7장에서 제안하는 방법들 중 하나가 적용되어야 한다.

컴퓨터 생성 **활동 네트워크(activity network)**, 혹은 어떤 다른 표준 프로젝트 도구를 사용하는 팀들은 남아있는 활동들과 일정들을 쉽게 조정할 수 있다. 두 가지 주목할 만한 점들은 프로젝트에 영향을 미칠 수 있는 구성원들의 구체적 의무(commitment)들이 검토되어야 하는 것 같이, 팀의 책임도 검토되어야 한다는 것이다. 팀원들은 그들의 의무들이(근무 중과 근무 후, 학교일과 과외일 모두) 얼마나 그들이 프로젝트에 시간을 할애하는 역량에 영

향을 주는지를 통하여 생각할 필요가 있다. 대부분의 소프트웨어 패키지들은 사용자들이 각 구성원들에 대해 **가용성 일정표**(availability calendar)를 지정하는 것을 가능케 한다. 이런 일정표들은 새로운 정보가(예를 들면, 새로운 프로젝트) 입수되면 업데이트되어야 한다. 컴퓨터상에서 일정을 재계산하는 대부분 팀들은 놀라면서 당황해 한다. 그러나 개정된 일정이 실망스럽더라도 일정을 무시하기 위한 변명은 될 수 없다. 오히려 일정을 지키는 훈련을 촉진하도록 사용되어야 한다.

활동들을 계획하기 위해 더 간단한 일정표들을 사용하는 팀들은 이전의 편의에 대한 지금의 대가를 지불할 것이다. 분명히 간단한 일정표는 아무것도 계산할 수 없다. 그래서 팀은 자기들의 의무와 그 숨은 뜻(implication)을 다시 돌아보아야 한다. 이는 팀이 "철야 작업", 혹은 다른 계획에 없던, 혹은 원치 않는 작업들을 요구하는 목표 날짜를 정하게 한다. 이 같은 경우, 팀은 아마 모든 팀 모임에서 일정수립의 "세부적인 일에 땀을 흘려야" 한다.

어떤 접근방법에서도, 팀은 활동들 사이의 논리적이고 시간적인 관계를 고려하여야 한다. 원형은 부품들이 도착하지 않으면 조립될 수 없다. 부품들은 주문되지 않으면 도착할 수 없다. 부품들은 선택되지 않으면 주문될 수 없다. 명백한 사건의 순서를 무시하는 것이 전문 회사와 대학 프로젝트에서의 많은 설계팀들의 함정이다. 이런 오류들은 계획하고 "조금만 명석하게 생각하면" 피할 수 있다.

선택이 없기 때문에 주문이 없어지고...
주문이 없기 때문에 부품이 없어지고...
부품이 없기 때문에 시험이 없어지고...

5.8.3 예산집행계획

위의 토의와 밀접하게 관련이 있는 것은, 팀이 적절한 예산을 수립하고 집행해야 할 필요성이다. 많은 프로젝트들은 제한된 재정적 자원을 가진다. 이것은 팀이 모든 측정기준이나 개념증명 방법들을 개발하기 전에 고려되어야 한다. 원형을 만들고 개념검증시험을 수행하기 위한 예산은 최종제품 제작을 위한 예산이나 비용과 혼동되어서는 안 된다는 것 또한 유념해야 한다. 그 차이는 제7장에서 알아볼 것이지만, 설계팀들이 거의 항상 설계 선택을 확립하는 데 있어서 자원의 한계와 직면하게 됨을 깨닫는 것이 중요하다. 따라서 팀들은 가용한 예산 혹은 자원 안에서 모든 주요 아이디어들을 증명할 수는 없을 것이다. 이런 경우, 팀들은 우선순위를 정하고, 어떤 개념들이 원형과 모형을 만들어서 증명되고, 어떤 개념들이 분석이나 적절한 근거를 참고하여 확립될 수 있는지를 결정하여야 한다.

일단 팀이 가용 자원들을 어떻게 사용할 것인가에 합의하면, 지출을 허가하고 시행하는 간단한 프로세스를 만들어야 한다. 때때로 팀의 상부 조직에서 공식적인 절차를 갖고 있지만(예를 들면, 구매 주문, 상환 서류 등), 심지어 이런 경우에도 팀의 누군가가 모든 지출을 추적하고 기록하는 것의 의무를 가져야 한다. 이것은 예산 초과나 인정되지 않은 지출과 같은 나중의 문제들을 피하는 데 도움을 준다.

5.8.4 진행 감시와 관리

이 절에서 모든 이전의 토의는 팀이 진행을 감시하고 추적하는 방법을 갖고 있다는 가정에서 출발한다. 제7장에서 이를 위한 도구들에 대해 설명하겠지만, 이러한 도구들을 사용하여 어떻게 팀 수준의 성공을 성취할 수 있는가를 간략히 설명할 가치가 있을 것이다.

계획에 관한 팀 활동들의 감시(monitoring)와 추적(tracking)에서 가장 중요한 요소는, 팀 미팅에서의 이 주제에 대한 분명하고 공식적인 대화이다. 모든 팀 미팅에서는 작업 계획, 현재까지의 진행에 관한 토론, 활동들에 허용된 시간의 변경에 대한 고려 등, 최근과 가까운 미래의 요소들이 간략히 검토되어야 한다.

최근과 현재 그리고 미래 활동들에 대한 팀 검토는, 모든 팀원이 현재 상황을 알고, 현재까지의 작업에 대하여 보고하고, 그들의 책임과 의무를 식별하게 한다. 팀 안에서 이런 식으로 정보를 유포하는 것은 분명히 좋은 일이다. 일을 적게 한 구성원들이 "보고할 것이 없음"이라고 말하기를 꺼린다는 이유만으로, 이는 또한 그들을 격려하는 경향이 있다. 이러한 활동들에 대한 검토는 모든 사람을 환기시켜 팀 진행 속도를 빠르게 하는 수단으로서, 혹은 마지막 토의 사항 문제로서, 혹은 추후의 작업을 촉진하는 방법으로서, 처음부터 팀 미팅 의제(agenda)의 예정된 부분이어야 한다.

현재까지의 진행에 대한 토론은 가능한 어디에서든 구체적이고 정량화할 수 있는 목표와 목적에 초점을 맞추어야 한다. 그것은 "우리들은 그것에 대해 잘하고 있다"와 같은 일반적인 의견을 피하여야 한다. 이상적으로, 과업들은 구체적인 전달 가능한 것들(deliverables)과 이정표(milestone)에 의해 검토되어야 한다. 바꾸어 말하면, 과업에 대해 완료된 작업의 구체적 퍼센트를 향해 일하는 것이 유익할지도 모른다. 충실한 팀원에게 과업이 25%, 50%, 혹은 75% 완료되었다는 것을 지적하는 것은 처음에는 부자연스럽게 보일지도 모른다. 그러나 이는 구성원이 자신의 진행을 평가하고 필요할 때 도움을 요청하게 하는 그룹 표준(norm)으로 곧 정착될 수 있다.

현재까지의 진행과 완료된 과업들에 대하여 토론한 후, 팀은 여전히 남아 있는 과업들의 관점에서 현재 상황이 암시하는(imply) 것을 조사하여야 한다. 새로운 과업들이나 조정이 미팅 중에 생길 수 있기 때문에 미팅의 끝이나 바로 전에 하여야 한다. 팀 리더들은 진행의 평가를 포함하는 마지막 토의사항 문제의 일부로서, 이를 위해 모임의 끝에 시간을 할당하여야 한다. 모든 사람이 자신의 옷을 주어들고 문으로 향할 때 일정과 시각표를 갱신(update)하려는 것은 실수이다! 마지막 갱신의 중요한 요소는 팀의 누군가가 개정된 일정과 현재 프로젝트의 상태를 반영하는 **성취도행렬(PCM)**을 보내는(혹은 전자우편으로) 책임을 맡는 것이다. 이는 구성원들이 그들의 의무를 검토하게 하고, 프로젝트 전개에 따른 진행기록을 팀에게 가져다 준다.

처음에, 모든 관리 과업들은 공학과 설계의 "방해꾼(get in the way)"인 것처럼 보였을지

엉성하게 관리된 팀은 더 많은 일을 한다.

모른다. 프로젝트를 관리하는 것이 많은 작업을 필요로 하는 것처럼 보일 수도 있지만, 경험에 의하면 관리되지 않은 팀들은 훨씬 많은 작업을 하게 된다. 사실, 관리되지 않은 팀들은 대개 일들을 두 번 이상 반복한다. 팀들이 계획한 것보다 더 많이 성취하는 경우는 거의 없다는 취지의 오래된 이야기가 있다. 이것은 확실히 대부분 설계팀들에게 사실이다.

5.9 요약

5.2절: USPTO의 웹사이트 주소는 www.uspto.gov 이다. 자주 이용되는 또 다른 웹사이트는 www.ibm.com/patents 이다. 아이디어 생성의 그룹 방법들은 (Shah, 1998)에 조사되고 설명되었고, 창조공학은 웹스터의 Ninth New Collegiate Dictionary(Mish, 1983)에 정의되어 있고 (Cross, 1994)에 설명되어 있다. 그룹 환경에서의 창의성과 유사 사고에 대한 접근방법들은 (Hays, 1992)에 설명되어 있다.

5.4절: Zwicki(1948)가 형태도표의 아이디어를 고안하였다. 형태도표의 더욱 깊은 토론과 예들은 (Cross, 1994), (Jones, 1992), (Hubke, 1988)에서 발견할 수 있다.

5.5절: Pugh의 개념선택도표는 (Pugh, 1990), (Ullman, 1992, 1997), (Ulrich와 Eppinger, 1995, 2000)에 토론되었다.

5.7절: Xela-Aid 닭장 설계 프로젝트의 결과들은 1997년 봄 학기에 하비머드대학의 1학년 설계 강좌, E4: 공학설계입문에 제출된 마지막 보고서 (Gutierrez, 1997)와 (Connor, 1997)에서 발췌하였다.

5.10 연습문제

5.1 설계공간"이 의미하는 것을 설명하고 설계공간의 크기가 공학설계 문제에 대한 설계자의 접근방법에 어떤 영향을 주는지에 대하여 설명하라.

5.2 연습문제 4.4에서 개발한 기능들을 사용하여 휴대용 전자기타를 위한 형태도표를 개발하라.

5.3 휴대용 전자기타의 설계를 실현하기 위한 수단을 선택하는 프로세스를 체계화하고 적용하라.

5.4 웹 기본 특허목록(5.8절에 식별된)을 사용하여 휴대용 전자기타에 적용 가능한 특허목록을 개발하라.

5.5 연습문제 4.6에서 개발한 기능들을 사용하여 열대우림 프로젝트를 위한 형태도표를 개발하라.

5.6   열대우림 프로젝트의 설계를 실현하기 위한 수단을 선택하는 프로세스를 체계화하고 적용하라.

5.7   웹기본 특허목록(5.8절에 식별된)을 사용하여 열대우림 프로젝트에 적용 가능한 특허목록을 개발하라.

5.8   열대우림 프로젝트를 위한 받아들일 수 있는 개념검증을 설명하라. 원형은 이 프로젝트에 적절할 것인가? 만약 그렇다면, 무엇이 이런 원형의 본질인가?

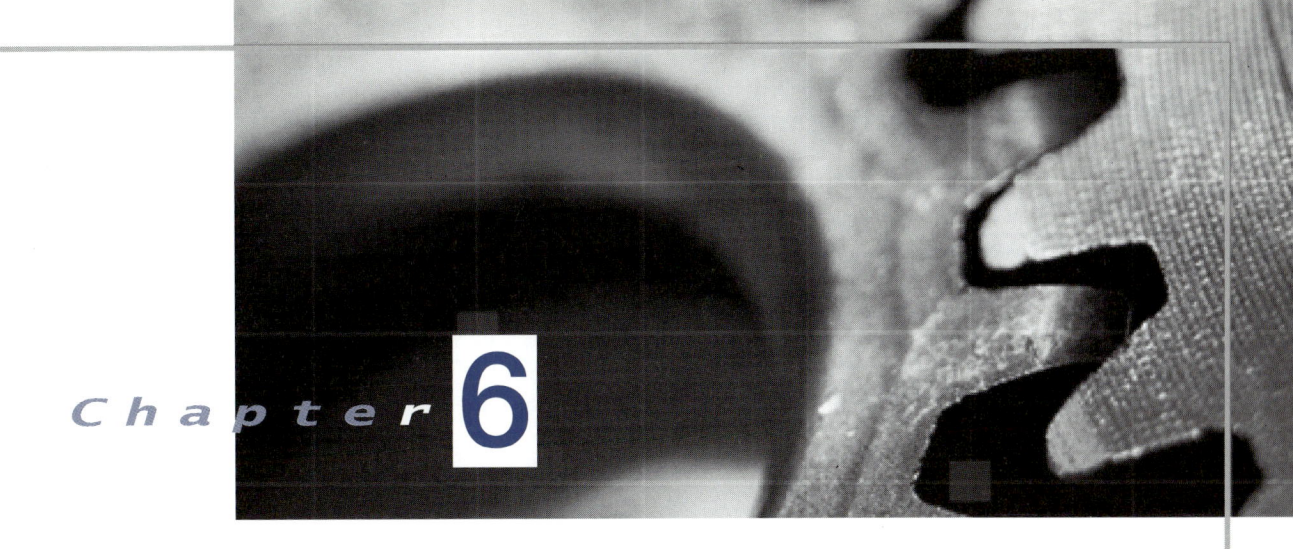

Chapter 6

결과보고

어떻게 고객이 해결방안들에 대해 알게 하는가?

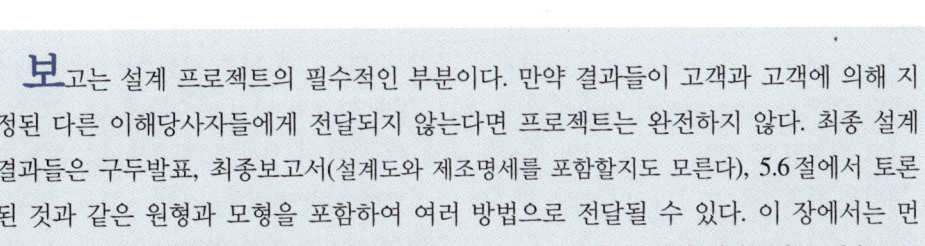

보고는 설계 프로젝트의 필수적인 부분이다. 만약 결과들이 고객과 고객에 의해 지정된 다른 이해당사자들에게 전달되지 않는다면 프로젝트는 완전하지 않다. 최종 설계 결과들은 구두발표, 최종보고서(설계도와 제조명세를 포함할지도 모른다), 5.6절에서 토론된 것과 같은 원형과 모형을 포함하여 여러 방법으로 전달될 수 있다. 이 장에서는 먼저 모든 보고 형식을 위한 몇 가지 공통된 가이드라인들을 고려한 다음, 최종 기술보고서, 구두 발표, 설계도 등을 살펴볼 것이다.

세부사항과 별개로, 의사소통의 주요 목적은 고객에게 **설계에 대하여** 알리는 것인데, 이는 다른 경쟁적 설계 대안들 대신 이 설계를 선택한 이유와 방법에 대한 설명을 포함한다. 설계 프로세스의 결과를 전하는 것이 가장 중요하다. 고객은 프로젝트의 연혁(history)과 설계팀의 내적 활동들에 무관심한 경향이 있다. 따라서 최종보고서와 발표는 팀 작업의 연대기(chronology)가 아니다. 오히려 그것들은 설계 결과에 대한 투명한(lucid) 설명이어야 한다.

6.1 기술적 의사소통을 위한 일반적 가이드라인

보고서 작성, 구두 발표, 고객에게 비공식 업데이트 제공 등에 적용하는 효과적인 의사소통의 기본적인 요소들이 있다. Thomas Pearsall은 기술적 작문(technical writing)의 7원칙으로 잘 알려진 개념들을 요약하였다(그림 6.1 참조). 그러나 이들은 확실히 보다 일반적으로 적용된다. Pearsall은 그의 책의 반 이상을 이러한 원칙들에 할애했지만, 여기서는 이 원칙들을 이 장의 나머지 부분의 서두로서 요약할 것이다.

목적을 알라.

이것은 설계된 가공물을 위한 목적들과 기능들에 대한 이해를 글로 나타낸 것이다. 우리가 설계된 물체가 무엇이며 무엇을 해야 하는가를 이해하기를 원하는 것 같이, 보고서와 발표의 목표를 이해할 필요가 있다. 많은 경우, 설계 문서(documentation)를 통해 선택된 설계의 특징과 설계 요소들에 대하여 고객에게 알리려고 노력한다. 다른 경우에서는 설계팀이 어떤 설계가 최선의 대안이라고 고객을 설득하고자 할 수도 있다. 또 다른 경우, 설계자는 설계가 어떻게 작동하는지를 사용자들(초보자들이거나 아주 숙련된 자들이든지)에게 보고하기 원할 수도 있다. 당신이 당신의 작문과 발표가 어떤 목적에 맞아야 하는지를 모른다면 당신은 어떤 목적도 깨닫지 못할 것이다.

청중을 알라.

우리는 모두 강의 내용을 전혀 몰랐거나, 혹은 강의자료가 너무 쉬워서 이미 알고 있었거나, 강의가 끝날 때까지 가만히 있곤 했다. 일단 자료가 적절한 수준에 맞춰져 있지 않다고 느끼면 우리들은 가끔 어떤 동작을 취할 수 있다. 유사하게, 설계를 문서화할 때, 설계팀은 자료들을 대상의 청중들에 맞추어 조직화하는 것이 필수적이다. 그러므로 팀은 "무엇이 대상 청중의 기술 수준이냐?"와 "발표될 설계에 있어서 어떤 것이 그들의 관심인가?"와 같은 질문을 해야 한다. 대상 청중을 이해하기 위해 시간을 갖는 것이, 청중이 당신의 문서를 올바로 이해한다는 확신을 도울 것이다. 때때로 당신은 다른 청중들을 위하여 여러 문서와 브리핑을 준비할지도 모른다. 예를 들면, 설계자들이 기술적 브리핑과

---

1. 너의 목적을 알라
2. 너의 청중을 알라.
3. 너의 목적과 청중 주위의 내용을 선택하고 체계화하라.
4. 정확하고 분명하게 써라
5. 너의 페이지를 잘 설계하라.
6. 시각적으로 생각하라.
7. 윤리적으로 써라!

그림 6.1 Pearsall의 효과적인 기술문 작문의 7원칙. 이와 똑같은 원칙들은 보고서, 메모, 발표를 포함하여 모든 형식의 의사소통에 적용된다. (Pearsall, 2001)에서 발췌함.

관리 브리핑으로써 프로젝트를 마치는 것이 매우 흔한 일이다. 설계자들이 주요 청중의 관심이 적은 계산과 개념들을 보고의 특별한 부분, 대개 부록으로 한정하는 것 또한 보통 이다.

일단 우리가 보고서와 발표의 목적과 대상 청중을 확신하면, 내용을 선택하고 체계화하여 의도된 대상에게 전달하고자 하는 것이 상식적이다. 핵심 요소는 청중에게 가장 잘 전달되도록 발표를 조직화하는 것이다. 어떤 경우에는 예를 들면, 설계팀이 대안을 선택했던 전체 프로세스를 보여주는 것이 유익하다. 다른 청중들은 단지 결과에만 관심을 갖고 있을지도 모른다.

목적과 청중에 맞는 내용을 선택하고 체계화하라.

정보를 체계화하는 많은 다양한 방법들이 있으며, 이에는 다음과 같은 것들이 포함된다: 전체적인 개관(overview)이나 개념(concept)에서 특별한 세부사항(details)으로 가기(논리에서 연역법과 유사한); 특별한 세부사항에서 전체적인 개념으로 가기(귀납법이나 추리와 유사한); 설계 사건들을 시간 순으로 배열하기(우리는 추천하지 않는다); 장치나 시스템을 묘사하기.

일단 구성상의 양식이 정해지면, 어떤 형태가 사용되든지 설계팀은 그것을 **개요서**(written outline)로 바꾸어야 한다. 우리가 아래에 토의할 것처럼, 이는 팀이 통일되고 일관성 있는 문서나 발표를 개발하고 불필요한 반복을 피하도록 한다.

이런 개개의 가이드라인은 "상식을 사용하라"와 같이 들린다. 즉, 모든 사람이 하기를 원하는, 그러나 거의 대부분이 성취하지 못하는 것을 하라는 것이다. 그렇지만 모든 좋은 글과 발표에서 발생할 수 있는 어떤 특별한 요소들이 있다. 이는 다음과 같은 것의 효과적인 사용을 포함한다: 하나의 공통 논제나 주제를 갖는 짧은 단락들(그리고 다른 구조적 요소들); 주어 한 개와 동사 한 개를 갖는 짧고 직설적인 문장; 독자가 무엇을 말하고 행하는지를 직접적으로 이해할 수 있는 능동태와 행위 동사들. 의견과 관점들은 이와 같이 분명하게 식별되어야 한다. 이러한 문체의 요소들은 배우고 적용되어야 한다. 젊은 설계자들은 이러한 기법(skill)들을 기술 수업들보다 인문학이나 사회 과학 수업들에서 더 많이 연습했을지도 모른다. 설계자가 기술적이거나 비기술적인 의사소통의 목표들이 같다는 것을 기억하는 한, 이는 수용할 만하고 환영받을 일이다.

정확하고 분명하게 써라.

기술보고서를 작성하든지, 구술 브리핑이나 발표를 위한 보조 자료들을 만들든지, 유능한 설계자들은 그들의 수단들을 현명하게 사용한다. 기술보고서에서, 예를 들면, 저자들은 보고서의 체계적인 구조를 유지하고 확장하기 위해서 사려 깊게 **표제**(headings)를 사용한다. 여러 소절(subsection)로 나누어진 긴 절(section)은 독자들이 긴 절이 어디로 가는지를 이해하는 것을 돕고, 그 여정 동안 흥미를 유지시킨다. 핵심 요소들을 강조하고 다른 종류의 정보들을(새롭고 중요한 항목들) 표시하기 위해서 폰트를 선택함으로써, 독자들의 눈을 그 쪽의 핵심 요소들로 인도한다. 쪽의 흰 공간은 독자들의 긴장을 늦추지 않게 하고, 문서를 보기 좋게 만든다.

페이지를 잘 설계하라.

유사하게, 슬라이드나 투명용지(transparency) 등과 같은 발표 보조 자료들을 주의 깊게 준비하는 것은 중요한 개념들이나 설계 선택들의 요소들을 강화하고 보강한다. 전체 청중들이 볼 수 있는 충분한 크기의 폰트들은 발표의 분명한, 그러나 자주 간과되는 면이다. 쪽의 흰 공간이 독자들을 본문으로 끌어들이는 것 같이, 단순하고 직설적인 슬라이드는 독자들로 하여금 시각적으로 산만해지지 않고 연설자의 말을 경청하도록 격려한다. 발표자는 종종 슬라이드에 너무 많은 단어들과 다른 내용을 채움으로써, 청중으로 하여금 슬라이드와 연설자 중 하나를 선택하게 강요한다; 이런 시나리오는 피해야 한다.

시각적으로 생각하라.

본질적으로, **설계 프로젝트**들은 시각적 사고를 요구한다. 설계는 주로 스케치로 시작하고, 분석은 주로 자유물체도(free body diagram), 혹은 회로도로 시작하고, 설계를 실현하기 위한 계획은 목적나무(objectives tree), 작업분해구조(WBS) 등과 같은 그래프기법을 갖는다. 설계자에게 종종 이러한 시각적 접근방법들이 도움을 주는 것같이, 정보의 **시각적 발표**를 현명하게 사용함으로써 청중들에게 도움을 준다. 이들은 이 책을 통하여 토의된 설계 도구들로부터 상세도 혹은 조립도, 흐름도나 만화에 이른다. 심지어 표들은 설계팀이 중요한 사실들과 데이터에 주의를 집중할 기회를 준다. 사실, 문서 처리나 프레젠테이션 그래픽스 소프트웨어의 엄청난 능력이 주어진 마당에, 팀이 보고나 발표에 시각용 도구를 사용하지 않을 변명이 없다. 반면에, 팀은 이들의 그래픽스 능력에, 예를 들면 슬라이드를 예술적 배경으로 채워 단어들을 읽을 수 없게 만드는 것과 같은 것에 유혹되어서는 안 된다. 여기서 성공의 열쇠는 당신의 목적과 청중을 알고, 당신의 수단을 적절히 사용하는 것이다.

윤리적으로 써라.

설계자들은 종종 그들의 설계 선택, 시간, 노력, 그리고 심지어 가치에 자신을 투자한다. 그러므로 설계들 혹은 다른 기술적 결과들을, 유리한 것은 보여주고 불리한 데이터나 문제들은 없애는 방법으로 발표하고 싶은 유혹이 있는 것은 놀라운 일이 아니다. 윤리적 설계자들은 이런 유혹에 저항하여, 완전하고 정확한 사실들을 발표한다. 이는 모든 결과, 혹은 시험 결과, 심지어 유리하지 않은 결과까지도 발표되고 토론된다는 것을 의미한다. 윤리적 발표는 또한 설계의 한계를 정직하고 직접적으로 묘사한다. 더 나아가, 마땅히 치러야 할 경우에는, 저자들, 혹은 이전 연구자들과 같은 다른 사람들의 공로를 인정하는 것 또한 중요하다. (7원칙에 대한 토의는 이를 만든 사람인 Thomas Pearsall을 인정하면서 시작하였고, 이 책의 각 장은 참고문헌과 인용들로 끝나고 있음을 기억하자). 제9장에서 공학 윤리에 대하여 더 토론할 것이다. 거기서 또한 자신의 작품과 윤리에 대하여 널리 격찬 받는 공학자를 포함하여 획기적인 사건을 설명할 것이다.

이제 우리는 문서의 특별한 형태들에 주의를 돌린다.

6.2 프로젝트 보고서: 연혁이 아닌 고객을 위한 문서 작성

최종보고서, 혹은 프로젝트 보고서의 통상적인 목적은 팀의 설계 선택들을 고객이 사려 깊게 수용하도록 확신시키는 말로 고객과 의사소통하는 것이다. 고객의 관심은 부합하는 필요에 대한 분석, 고려되는 대안들, 의사결정 기준들, 그리고 당연히 결정들을 포함하는 설계 문제의 분명한 발표를 요구한다. 결과들은 분명하고 이해할 수 있는 말로 요약되어야 한다. 너무 상세하거나 기술적인 자료들은 명료성을 유지하기 위해 종종 보고서의 끝에 부록으로 첨부된다. 사실, 모든 기술적이거나 다른 보조 자료들을 별책으로 빼는 것은 드문 일이 아니고, 큰 공공 토목공사 프로젝트에서는 표준(norm)이다. 고객과 주요 이해당사자들이 공학자나 기술 경영자가 아니고 일반 대중의 구성원일 때, 이는 특별히 중요하다.

설계 프로세스처럼, 최종보고서를 작성하는 프로세스는 구조화된 접근방법으로써 가장 잘 관리되고 통제된다. 설계 프로세스와 보고서 작성은 특히 초기 개념단계에서 두드러지게 비슷하다. 설계된 대상이나 프로젝트 보고서의 목적들을 분명하게 서술하는 것이 매우 중요하다. "시장"을 이해하는 것, 즉 설계를 위한 사용자 요구와 최종보고서의 의도된 독자를 이해하는 것이 매우 중요하다. 보고서는 사려 깊고(reflective) 분석적(analytical)이어야 하는 것과, 분석은 알려진 공식들을 적용하는 것에 한정되지 않는다는 것을 인식하는 것이 매우 중요하다. 설계 프로세스 과정에서 우리들의 생각을 지원할 수 있는 여러 도구들을 설명하였다. 유사하게, 글쓰기도 또한 분석적 사고 프로세스이다.

설계 프로세스처럼, 구조(structure)는 독창성과 창의성의 자리를 대신하려고 의도된 것이 아니다. 오히려 구조는 우리가 설계결과들의 체계화된 보고서를 어떻게 만드는가를 배우도록 한다. 이 경우, 설계팀이 따를 수 있는 하나의 **구조화된 프로세스**는 다음과 같은 단계들을 포함할 것이다:

- 기술보고서의 목적과 청중 결정
- 보고서 전체 구조의 대략 개요(rough outline) 구성
- 팀과 팀의 관리자와, 혹은 학내 프로젝트인 경우 지도교수와 개요 검토
- 주제문 개요 구성과 팀 내부 검토
- 개인 문서작성 할당 및 종합, 그리고 초고(draft) 작성 및 편집
- 초고의 검토를 관리자들과 지도교수들에게 부탁
- 검토에 응하여 초고를 개정하고 수정
- 최종 버전의 보고서를 준비하고 고객에게 제공

이제 아주 상세히 남은 단계들을 토의한다.

6.2.1 최종보고서의 목적과 독자

이미 우리는 일반적인 의미에서 보고의 목적과 청중을 결정하는 것에 대해 토의하였다. 최종보고서의 경우에는 여러 요점들을 주목해야 한다. 먼저, 보고서는 단순히 팀이 관심을 갖는 고객 연락 담당자(liaison)들보다 더 폭넓은 독자들에 의해 읽혀질 것이다. 이런 관점에서 팀은 연락 담당자들의 관심사와 기술적 지식수준이 최종보고서의 독자들을 대표하는지를 결정할 필요가 있다. 그러나 연락 담당자들은 예상 독자들을 더 잘 이해할 수 있도록 팀을 안내할 수도 있으며, 특별한 관심이 될 수도 있는 문제들을 강조할 수도 있다.

여기서 다른 중요한 요소는, 보고서의 수령인이 최종보고서에 있는 정보를 어디에 사용하고자 하는지를 팀이 이해하는 것이다. 예를 들어 프로젝트의 의도가 수많은 개념설계 대안들을 만드는 것이었다면, 독자는 조사된 모든 설계공간의 발표를 원할 것이다. 다른 한편으로 고객이 단순히 특별한 문제의 해결 방안을 원한다면, 그는 선택된 대안이 구체적 필요에 얼마나 잘 부합하는지 보기를 훨씬 더 원할 것이다.

프로젝트 보고서는 종종 여러 다른 독자들을 가진다. 이 경우 팀은 각각의 이런 목표 그룹들을 만족시키기 위해 정보들을 체계화하여야 할 것이다. 이는 기술적 보충자료(supplement)와 부록(appendix) 등의 사용을 포함할 수도 있으며, 혹은 일반적인 용어와 개념들로 시작하여 기술적 소절에서 이런 개념들을 탐구하는 구조를 요구할 수도 있다. 팀은 그렇지만 선택된 구조적 원칙들과 관계없이 각각의 독자들을 위하여 분명하게 잘 작성하여야 한다.

6.2.2 대략 개요: 최종보고서 구성

집이나 사무실 빌딩을 지을 때, 단지 바보들만이 먼저 구조를 분석하지 않고, 건설 프로세스를 체계화하지 않고 시작할 것이다. 그러나 많은 사람들이 언급될 필요가 있는 모든 아이디어들과 문제들을 미리 준비하려고 노력하지 않고, 또 이러한 아이디어들과 문제들이 서로 얼마나 연관이 있는가를 고려하지 않고, 기술보고서를 준비하기 위해 앉아 있다가 갑자기 쓰기 시작한다. 이러한 무계획적 보고서 작성의 결과는, 보고서가 프로젝트 연혁으로 바뀐다는 것이다. 더 나쁘게 말하면, 처음 고객에게 갔고, 다음에 도서관에 갔고, 그 후에 연구를 수행했고, 그 다음에 시험을 실시했고, 등등 "작년 여름에 내가 한 것"과 같은 수필처럼 들린다. 기술보고서는 고층빌딩이나 비행기만큼 복잡하지 않을지도 모르지만, 그것은 여전히 복잡하여 단순한 연대기처럼 쉽게 작성될 수는 없다. 보고서는 계획되어야 한다!

좋은 프로젝트, 혹은 최종보고서 작성의 처음 단계는 보고의 전체 구조를 위하여 좋은 **대략 개요**(rough outline)를 만드는 것이다. 즉, 보고서를 주요 절(section)로 나누어 식별하는

것이다. 전형적으로 다음과 같은 절들이 있다:

- 초록(abstract)

- 실무 요약(executive summary)

- 서론과 개요(introduction and overview)

- 관련 사전 성과와 연구를 포함한 문제 분석

- 고려된 설계 대안들

- 설계 대안들의 평가와 설계 선택을 위한 기초(basis)

- 대안들 분석과 설계 선택의 결과들

- 종종 부록에 언급되는 보조 자료들: 다음과 같은 것들을 포함
  - 설계도들과 세부사항
  - 제조명세
  - 보조 계산 혹은 모형화 결과
  - 고객이 요구할지 모르는 다른 자료들

이런 개요는 목차와 같이 보이고, 또 그래야만 하는데, 공학 프로젝트나 설계 프로젝트의 최종보고서는 독자가 어느 특정 절을 보더라도 그것을 분명하고 일관성 있는 독립 문서로 볼 수 있도록 구성되어야 하기 때문이다. 우리는 일들을 전후 관계를 무시하고 생각해서는 안 된다. 오히려, 보고서의 각 주요 절들은 자체로 의미가 있어야 한다; 즉, 그것은 설계 프로젝트의 어떤 상황과 결과들에 관하여 완전하게 설명해야 한다.

대략 개요를 최종보고서의 시작점으로 식별한다면, 그 개요는 언제 준비되어야 하는가? 사실, 최종보고서는 언제 써야 하는가? 우리가 일들을 완수하여 최종설계를 식별하고 명확히 표명하기까지는, 최종보고서를 쓸 수 없다는 것은 분명하다. 반면에, 우리가 최종보고서와 함께 (마치 설계 프로세스에서처럼) 어디로 가는가에 대해 알고 있는 것은 매우 도움이 된다. 왜냐하면 우리가 그 방향으로 보고서를 체계화하고 정리할 수 있기 때문이다. 프로젝트 초기에 최종보고서의 전체 구조를 개발하는 것은 매우 도움이 될 수 있다. 그 다음에, 프로젝트에서 주요 문서들(예를 들어, 연구 메모, 도면, 목적 나무 등)을 그 내용들이 최종보고서에 수록될지 여부에 따라 추적해서 적절히 정리하거나 분류할 수 있다. 보고서를 미리 생각하는 것은 또한 프로젝트의 **전달물**(deliverables), 즉 팀이 프로젝트 동안 고객에게 전달하려고 계약한 항목들에 관하여 생각하는 것을 강조한다. 최종보고서를 미리 체계화하는 것은 프로젝트의 최종 단계 혹은 종반을 훨씬 덜 긴장하게 한다. 왜냐하면 식별하고, 만들고, 편집해야 하는 마지막 순간의 일들이 적게 남아서, 모두 최종보고서에 삽입될 수 있기 때문이다.

6.2.3 주제문 개요: 모든 기재사항은 한 단락을 대표함

문서 작성의 가장 중요한 규칙은, 모든 단락(paragraph)은 단락의 의도와 논제를 나타내는 주제문을 가져야 한다는 것이다. 일단 보고의 대략 개요를 확립하면, 보고서의 각 절에서 총체적으로 얘기되는 논제와 주제들을 식별하도록, 대응하는 상세 **주제문 개요**(topic sentence outline; TSO)를 만드는 것이 매우 유익하다. 따라서 주제문 개요에 기재된 어떤 주제가 식별되면, 우리는 그 주제를 포함하는 단락이 있다고 가정할 수 있다.

주제문 개요는 우리가 줄거리나 이야기의 논리를 따라가고, 초고의 각 부분과 전체 보고서의 완전성을 평가할 수 있게 한다. 우리가 중요하다고 고려하는 것, 예를 들면 대안들의 평가에 대하여 주제문 개요에 단지 하나의 기재사항이 있다고 가정해 보자. 이것이 암시하는 사실은, 최종보고서는 이 주제에 공헌하는 단락을 오직 하나 가진다는 것이다. 대안들의 평가는 설계에서 중요한 문제이기 때문에, 평가 측정기준들과 방법, 평가의 결과, 평가로부터 배운 주요 통찰력, 수치 결과들의 해석(특히 면밀히 평가된 대안에 대해서)과 프로세스 결과를 포함하는 다양한 상황에서 기재사항(entry)들이 있어야 할 것이다. 따라서 주제문 개요를 신속히 훑어보면, 제출된 보고서가 다뤄야 하는 모든 이슈들을 다루고 있는지의 여부를 알 수 있다.

같은 이유로, 물론 주제문 개요는 다른 문맥(context)들에서 검토되는 같은 아이디어나 이슈의 다른 상황(aspect)들로서, 소절과 절들 사이에서 이루어져야 하는 적절한 상호 참조(cross-reference)를 식별하는 것을 돕는다. 주제문 개요의 형식은 불필요한 반복을 쉽게 제거할 수 있게 하는데, 반복되는 주제와 아이디어를 훨씬 쉽게 찾을 수 있기 때문이다. 6.5절에서는 이런 특징들을 보여주는 주제문 개요의 예들을 보여준다.

이런 방법으로 문서를 작성하는 것은 어렵지만, 주제문 개요들은 설계팀에게 많은 이점들을 제공한다. 하나의 장점은, 주제문 개요는 팀이 각 부분에서 다루는 주제들에 동의하도록 하게 한다는 것이다. 한 절이 그 내용에 비해 너무 짧은지, 혹은 공저자의 한 명(혹은 팀원들)이 대략 개요에서 동의하였던 다른 부분을 침해하는지 여부가 금방 분명해진다. 좋은 주제문 개요의 다른 장점은, 어떤 일이 생겨서 "지정된 작가"가 실제로 글을 쓰지 못하게 되면, 다른 팀원들이 보고서 작업을 대신 수행하기가 더 쉽다는 것이다. 예를 들면, 어느 팀원이 갑자기 원형이 계획한 대로 작동하지 않아서, 그것에 얼마의 일을 더 해야 할 필요가 있다는 것을 발견할 수도 있다. 주제문 개요는 또한 팀의 보고서 편집자(다음 절 참조)가 하나의 소리를 개발하고 보고서를 전개하기 시작하는 일을 덜어준다.

주제문 개요의 정의에도 불구하고, 주제문 개요에 있는 기재사항들은 실제로 문법적으로 완전한 문장일 필요가 없다. 그러나 이들은 내용이 분명하고 모호하지 않을 만큼 충분히 완전해야 한다.

주제문 개요의 각 기재사항은 하나의 단락에 대응한다.

6.2.4 초고: 여러 소리를 하나로

합의된 대략 개요와 주제문 개요의 한 장점은, 그 구조가 팀원들이 병행하여 혹은 동시에 글을 쓸 수 있게 한다는 것이다. 그러나 이런 장점은 대가를 치러야 얻어지는데, 특히 여러 작가들의 노력을 하나의 분명하고 일관성 있는 문서로 만드는 노력이 요구된다. 간단히 말하면, 작가들이 많을수록 한 명의 권위 있는 편집자에 대한 필요가 커진다. 따라서 팀원 중의 한 명은 편집자에게 따르는 권리, 특권과 의무들을 즐겨야 한다. 더욱이, 팀은 보고서 계획을 시작하자마자, 가능하면 프로젝트의 착수 때나 그 무렵에 편집자를 지정해야 한다.

편집자의 역할은 보고가 중단 없이 흘러가고, 일관성 있게 정확하고 한 목소리를 내도록 책임지는 것이다. **연속성**(continuity)은 주제와 절들이 대략 개요와 주제문 개요에 있는 아이디어들의 구조를 반영하는 논리적 순서를 따르는 것을 의미한다. **일관성**(consistency)은 보고서가 보고서와 모든 부록의 전체에 걸쳐 공통의 전문용어(terminology), 약어(abbreviations), 두문자어(acronyms), 기호(notation), 단위(unit), 비슷한 추론 형식 등을 사용한다는 것을 의미한다. 그것은 예를 들면 팀의 목적나무, 쌍대비교표, 평가행렬 모두가 같은 요소들을 가진다는 것을 또한 의미한다; 그렇지 않다면, 차이들은 분명하게 주목되고 설명되어야 한다.

정확성(accuracy)은 계산, 실험, 측정, 혹은 다른 기술적 작업들이 적절한 전문적 표준들과 현재 최선의 관행에 따라 수행되고 보고되는 것을 요구한다. 이러한 표준들과 관행들은 설계팀과 고객 간의 계약서에 종종 명기된다. 그것들은 일반적으로, 언급된 결과들과 결론들이 팀의 사전 작업에 의해 뒷받침되어야 한다는 것을 규정한다. 지적 정직성뿐만 아니라 정확성은 또한, 기술보고서에 입증되지 않은 주장을 쓰지 말 것을 요구한다. 프로젝트의 마지막 순간에, 실제로 잘, 혹은 완전하게 수행되지 못한 것을 최종보고서에 더하고 싶은 유혹이 간혹 있다. 이런 유혹은 피해야 한다.

보고서의 **목소리**(voice), 혹은 **문체**(style)는 사람들이 실제로 서로 얘기하는 것과 비슷한 방식으로 보고서가 독자에게 "말하는" 방법을 반영한다. 기술보고서는 **한 목소리로 말하는** 것이 필요하다. 그래서 하나의 목소리는 편집자의 가장 중요한 의무이다. 이런 요구사항(mandates)은 여러 면을 갖고 있다. 그 중의 첫째는, 보고서는 아주 큰 팀의 구성원들에 의해 절들이 써졌을 때도, 마치 한 사람에 의해 써진 것 같이 읽혀져야(혹은 "소리 나야") 한다는 것이다. 여러 명의 작가가 연설 원고를 작성하더라도, 미국 대통령은 항상 친근한 인물인 것처럼 보인다. 이처럼 기술보고서 또한 하나의 목소리로 읽혀져야 한다. 더욱이, 그 소리는 보통 이 책의 소리보다 더 공식적이고 비개인적이어야 한다. 기술보고서는 개인 문서가 아니므로, 격이 없거나(familiar) 특이하게(idiosyncratic) 보여서는 안 된다. 또한, 그 목소리는 요즘의 관행이 두 가지 방식 모두를 수용하므로 능동이나 수동일 수 있다. 단지 보고의 목소리는 초록에서부터 마지막 결론과 부록까지 같아야 한다는 것이다.

문서 작성팀이 크면 클수록 편집자의 필요성은 더 커진다.

좋은 기술 보고서는 한 목소리로 말한다.

분명하게 문서 작성 프로세스의 팀 역학에 있어서 중대한 문제들이 있다. 팀원들은 그들이 작성하는 부분에 대한 통제를 편안하게 넘겨줄 수 있어야 하고, 기꺼이 편집자가 그 일을 할 수 있도록 하여야 한다. 6.6.1절에서 보고서 작성에서의 팀 역학적 측면을 논의할 것이다.

6.2.5 최종보고서: 최적 시기를 준비

좋은 검토 프로세스는 초안(draft)의 최종보고서가 사려 깊게 재고되고 의미 있게 개정되는 것을 확인한다. 프로젝트와 관련이 없는 사람들뿐 아니라, 팀원, 관리인, 고객 대표나 연락담당자, 지도교수 등은 보고서 초안을 주의 깊게 읽고 검토하여 개정한다. 이는 우리가 프로젝트 보고서를 매듭짓고자 할 때, 검토자들의 제안을 최종 양질의 문서에 포함시킬 필요가 있음을 의미한다. 몇 가지 더 명심해야 할 점들이 있다.

최종보고서는 전문적이고 **세련되게** 작성되어야 한다. 이는 그럴듯한 표지, 화려한 양식과 그래픽, 비싼 제본 따위를 요구하는 것은 아니다. 대신, 보고서는 명확히 구성되고, 읽어 이해하기 쉽고, 그래픽과 그림들 또한 분명하고 쉽게 해석되어야 함을 의미한다. 보고서는 또한 재생 가능한 품질을 갖고 있어야 한다. 왜냐하면 보고서를 사진으로 복사하여 고객의 조직체와 다른 개인들, 그룹들과 대행사들에게 배포할 가능성이 많기 때문이다.

또한 보고서는 단순히 동등한 사람들이 아니라 매우 다양한 독자들에게 전해질 수도 있다는 것을 명심해야 한다. 따라서 편집자는 보고서가 예상 독자에게 한 목소리로 얘기하는 것을 보증하는 한편, 보고서가 설계팀이나 고객과 다른 기술 수준과 배경을 갖고 있을지도 모르는 독자들에게 읽히고 이해될 수 있음을 가능한 보증할 수 있도록 노력하여야 한다. **실행 개요**(executive summary)는 전체 프로젝트의 모든 세부사항을 읽을 시간과 관심이 없을 수 있는 독자들에게 얘기하는 한 방법이다.

마지막으로, 최종보고서는 팀의 설계를 채택할 고객(들)에 의해 읽혀지고 사용될 것이다. 이는 부록과 보조 자료들을 포함하여, 보고서는 수행된 일들의 최종 문서로서 그 자체로 충분히 상세하고 완전하여야 한다는 것은 의미한다. 이에 대해서는 6.4절에서 더 설명한다.

6.3 구두 발표: 청중에게 수행한 일들을 구술

대부분의 설계 프로젝트들은 고객들, 사용자들, 기술적 검토자들과의 수많은 만남과 발표들을 요구한다. 이러한 발표는 설계 작업수행 계약을 따내기 전에 행해질 수도 있는데, 아마도 경쟁적인 구매(procurement)환경에서 계약을 성사시키려는 희망으로, 그 작업을 이해하고 수행할 팀의 능력에 초점을 맞출 것이다. 프로젝트를 수행하는 동안, 팀은 프로젝트의 이해(예를 들어, 고객의 요구, 가공물의 기능 등), 고려되는 대안, 하나를 선택하기 위한 팀의 계획, 혹은 단순히 프로젝트를 완수하기 위한 진행 등을 발표하도록 요구받을 수도 있다. 설계 대안이 선택된 후, 팀은 **설계 검토**(design review)를 수행하도록 종종 요구받는데, 설계 검토에서는 기술적 청중 앞에서 설계를 평가하고, 가능한 문제들을 식별하고, 대안 해결방안들과 접근방법들을 제안한다. 프로젝트 종반에 설계팀은 대개 고객과 다른 이해당사자들이나 관심 있는 단체들에게 프로젝트 전반에 관하여 보고한다.

팀이 해야 할지도 모르는 여러 종류의 발표와 브리핑 때문에, 이들 각각을 상세히 검토하는 것은 불가능하다. 그렇지만, 이들 대부분에 공통적이고 주요한 요소들이 있다. 이들 가운데서 첫 번째는 청중을 식별하고, 발표의 윤곽을 그리고, 적절한 보조 자료들을 개발하고, 발표 연습을 필요로 한다는 것이다.

6.3.1 청중 알기: 누가 듣고 있나?

설계 브리핑과 발표는 다양한 유형의 청중들을 대상으로 한다. 예를 들면, 어떤 프로젝트들은 기술 전문가들의 주기적인 검토를 요구한다. 어떤 것들은 설계의 관리적 측면과 관련이 있다. 어떤 것은 설계가 어떻게 제조될 것인가와 연관이 있을 수도 있다. 제3장에서 시작한 새 음료용기의 설계를 고려해 보자. 용기들이 전국에 있는 창고들로 배달되는 방법에 관심이 있는 물류(logistics) 관리자들에게 설계 작업이 발표되어야 할지도 모른다. 설계와 더불어 상표 정체성(brand identity) 확립에 관심이 있는 판매부서가 설계 대안들에 대하여 듣기를 원할지도 모른다. 유사하게, 제조 관리자들은 어떤 특별한 생산 수요에 대하여 브리핑하기를 원할 것이다. 따라서 Pearsall 7원칙의 검토에서 지적한 것 같이, 브리핑을 준비하는 팀은 여러 수준의 관심, 이해, 기술적 숙련, 가능한 시간의 정도 등과 같은 다양한 요인을 고려해야 한다. 모임의 대부분 참가자들이 적어도 프로젝트의 여러 상황에 관심을 갖고 있다고 가정할 수 있지만, 대부분은 단지 프로젝트의 특정한 차원(dimensions)에만 관심을 갖고 있는 것이 일반적으로 사실이다. 팀은 단순히 모임의 주최자에게 질문함으로써, 이러한 관심들과 다른 차원들을 대개 식별할 수 있다.

일단 청중이 식별되면 팀은 청중에게 발표를 맞출 수 있다. 다른 전달물들과 같이 발표는 적절히 체계화되고 구조화되어야 한다: 첫 번째 단계는 대략 개요를 명확히 하는 것이다; 두 번째는 상세 개요를 만드는 것이다; 세 번째는 시각 자료나 물리적 모형들과 같은 적절한 보조 자료들을 준비하는 것이다.

6.3.2 발표 개요

6.2절에서 토론한 최종보고서와 같이 발표는 분명한 구조를 가져야 한다. 우리는 다시 대략 개요를 수립함으로써 이런 구조를 달성한다. 이런 발표 구조와 조직은 논리적이고

이해할 수 있어야 하며, 보충 문답과 토론을 준비하도록 인도한다. 그리고 설계 발표는 영화나 소설이 아니기 때문에 "놀라운 결말(surprise ending)"을 가져서는 안 된다. 일예로, 발표 개요(presentation outline)는 다음과 같은 요소들을 포함할 것이다:

- 고객(들), 프로젝트, 발표되는 작업에 책임이 있는 설계팀, 혹은 조직을 식별하는 **제목 슬라이드**(title slide)

- 청중에게 발표의 방향을 보여주는 **발표의 개요**(overview of the presentation)

- 고객에 의해 주어진 초기 기술문을 포함하는 **문제 기술문**(problem statement)과 팀이 프로젝트를 이해하면서 그 문제 기술문이 어떻게 변경되었는가에 대한 지적

- 관련 사전 작업을 포함하는 **문제에 대한 배경 자료**(background material)와 팀 연구를 통하여 개발된 다른 자료들

- 목적 나무의 최상위 수준이나 상위 수준에 반영되어 있는 **고객과 사용자들의 핵심 목적**(key objectives)들

- 기본기능들에 초점을 맞추어 **설계가 수행해야 할 기능들**(functions), 그러나 불필요한 부가기능 문제까지 포함가능

- **설계 대안들**(design alternatives), 특히 평가 단계에서 여전히 고려되어야 하는 것들

- 결과와 깊은 관련이 있는 핵심 측정기준들과 목적들을 포함하여, **평가 절차**(evaluation procedure)와 **결과들**(outcomes)의 중요 부분들

- **선택된 설계**(selected design), 설계가 선택된 이유를 설명

- 다른 대안들에 대하여 우수한 측면을 강조하는 **설계 특성들**(features)과 참신하고(novel) 독특한(unique) 특성들

- **개념검증시험**(proof of concept testing), 특히 상당한 관심이 있는 기술 전문가들인 청중들을 위하여

- **원형 시연**(demonstration of the prototype), 원형을 개발하고 전시할 수 있다는 가정 하에. 비디오테이프나 사진들이 적절한 경우도 있음

- 남아있는 후속 작업들의 식별을 포함하는 **결론들**(conclusions)

대화나 발표에서 이러한 모든 요소들을 다루기 위한 충분히 시간이 항상 있는 것은 아니므로, 팀은 이들 중 일부를 제한하거나 제거할 필요가 있을 수도 있다. 이런 결정은 또한 적어도 부분적으로는 청중의 특성에 따를 것이다.

일단 대략 개요가 명확하게 되면, 발표의 상세 개요(주제문 개요와 유사) 또한 개발되어야 한다. 이는 팀이 발표에서 항상 야기되는 요점을 이해하는 것과, 슬라이드나 OHP에서 대응하는 글머리 기호들(bullets), 혹은 유사한 기재사항들(entries)을 개발하는 것을 확

실히 하기 위해 중요하다. 큰 점들은 일반적으로 상세 개요의 기재사항들에 해당한다.

보고서를 위한 주제문 개요를 개발하는 것이 처음에는 성가신 것과 같이, 발표를 위한 상세 개요를 준비하는 것은 상당한 작업을 요구하는 것 같이 보일 수도 있다. 그리고 공교롭게도(ironically), 대중 발표 경험을 가진 팀원들이 이러한 작업들에 가장 저항할지도 모른다. 왜냐하면 그들은 이미 자기 것으로 소화한 유사한 준비방법을 갖고 있을 것이기 때문이다. 그렇지만, 발표는 전체 팀을 대표하기 때문에, 팀의 모든 구성원은 발표의 구조, 세부사항뿐만 아니라, 이러한 검토에 요구되는 상세 개요까지 검토하여야 한다.

6.3.3 발표는 시각적인 사건

팀이 청중을 알 필요가 있는 것 같이, 그들이 발표할 환경을 알기 위해 또한 노력해야 한다. 어떤 방들은 어떤 유형의 시각용 기구들을 지원할 것이지만, 다른 방들은 아닐 것이다. 발표 계획의 초기 단계들에서 설계팀은 가용한 기구들(예를 들어, 35 mm 슬라이드 프로젝터, 오버헤드 프로젝터, 컴퓨터 연결)과 발표하는 방의 전체적인 환경을 알아야 한다. 이는 크기, 용량, 조명, 좌석과 다른 인자들을 포함한다. 특별한 기구와 장치가 가용하다고 할지라도, 슬라이드 발표를 백업하기 위해서 투명용지 혹은 포일(foil)과 같은 백업을 준비해오는 것이 항상 현명하다.

시각용 기구에 관하여 명심해야 할 다른 조언들은 다음과 같다:

- 너무 많은 슬라이드와 그래픽 사용을 피하라. 다룰 수 있는 합리적인 슬라이드의 추정치는 분당 1∼2 슬라이드이다. 너무 많은 슬라이드가 "계획되면", 발표자(들)는 슬라이드를 끝까지 마치기 위해 서두를 수밖에 없게 될 것이다. 이는 조금 적은 수의 슬라이드를 현명하게 사용하는 것보다 훨씬 나쁜 발표를 만들 것이다.

- "뒤죽박죽" 되는 것을 경계하라. 슬라이드는 핵심 요점들을 강조하기 위해 사용되어야 한다; 그것들은 최종보고서를 설명하기 위한 직접적인 대체물이 아니다. 연설자는 슬라이드에서 요점들을 전개할 수 있어야 한다.

- 요점들을 분명하게, 직접적으로, 간단하게 하라. 너무 눈부시거나 겉이 번드르르한 슬라이드는 발표에서 주의를 다른 데로 돌리는 경향이 있다.

- 색상을 능숙하게 사용하라. 현재의 컴퓨터 기본 패키지는 많은 색상과 폰트를 지원하지만 디폴트가 종종 가장 적절하다. 또한, 전문적인 발표에서 이상하거나 일치하지 않는 색상의 사용을 피하라.

- 설계 프로세스의 결과들을 묘사하기 위해 완성된 설계 도구들을 재생하지 말라(예를 들면, 목적나무, 큰 형태도표들). 대신, 결과들의 선택된 요점들을 강조하라. 이는 더 상세한 정보를 위해 청중이 최종보고서를 참조하게 하는 것이 더 의미 있는 경우이다.

효과적인 시각 보조물은 효과적인 연설자를 대신하지 않는다. 그들을 강화시킨다.

연설자가 발표를 하는 동안 청중들은 시각 자료를 읽는 경향이 있음을 기억할 가치가 있다. 그러므로 발표자는 슬라이드를 읽거나 인용할 필요가 없다. 시각 자료는 더 간단(더 우아)한 내용을 가질 수 있는데, 이는 다른 어떤 방법보다도 발표자의 설득력을 높여주기 때문이다.

마지막으로, 설계도면들이 재생되어 제시된다면, 청중의 크기와 거리가 주의 깊게 고려되어야 한다. 많은 선 그림은 큰 발표에서 전시되거나 보고 해석하기에 어렵다.

6.3.4 연습은 완전함을 만든다, 아마도...

발표자들과 연설자들은 상당한 경험을 갖고 있기 때문에 대개 효과적이다. 그들은 많은 연설과 발표를 했고, 그 결과 그들에게 잘 맞는 양식과 접근방법들을 알고 있다. 설계팀들은 이런 현실 세계의 경험을 생각해내거나 만들 수 없다. 그러나 경험이 가져다주는 어떤 자신감을 얻기에 충분할 정도로 종종 발표를 연습할 수 있다. 효과를 높이기 위해, 연설자들은 일반적으로 자신이 발표할 부분들을 혼자 연습한 다음, 적어도 이 주제에 친숙하지 않은 몇 사람을 포함하는 다른 사람들 앞에서도 연습할 필요가 있다.

효과적인 발표의 다른 중요한 요소들은 연설자들이 그들에게 자연스런 단어들과 문구를 사용하는 것이다. 우리들 각자는 일반적으로 우리에게 편한 일상적인 언어 양식이 있다. 그렇지만 결국 우리는, 연설 양식(style)을 개발하는 동안, 청중에게 그들의 언어로 연설하기를 원하고, 전문적인 어조(tone)를 유지하기를 원한다는 것을 명심해야 한다. 따라서 발표자는 혼자 연습할 때, 새로운 연설 형태(pattern)를 식별하고 채택하는 수단으로서, 주요 요점들을 여러 다른 방법들로 말해보는 것이 유익하다. 그리고 나서, 잘 맞는 새로운 양식들을 발견하면, 우리 자신의 것이 될 때까지 충분히 자주 반복해야 한다.

연설 코치와 체육 코치는 연습한대로 하라고 말한다.

혼자이든 다른 사람들과 함께이든, 연습 과정(session)은 시간을 정하고 실제 환경과 가능하면 가까운 조건에서 행해져야 한다. 경험이 없는 연설자들은 일반적으로 연설이 얼마나 지속될 것인가에 대해 비현실적인 관점을 갖고 있다. 그리고 그들은 너무 빠르거나 너무 느리지 않게 정확한 속도를 유지하는 데 문제점을 갖고 있다. 그러므로 발표의 시간을 재는 것(심지어 발표자 앞에 시계를 둘지라도)은 매우 도움이 된다. 만약 슬라이드(혹은 OHP 혹은 컴퓨터)가 실제 발표에서 사용되어야 한다면, 슬라이드(혹은 OHP 혹은 컴퓨터)가 연습에서 사용되어야 한다.

팀은 제기될지도 모르는 질문들을 어떻게 다룰 것인지에 대하여 사전에 결정해야 한다. 이는 팀이 연습을 끝내기 전에 고객이나 발표자의 후원자와 논의되어야 한다. 발표 중에 제기되는 질문들을 다루는 여러 가용한 선택들이 있다. 이것들은 질문들을 발표의 끝으로 미루는 것, 바로 대답하는 것, 사실들을 분명하게 하기 위해 발표 중 질문들을 제한하는 것 등을 포함한다. 발표와 청중의 특성에 따라 이 방법들 중에서 어떤 것이 가장 적절한지를 결정할 것이지만, 발표를 시작할 때 청중에게 선택된 방법을 알려야 한다. 질문에 반응할 때, 연설자가 질문을 반복하는 것이 특별히 청중이 많을 때나 질문이 분명하지 않을 때 종종 유익하다. 발표자나 팀 리더는 질문에 대한 답변을 적절한 팀 구성원들에게 맡겨야 한다. 만약 질문이 분명하지 않으면, 팀은 답하기 전에 이를 분명하게 하도록 노력해야 한다. 그리고 팀은 발표 연습과 함께, 제기될 수 있는 질문들을 다루는 것을 연습해야 한다.

연설 도중의 **질문들을 준비**하는 여러 방법들이 있다. 이들은 다음과 같은 사항을 포함한다:

- 제기될 수 있는 질문들의 목록을 만들어서 그것들을 준비한다.

- 제기될 수 있는 문제들에 대한 보조 자료들(예를 들어, "여분의" 슬라이드, 컴퓨터 결과들, 통계 도표들)을 준비한다.

- "나는 모른다" 혹은 "우리는 그것을 고려하지 않는다"와 같이 말할 수 있도록 준비한다. 이것은 매우 중요한 점이다. 마치 아는 것 같이 행동하는 것은 발표자의(그리고 팀의) 신용을 악화시키고 매우 당황스러운 상황을 초래한다.

발표자 선택에 있어서 마지막 주의사항은 발표 순서이다. 발표와 프로젝트의 특성에 따라 팀은 모든 구성원들이 연설하기를 원할 수도 있다(예를 들면, 수업 요구 사항을 위해). 혹은, 경험이 적은 구성원들이 경험과 자신감을 얻기 위해 연설하도록 격려하기를 원할 수도 있다. 혹은, 가장 숙련되고 자신감이 있는 구성원들을 정하기를 원할지도 모른다. 이렇게 많은 발표 결정들과 함께 "타격 순서(batting order)"를 정하는 것은 발표를 둘러싼 환경에 따를 것이다. 이는 우리가 다룬 모든 다른 문제들과 함께, 팀은 연설 순서를 주의 깊게 고려하고 신중하게 결정하는 것을 의미한다.

6.3.5 설계 검토

설계 검토(design review)는 설계팀들이 하게 되는 다른 모든 발표들과는 매우 다른 독특한 발표 유형이다. 이는 특별히 팀에게 도전적이고 유익하다. 이와 같이 설계 검토에 대한 몇 가지 요점들을 주목할 만한 가치가 있다.

설계 검토는 일반적으로 팀이 설계를 평가하고, 질문을 제기하고, 여러 제안을 제시할 기술 전문가 청중에게 설계 선택을 상세히 발표하는 긴 모임이다. 검토는 설계를 완전하고 솔직하게 조사하고자 함이고, 당면한 설계 문제를 해결하거나 심지어 새로운 문제를 제기할 수도 있다는 의미를 드러내야 한다. 일반적인 설계 검토는 검토하는 문제의 특징에 대한 브리핑으로 구성될 것이며, 제안된 해결방안의 포괄적인 발표로 이어진다. 가공물의 경우, 팀은 종종 청중들이 팀의 설계 선택을 이해하고 질문하도록 하기 위해 체계화된 도면들과 스케치들을 발표할 것이다. 어떤 경우에는 이러한 자료들이 참가자들에게 미리 제공될 수도 있다.

설계 검토는 종종 설계 프로젝트에 관한 전문가들의 집중적 관심을 끌 수 있는 최선의 기회이다. 그것은 종종 설계팀에게 무섭고 걱정되는 순간인데, 팀원들이 설계를 변호(defend)하고 지적된 질문들에 답하기를 요구 받을 수도 있기 때문이다. 따라서 설계 검토는 팀에게 도전이면서 기회이며, 건설적인 대립에서 기술적 지식과 역량을 보여줄 기회를 제공한다. 질문들과 기술적 문제들은 긍정적이고 솔직한 환경에서 충분히 조사되어야 한다. 설계 검토로부터 혜택을 입기 위해서는, 팀은 그들의 작업이 질문 받고 도전받음으로 인해 나타나는 자연적인 방어성향(defensiveness)을 억제하려고 노력해야 한다. 많은 경우 팀은 질문들에 답할 수 있지만, 때로는 할 수 없다. 모임의 성격에 따라, 팀은 문제나 혹은 설계 그 자체를 구성하는 새로운 방법들을 제안하는 참석자 모두의 전문지식을 요구할 수도 있다.

놀랍지 않게도, 이러한 검토들은 몇 시간 혹은 하루나 이틀 동안 지속될 수 있다. 팀을 위한 하나의 중요한 결정은, 검토 과정에서, 어떤 문제가 충분히 다루어져서 다음 문제로 진행되는 시점을 결정하는 것이다. 이것은 실질적인 도전인데, 토론에서 팀이 원하지 않는 방향으로의 설계 변경이 제안되면 빨리 진행하고 싶은 본질적인 유혹이 있기 때문이다. 팀이 검토 참가자들이 실제로 팀의 관점을 "듣지" 않는다고 느낀다면, 비슷한 유혹이 있을지도 모른다. 두 가지 충동에 대항하는 것이 중요하다: 시간 관리를 핑계로 비평과 호되게 꾸짖는(belaboring) 문제들로부터 도망가려 해서는 안 된다.

설계 검토에 관한 마지막 요점은, 성격지향적인(personality-oriented) 비판은 파괴적이지만, 아이디어 영역에서의 대립은 일반적으로 건설적임을 기억할 필요가 있다는 것이다. 설계 검토에서 때때로 발생하는 열기(heat and light)가 주어진 상황에서, 팀 리더들과 팀원들은(청중의 구성원들뿐만 아니라) 검토의 초점을 설계자들에 대해서가 아니라 설계에 대해서 계속 유지해야 한다.

6.4 설계도면, 제조명세: 설계는 만드는 것이 아니다

프로젝트에 관한 고객과의 의사소통에 더하여, 설계팀은 또한 고객을 통하든지 아니면 간접적으로든지, 설계된 가공물의 제작자와 제조사와 의사소통하여야 한다. 왜냐하면 설계팀이 결코 만나지 못할지도 모르는 누군가가 팀이 설계한 것을 만들 것이기 때문이다. 일반적으로, 제작자가 볼 수 있는 유일한 설명서(instructions)는 최종보고서에 포함되어 있는 설계된 대상에 대한 표현(representation)과 설명(description)이다. 이는 이러한 표현과 설명이 완전하고, 애매하지 않고, 분명하고, 쉽게 이해되어야 한다는 것을 의미한다. 설계자들은 이러한 제품 설명이 설계된 것과 똑같이 제작된 물건(object)으로 귀착되는 것을 보증하기 위해 무엇을 할 수 있을까?

답은 믿을 수 없을 정도로 간단하다: 우리가 설계 결과들을 제조사와 의사소통할 때, 우리가 작성하는 제조명세에 관하여 매우 주의 깊게 생각해야 한다. 이것은 설계 프로젝트를 수행하는 동안, 우리가 제작하는 여러 종류의 도면들과, 최종 설계도면들과 관련된 다른 표준들에 특별한 주의를 기울이는 것을 의미한다.

6.4.1 설계도면

먼저 **설계도면**에 시선을 돌린다. 그것들은 스케치, 손으로 그린 도면, 간단한 특징선(wire-frame) 도면들(예를 들면, 막대기 그림들과 매우 비슷한 것)에서 정교한 입체 모형(solid model)(예를 들어, 색과 3차원 투시를 포함하는 정교한 "그림들")에 이르는 컴퓨터지원설계 및 제도(CADD) 모형들을 포함한다. 도면은 설계, 특히 기계설계에서 매우 중요하다. 왜냐하면 많은 정보가 도면 프로세스에서 만들어지고 전달되기 때문이다.

역사적인 표현으로, 우리는 "종이 위에 표시들(marks)"을 붙이는 프로세스에 관하여 얘기한다. 이러한 표시들은 스케치와 도면과 **방주**(marginalia), 즉 여백에 쓰인 메모들을 포함한다. 스케치는 사물과 연관된 기능들과 관계된 도표와 그래프들에 관한 것이다. 방주는 문서 형태의 메모, 목록, 차원, 계산 등을 포함한다. 그러므로 도면은 인접한 메모들, 더 작은 그림, 수식, 그려지고 설계된 사물과 관련된 아이디어들에 대한 지적들로 둘러싸일 수 있기 때문에, 정보의 병렬 전시(parallel display)를 가능하게 한다. 문장과 단락들의 구조에 의해 부여된 선형 순차적 정렬보다, 스케치 옆에 메모를 하는 것은 정보를 체계화하는 강력한 방법이다. 우리는 그림 6.2에서 이런 몇 가지 특성들을 설명하는 예를 보여준다. 이

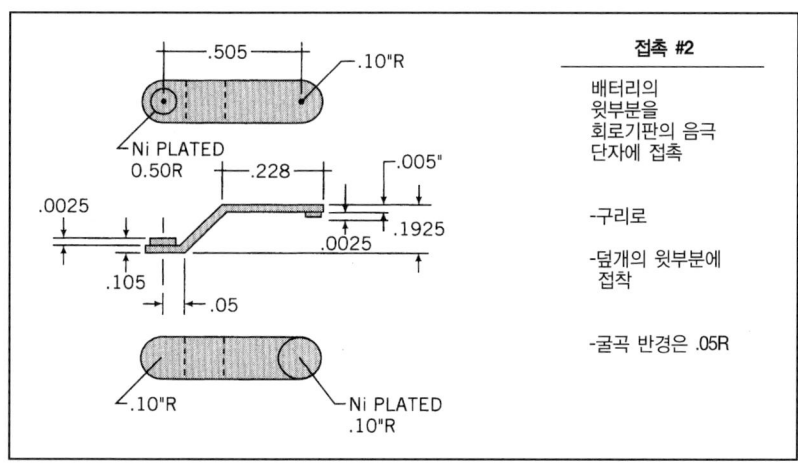

그림 6.2 설계된 물체의 스케치에 인접한 설계 정보. (Ullman, Wood, Craig, 1990)에서 발췌함.

것은 배터리에 의해 작동되는 컴퓨터 시계를 위한 포장을 설계하는 한 설계자에 의해 작성된 스케치이다. 이 포장은 플라스틱 덮개(envelope)와 전기접점(electric contact)으로 구성되어 있다. 설계자는 스프링 접점의 도면에 인접하여 어떤 제조 메모들을 써 놓았다. 더구나, 설계자가 휘갈겨 쓴 모형 메모나(예를 들어, "스프링을 단단한 외팔보(cantilever)처럼 모형화하라"), 계산이나(예를 들어, 외팔보 빔(beam) 모형에서 스프링의 강도를 계산), 혹은 전개되는(unfolding) 설계와 관련된 다른 정보를 갖는 것은 이례적인 일이 아닐 것이다. 이런 정보의 일부는 이미 제조명세의 성격(aspects)으로 번역됨을 주목하자.

모든 종류의 방주는 공학 환경에서 일하는 모든 사람들에게 친숙한 광경이다. 우리는 종종 그림을 그리고 그것들을 텍스트나 수식으로 둘러싼다. 또한 언어적 묘사를 정교하게 하고, 이해를 강화하고, 좌표 시스템이나 기호 약정(sign convention)을 강조하여 나타내기 위해 문서의 여백에 스케치를 그린다. 그러므로 당연히 스케치나 도면들은 공학설계에 필수적이다. (어떤 전통적 공학설계 교재들이 그래픽 의사소통의 중요성을 강조하는 동안, 도면과 그래픽은 공학 교육과정에서 사라질 것 같다!) 어떤 분야(예를 들어, 건축)에서 스케치와 기하학, 투시, 그리고 시각화는 그 분야의 토대(underpinning)들로 인식된다.

그래픽 이미지들이 다른 설계자들, 고객, 제조부서 등과 의사소통하는 데 사용된다는 사실은 설계자들에게 특별히 중요하다. **도면**들은 설계 프로세스에서 여러 다른 방법으로 사용되는데, 다음과 같은 것들을 포함한다:

- 새로운 설계를 위한 발판으로 사용한다.

- 설계의 분석을 지원한다.

- 설계의 동작과 성능을 모의실험한다.

- 모양의 기록과 설계의 외형을 제공한다.

- 설계자들 사이에서 설계 아이디어들의 의사소통을 용이하게 한다.

- 설계가 완전한 것을 보증한다(도면과 관련된 방주가 설계의 남겨진 부분들을 여전히 상기시키면서).

- 최종설계와 제조 전문가들을 의사소통시킨다.

스케치와 도면들을 많이 사용한 결과로서, 설계 프로세스에서 공식적으로 식별되는 여러 다른 종류의 도면들이 있다. 아래와 같은 설계도면 종류의 목록은 기계제품 설계를 강하게 상기시킨다:

- **배치도면**(layout drawing)은 장치(device)의 주요 부품이나 컴포넌트, 그리고 그들의 관계를 나타내는 작업 도면들이다(그림 6.3 참조). 그것들은 대개 일정한 비율로 그려지고, 허용차(tolerance)는 표시하지 않는다(다음을 보라). 그리고 설계 프로세스가 진행되면서 변하기 쉽다.

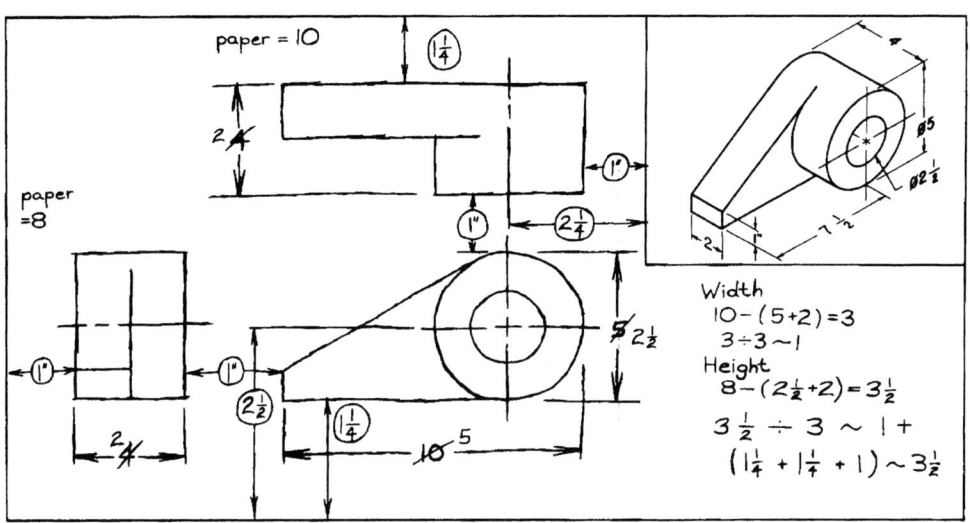

그림 6.3 일정비율로 그려진 *배치*도는 허용차를 보여주지 않고, 설계 프로세스가 진행되면서 확실히 수정될 것이다. (Boyer, et al., 1991)에서 발췌함.

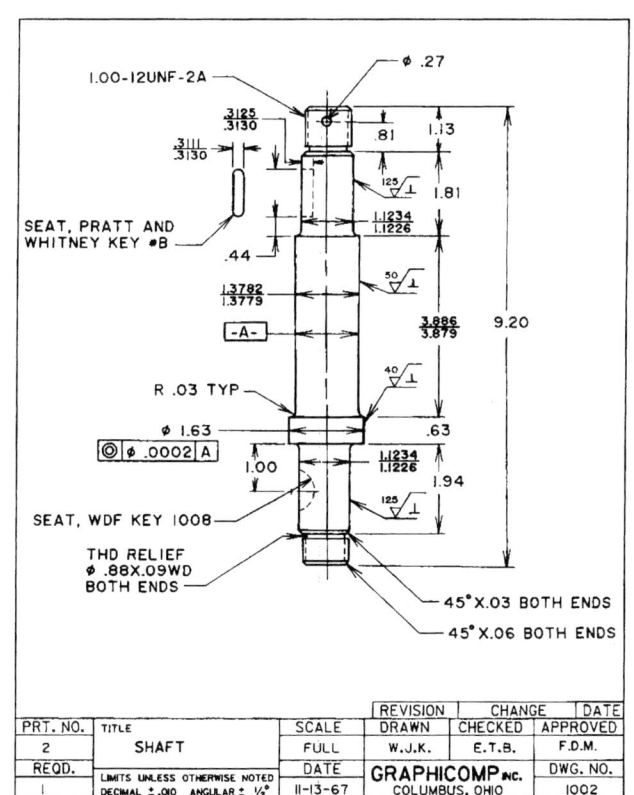

그림 6.4 허용차를 포함하고 재료를 지정하고 특별한 공정 요구사항들을 열거하는 *상세도면*. ANSI 도면 표준에 맞추어 그려졌다. (Boyer, et al., 1991)에서 발췌함.

- **상세도면**(detail drawing)은 장치 각각의 부품이나 컴포넌트, 그리고 그들의 관계를 보여준다(그림 6.4 참조). 이런 도면들은 허용차를 표시해야 하고, 재료와 특별한 공정 요구사항들을 지시하여야 한다. 상세도면은 현재의 표준(아래에서 토론되는)에 일치하게 그려지고, 단지 공식적인 "변경 주문(change order)"이 권한을 부여할 때 변경된다.

- **조립도면**(assembly drawing)은 장치의 각 부품이나 컴포넌트가 함께 어떻게 꼭 맞는지를 보여준다. **분해도**(exploded view)는 보통 이런 "적합성(fit)" 관계들을 보여주기 위해 사용된다(그림 6.5 참조). 컴포넌트들은 부품번호나 **자재명세서**에 부착된 기재사항으로 식별되고, 이들은 주요 도면들이 모든 요구되는 정보를 보여줄 수 없다면 상세도면들을 포함할 수도 있다.

세 가지 종류의 주요 기계설계도면들을 묘사하면서 정의가 필요한 어떤 기술적 용어들을 사용하였다. 첫째, 중대하거나 민감한 차원들의 허용되는 변동 범위들을 정의할 때 도면들은 **허용차**를 보여준다. 실제적인 문제로서, 어떤 두 물체를 **정확하게** 동일하게 만드는 것은 사실상 불가능하다. 극히 작거나 세밀한 해상도에서 차이를 구별할 수 있는 우리들의 능력에 한계가 있으므로, 그것들은 똑같이 보일지도 모른다. 그렇지만 똑같은 제품을

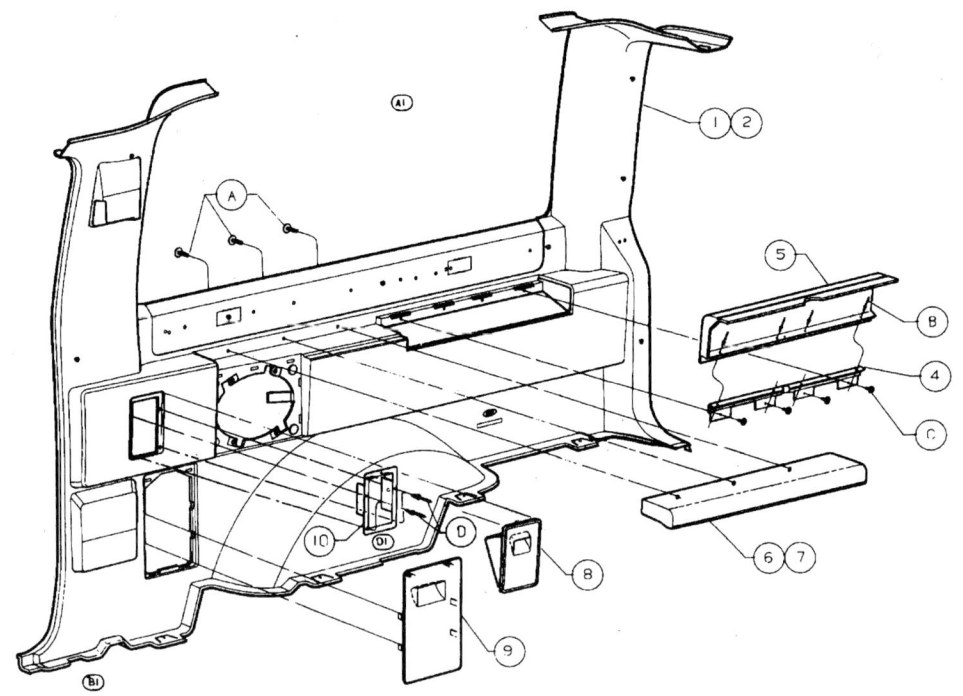

그림 6.5 이 조립도는 자동차의 각 부분들이 어떻게 서로 맞는지를 보여주기 위해 분해도를 사용한다. 컴포넌트들은 부품번호나 자재 명세서에 부착된 기재사항으로 식별된다(여기에는 나타나 있지 않음). (Boyer, et al., 1991)에서 발췌함.

대량으로 생산할 때, 그것들이 같은 방식으로 잘 작동하기를 원한다. 그래서 가능하면 이 상적으로 설계된 형태로부터의 어떤 변형도 제한해야 한다. 그것이 제조사와 그 제조물에 한계를 규정하는 허용차를 부여하는 이유이다.

우리는 또한 도면 표준들의 존재를 지적하였다. **표준들**(standards)은 규칙적이고 일반적 인 설계 상황에서, 최선의 현재 공학 관행(practice)을 명확히 나타낸다. 그러므로 표준들은 도면들(예를 들면, ANSI Y14.5M-994 Dimensions and Tolerancing), 미국 내에 건설된 빌딩의 화재 안전(예를 들면, Life Safety Code of the National Fire Protection Association), 보일러(예를 들면, ASME Pressure Vessel Code) 등을 위해 부합하는 성능단위(performance bars)를 나타낸 다. 미국표준협회(ANSI)는 전문가 협회들(예를 들면, ASME, IEEE)과 설계의 여러 단계를 관리하는 단체들(예를 들면, NFPA, AISC)에 의해 쓰인 각각의 표준들을 위한 정보센터 (clearinghouse) 역할을 한다. 미국표준협회는 또한, 다른 나라들과 나라들의 그룹(예를 들 면, 유럽연합)과 일을 할 때 호환성과 일관성을 보증하기 위해, 미국의 대변인 역할을 한다. 미국 제품 표준들의 완전한 목록은 「*Product Standards Index*」에서 찾아볼 수 있다.

6.4.2 제조명세

제1장에서 지적한 것 같이, 성공적인 설계 프로젝트의 최종 목적지는, 설계된 가공물이 만들어지는 기초를 형성하는 계획들의 집합이다. 이런 계획들의 집합은 제조명세서로서 식별되고, 최종설계도면들을 포함하는데, 이들은 분명해야 하고, 잘 조직되어야 하고, 깔 끔하고, 정돈되어 있어야 한다. 제조명세서(fabrication specification)가 갖추어야 할 몇 가지 구체적인 특성들이 있다. 즉, 이는 **모호하지 않고**(unambiguous)(즉, 각 부품과 부분들의 역할과 위치는 틀림없어야 한다), **완전**(complete)하고(즉, 범위에 있어서 포괄적이고 전체적인), **투명** (transparent)해야(즉, 제작자나 제조자에 의해 쉽게 이해될 수 있는) 한다.

설계된 가공물이 설계자나 설계 프로세스와 완전히 연관성이 없는 누군가에 의해서도 제작될 수 있으려면, 제조명세서는 이러한 특성들을 갖추어야 한다. 더구나, 설계자가 실 수를 잡아내고 조언하기 위해 주위에 있을 수 없을지도 모르기 때문에, 가공물은 설계자 가 의도한 바와 똑같이 기능을 수행하여야 한다. 제작자는 문제를 상의하거나 즉석에서 질문하기 위해 뒤돌아볼 겨를이 없다. 설계자들이 자신들이 설계한 것을 만드는 장인이었 던 시대는 이미 오래 전에 지나갔다. 결과적으로, 설계자들이 설계의 실제적인 제조에 관 여하기 어렵기 때문에, 설계 작업을 구체화하는데 있어서 많은 허용범위(latitude)나 혹은 속기(shorthand)가 더 이상 허용되지 않는다.

제조명세서는 보통 상세설계 단계에서 제안되고 작성된다(그림 2.4 참조). 주요 초점은 개념설계이기 때문에 제조명세서를 깊게 토론하지는 않을 것이다. 그렇지만 설계 프로세 스의 초기에 예상할 가치가 있는 여러 상황들이 있다. 하나는 명시되어야 할 많은 컴포넌 트와 부품들이(예를 들면, 자동차 스프링, O-링, DRAM 칩 등과 같은) 공급자들로부터 구입될 것이다. 이는 학문분야의(disciplinary) 많은 세부 지식들이 작용하기 시작하는 것을 의미한다. 이런 상세한 지식은 종종 설계의 수명과 그것의 사용자들에게 결정적으로 중요하다. 예를 들면, 잘 알려진 치명적인 고장은 부적절하게 명시된(specified) 부품들로 인하여 발생했는데, 이에는 하얏트 호텔 연결 통로, 챌린저 O-링, 하트포트 콜로세움의 지붕 버팀대 등이 포함된다. 성가신 일은 사실 상세한 것이다!

물론, 원래 설계에서 예상하지 못한 결함이 장치(device)를 제조하거나 사용하는 과정에서 드러나는 경우도 있다. 즉, 설계된 대상을 사용하고 유지하는 방법은 예상 못한 결과들을 초래한다. 예를 들면, F-104 전투기는 "과부제조기(the widowmaker)"라고 불리어졌다. 그 이유는, 시험 비행사들은 비행기 설계자들이 예상하지 못한 비행 조종(maneuver)을 할 수 있음을 발견했기 때문이다(그리고 그들이 최종적으로 이런 비행 조종법을 배웠을 때, 그것이 적절하다고 생각하지 않았다). 아메리칸 에어라인 DC-10은 1979년에 추락했다. 그 이유는, 그 비행기 소유자들이 엔진의 지지 구조들과, 이들의 비행기 날개로의 연결에 대한 설계를 손상시키는 방법으로 유지보수 절차를 수행했기 때문이었다. 설계자는 점치는 능력을 얼마나 많이 가져야 하나? 설계자는 자신의 작업이 잘 이용될지, 잘못 이용될지에 대해 얼마나 멀리 미래를, 그리고 얼마나 잘 예측해야 하나? 여기에는 분명하게 윤리적이고 법적인 문제들이 있다. 그러나 지금 우리의 의도는 단지 제조명세서와 같은 설계 세부사항이 최고로 중요하다는 사실을 전달하는 것이다.

많은 컴포넌트와 부품들을 구매할 수 있고, 다른 것들은 새로 제작된다는 전제 하에서, 설계자는 제조명세서에 어떤 종류의 정보를 포함시켜야 하나? 간략하게 말하면, 제조명세서에 명기될 수 있는 많은 종류의 **요구사항**들이 있다. 그것들은 다음과 같은 것들이다:

- 물리적 차원
- 사용되는 재료의 종류
- 예외적인 조립 조건(예를 들면, 다리 건설 비계)
- 작동 조건(예상되는 사용 환경에서)
- 작동 변수(parameters)(가공물의 반응과 동작을 정의하는)
- 유지보수와 수명 요구사항
- 신뢰성 요구사항
- 포장 요구사항
- 배송 요구사항
- 외부 표시(marking), 특별히 사용과 주의 라벨
- 예외적이고 특별한 요구(needs)(예를 들면, 합성 자동차 오일을 사용해야 함)

제조명세서에서 언급되어야 하는 이런 다양한 유형의 문제들에 대한 비교적 짧은 목록은, 이러한 명세서의 특성에 대한 요구사항들에 관하여 요점을 보여준다. 손톱깎이에서 볼 수 있는 스프링 동작의 명세는 큰 일이 아닐지 모른다. 그러나 상용 비행기의 착륙장치에 있는 스프링들은 매우 자세히 명시하는 것이 좋다!

여기서 우리의 마지막 주의. 설계명세서(1.2절과 제4장 참조)를 작성하는 다양한 방법들이 있는 것 같이 제조명세서를 작성하는 다양한 방법들을 예상할 수 있다. 우리는 단순히 특별한 부품과 공급자의 목록에 있는 부품 번호를 명시할 수도 있다. 이는 **규범명세**(prescriptive specification)가 될 것이다. 우리는 어떤 일을 하는 특정 부류의 장치들을 명시할 수도 있다. 이는 **절차명세**(procedural specification)가 될 것이다. 우리는 단순히 어떤 기능을 일정한 수준까지 달성할 무언가를 공급자나 제조자가 삽입하도록 남겨둘 수도 있다. 이는 **성능명세**(performance specification)가 될 것이다.

6.4.3 명세, 도면, 그림에 대한 철학적 요점

매우 다양한 공학 학문분야와 영역들에 있어서의 관행들(practices)을 정의하는 표준들이 너무 많고, 이들은 개념설계에서 거의 역할이 없으므로, 우리는 몇 가지 철학적 주의사항으로 설계도면들과 제조명세서들에 대한 우리의 토의를 마친다.

첫째, 공학 학문분야들이 발전하고 전개되어온 상이한 방법들 때문에, 이들은 서로 다른 접근방법을 사용한다. 이러한 접근방법들은 각 학문분야의 다양한 필요 때문에 계속된다. 기계설계에서 예를 들면, 매우 엄격한 허용차에서 함께 꼭 맞는 다수의 컴포넌트들을 갖는 복잡한 장치를 만들기 위해, 앞에서 설명한 일련의 도면들을 만드는 것 외에는 설계를 완성하는 다른 방법은 없다. 정확히 들어맞는 위상학적 동치(topological equivalence)는 없다. 즉, 우리는 대개 스프링, 매스, 댐퍼(혹은 대시포트), 피스톤 등을 그림으로써 기계 장치를 만들 수 있을 만큼 충분히 잘 명시할 수 없다. 우리는 실제 장치를 명확하게 묘사하여야 한다. 한편, 회로설계에서 관행과 기술은 하나의 요점에 병합된다. 즉, 회로 설계자가 스프링-매스-댐퍼 스케치와 유사한 회로 도면을 그렸을 때, 회로설계가 완성된다는 것이다. 우리는 관행들이 공학 학문분야들 사이에서, 혹은 다양한 관행 그 자체 사이에서 이렇게 차이 나는 많은 이유들에 관하여 토의하지 않을 것이다. 그럼에도 불구하고, 설계 기업에 공통적인 사고의 습관들과 방식들이 있는 반면, 각 학문분야에 독특한 관행들과 표준들이 있고, 이들을 현명하게 배우고 사용하는 것은 설계자의 의무라는 사실을 설계자들은 알아야 한다.

우리는 또한 어떤 외형적, 회화적 표현이 (무슨 매체를 사용하던 간에) 대부분의 평범한 설계들의 성공적인 완성을 위해 절대적으로 필수적이라는 논제를 강조하고자 한다. 우리가 다른 설계자들, 학생들, 선생들 등에게 어떤 것을 설명하면서, 그것을 스케치하기 위해 얼마나 자주 연필이나 분필을 집는지를 생각해 보라. 이런 일은 기계적, 혹은 구조적 설계에서 조금 더 자주 일어난다. 왜냐하면 대응하는 가공물들이 기능들을 분명히 보여주는 형태와 위상을 갖는 경우가 매우 흔하기 때문이다. 예를 들어, 기어, 레버, 풀리 등과 같은 기계 장치를 생각해 보라. 또한 보, 기둥, 아치, 댐 등을 생각해 보라. 형태를 통해 기능을 재현하는 것은 항상 분명한 것은 아니다. 때때로 우리는 물리적 형태에 기초한 상세 스케치 없이, 기능의 사실성을 보여주기 위해 좀더 추상적인 도면들을 사용한다. 이런 도면의 **추상화**(abstraction)의 세 가지 예들은 우리가 위에서 토론한 학문분야에 따른 차이점을 반영한다: (1) 전자 장치를 표시하기 위해 회로도를 사용; (2) 화학-공학-프로세스 플랜트 설계를 표시하기 위해 흐름도 사용; (3) 통제 시스템을 표현하기 위해 블록 도표(그리고 그에 대응하는 대수(algebra)들)를 사용. 이런 그림들과 도표들과 도해들은, 우리가 본 바와 같이 다른 추상화 수준을 갖고, 우리 마음속에 존재하는 복잡한 그림들을 구체화하기 위해 단지 우리의 제한된 능력을 넓힌다.

아마도, 이는 단지 우리가 좋아하는 중국 격언을 반영한 것일 뿐이다: "백문이 불여일견". 이는 또한 독일 격언을 반영한다: "보는 것은 자신을 믿지만, 듣는 것은 다른 사람을 믿는다". 사실, 좋은 스케치 또는 실물 묘사는, 특히 설계 개념이 새롭거나 논쟁의 여지가 있을 때, 매우 설득력이 있을 수 있다. 도면은 정보를 종합하는 훌륭한 수단 역할을 한다. 왜냐하면 도면의 특성상, 우리가(패드 위에 보드에 그리고 CADD 프로그램에) 물체에 관한 부가적인 정보들을 도면의 "집(home)"에 인접한 영역에 덧붙일 수 있기 때문이다. 복잡한 물체의 설계를 위하여, 전체로, 혹은 더 부분적으로, 혹은 부품별로 이렇게 할 수 있다. 도면들과 도표들은 기하학적이고 위상학적인 정보를 매우 분명히 하는 데 효과적이다. 그렇지만 도면들과 그림들은 정보의 순서를 논리사슬이나 시간에 따라 표현하는 능력에 제한을 받는다는 것을 명심해야 한다.

이와 관련하여 우리의 마지막 관찰은, 우리가 사진 이미지를 참조하지 않았다는 것이다. 사실, 사진은 다른 그래픽 묘사에 기인하는 많은 내용과 영향을 갖고 있지만, 공학설계에는 널리 쓰이지 않는다. 하나의 가능한 예외는, 사진과 같은 프로세스가 사용되는 초대규모집적회로(VLSI)를 배치하기 위해 광학적 평판(lithographic) 기술을 사용하는 것이다. 또한 사진(photographic) 수단(예를 들어, 인공위성에서 획득한 기하학적 데이터)에 의해 데이터를 모으는 경우가 증가하고 있다. 컴퓨터 기반 주사(scanning) 및 화질개선 기술들을 고려할 때, 우리는 설계 정보가 이런 방법으로 표시되고 사용될 것을 기대해 봄 직하다. 이런 경향의 징조는 지리정보시스템(GIS)에 대한 증가하는 관심이다. 이것은 지구의 지리 좌표를 참조하여 정보를 관리하고 보여주기 위해 지정된 고도로 전문화된 데이터베이스 시스템이다. 지리정보시스템과 먼 거리와 공간들을 포함하는 설계 프로젝트(예를 들어, 새로운 쓰레기 폐기 부지와 도시의 교통 시스템)에서, 다른 컴퓨터 기반 설계 도구들과 함께 사용되는 인공위성 사진들을 상상하는 것은 쉽다. 그러므로 스케치, 도면, 도표들과 함께 설계 지식을 그래픽으로 표현하는 형태로서 사진을 잊어서는 안 될 것이다.

6.5 Xela-Aid 설계 프로젝트를 위한 최종 보고 요소

대부분의 설계 프로젝트에서 요구되는 것과 같이, 닭장 설계를 책임지는 학생팀들은 그들의 결과들을 최종보고서와 구두 발표의 형태로 보고하였다. 이 절에서는 6.2절에서 토의한 어떤 "하는 것과 하지 않는 것"에 대하여 더 많은 직관을 얻기 위해 간략히 이런 보고들과 관련된 중간 작업 작품들을 볼 것이다. 우리는 또한 San Martin Chiquito에서 결국 선택되고 만들어진 개념설계를 보고할 것이다.

6.5.1 두 프로젝트의 대략 개요

우리가 인용해온 두 팀들은 보고서 구조를 설계하는(lay out) 첫 번째 단계로서 대략 개요를 준비하였다. 표 6.1은 한 팀의 대략 개요를 보여준다. 표 6.2는 다른 팀의 대략 개요를 보여준다.

이런 두 가지 개요들은 유사성과 차이점들을 보여준다. 첫 번째 팀은 예를 들면, 그들의

표 6.1 한 닭장 팀의 대략 개요. 대략 개요는 의도된 반복이 거의 없거나 전혀 없이 팀의 구성원들이 작업을 나눌 수 있는 방법으로 보고서의 전체 구조를 보여주어야 한다. 이 구조는 또한 분명하고 논리적 방법으로 진행되어야 한다. 그것은 이 보고서를 위한 것인가?

I. 서론
II. 완수될 필요가 있는 것을 묘사
   A. 가중 목적나무
   B. 가중 목적나무 정당화
III. 대안들 생성과 평가
   A. 형태도표
   B. 측정기준 도표
IV. 설계 결과
V. 닭장 속성의 선택 정당화: 우리들의 해결방안 평가
VI. 프로젝트 관리
   A. 작업분해구조
   B. 일정계획
   C. 예산
VII. 결론
   A. 문제 분석의 결과들
   B. 다음 번을 위한 직관들
   C. 닭장 제안들
VIII. 참고문헌과 후주
부록: 미국 화폐단위로 가격 분석
부록: 제조명세

표 6.2 다른 닭장 팀의 대략 개요. 이 대략 개요는 보고서의 전체 구조를 보여준다; 보고서는 분명히 프로세스를 보고하는 것에 초점을 맞추고 있다. 설계와 실제 결과들은 이 프로세스에 의해 얻어진다. 초안을 작성하는 것에 많은 주의를 기울이지 않으면 이것은 팀을 "프로젝트 연혁"을 쓰는 위험에 놓는다. 이것은 주제문 개요에서 쉽게 다룰 수 있다.

   I. 서론

   II. 고객 기술문

   III. 설계 프로세스

     A. 목적나무

     B. 가중 목적나무

     C. 기능적 분석

     D. 형태도표

     E. 측정기준과 시험

   IV. 최종설계 선택

   V. 건축

   VI. 참고문헌

부록: 가금 주거에 대한 연구

부록: 목적들을 순위 매기는 데 사용되는 워크시트

부록: 최종설계 도표

최종설계를 정당화하는 데에 여러 절을 바쳤고, 다른 팀은 프로세스에 관하여 체계화하였다. 비록 두 번째 팀은 제작 설명서를 보고의 본문에 두었지만, 두 팀은 스케치와 도면들을 부록에 이관하였다. 이는 팀들이 설계 결과들을 전달할 적절한 구조에 대하여 결정할 자유를 반영한다. 그러나 이런 자유로 인해, 독자가 문제의 본질과 해결방안의 이익들을 이해하도록 하는 논리적 순서를 갖추지 않아도 되는 것은 아니다.

최종보고서의 구조에 대한 두 번째 요점으로, 프로젝트를 수행하는 동안 보고서를 얼마나 많이 작성할 수 있었는지를 주목하지. 각 팀은 의사결정 프로세스를 문서화하기 위해, 앞장에서 토의한 공식적인 설계 도구들을 사용하였다. 그러므로 최종보고서 작성을 용이하게 하기 위해, 팀들은 그들의 결과들을 추적하고 체계화할 수 있고, 또 그래야 한다.

마지막으로, 개요는 적절히 보고서로 직접 변환되지 않을 것이다. 여러 절에 걸쳐 고려될 수 있는 문제들이 있고, 전혀 검토되지 않는 것들도 있다. 팀이 주제문 개요나 다른 상세 계획을 갖고 진행하지 않으면, 최초의 최종보고서 초안은 불필요하게 높은 수준의 편집을 요구할 것이다.

6.5.2 Xela-Aid 프로젝트를 위한 주제문 개요

표 6.3은 한 학생 설계팀에 의해 준비된 주제문 개요의 일부를 발췌한 것이다. 전체 개요는 한 줄 간격으로 8쪽 분량이다. 각 기재사항(entry)은 그 자체로는 완전한 문장이 아니

표 6.3 대략 개요에서 일관성 있는 초안으로 옮기는 것을 위한 일반적 접근방법을 보여주는 한 학생팀의 주제문 개요의 발췌. 연대기로(예를 들어, "이제 우리가 …") 쓰인 경향과 몇 개의 불명확한 정의들을 주의하라. 그 팀은 하나의 단락이 관철된 각 아이디어를 위해 충분한가를 질문할 수 있다. 예를 들면, 그 팀이 사용한 특별한 형태도표를 식별하는 구체적 단락이 없다.

Ⅴ. 고려된 가능 대안들의 설명과 평가

  A. 형태도표로 알려진 우리가 만든 가능 대안들의 결정에서 우리를 돕기 위해

    1. 형태도표를 묘사하는 단락과 그것을 구성하는 것들

      a) 기능들

      b) 기능들(수단들)의 해결방안들

  B. 형태도표가 완성되면 그것에 기초하여 대안들을 생성하기 시작한다.

    1. 형태도표의 사용을 묘사하는 단락

      a) 비일관성에 기초한 가능성들을 제거

      b) 가장 제한적 해결방안들을 가진 기능들로 시작

      c) 해결방안들의 조합으로부터 분명한 설계대안들을 만듦

  C. 분명한 대안들 집합을 가지고 있기 때문에 각 대안들이 어느 정도로 우리 목적들에 부합할 수 있는지를 결정하기 위한 방법들을 개발한다.

    1. 측정기준의 정의를 묘사하는 단락

      a) 질적 양적으로 설계의 단면을 측정할 수 있게 설계된 방법론

      b) 각 측정기준은 설계의 한 단면을 측정하기 위해 설계된다.

      c) 측정기준들은 종종 목적들에 기인한다.

        i) 목적들을 맞추는 수준을 결정하기 위해 종종 사용됨

      d) 어떤 설계 구성 요소들이 최선(대부분의 목적들과 부합)인지에 관한 결정과 최종설계를 결정하기 위해 데이터 수집이 사용된다.

  D. 닭들, 닭장들, 육식동물들, 기후와 마을 조건들은 또한 우리 설계 결정들에 영향을 준다.

    1. 우리 연구의 주요 요점을 묘사하는 한두 개 단락

지만 각각의 구체적 요점을 보기는 쉽다. 이 정도의 상세수준에서 중복적이고 불필요하게 다루어진 요점들을 식별하는 것은 상대적으로 쉽다.

주제문 개요를 통하여 설계팀은 보고서의 각 절과 각 단락에서 다루어질 것을 볼 수 있다. 또한 이를 통하여 팀원들은 글쓰기와 "문장가(wordsmithing)" 노력에 시간을 들이기 전에, 문제를 제기하고 절에 관하여 제안할 수도 있다. 예를 들면, 측정기준들에 관한 팀의 정의들이 분명하지 않고, 시시콜콜 캐묻는 독자(교수나 기술 관리자와 같은)에 의해 도전받을 수 있다. 어떤 단락들에서 전달된 모든 아이디어들이, 두 단락으로 나누었더라면 더잘 다뤄질 수 없었을 것인지 또한 불분명하다. 예를 들면, 형태도표의 정의는, 그 팀이 형태도표를 나타낸 것에 반해, 이를 나누었더라면 더 잘 설명되었을 수도 있다.

그 팀은 또한 프로세스에 역사적(historical) 접근방법을 채택하였는데, 이것은 제안된 형

태와 조화롭지 않다는 것을 주의하라. 예를 들면, "일단 우리 도표가 완성되면 우리는 시작한다…"라는 표현은 팀이 설계 프로세스가 아니라, 시간과 사건의 경과를 문서화하고 있다는 것을 나타내는 적신호이다.

다행스럽게도, 그 팀이 주제문 개요에 노력을 투자하였기 때문에, 개정하는 것이 상대적으로 쉬웠다. 만약 그 팀이 예를 들면, 닭들과 닭장 등에 관한 정보를 부록으로 옮기려고 결정하였다면, 이 자료는 그 절을 참조하여 쉽게 옮겨지고 찾아질 것이다.

6.5.3 최종 결과물: San Martin Chiquito 닭장

San Martin Chiquito의 닭장을 설계의 예로, 그리고 특히 단점들이나 개선의 여지가 있는 것으로 사용해왔는데, 이제 최종 결과물을 묘사하는 것이 공평하고 적절하게 보인다. 양 팀들은 흥미로운 설계들을 제안하였다. 한 팀은 "닭 공장" 개념설계에 기초하였고, 다른 팀은 더 작고 덜 비싼 보금자리와 휴식처를 갖는 담장 안의 공간에 기초하였다. 비용, 건설의 용이성, 생산성을 포함하여 수많은 요인들을 고객과 컨설팅 한 후, 담장 안(fenced-in) 개념이 채택되었다. 1997년 여름 동안 설계를 완성한 후, 네 학생의 팀과 지도 교수는 Xela-Aid 팀의 일원으로 과테말라로 여행을 가서, 닭장과 온실과 방직 빌딩을 만들었다.

그림 6.6과 6.7은 가금(poultry) 거주 지역에 가까이에 있는 건설 중인 닭장의 사진을 보여준다. 초기 설계로부터의 많은 변경과 개량을 사진들에서 볼 수 있다. 이는 개념설계에서 최종 이행까지의 진행에서 보기 드문 것은 아니다. 원래 설계는 예를 들면, 콘크리트 블록 닭장 빌딩을 요구하였다. 실제적인 문제로서, 닭장을 나무와 파형 판금(corrugated metal)으로 짓는 것이 더 싸고 쉽다는 것이 판명되었다. 개념설계는 닭장의 기초에 있는 처리되지 않은(untreated) 나무가 땅에서 썩는 문제를 적절히 다루지 않았다. 그렇지만 현장에서 콘크리트 패드 시스템이 개발되었고 나무는 그 위에 고정되었다. 더한 변화는 담장 기둥들이 국지적으로 가용한 앵글철(angle-iron)로 만들어졌다는 것이다. 그것은 이전의 토의에서 언급된 3중 철근 구조보다 사용하기에 상당히 쉽다.

처음에는 이것들과 다른 변화들 때문에, 마지막 닭장이 원래 학생들에 의해 제안된 것과 상당히 다르게 보였다. 그렇지만 기본적인 개념은 변하지 않았다. 그림 6.6에서 휴식 공간들을 구성하는 단(tray)들과 보금자리 상자들을 분명히 볼 수 있다.

오늘날 San Martin Chiquito의 여성 협력체는 닭 30마리의 지속적인 산출과, 상응하는 계란 생산, 학생 설계 프로젝트의 결과로서의 엄청난 개선을 자랑한다.

그림 **6.6** 이 사진은 San Martin Chiquito에 건설중인 닭장을 보여준다. 왼쪽의 둥지와 오른쪽의 쉬는 곳을 주의하라. 앞마당의 여인들은 여성 조합의 지도자, 즉 고객인 Amalia Vazquez를 포함한다.

그림 **6.7** 이 사진은 닭이 들어가기 바로 전 최종 단계 동안의 닭장을 보여준다. 문은 울타리에 붙여질 필요가 있고 약간의 장식적인 변화들이 요구된다. 뒷마당에 실짜는 조합을 위한 건축 재료들이 보인다. 앞마당의 개들은 치워지고 30마리의 닭들로 대체된다. 닭과 알 생산은 세 배가 된다.

6.6 프로젝트 마무리 관리

이 절에서는 문서화 활동을 관리하고 프로젝트를 끝마치는 것에 대하여 마지막 의견을 제시하고자 한다. 다음 프로젝트의 성능을 향상시키기 위한 기초로 한 프로젝트의 경험을 사용하기를 원하는 팀에게 특별히 중요한 것이 프로젝트 사후 감사에 대한 토의이다.

6.6.1 팀 문서 작성은 동적 사건

우리는 대부분 문서를 작성하는 데 상당한 경험이 있다. 이것은 학기말 보고서, 기술적 메모, 실험실 찬사들, 창의적 문서 혹은 신문의 경험들을 포함할지도 모른다. 그러나 팀 환경에서 설계의 문서화는 혼자 문서를 작성하는 것과는 기본적으로 다른 활동이다. 이런 차이점들은 공동저자들, 기술적 필요, 그리고 일관된 형식을 보증할 필요 등에 의존한다.

팀으로 문서를 작성할 때 만약 할당된 문서 작성과 관련된 내용들이 분명하다면, 우리는 단지 다른 사람들이 무엇을 쓰고 있는지를 확인할 수 있어야 한다. 따라서 어떤 팀원의 개인적인 문서 작성 양식이 상세 개요들과 많은 초고들을 포함하지 않을지라도, **모든 구성원들**은 개요와 대략 초고(rough draft)들을 만들어야 한다. 왜냐하면 그것들이 팀의 성공에 필수적이기 때문이다. 이는 대부분의 작가들에 대하여 유일한 방식으로 의무와 협력의 문제를 중요하게 만든다. 제7장에서는 선형책임도표(LRC)를 작업이 공평하고 생산적으로 할당되었는지를 보증하는 수단으로 소개할 것이다. 선형책임도표는 문서화 단계의 일부로서 개정되고 갱신되어야 한다.

작업이 공평하게 할당되었을지라도 최종보고서, 구두 발표, 다른 형태의 문서 등의 궁극적 품질은 팀과 각 구성원에게 주어질 것이다. 그러므로 각 팀원은 보고서 초안들을 자세히 읽을 시간을 갖는 것이 중요하다. 마찬가지로 중요한 것은, 팀은 다른 사람들의 비평과 제안을 존중하고 고려하는 환경을 만들어야 한다. 팀의 어떤 사람도 최종보고서 초안을 읽는 의무로부터 면제 받아서는 안 된다; 어떤 사람의 견해도 "경멸" 받아서는 안 된다. 최종 전달물을 준비해야 하는 중압감 아래서, 어떤 의미로 분위기는 그룹의 문화와 태도에 대한 시험이다. 대인 간의 역학은 면밀히 감시되고 주의 깊게 관리되어야 한다.

6.1 절에서 언급한 것 같이, 팀은 또한 한 목소리에 동의하여야 한다. 이것은 특별히 많은 노력을 한 후 여러 날의 작업을 다시 써야 할 경우 종종 팀에서 아주 어렵다. 자기의 문체를 승화하여 팀과 지정된 편집자를 만족시키는 것은 어떤 작가에게도 어렵고, 자신이 숙련된 작가라고 생각히는 사람들에게는 더 어렵다. 다시 한번 각 구성원은 팀의 전체 목표를 명심하여야 한다.

구두 발표는 또한 팀이 작업을 공평히 나누도록 요구한다. 각 팀원은 다른 구성원들이 팀의 작업을 발표할지도 모른다는 것을 인식해야 한다. 많은 경우에 프로젝트의 특정 부분의 발표자는 발표되는 작업 요소와 거의 연관이 없거나 심지어 접근방법에 반대할지도 모른다. 다시 한 번, 여기서 중심 문제는 팀의 구성원에 의한 상호 존중과 적절한 반응에 대한 필요성이다.

6.6.2 프로젝트 사후감사

실제 실습에서 대부분의 프로젝트들은 고객에게 전달하는 것으로 끝나지 않고 **프로젝트 사후감사**(project post-audit)로 끝난다: 기술적 작업, 관리 실습, 작업 할당과 최종 결론을 포함하는 체계적인 프로젝트 검토 등. 이것은 심지어 학생 프로젝트나 팀을 완전히 해체하는 활동들을 위해서도 개발을 위한 훌륭한 관행이다. 말이 두 번째 차는 것은 현실적으로 교육가치가 없다는 오래된 켄터키의 속담이 있다. 프로젝트 사후감사는 말(horse)을 더 잘 이해하고 다음번에 어디에 설 것인지를 배우는 기회이다.

프로젝트 사후감사의 주요 문제는 다음번에 더 좋은 작업을 하는 것에 초점이 있다. 실제적인 문제로서 프로젝트 사후감사는 한두 시간이 걸리는 모임처럼 단순할지도 모른다. 혹은 그것은 설계팀의 모체가 되는 조직에 의해 지시 받는 더 큰 공식적 프로세스의 일부가 될지도 모른다. 범위와 공식 메커니즘과 관계없이 기본적인 사후 감사 프로세스는 간단하다:

- 프로젝트 목표 검토

- 프로젝트 프로세스 검토, 특히 사건 순으로

- 프로젝트 계획, 예산, 자원 사용 검토

- 결과물 검토

프로젝트 목표들을 검토하는 것은 설계 프로젝트에서는 특히 중요하다. 왜냐하면 설계는 목표 지향적인 활동이기 때문이다. 만약 프로젝트에서 문제 A를 해결하고자 했다면, 결과적으로 문제 B를 해결하는 특허를 얻는 아이디어는 항상 성공이라고 여겨지지 않을지도 모른다. 우리는 단지 무엇을 하기 위하여 시작되었는지에 대한 말로 프로젝트를 평가할 수 있다. 이런 목적으로 많은 문제 정의 도구들과 기법들이 사후 감사의 부분으로 검토되어야 한다.

팀이 도구들의 효과를 고려하게 하자는 유용한 아이디어는 설계와 관리 도구들을 사용한 결과에 대한 검토와 밀접하게 연관되어 있다. 연장통(toolbox)이 단지 어떤 특정한 시간에만 쓸모 있는 많은 품목들을 갖고 있을지도 모르는 것과 같이, 이 책과 다른 장소에 있는 많은 공식적 방법들과 기술들이 다른 상황보다 어떤 특정한 상황에서 더 효과적일지 모른다. 저자들의 성공과 실패의 경험은 다른 어떤 팀의 경험과는 다르기 때문에, 저자들이 사용하는 도구와 그 팀이 사용하는 도구는 다를 것이다. 어떤 것이 작동하였고 어떤 것이 하지 않았는지를 상기하는 것과, 도구가 왜 작동하고 작동하지 않았는지를 대처하는 것은 사후 감사의 중요한 요소들이다.

유사하게, 팀이 작업 활동들을 관리하고 통제하는 방법을 검토하는 것은 "말의 두 번째 차기"를 피하기 위해서 중요하다. 대부분의 사람들은 활동들을 체계화하고, 순서를 결정하고, 작업을 할당하고, 진행을 감사하는 방법을 경험과 실습을 통하여 배운다. 이러한 경험은 사실 이후에 검토되고 다시 고려된다면 훨씬 더 가치 있을 것이다. 설계 도구들과 같이, 관리 도구들은 모든 환경에 동일하게 유용하지는 않다(비록 작업분해구조(WBS)와 같은 어떤 것들은 거의 모든 상황에서 유용하게 될지라도). 상업적인 환경에서 예산과 작업 할당을 검토하는 것은 미래 프로젝트의 계획을 위하여 결정적으로 중요하다.

마지막 프로젝트 사후감사의 단계는 목표들과 사용된 프로세스들에 의하여 프로젝트의 결과물을 검토하는 것이다. 목표가 달성되었는지의 여부를 아는 것이 확실히 유용하지만, 팀원들은 이것이 충분한 자원, 좋은 계획과 실행, 혹은 단순한 행운의 결과인지를 확인하는 것이 중요하다. 결국, 단지 좋은 계획과 실행을 배운 팀들이 반복되는 성공을 할 것이다.

우리의 마지막 주의사항은 프로젝트 사후감사는 비난하거나 손가락질하는 도구가 아니라는 것이다. 많은 프로젝트와 조직 환경은 팀원들에 대한 상호검토(peer review)와 감독자 평가를 위한 공식적인 메커니즘을 가진다. 이런 것들은 개인의 능력, 약점, 공헌도 등을 강조하는 가치 있는 수단들이 될 수 있다. 이들은 또한 팀원들에게 그들이 설계팀에서 작업을 향상시키기 위해 사용할 수 있는 중요한 직관을 제공할 수 있다. 그러나 개인적인 성과 검토는 프로젝트 사후감사에서 중요하지 않고 바람직한 방향도 아니다. 감사는 팀과 조직이 프로젝트를 성공시키기 위해 무엇을 하였는지, 혹은 만약 프로젝트가 성공하지 않았다면 무엇이 다르게 수행되었어야 하는지를 보이기 위한 것이다.

6.7 요약

6.1 절: 이 책에서 지적한 대로, 기술적 작문의 7 원칙들은 (Pearsall, 2001)에서 인용되었다. Pearsall 에 덧붙여서, (Pfieffer, 2001), (Stevenson and Whitmore, 2002), 그리고 고전 (Turabian, 1996)을 포함하여 기술문 작성을 지원하는 많은 훌륭한 책들이 있다. 그래픽의 효과적인 사용에 대한 참고문헌으로 모든 공학도의 도서관에 있는 고전 (Tufte, 2001)보다 나은 책은 없다.

6.4 절: 제조명세서의 종류들의 목록은 (Ertas 와 Jones, 1996)에서 개작되었다. 언급된 어떤 실패들과 더 많은 것들은 (Schlager, 1994)에 상세히 있다. 도면에 대한 많은 토론은 (Ullman, Wood와 Craig, 1990)과 (Dym, 1994)에서 인용되었다. 설계도면 종류들의 목록은 (Ullman, 1997)에서 개작되었다. 중국과 독일의 격언들은 (Woodson, 1966)에서 발췌하였다. 그림 6.2~6.4 에 있는 도면들은 (Boyer, et al., 1991)에서 개작하였다.

6.5 절: 닭장 설계 프로젝트의 최종 결과들은 (Connor, 1997)과 (Gutierrez, 1997)에서 인용되었다.

6.8 연습문제

6.1 설계팀은 구두 발표를 위해 어떻게 청중을 결정할 수 있나?

6.2 청중의 구성은 설계팀의 발표의 구조와 내용에 어떻게 영향을 주나?

6.3 연습문제 3.2의 휴대용 전자기타의 설계를 발표하기 위해 적절한 표준들(예를 들어, ANSI 표준)을 결정하라.

6.4 연습문제 3.5의 열대우림 프로젝트의 설계를 발표하기 위해 비교할 수 있는 적절한 표준들이 있는지를 결정하라.

6.5 공학설계팀의 팀 리더로서의 당신의 역할에서 팀의 최종보고서를 준비하는 동안 당신은 다음과 같은 상황을 만난다. Ken은 자기의 작업을 문서화한 자료를 제출하고, David는 그 문서를 신랄하게 개인적으로 비판하여 팀의 다른 구성원들이 매우 불편하게 되었다. 당신은 Ken의 작업 제품이 당신의 표준에 부합하지 않는 것을 인식하지만, 당신은 또한 David의 접근방법은 비생산적이라고 생각한다. 이런 대립은 어떻게 건설적으로 해결될 수 있을까?

6.6 당신은 설계 프로젝트에서 마침내 당신의 작업을 완수한 설계팀의 한 구성원이다. 당신의 팀 리더로부터 팀의 작업에 대한 사후검토를 조직하라고 요청받는다. 이러한 감사를 수행하기 위한 당신의 전략을 설명하라.

Chapter 7

설계 프로세스 관리

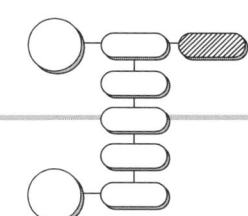

그것을 언제 원하는가?

> **지**금까지 설명한 대로 설계란 많은 시간과 자원을 소비할 수도 있는 활동임이 분명하다. 이 장에서는 설계팀이 시간과 기타 자원을 관리하는 데 사용할 수 있는 몇 가지 기법을 살펴본다. 설계 프로젝트를 관리하고 통제하는 방법을 소개함으로써, 제한된 시간과 자금 같이 다양한 제약 하에서, 고객이 요구한 설계를 완수하기 위해 사람, 시간 및 자금을 포함하여 설계팀의 모든 자원을 성공적으로 이용하고 체계화하기 위한 도구를 강조하고자 한다.

7.1 설계 활동 관리

설계 환경은 대부분 설계자에 의해 조성된다. 설계자는 수행할 활동, 활동을 수행할 담당자, 활동 완료 순서를 결정한다. 따라서 설계 환경을 조성하고 통제하는 일은 **설계 관리** (managing design)라고 명명하는 프로세스의 일부이다. 이 장에서는 설계팀이 설계 프로젝트를 계획하고, 조직하고, 이끌고, 통제하는 데 사용할 수 있는 몇 가지 도구들을 살펴본다. 그러나 그 이전에 설계 프로젝트의 관리를 어렵게 만드는 설계의 몇 가지 측면을 간략하게 살펴보면 유용하다. 그 후에 적절한 도구를 주의 깊게 적용하는 것이 설계자에게 도움이 되는 이유를 살펴볼 것이다.

프로젝트는 설계에 관한 것이든 다른 목표를 향한 것이든 간에 "잘 정의된 바람직한 결과의 집합을 갖는 일회성 활동"으로 규정할 수 있다. 성공적인 프로젝트 관리는 보통 범위, 예산 및 일정에 의해 평가된다. 즉, 프로젝트는 목표(여기서는, 성공적인 설계)를 달성해야 하며, 정해진 시간 내에 가용한 자원 한계 내에서 완료되어야 한다. 이전의 음료용기 사례를 잠시 살펴보자. 설계는 쉽고 저렴하게 제작되며 매력적이고 깨지지 않는 용기 개발이라는 음료회사의 바람을 만족해야 한다. 설계자가 계약된 예산을 맞추지 못하면 설계 회사는 오랜 기간 동안 사업을 못할 수도 있다. 일정은 마케팅 관심사에 의해 결정되는데, 다음 학년도에 새로운 주스를 판매하기 위해 새로운 용기를 제작하는 것이 하나의 예가 된다. 이 경우에 성공적인 설계 시도의 범위는, 새로운 제품을 제한된 예산 내에서 고객의 마케팅 계획에 따른 일정에 맞추고자 하는 고객의 관심사를 모든 세 가지 측면에서 균형 있게 맞추는 것이다. 반면에, 수업 환경에서의 학생 설계 프로젝트는 학생 시간으로 측정되는 제한된 예산을 갖는다. 학생은 다른 수업과 방과 후 활동 등 다른 일이 있기 때문이다. 일정은 학기 내에 설계를 완료해야 하는 등의 수업에 따른 타이밍을 반영하게 된다. 이러한 프로젝트의 범위는 고객, 사용자, 강사진 등의 관심사에 초점을 맞추게 된다. 설계회사든 설계 수업이든 간에 프로젝트 관리에 사용되는 도구를 위한 기초를 제공하는 것은 3S, 즉 범위(scope), 지출(spending), 일정계획(scheduling)이다.

프로젝트 관리는 범위, 지출, 일정계획을 다룬다.

프로젝트의 3S를 식별하고 나면 설계 프로젝트가 건설 프로젝트와 같은 기타 유형의 프로젝트와 다른 것인지, 다르다면 어떻게 다른 것인지 질문해 볼 수 있다. 실제로 몇 가지 중요한 차이점이 있는데, 첫 번째는 프로젝트 범위의 정의에 있다. 많은 프로젝트에 있어서, 경험 있는 프로젝트 관리자는 성공을 구성하는 요소가 무엇인지 정확히 안다. 스타디움 건설 프로젝트는 설계 투시도, 상세 청사진, 상세 부품 및 제조명세 등을 포함하는 여러 가지 달성 계획들을 갖는다. 건설회사에는 또한 일반적으로 인정된 관행들이 있으므로, 프로젝트 관리자의 지명은 건설회사와 관리자 모두 이 건설 프로젝트의 범위를 이해하고 있음을 의미한다. 반면에, 설계자가 고객 및 사용자와 전면적인 토의를 갖지 않은 경우, 프로젝트가 상당히 진행될 때까지 성공의 요인을 모르는 수도 있다. 따라서 관리자는 프로젝트의 모든 목적을 명확히 하지 못하고, 모든 이해당사자의 관점을 만족시키지 못할 수도 있다. 또한 건설 프로젝트는 단지 하나의 결과를 기대하는 반면, 설계 프로젝트는 다수가 수용할 만한 설계를 산출할 수 있다.

설계 프로젝트의 일정 또한 다르다. 건설 프로젝트에서는 프로젝트 관리자가 각 활동의 소요시간을 아는 상태에서 특정한 활동들을 계획하고 활동들의 논리적 순서를 결정할 수 있다. 예를 들면, 기초를 위한 굴삭 활동이 2주간 소요되며, 이후에 3주간 소요되는 거푸집 제작 활동이 따르고, 그 후에 이틀 동안 콘크리트 투입 활동이 따른다. 프로젝트 관리자는 이러한 계획 및 일정 데이터를 수집하고 체계화함으로써 전체 프로젝트 소요시간을 결정할 수 있다. 많은 경우에 있어서 설계 프로젝트 관리자는 과업 소요시간을 합산하기

보다는 가용한 시간을 따지게 된다. 일정에 대한 이러한 접근법은 주어진 시간 내에 프로젝트를 완수하고자 하는 노력과 더불어, 모든 가용시간을 사용하여 여러 가지 실행 가능한 설계 대안을 수립하여 검토하고자 하는 설계팀의 의도를 나타낸다.

이런 차이점들은 과연 프로젝트 관리 기법이 공학설계 프로젝트에도 유용한지 의문을 낳게 한다. 결국 범위가 불명확하고 타이밍이 고객에게 달린 것이라면, 기존의 잘 이해되는 프로젝트를 위해 개발된 도구들이 얼마나 적합하겠는가? 그러나 설계 프로젝트와 관련된 불확실성과 외부 영향으로 인해, 어떤 관리 도구들은 더욱 유용하고 필요한 것으로 판명된다. 최종 설계의 형태에 관한 초기의 예상은 비록 막연하지만, 이 장이 전개됨에 따라 무엇을 해야 하고, 누가 해야 하며, 언제 해야 하는지 등에 대해 설계팀이 합의를 도출하는 데 있어서 프로젝트 관리 도구가 유용함을 알게 될 것이다.

설계 프로젝트는 팀 활동의 성격을 가지므로 프로젝트 관리 도구의 사용이 더욱 필요하다. 제2장에서 팀의 구성 단계를 강조한 바 있다. 팀이 수행 단계로 옮겨갈 때, 각 팀의 구성원과 기타 이해당사자들 간에 활동, 일정, 진척도 등에 관한 효과적인 의사소통의 필요성을 포함한 많은 중요한 주제들이 다루어져야 한다. 작업은 공평하고 적절하게 배분되어야 한다. 팀원들이 후속 활동을 계획할 수 있도록 선행 순서에 따라 과업이 적절하게 수행되었는지 확인해야 한다. 여기서 소개하는 관리 도구는 이러한 상황에서 도움이 된다.

7.2 프로젝트 관리 도구 개요

제2장에서 고객의 문제로부터 결국 해결방안의 상세 설계로 전환하는 프로세스를 모형화할 수 있음을 상기하자. 이 프로세스는 대안을 생성하고 그 효과를 평가하기 위하여 다수의 정돈된 설계방법과 정보수집 및 체계화 방법을 사용한다. 논의된 방법 및 수단을 설계 프로세스의 각 단계에 할당할 수 있지만, 설계는 단순한 "요리책(cookbook)" 프로세스가 아니다. 이와 유사하게 설계 프로세스 관리 또한 프로젝트 관리 도구의 틀에 박힌 적용 이상을 요구한다. 이 절에서는 설계 프로젝트를 계획하고 설계 활동을 체계화하며, 프로젝트의 책임에 일치하고, 프로세스를 감시하는 데 사용되는 도구들을 간략히 설명한다.

제1장에서 관리는 다음과 같은 네 가지 기능으로 구성됨을 보였다.

• 프로젝트 기획(planning)은 프로젝트 요구사항의 3S 모형으로 즉시 귀착된다. 프로젝트의 범위를 정의하고(scope), 이를 달성하기 위한 소요시간을 결정하며(scheduling), 프로젝트에 적용할 수 있는 자원의 수준을 평가한다(spending).

- 프로젝트 조직(organizing)은 주로 프로젝트의 각 과업 분야나 활동에 대한 책임자와 요청 가능한 기타 인적 자원을 결정하는 일로 구성된다.
- 프로젝트 지도(leading)는 과업이 이해 가능하고, 업무 분장이 공평하고, 작업 수준이 팀의 목표를 향한 만족스러운 진전을 가져옴을 보임으로써, 팀에 동기를 부여하는 도구를 사용한다. 그러나 프로젝트 리더십이 도구만으로 제공되는 것은 아님을 주지해야 한다.
- 통제(controlling)는 3S와 이를 지지하는 계획에 의해 조성되는 배경에서만 수행될 수 있다. 프로세스 추적(tracking)은 선언된 목표에 대해서만 의미가 있다. 더욱이 팀에서 개발된 계획이 실제적으로 사용될 것이라는 확신을 갖는 경우에만 계획을 변경하거나 사후조치를 취할 수 있다.

활동의 범위를 결정하는 가장 중요한 도구는 **작업분해구조**(work breakdown structure; WBS)이다. WBS는 설계 프로젝트를 완수하기 위해 수행해야 할 모든 과업을 계층적으로 나타낸 것이다. 프로젝트 관리자는 WBS를 사용하여 수행할 과업을 결정한다. 일반적으로 각 과업에서 소요되는 자원과 시간을 확실히 추정할 수 있을 정도로 충분히 작게 작업을 분해한다.

선형책임도표(linear responsibility chart; LRC)는 WBS의 각 과업을 성공적으로 완수할 책임자와 과업을 완료하기 위해 참여해야 할 사람들을 식별한다. LRC는 행렬 양식을 사용하여 관리 책임을 요구하는 각 과업을 팀의 구성원, 고객, 사용자 및 기타 이해당사자 등에 대응시킨다. 이는 팀에 기초한 활동에 있어서 각 과업의 책임자를 명확히 식별하고 참여 대상(예: 팀원, 고객, 혹은 외부 전문가)을 정하는 데 특히 중요하다.

활동의 일정계획은 다음과 같은 방법으로 정할 수 있다.

- **팀 일정표**(team calendar)는 각 작업이 완료되어야 할 최종기한 및 시간 프레임을 강조하며, 설계팀이 사용할 수 있는 모든 시간을 보여준다.
- **간트도표**(Gantt chart)는 다양한 설계활동을 시간축상에 표시한 수평막대 그래프이다.
- **활동 네트워크**(activity network)는 프로젝트의 활동과 사건을 도시하고, 수행되어야 할 논리적 순서를 나타낸 것이다.

일정계획이 설계팀의 작업을 계획하고 통제하는 데 중요한 도움이 된다는 것은 사실이지만, 잘못하면 겉치레뿐인 그림이나 마케팅 그래픽에 지나지 않을 수도 있음을 깨닫는 것이 중요하다.

예산집행계획(budget)은 경제적 비용을 발생시키는 모든 항목의 목록으로서 노동, 자재 등의 논리적으로 연관된 범주의 집합으로 구성된다. 예산집행계획은 프로젝트에서 지출이 발생하는 활동을 관리하는 데 사용하는 핵심 도구이다. 설계나 설계 활동에 소요되는 예산과 설계된 가공물을 생산하는 데 소요되는 예산을 구분하는 것이 중요하다. 당면한 관심사는 설계에 소요되는 예산인 것이다.

프로젝트 관리에 사용되는 다른 통제 방법들도 있으나, 다수는 설계 프로젝트에 단순히 적용하기 어렵다. 예로써 **획득가치분석**(earned value analysis)은 비용과 일정을 계획되고 완료된 작업과 연계시킨다. 획득가치분석이 효과적 보고시스템을 갖는 대규모 프로젝트에 유용하긴 하지만, 여기서 논의하는 소규모의 팀에 기초한 프로젝트에는 과분하다. 반면에 **성취도행렬**(percent-complete matrix; PCM)은 수행된 작업의 정도를 수행해야 할 모든 작업의 총 수준과 비교하므로 더욱 유용하고 적합한 도구이다. 우리는 소규모 팀 설계 활동에 적합한 PCM의 다른 형태(version)를 개발할 것이다.

이후의 절에서는 위에 언급된 도구의 적용 사례를 소개하고 논의하고자 한다. 각 설계 방법과 수단이 모든 설계 프로젝트에 적합한 것은 아니듯이, 관리 도구 또한 모든 프로젝트에 대해 모든 팀에서 사용할 필요는 없다. 그러나 도구들이 팀에 기초한 설계 활동에 중요하고, 미래에 착수하게 될 설계 활동의 유형을 확실히 예측할 수는 없으므로, 이러한 관리 도구들을 개인적으로 비축해 둘 가치가 있다.

7.3 작업분해구조: 작업 완수를 위해 해야 할 일

대부분의 사람들은 자동차를 시동하고 운전하는 방법을 정확히 설명하라는 질문을 받으면, 그것이 일상적인 일임에도 불구하고 적지 않게 당황할 것이다. "먼저 앞좌석에 앉으시오"라고 시작할 수도 있지만, 이는 자동차에 들어가는 방법을 알고 있다는 사실을 전제로 한 것이다. 자동차가 거의 없고 영어를 거의 사용하지 않는 나라에서 온 사람에게 이 과업을 설명하라고 한다면, 차에 들어감, 좌석과 거울을 조정함, 엔진을 시동함, 차를 운전함, 차를 멈춤 등의 여러 과업으로 분해하려 할 것이다. 또한 차를 시동하기 전에 전체 계획을 검토하여 운전하는 학생에게 정지시키는 방법을 먼저 알려주려 할 수도 있다. 이러한 과업이나 개념의 분해는 WBS의 중추적인 아이디어이다. 매우 크고 어려운 과업에 직면했을 때, 착수 계획을 이해하는 최선의 방법은 과업을 더 작고 관리 가능한 세부과업(subtask)으로 분해하는 것이다.

조금 억지스러운 예로, 우주선을 설계해 달라는 요청을 받았다고 하자. 설계팀은 추진, 통신, 계측, 구조 등 다양한 전문 분야에 걸쳐 설계해야 할 것이다. 설계팀 리더는 추진 전문가가 실제로 추진 과업에 배치되는지 확인하는 데 매우 열심일 것이며, 각 전문가가 해당 전공 분야에 관련된 과업을 수행하도록 할 것이다. 이런 일을 적절히 수행하기 위해서 팀 리더는 각 과업이 무엇인지를 결정해야 한다. WBS는 프로젝트 리더와 설계팀이 모든 과업이 전체 설계 프로젝트에 잘 맞는지 이해할 수 있도록 구성된 프로젝트를 완수하는

WBS는 설계 프로젝트에서 가장 중요한 관리 도구이다. 그것은 모든 프로젝트 과업들을 체계화한다.

데 요구되는 모든 과업의 목록이다.

그림 7.1에 소개된 음료용기 설계 사례에 대한 WBS를 살펴보자. 최상위 수준에서 WBS는 여덟 가지의 기본 과업 분야로 구성된다.

- 고객 요구사항 이해
- 기능 요구사항 분석
- 대안 생성
- 대안 평가
- 대안 중 선정
- 설계 프로세스 문서화
- 프로젝트 관리
- 상세 설계

또한 각각의 최상위 과업은 더 상세하게 분해할 수 있음을 알 수 있다. 이 사례에서는 지면 크기의 제약으로 인해 몇 가지 과업에 대해서만 상세히 나타내고 있다(예를 들어, 고객 요구사항 이해). 이 프로젝트를 실제로 수행하는 팀의 일원이라면 모든 분야에 있어서 더욱 상세히 들어갈 것이다. 작업을 체계화하는 것만이 WBS를 구조화하는 유일한 방법은 아니다. 이 장의 뒷부분에서 전체 틀(framework)을 체계화하는 몇 가지 대안을 소개할 것이다.

그림 7.1에 묘사된 WBS에 관련된 몇 가지 관측사항을 차례대로 설명하면 다음과 같다. 첫째, WBS의 기본 원리는 분해할 각 항목이 항상 하위 수준에서 **두 개 이상**의 **세부과업**으로 분해된다는 점이다. 과업이 분해되지 않는 경우(하위 수준이 하나의 항목인 경우), 하위 수준은 불완전하거나 상위 수준과 동일한 것이다. 둘째, 활동 소요시간이나 활동 담당자를 결정하지 못한 경우, WBS의 핵심 규칙은 활동을 더 상세히 분해하도록 지시한다. 사실 경험 있는 관리자는 경험이 적은 관리자에 비해 더 짧고 덜 상세한 WBS를 만드는 경향이 있는데, 많은 경험으로 인해 세부과업을 식별 가능하고 측정 가능한 과업으로 모을 수 있기 때문이다.

셋째, 관측은 자원이나 시간을 소모하는 과업이나 활동은 모두 WBS에 명시적으로 혹은 다른 과업의 요소로서 포함되어야 한다는 의미에서 WBS가 **완결성**(completeness)을 갖추어야 한다는 점이다. 그림 7.1에 문서화 과업과 관리 과업이 나타난 것도 이런 이유에서이다. 보고서 작성, 회의 참석, 결과 발표 등의 활동 또한 프로젝트를 완수하는 데 필수적이므로, 이런 과업에 대한 계획을 세우지 않는다면 추후에 반드시 문제가 발생하게 된다. 요구되는 인재와 자원 및 소요기간을 추정하는 일은 어떤 프로젝트에서든 가치 있는 훈련이다. 설계 과목에서나 실제 상황에서 설계를 개발하고 결과를 문서화하고 발표할 만한

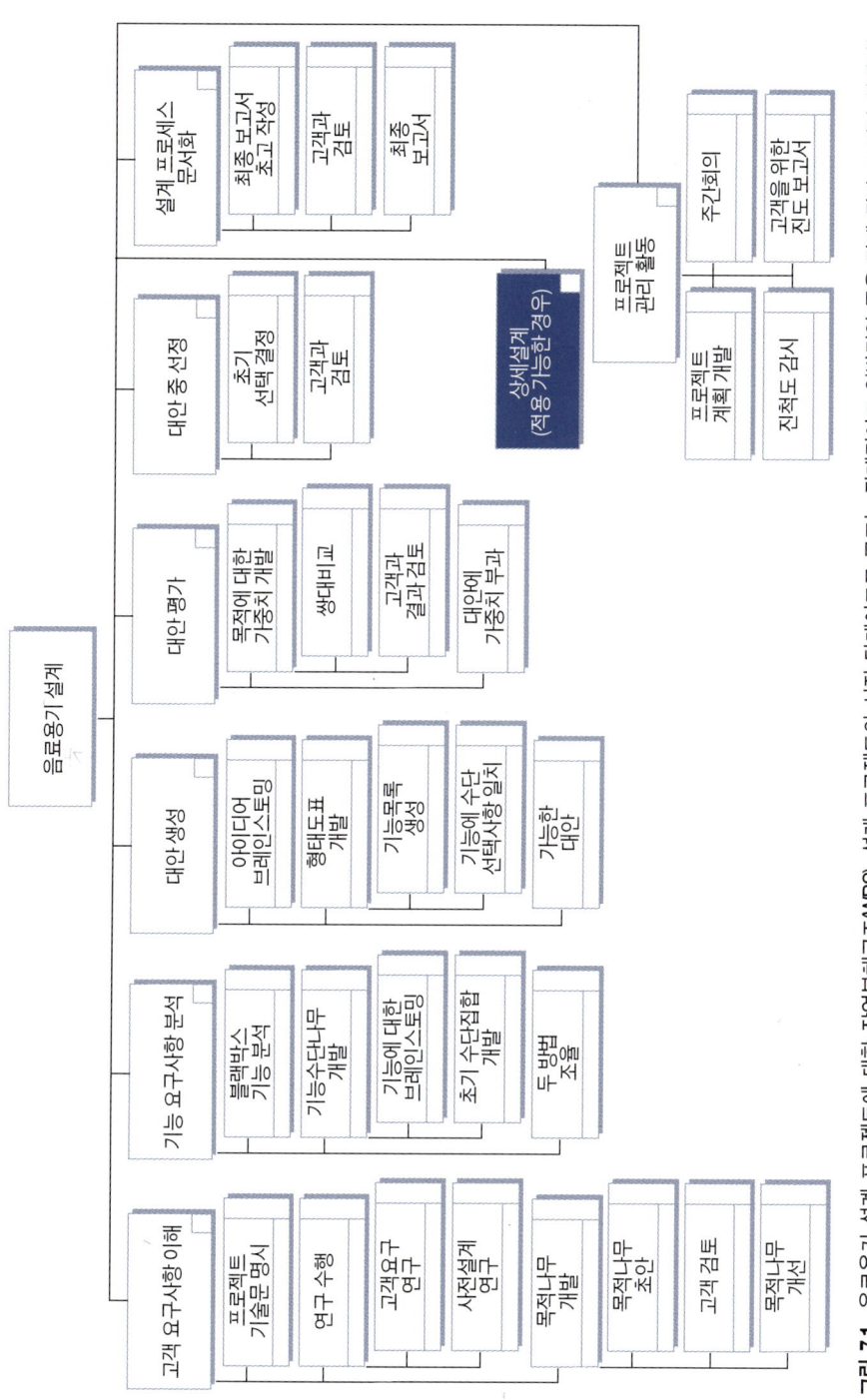

그림 7.1 음료용기 설계 프로젝트에 대한 작업분해구조(WBS). 설계 프로젝트가 시작 단계이므로 구조는 관례적이고 일반적인 틀을 갖게 된다. 그러나 설계자는 이미 고객요구 식별과 사전설계 간의 구별과 같은 세부사항을 인식하고 있다는 점을 주목하자.

충분한 시간을 확보하는 데 모두 중요한 것이다.

WBS에 대한 마지막 관측사항은 과업 계층의 모든 부분이 합해져야 한다는 점이다. 즉, 최상위 수준의 활동을 완료하는 데 요구되는 시간은 하위 수준에서 열거된 과업들에 대한 소요시간의 합이 된다. 따라서 작업을 다음 수준으로 분해할 때는 철저하고 완벽하게 해야 한다.

WBS에 대한 마지막 두 가지 관측사항은 WBS의 유용성을 평가하기 위한 두 가지 기준을 제공한다.

- 완결성(completeness)은 WBS가 자원이나 시간을 소비하는 모든 활동들을 설명해야 함을 의미한다.
- 타당성(adequacy)은 프로젝트 팀이 과업 소요시간을 결정할 수 있도록 과업이 적절한 상세 수준으로 분해되어야 함을 의미한다.

WBS가 아닌 것을 파악하는 일 또한 중요하다. 첫째, WBS는 프로젝트를 완수하기 위한 조직도는 아니다. 조직도는 WBS와 시각적으로 유사한 도표이므로 혼동될 수 있다. WBS는 조직에서의 직함, 역할, 사람 등이 아닌 과업을 분해하는 것이다. 둘째, WBS는 과업 간의 시간적, 논리적 관계를 나타내는 흐름도와는 다르다. WBS에서는 과업목록을 작성할 때, 어떤 과업(예를 들어, 최종 보고서 작성)이 선행해야 할 과업(예를 들어, 보고해야 할 설계, 제작, 시험)과는 다른 계층에 나타나도록 구성되는 경우가 많이 발생한다. 마지막으로 WBS는 과업을 완수하는 데 필요한 모든 학습법이나 기술을 나열하는 것은 아니다. 완수해야 할 과업이 서로 다른 여러 기술(예를 들어, 전자공학, 추진공학)을 요구하는 경우가 많다. 과업목록 작성이 위의 완결성과 타당성 기준을 만족한다면, 서로 다른 기술을 가진 전문가들에 의해 수행될 과업들이 계층의 같은 부분에 함께 나타날 수 있다.

그림 7.2는 전기 하드웨어 프로젝트로부터 발췌한 WBS의 다른 사례를 나타낸다. 여기서 설계 세부과업들은 전기적, 기계적 설계 항목들로 구성된다. 이 프로젝트에서 이러한 방법이 WBS의 주 관심사인 **과업** 체계화를 위한 간편한 방법임을 깨닫게 된다면, 앞에서 언급한 규칙에 어긋나는 것은 아니다.

그림 7.3은 어떤 자동차 회사의 공학적 과업을 위해 Primavera Project Planner를 소프트웨어 패키지로 제작한 WBS의 또 다른 사례를 보이고 있다. 이 WBS는 계층적이기는 하지만 도식적 형태는 아니다. 도식적 형태가 명확성을 제공하긴 하지만, 그림 7.3과 같은 표 형태도 얼마든지 사용할 수 있다. 사실 WBS가 최종 형태로 개발된 후에는 정보를 수집하는 방법으로 표를 많이 사용한다. 이 사례에서 작업을 다양한 자동차 컴포넌트로 분해했음을 주지해야 한다. WBS가 완결성과 타당성에 관한 관심사를 만족하는 한 이러한 방법도 허용된다.

마지막으로, WBS는 프로젝트 팀이 프로젝트를 완수하는 데 필요한 과업들을 확실히

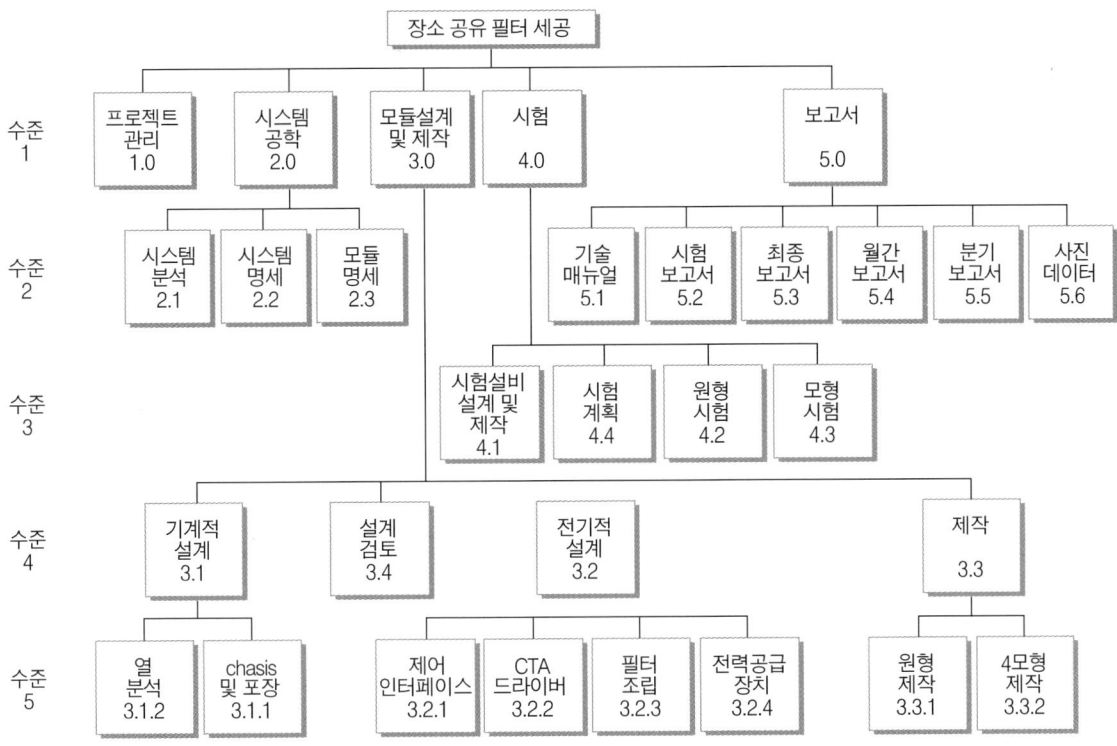

그림 7.2 하드웨어 개발 프로젝트의 WBS. 최하위 수준(수준 5)에서 전기 설계 과업은 설계할 컴포넌트 수준으로 분해되었다. 이 단계에서 전력공급 장치 설계자는 그림 7.1과 유사한 또 다른 WBS를 따르게 된다. (Kezsbom, Schilling, and Edward, 1989)에서 발췌함.

이해하도록 돕는 도구이다. 이는 WBS가 프로젝트의 범위를 결정하는 데 매우 가치를 갖는 이유이다.

7.4 선형책임도표: 누가 무엇을 하는지 지속적으로 추적

WBS에서 수행할 과업을 식별하고 나면, 설계팀은 과업을 완수할 인적 자원이 확보되었는지 결정해야 한다. 또한 각 과업을 책임질 사람을 결정해야 한다. **선형책임도표**(linear responsibility chart; LRC)를 작성하여 이를 수행할 수 있다. LRC는 관리하고 설명할 과업들의 목록을 작성하고 적합한 프로젝트 참여자와 대응시킨다. 그림 7.4는 그림 7.1의 음료 용기 설계 WBS 내의 과업들과 대응하는 간소화된 LRC를 나타낸다. 모든 최상위 과업과 더불어 몇 개의 하위 수준에 연관된 세부과업들도 다루고 있다. 실제로 관리적 주의를 요하는 세부과업뿐만 아니라 모든 최상위 과업을 나타내는 것이 바람직하다. 설계 프로젝트의 진화적 특성으로 인하여, 경험이 적은 프로젝트 관리자는 최상위 과업과 팀의 주의를

```
                    PRIMAVERA Project Planner

날짜 1998년 1월 8일    ---작업분해구조 ----

ENGR-당 회계연도에 진행 중인 프로젝트

┌──────────────────────────────────────────────────┐
│ 구조 : xxx.xxx.xx.x                                │
│                                                    │
│ WBS 코드 주제                                       │
│                                                    │
│ 94 모든 프로젝트                                     │
│     94E 모든 공학 프로젝트                           │
│         94E.101 프로젝트 E101                        │
│             94E.101.A 일반                          │
│             94E.101.A7                             │
│             94E.101.B 에어백                        │
│             94E.101.C 기계적 제어기 시스템           │
│             94E.101.D 전기적 시스템                  │
│             94E.101.E 내부 계기판                    │
│             94E.101.F 구조적 문(door) 시스템         │
│     94E.102 자동차 공장 개량(retrofit)               │
│             94E.102.A 구내(enclosure)               │
│             94E.102.B 구조적 시스템                  │
│             94E.102.C 기계적 시스템                  │
│             94E.102.D 전기적 시스템                  │
│             94E.102.E 추정                          │
│             94E.102.F 명세                          │
│             94E.102.G 일반                          │
│     94I 모든 설치 프로젝트                           │
│         94I.101. 공구 및 설비 설치                   │
│             94I.101.A 구조적 판상물(slab)            │
│             94I.101.B 도관 설비(piping)             │
│             94I.101.C 설비                          │
│             94I.101.D 전기                          │
│             94I.101.E 내부 마무리                    │
│             94I.101.F 환기 및 배관(plumbing)        │
│             94I.101.G 일반                          │
└──────────────────────────────────────────────────┘
```

그림 7.3 자동차 회사의 공학적 프로젝트를 위한 WBS. 이 비도식적인 WBS는 자동차 및 전체 공장 설치 프로젝트를 위한 시스템에 따라 회사의 활동을 체계화한다. 상세수준은 매우 높지 않으며, 아마도 회사는 보조 WBS를 갖고 있을 것이다.

요하는 세부과업에 대해서만 책임을 부과하려 할 수도 있다. 이런 방법으로 프로젝트가 진행됨에 따라 경험을 쌓아 팀의 역할과 책임을 발전시킬 수 있다.

그림 7.4에서 볼 수 있듯이 각 과업마다 행이 있고, 각 행에는 프로젝트 참여자에게 부과된 역할이 있다. 이러한 역할은 일차적 책임을 떠맡는 것을 의미하지는 않는다. 실제로 대부분의 참여자는 책임자의 지시에 따라 검토, 자문, 기타 작업 등 다수의 과업에 보조 역할로 참여하게 된다. 각 참여자마다 한 열이 부과되어 도표를 따라 내려가면서 프로젝트에서의 책임을 결정할 수 있게 한다. 예를 들면, 고객(혹은 고객 접촉)을 요청하여 목적나무, 시험 계획안(protocol), 선정된 설계 및 최종 보고서 등에 대한 최종승인을 받을 수 있

선형책임도표	팀원 1	팀원 2	팀원 3	팀원 4	팀원 5	설계 책임자	고객 연락담당자	고객연구 책임자	외부 자문가
1.0 고객 요구사항 이해	1								
1.1 문제 기술 명확화	1	2	2	2	2		3	4	
1.2 연구 수행	1	2		2	2		4	4	4
1.3 목적나무 개발	1								4
1.3.1 목적나무 초안 작성			2	2	2	5	5	3	4
1.3.2 고객과의 검토	1		2			5	5	3	4
1.3.3 목적나무 수정	1		2	2		6	4	4	
2.0 기능 요구사항 분석	2	2	1	2	2	5	4	3	3
3.0 대안 생성				1					
4.0 대안 평가	5	1	2	2	2				
4.1 목적 가중치 부과	1	2				5	6		
4.2 시험 계획안 개발	5	1	2		2	5	4	3	3
4.3 시험 수행		1	2		2			5	3
4.4 시험결과 보고	5	2	2		1	5	5	5	5
5.0 선호하는 설계 선정	1	2			2	5	6	4	4
6.0 설계결과 문서화		1							
6.1 설계명세	1			2		6			
6.2 최종 보고서 초고 작성	5	1		2	2	5	5	5	4

그림 7.4 음료용기 설계 프로젝트에 대한 선형책임도표(LRC). 프로젝트의 각 참여자는 해당 열을 읽어 내려가면서 전체 프로젝트에서 그의 책임을 결정한다. 한편, 프로젝트 관리자는 행을 따라 읽으면서 각 과업에 참여하는 사람이 누구인지 결정한다.

195

선형책임도표	팀원 1	팀원 2	팀원 3	팀원 4	팀원 5	설계 책임자	고객 연락담당자	고객연구 책임자	외부 자문가
6.3 고객과의 설계 검토	1	2		2		5	3	4	3
6.4 최종 보고서	5	1		2	2	5	6	4	4
7.0 프로젝트 관리	1								
7.1 주간회의	1	2	2	2	2				
7.2 프로젝트 계획 개발	1	2	2	2					
7.3 진척도 추적	1					5			
7.4 진도 보고서	1						5		
약어:									
1 = 일차적 책임									
2 = 보조/작업									
3 = 자문 필수									
4 = 자문 가능									
5 = 검토									
6 = 최종승인									

그림 **7.4** (계속)

다. 고객 접촉은 사전설계 활동 중에도 필요하며, 다양한 중간 단계의 작업 결과물에 대한 검토를 요청하게 된다. 고객 연구 책임자는 프로젝트 팀에게 다소의 의지가 되며, 프로젝트의 다양한 시점에서 자문을 받을 수 있으나, 시험 계획안에 대해서는 반드시 자문을 받아야 한다. 설계 책임자인 팀장은 프로젝트의 여러 시점에서, 특히 설계검토 시점에서 자문을 받을 권리를 행사한다. 프로젝트는 또한 자문 가능하고 설계 및 기타 문서를 검토할 외부 전문가와 접촉한다.

그림 7.4의 LRC로부터 팀 리더가 항상 프로젝트의 일차적 책임을 지는 것은 아니라는 사실을 알게 된다. 팀 프로젝트에서 팀 리더는 그의 전공 기술 분야 밖의 과업에 대해서는 정보를 얻기 위해 검토나 보조 역할을 담당할 수는 있으나 책임지지는 않는 경우가 많다. 때로는 이런 방법으로 책임을 나누는 것이 팀 리더와 팀원 간에 매우 어려울 수도 있다. 따라서 LRC를 사용하여 팀 구성 방식을 보다 명확히 하고, 프로젝트에서 누가 무엇을 할 것인지에 대해 합의에 이르도록 한다.

LRC는 또한 프로젝트 외부의 이해당사자들이 무엇을 기대할지 이해하는 데 사용될 수 있다. 음료용기 사례에서 고객 연구 책임자는 시험단계를 안전하게 수행하는 데 매우 중요한 역할을 한다. 초기 단계에서 기대되는 결과를 미리 파악하여 그에 따라 계획을 수립하는 것이 매우 중요하다. 이와 마찬가지로 외부 전문가도 가용성 확보를 위해 시간을 안배할 필요가 있으며, 설계 책임자는 전문가의 시간에 맞추어 자원을 조달할 필요가 있다.

이제 LRC가 WBS의 "무엇"을 책임의 "누구"로 전환하는 데 매우 중요한 문서임이 분명해졌다. 동시에 LRC를 사용하여 팀에서 간과할 수 있는 것을 방지할 수도 있다. 예를 들면, 모든 과업에 각 팀원을 어떤 역할로든 할당한다면, 그 역할을 진실로 이해하고 있는지 심각한 의문이 들 수도 있다. 이와 유사하게 팀 리더가 모든 과업에 대해 일차적 책임을 진다면, 팀원들은 LRC를 단지 팀 리더의 권력 장악용, 혹은 불안감의 표현으로 간주하려는 유혹을 받을 수도 있다. 따라서 (잘못된) 결론을 위해 맹목적으로 각 행을 채우기보다는, 문제를 공개하여 고려하고 각 행을 빈칸으로 놔두는 것이 좋다. 특히 팀이 상대적으로 경험이 적거나 프로젝트가 초기에 막연한 경우에는, 프로젝트가 진행됨에 따라 팀원의 역할을 재고할 필요가 있음을 이해하는 것 또한 중요하다.

LRC는 작업량이 공평하고 공정하게 분담되는 것을 확인할 수 있다.

7.5 일정계획 및 기타 시간관리 도구: 지속적 시간 추적

일정계획 및 유사한 시간관리 도구들은 제 시간에 완료되지 않으면 프로젝트를 망칠 수 있는 일들을 사전에 식별할 수 있도록 돕는다. 프로젝트 관리에서는 일정표(calendar), 활동 네트워크, 간트도표 등 세 가지의 주요 일정계획 도구들이 많이 사용된다. 팀 일정표는 개인 일정표나 일지와 유사한 많은 기능을 수행하므로 가장 친근한 도구일 것이다. 팀 일정표는 보통 달력에 프로젝트 최종기한이나 마감시간을 표시한다.

활동 네트워크와 간트도표는 더 강력하며, 따라서 결과적으로 좀더 유용하다. 두 도구 모두 과업들과 그 완료시간 사이의 논리적 관계를 그래프로 나타낸다. 실제로 대다수의 프로젝트 관리 소프트웨어 프로그램들은 활동 네트워크와 간트도표를 작성할 때 동일한 정보를 사용한다. 그러나 두 도구는 실질적으로 중요한 차이가 있으므로, 팀에서 어떤 도구가 더 적합할지 판단할 수 있도록 두 도구 모두를 설명할 가치가 있다.

7.5.1 팀 일정표: 기한이 언제인가?

앞에서 언급한 대로 팀 일정표는 보통의 탁상용이나 벽걸이 달력에 마감시한을 단순히 표시한 것이다. 마감시한은 고객과의 약속과 같은 외부적으로 부과된 것도 있으나, 반드시 WBS에서 개발된 과업들에 대해 팀에서 정한 기한들이 포함되어야 한다. 이런 의미에서 팀 일정표는 달력에 표시된 마감시한을 맞추기 위해 필요한 자원 및 시간을 할당하는 데 팀이 동의한 것이다. 그림 7.5는 학생 설계팀이 외부적으로 부과된 마감시한인 4월 말일까지 프로젝트를 완료하기 위해 시도한 팀 일정표를 나타낸다.

일정표에 최종 보고서 기한이나 결과의 수업 발표시간 등 팀에서 통제할 수 없는 마감시한들이 포함됨을 주목하자. 일정표에는 화요일 저녁 팀 회의와 같은 일상적이거나 반복적인 활동 또한 포함된다. 마지막으로, 일정표에는 4월 2일 오후 5시까지 원형 완료와 같이 팀에서 달성하기로 약속한 기한이 포함된다.

팀 일정표를 수립하는 데 있어서 몇 가지 점에 유의하자. 첫째, 팀 일정표의 아이디어(idea)는 모든 팀원이 모든 기한을 이해하고 동의함을 의미한다. 따라서 팀 일정표는 모든 팀 회의 때마다 검토할 수 있고 검토되어야 할 문서가 된다. 둘째, 팀 일정표는 WBS에서 작성한 시간 추정치와 일치하는 시간을 허용한다. 만약 어떤 과업이 2주간 소요되는 것으로 결정되었다면, 팀 일정표상에 그 과업이 1주 소요되도록 허용하는 것은 거의 무의미하다. 마지막으로 주목할 점은, 팀 일정표가 비록 팀원들이 쉽게 이해할 수는 있지만, 그것만 가지고는 **활동 간의 관계를 표현하지는 못한다**는 점이다. 예를 들면, 그림 7.5에서 원형 제작이 개념검증 이전에 위치한 것은 단지 팀에서 그렇게 정했기 때문이다. 다수의 가공물에 대하여 실제로는 개념검증이 최종 원형 제작보다 선행한다. 팀 일정표는 이런 유형의 문제를 다루지 못하며, 이런 유형의 팀 결정사항을 기억하지도 못한다. 이런 이유로 팀 일정표는 소규모 프로젝트에 적합하거나, 다른 프로젝트 관리 도구와 더불어 사용하는 경우에 유용하다.

팀 일정표는 (적어도) 주 단위로 검토되어야 한다.

설계팀

4월

	3월					
S	M	T	W	T	F	S
	1	2	3	4	5	6
7	8	9	10	11	12	13
14	15	16	17	18	19	20
21	22	23	24	25	26	27
28	29	30	31			

	5월					
S	M	T	W	T	F	S
						1
2	3	4	5	6	7	8
9	10	11	12	13	14	15
16	17	18	19	20	21	22
23	24	25	26	27	28	29
30	31					

일	월	화	수	목	금	토
				1	2 오후 5:00 원형 제작	3
4	5	6 오후 7:00-8:15 팀 회의	7	8	9 오전 11:00 개념 검증 기한	10
11 오전 11:00 대략 개요 기한	12 오후 7:00-8:15 팀 회의	13	14	15	16 오후 5:00 주제 기술문 개요 기한	17
18 오전 11:00 발표 개요 기한	19 오후 7:00-8:15 팀 회의	20 오전 11:00 슬라이드 기한	21	22	23 오후 5:00 최종보고서 초고 기한	24
25 오전 10:00-11:00 결과 발표	26 오후 7:00-8:15 팀 회의	27	28	29	30 오후 5:00 최종보고서 기한	

그림 7.5 학생 설계 프로젝트에 대한 팀 일정표. 달력에 외부적으로 부과된 마감시한, 팀 서약 및 반복적 회의 등 모든 것이 포함되어 있음을 주목하자. 팀 일정표에서 잠재적으로 중요한 중대 시점(milestone)이나 마감시한을 빠뜨리기보다는 지나치게 완벽한 것이 더 바람직하다.

7.5.2 활동 네트워크: 어떤 과업을 먼저 수행해야 하는가?

활동 네트워크는 각 과업이 개별 활동으로 취급될 수 있으며 과업의 결과가 하나의 사건으로 취급될 수 있다는 착안점에 기초한다. 이전의 건설 프로젝트 사례를 생각해 보자. "기초를 위해 구덩이를 파는 것"은 하나의 활동으로 간주될 수 있으며, "기초 구덩이의 존재"는 하나의 사건으로 간주될 수 있다. 또한 "거푸집 제작(build forms)" 과업을 하나의 활동으로, "세워진 거푸집(forms erected)"을 하나의 사건으로 생각할 수 있다. 마지막으로 "거푸집에 콘크리트 투입" 과업을 또 다른 활동으로, "기초 완성"을 또 다른 사건으로 생각할 수 있다. 이러한 활동 및 사건 집합을 도식적으로 표현하는 데는 적어도 두 가지 방법이 있다. 예를 들면, 마디와 연결 호의 네트워크를 작성하여 각 마디를 사건으로, 각 호를 사건을 발생시키는 활동으로 식별할 수 있다. 반대로, 각 활동을 마디로 나타내고 각 사건을 해당 마디로부터 뻗어 나온 호로 나타낼 수도 있다. 일관성만 유지한다면 어떤 구성을 선택하더라도 논리적인 차이는 없다. 여기서는 마디 상에 활동을 배치하는 관행을 따르는 **마디활동**(Activity-on-Node; AON) 네트워크 형태의 활동 네트워크를 사용할 것이다. 이런 형태의 활동 네트워크는 현존하는 프로젝트 관리 소프트웨어에서 가장 많이 사용된다.

매우 완벽한 WBS에서 작성된 것과 같은 모든 과업의 목록을 만들어야 한다면, 각 활동에 대응하는 마디의 목록이나 집합을 작성할 수도 있다. 그러나 우리의 관심사는 활동의 일정계획이기 때문에, 활동 간의 논리적 순서나 **선행관계**(precedence relationship)를 적절히 결정하는 것이 절대적으로 필수적이다. 앞의 건설 사례에서 매우 어리석은 혹은 위험한 건설 프로젝트 관리자만이 거푸집을 제작하기 이전에 콘크리트를 투입한다고 예상할 것이다. 설계 프로젝트에서도 이와 유사한 선행관계가 존재한다. 예를 들면, 모든 목적을 완벽하게 나열했다고 확신하기 전까지는 사용자 목적 중 어느 것이 가장 중요한지 결정하려 하지 않을 것이다. 마찬가지로 팀 리더는 모든 대안을 생성할 때까지 대안 평가를 연기하도록 지시할 것이다. 이런 경우에 있어서 프로젝트 활동들의 논리적 순서로 인하여 다른 활동이 완료될 때까지 어떤 활동을 시작할 수 없음을 알 수 있다. 이런 유형의 논리적 관계를 **종료-시작 선행관계**(finish-to-start precedence)라고 한다. 즉, 뒤따르는 활동을 시작하기 전에 선행활동을 완료해야 하는 것이다.

논리적 관계가 매우 미묘한 경우도 종종 있다. 예를 들면, 고객의 요구를 알아가는 중에 잠재적으로 유용한 설계 아이디어를 얻을 수도 있다. 이 경우 선행관계는 요구를 이해하는 과업을 완료하기 전에 아이디어 도출 과업을 시작할 수 있으나, 요구 이해 과업을 완료했다고 확신할 때까지 아이디어 도출 과업을 완료할 수는 없는 것이다. 이를 **종료-종료 선행관계**(finish-to-finish precedence)라 하며, 선행활동을 완료했다고 확신하기까지 후행 활동을 완료할 수 없음을 의미한다. 종료 선행관계의 통상적 예는 최종 보고서 작성 중에 발생한다. 조사한 문헌이 기억에 생생할 때 문헌 검토 단원을 작성하는 것이 바람직하므로 프로젝트 초기 단계부터 최종 보고서 작성에 착수하기도 한다. 그러나 프로젝트의 설계 부분을 완료하기 전에 최종 보고서를 완료한다는 것은 생각할 수 없는 일이다.

세 번째 유형의 관계는 **시작-시작 선행관계**(start-to-start precedence)로서, 어떤 활동도 먼저 완료될 필요는 없지만, 다른 활동이 시작될 때까지 어떤 활동이 시작될 수 없는 관계를 말한다. 이런 유형의 관계의 한 예로, 프로젝트 최종 보고서의 편집 부분을 들 수 있다. 팀원이 문법과 철자를 검토할 수 있도록 보고서의 일부는 이미 작성되어야 하지만, 검토를 시작하기 위해 보고서를 완료할 필요는 없는 것이다. 이 경우나 유사한 상황에 있어서 판단이 필요함은 자명하다. 보고서의 단원이 상당히 작성되기 전에 검토를 수행한다면 추후에 단원이 상당히 길어질 수 있기 때문에 중복해서 검토가 필요할 수도 있다. 활동들이 완전히 독립적이라거나 종료-시작 선행관계만을 따른다고 가정한다면, 자원이 이미 준비되어 있고 심지어 유휴 상태인데도 불구하고 조기에 작업을 완료할 수 있는 기회를 놓칠 수 있기 때문에 과업들 간의 다양한 관계 유형을 이해하는 것이 중요하다.

관리자는 과업 간의 논리적, 시간적 관계를 이해할 필요가 있다.

논리적 관계를 이해하고 나면 프로젝트에 대한 활동 네트워크를 작성할 수 있다. 기본적으로 이 네트워크는 각 활동에 대응하는 마디와 각 활동으로부터 논리적 후행활동으로 향하는 화살표(arrow)로 구성된다. 보통, 상당수의 활동은 논리적 선행활동이나 후행활동을 갖지 않는다. 프로젝트를 시작할 때 기초연구나 고객과의 첫 회의 등과 같은 활동은 선행활동이 없으므로, 이를 해결하기 위해 "프로젝트 시작(Start Project)" 마디를 만들어 활동 네트워크의 시작을 나타내는 것이 관례이다. 어떤 경우에는 프로젝트 첫 회의와 같은 공식적인 시작 활동이 있을 수도 있지만, 다른 경우에는 **가상활동**(dummy activity)으로 시작한다. 이와 유사하게 모든 마디로부터 나가는 화살표는 종착점이 있어야 하므로 관례상 "프로젝트 종료(End Project)" 마디를 사용한다. 최종 보고서 제출이나 고객과의 최종회의 등과 같은 공식적인 종료 활동이 있을 수도 있으나, 없는 경우에는 네트워크의 끝에 역시 가상활동을 추가한다. 이런 관례에 따라 "프로젝트 시작"과 "프로젝트 종료"를 제외한 네트워크 상의 모든 마디는 하나 이상의 들어오는 화살표와 나가는 화살표를 갖게 된다. 어떤 활동이 논리적 선행활동을 갖는다면 들어오는 화살표는 그들로부터 와야 한다. 어떤 활동이 논리적 후행활동을 갖는다면 나가는 화살표는 그들로 향해야 한다.

그림 7.6은 음료용기 프로젝트 활동 간의 논리적 관계를 나타내는 간단한 활동 네트워크를 보이고 있다. 이런 네트워크는 활동 수행시간을 포함시켜 사용할 수 있다. 7.3절에서 WBS의 각 과업이 적어도 과업 소요시간을 추정할 수 있는 수준까지 분해되어야 한다고 말한 것을 상기하자. 그러나 활동 네트워크는 과업들의 일정계획을 완전히 수립하지는 않는다. 그림 7.6의 논리적 관계를 보면 시험 계획안을 개발하고 실물모형이나 원형 제작을 포함한 대안을 생성할 때까지 시험을 수행할 수 없음을 알 수 있다. 그러나 연구가 완료

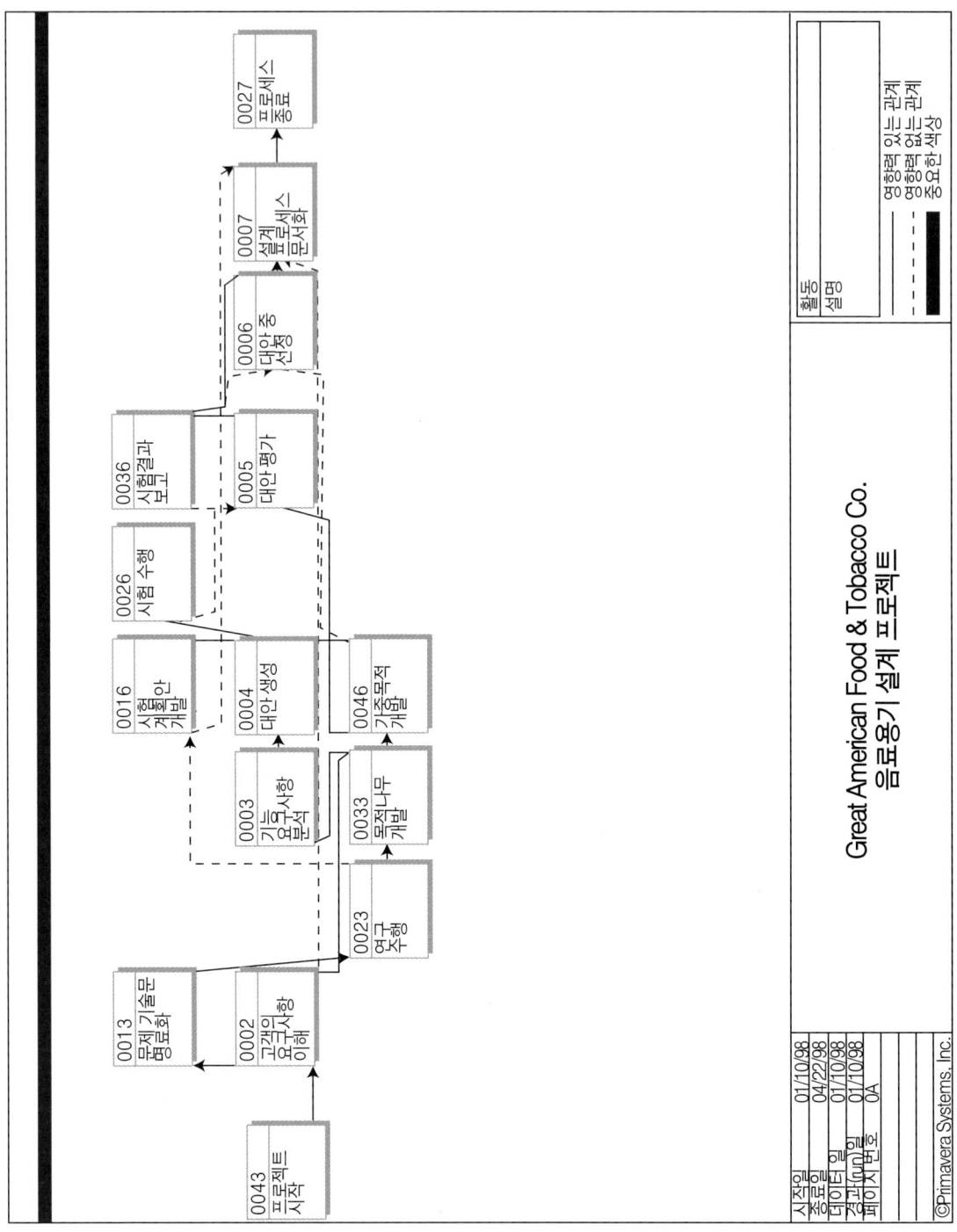

그림 7.6 음료용기 설계 프로젝트에 대한 마디결합동(AON) 네트워크. 각 활동, 혹은 과업은 마디 상자에 위치하며, 다른 활동과의 논리적 관계는 화살표로 나타낸다. 논리적 관계에는 다양한 유형(시작-시작, 종료-시작 등)이 있음에 주목하자.

되고 고객 연구 책임자를 만족시키면 시험 계획안 개발에 착수할 수 있음을 주목하자. 연구가 단 몇 주만 소요되고 시험 가능한 실물모형 제작이 훨씬 오래 소요된다면, 계획안을 결정할 수 있는 시간이 남아돈다. 언제 결정할 것인지를 결정하는 간단한 공식은 없다; 이 결정은 관리적 판단을 필요로 한다. 이 시간대 중 일부는 설계팀이 매우 바쁘고 다른 시간대에는 (부품 인도를 기다리는 등) 한가하다고 판단되면, 한가한 시간대에 시험 계획안을 개발하도록 할 수 있다. 이 예는 전체 프로젝트 완료 시간에 영향을 미치지 않으면서 시작 시간을 조정할 수 있는 활동도 있고, 논리적으로 가능한 가장 빠른 시간에 착수해야 하는 활동도 있다는 중요한 개념을 강조한다. 시작 시간 조정이 가능한 활동은 여유(slack)가 있다고 하며, 여유는 활동을 시작할 수 있는 가장 빠른 시간과 전체 프로젝트 일정에 영향을 주지 않으면서 가장 늦게 시작할 수 있는 시간과의 차이를 말한다. 여유가 없는 활동은 **주공정**(critical path) 상에 있다고 말한다. 프로젝트를 정해진 시간에 완료하기 위해서는 주공정 활동을 정각에 시작하고 완료하는 것이 가장 중요하다. 성공적인 프로젝트 관리자들이 주공정 상의 활동에는 매우 신경을 쓰고 다른 활동에는 덜 신경 쓰는 이유는 이 때문이다.

이런 유형의 일정계획의 모든 미묘한 부분을 완전히 설명할 수는 없지만, 설계팀이 주의해서 일정을 맞추어야 할 활동과 그렇지 않은 활동을 결정하는 일은 가치 있는 것이다. 주공정 밖에 위치한 활동들의 착수시간을 조정하는 일 또한 팀 업무량의 균형을 맞추는 데 중요하다. 사실 지속적 혹은 상대적으로 일정한 페이스로 일할 수 있도록 팀 업무를 계획하는 것이 일반적으로 더 바람직하다. 보통 머피(Murphy)의 법칙이 발생하면 항상 막바지에 할 일이 쌓이게 되는 경우가 많기 때문이다. 따라서 프로젝트 초기에 여유 있는 활동을 처리하도록 작업을 계획하는 것이 도움이 된다. 설계 프로젝트에서 일찌감치 쩔쩔매도록(panic) 작업을 구성하는 것이 더 낫다고들 한다; 나중에 쩔쩔매게 하는 사건을 미리 처리할 수 있기 때문이다. (경험에 의하면 초기에 쩔쩔매더라도 나중에 또 쩔쩔매는 경우도 있으나, 이는 좀더 흥미롭고 유용한 문제에 관한 것인 경우가 많다.)

> 주공정상에 있는 활동을 제시간에 완료하지 않으면 전체 프로젝트가 지연될 것이다.

7.5.3 간트도표: 시간 축을 읽기 쉽게 하기

활동 네트워크에 포함시킨 동일한 정보는 또한 **간트도표**(Gantt chart)라고 하는 막대그래프에 나타낼 수 있다. 이 일정계획 방법은 산업공학 분야의 초기 개척자 중의 한 사람인 Henry Gantt에 의해 고안되었다. 간트는 제1차 세계대전 중 군수품 생산 산출물을 향상시키는 임무를 맡았는데, 해당 프로세스를 도표로 만들어 명확히 추적하는 것이 유용하다고 판단하였다. 명백하게 그는 매우 성공했으며, 그의 방법은 오늘날까지 프로세스 추적뿐 아니라 계획에도 널리 사용되고 있다.

그림 7.7은 그림 7.6의 활동 네트워크에 해당하는 간트도표를 나타낸다. 각 활동마다

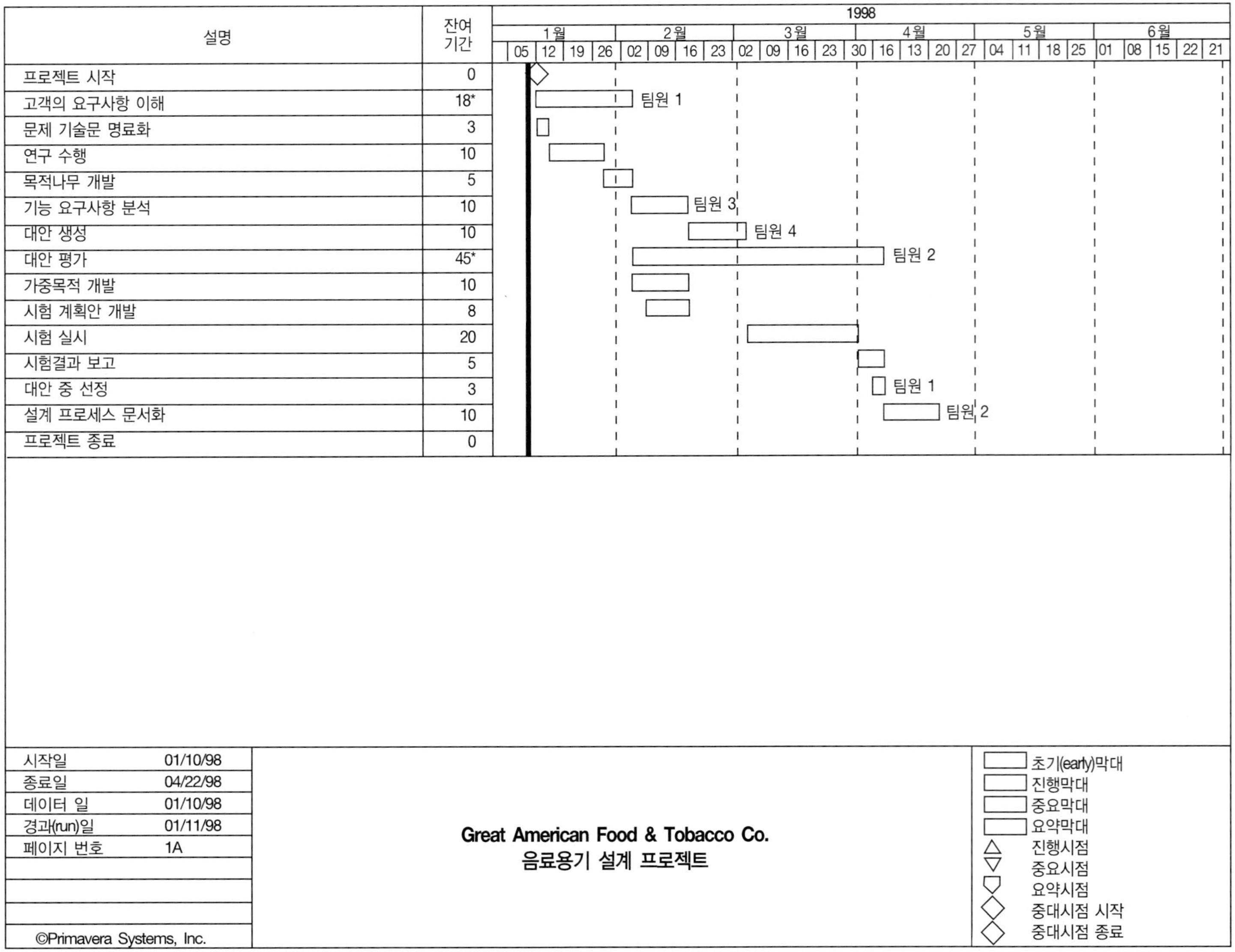

그림 7.7 음료용기 설계 프로젝트에 대한 간트도표. 활동 네트워크 수행시간은 막대 도표로 표현된다. 잔여기간 열에 별표로 표시된 활동은 하부 과업들을 합친 것이다. 이와 같은 소규모 사례에서조차 논리적 관계를 알아보기 설지 않음에 주목하자.

도표 맨 위의 시간축으로부터 읽을 수 있는 시작일과 종료일이 있음에 주목하자. 간트도표는 좀더 명확히 시간과 연관되므로 많은 관리자들은 간트도표가 활동 네트워크보다 더 이해하기 쉽다고 한다. 더욱이 표준 스프레드시트 프로그램으로 작성하면 더 쉽지만, 컴퓨터에 기초한 도구 없이도 단지 그래프용지만 있으면 간트도표를 쉽게 작성할 수 있다. 그러나 이러한 간편성으로 인해 치르는 대가도 있다. 프로젝트 팀이 앞에서 논의한 논리적 관계를 주의 깊게 고찰하지 않고 간트도표를 작성하는 경우도 있다. 이런 일이 발생하면 프로젝트가 진행됨에 따라 여러 가지 문제점이 발생할 수 있다. 첫째, 과업 간의 논리적 관계가 불분명하면 우선순위를 부과하기 어렵게 된다. 예를 들면, 주 공정에 있는 다른 작업들은 제쳐두고 가장 흥미롭거나 가장 어려운 과업에 주로 매달릴 수도 있다. 더욱이 사건들의 논리적 순서에 관한 정확한 정보가 없으므로 인해, 중요하지 않아 보이는 활동이 더 중요한 후행활동을 시작하지 못하게 하는 경우도 있다. 마지막으로, 어떤 과업에서 불가피한 지연이 발생하는 경우, 한 활동의 모든 여유가 소진되어 그 활동 및 후행활동들이 주공정이 될 수도 있다.

이런 유형의 문제는 간트도표와 연관시켜 종료-시작 선행관계를 갖는 활동 네트워크를 가정하면 피할 수 있다. 따라서 팀은 공동으로 작업하여 먼저 활동 네트워크를 작성해야 한다. 그 결과는 간트도표나 다른 그래픽 형태로 나타낼 수 있다. 이 방법은 모든 과업과 상호관계를 고려할 수 있도록 지원하며, LRC 개발 과정에서 이미 착수한 계획수립을 좀더 효과적으로 만든다.

7.6 예산집행계획: 자금 기록

프로젝트 관리에 있어서 예산집행계획은 어렵지만 필수적인 도구이다. 팀에서 소요되는 재정 및 기타 자원을 식별할 수 있도록 하며, 이러한 요구사항과 가용 자원을 대응시킨다. 또한 예산집행계획은 팀이 프로젝트 자금을 설명하도록 요구한다. 마지막으로, 예산집행계획은 팀이 소속된 좀더 큰 조직의 지원을 공식화하는 데 기여한다.

제8장에서 설명할 다수의 공업경제 개념은 예산집행계획에 적합하므로, 이 개념에 관한 대다수의 논의는 뒤로 미루기로 한다. 또한 학계나 유사한 환경에서 진행되는 설계 프로젝트를 수행하는 데는 대규모의 복잡한 예산집행계획이 필요하지 않다. (이전에 언급한 것처럼, 설계된 물건을 제작하는 데 소요되는 예산이 아니라 **설계를 수행하는 데 필요한 예산**에만 관심이 있다는 것을 상기하자.) 따라서 설계 프로젝트 예산은 보통 연구비, 원형 자재비 및 프로젝트 관련 보조비용 등을 포함한다.

예산에 관한 설명을 위에서 언급한 재료비, 여비, 잡비를 비용 범주로 제한하기로 한다. 이는 설계 프로젝트에 대한 예산집행계획을 수립하는 데 있어서 초기 단계에서 어떤 종류의 해결방안이 가능한지 알아보려는 시도가 필요함을 의미한다. 이는 해결방안을 결정하기보다는 실제로 바람직할 수 있는 자원 수요를 사전에 고려해야 한다는 의미이다. 이의 한 가지 결과로서, 설계팀은 발생할 수 있는 최대의 비용을 명시함으로써 지출 한계를 설정한 예산을 **초과하지 않도록** 수립하고자 한다. 이 접근법은 한 조직의 모든 프로젝트에 대해 이렇게 틀에 박힌 식으로 한다면, 사용되지도 않을 설계 프로젝트를 위해 자원이 비축될 수도 있다는 위험성이 있다.

마지막 주의사항으로, 설계 프로젝트에서 설계팀의 각 구성원에 의해 투입된 시간을 적절히 평가하는 것이 중요하다. 이는 학생 설계 프로젝트에서도 중요하다. (사실 예산에서 시간을 신청하지 않았다는 이유만으로 이 매우 희소한 자원을 평가절하하는 경향이 있다.) 팀원의 시간에 가치를 부여하는 한 가지 방법은 고용자가 프로젝트에 종사하는 공학자의 시간에 대한 보수를 책정하는 "알고리즘"을 적용하는 것이다. 대부분 회사들은 종업원의 시간에 대해 고객에게 청구할 때 직접비 지출의 2~4배 사이를 부과한다. 이 배수는 수당, 간접비용, 관리비 및 이윤을 포함한다. 학생 시간을 시간당 겨우 8달러의 최소 임금률로 청구한다면, 10주간의 프로젝트에서 주당 10시간씩 일하는 4명의 학생팀은 총 6,400~12,800달러를 청구할 수 있을 것이다. 단순히 말하면, 시간은 소중하고, 부족하며, 대체할 수 없는 자원이다. 낭비하지 말아야 한다.

7.7 감시 및 통제 도구: 진척도 측정

현재 계획, 일정 및 예산 등을 개발하였다고 하자. 계획에 대비한 팀 수행도를 어떻게 추적할 것인가? 이는 매우 중요한 질문이지만 대답하기 매우 어렵다. 건설 프로젝트 관리자는 밖으로 나가서 과업이 계획된 날짜에 맞추어 완료되었는지 볼 수 있을 것이다. 그러나 설계 프로젝트에서는 감시 및 통제가 더욱 미묘하며 때로는 더욱 어렵다. 따라서 프로젝트가 상당히 진행되기 전에 필수적으로 팀의 구성원들이 그들의 공동의 진척도에 대해 감시하는 과정을 갖기로 합의해야 한다.

프로젝트를 감시하는 많은 기법 및 도구가 있으나, 이들은 종종 타임시트를 작성하고, 시간을 측정하거나 다른 회계 도구를 사용한다. 소규모의 설계 프로젝트, 특히 학술 프로젝트에서는 이런 유형의 도구들은 매우 비효율적이다. 따라서 프로젝트의 일부분에 대해 수행된 작업량을 전체 프로젝트의 상황과 비교하기 위해 업계에서 널리 사용하는 **수행도행렬**(percent-complete matrix; PCM)의 단순화된 유형을 설명하기로 한다.

PCM의 목표는 WBS에 담긴 정보와 프로젝트의 전반적 상황을 결정하는 예산집행계획을 사용하는 것이다. PCM을 구축함에 있어서 단지 각 항목이나 관심 분야의 비용과 그 항목에 해당하는 전체 비용의 백분율만을 알면 된다. PCM에 해당 과업이나 작업 항목에

수행도행렬

과업	계획 기간(일)	전체 백분율	상태 (약어 참조)	평가점수 (일)
프로젝트 시작	0	0%	2	0.0
문제 기술문 명료화	3	3%	2	3.0
연구 수행	10	11%	2	10.0
목적나무 초안	2	2%	2	2.0
목적나무 검토	1	1%	2	1.0
목적나무 개정	2	2%	2	2.0
기능 분석	10	11%	1	3.3
대안 생성	10	11%	1	3.3
가중 목적 개발	10	11%	2	10.0
시험 계획안 개발	8	9%	1	2.6
시험 실시	20	21%	0	0.0
시험결과 보고	5	5%	0	0.0
대안 중 선정	3	3%	0	0.0
설계 프로세스 문서화	10	11%	0	0.0
프로젝트 종료	0	0%	0	0.0
총 예산일	94	100%		39.6%
약어; 0=미착수, 평가점수 없음, 1=진행중 1/3 평가점수, 2=완료, 전체 평가점수				

그림 7.8 음료용기 설계 프로젝트에 대한 수행도행렬. 각 활동 및 전체 프로젝트에 대한 할당량이 표시됨. 활동이 시작되면 33%의 평가점수를 받으며 완료와 더불어 전체 평가점수를 부여한다. 과업을 충분히 분해하지 않는다면 이 방법은 잘못된 결과를 초래할 수 있으나, 소규모 프로젝트에서는 합리적인 근사치를 제공한다.

대한 작업 백분율을 입력할 수 있으며, 프로젝트의 모든 항목에 대해 더함으로써 완료된 프로젝트의 전체 백분율을 계산할 수 있다. 일반적으로 이 방법은 진척도를 계산하는 명확한 방법이 가용한 경우에 가장 적합하다. 예를 들면, 건설 프로젝트의 기초 작업이 전체 예상 프로젝트 비용의 25%를 차지한다고 할 때, 기초 작업의 반을 완료한 시점에서 전체 프로젝트의 약 12.5%를 완료했다고 볼 수 있다. 관리자는 전체 프로젝트 진척도를 결정하기 위해 WBS 내의 각 일반적 분야에 대한 진척도를 주기적으로 갱신할 수 있다.

경우에 따라서 물리적 척도를 진척도 대신 사용할 수 있다. 계획에서 요구한 총량에 대비하여 콘크리트를 투입한 양이나, 총 예산에 대비하여 세워진 철골의 무게 등이 그것이다. 표준 프로젝트에서는 이 방법이 상당한 설득력이 있지만, 일반적으로 설계 프로젝트는 가용한 예산보다는 주어진 시간과 연관된 진척도에 더욱 관심이 있으며, 물리적 척도가 가용하지 않은 경우가 많다. 한 가지 대안은 금전적 예산 대신에 진척도를 추적하는 간단한 규칙을 만들어 추정된 팀 활동기간을 사용하는 것이다. 한 가지 간단한 규칙은 어떤 활동에 대한 작업이 시작되었다면 해당 활동의 진척 백분율이 33%라고 정하는 것이다. 그러나 그 활동이 완료되기까지 추가적인 진척도는 계산되지 않는다. 나머지 67%의 진척도는 해당 활동이 완료된 경우에 계산된다. 어떤 활동이 아무리 오래 걸리더라도 100%를 초과하는 진척률은 계산할 수 없다. 더욱이 실제로 소요된 작업 시간과 관계없이 작업이 완료될 때 완전한 평가를 받게 된다. 이 관례에 따르면, WBS에서 작업을 세심하고 정확하게 분해하는 것이 중요한 일임이 자명하다.

음료용기 설계 프로젝트에 대한 수정된 PCM을 나타내는 그림 7.8을 생각해 보자. 고객의 요구사항을 이해하고 대안을 평가하는 등의 요약 과업을 제외하고 활동 네트워크에서 사용된 모든 과업이 포함되었다. 대신에 요약 과업은 상세 분해하여 포함되었다. PCM은 각 과업의 계획된 혹은 예산집행 계획된 기간, 전체 프로젝트에서 해당 과업이 차지하는 백분율 및 그 상태를 보이고 있다. 어떤 과업이 시작되거나 완료된 경우에 전체 프로젝트에 대한 평가점수(credit)가 부과된다. 세 가지 관측사항은 순서대로 되어 있다. 첫째, 프로젝트 관리자나 팀 리더는 선정된 과업에 대하여 이 예에서 사용한 0%, 33%, 100% 대신에 좀더 정확한 완료 백분율을 부과할 수 있다. 간단한 표준 규칙에 의한 값을 선택한 것은 팀임을 상기하자. 둘째, 팀은 지금까지 성취된 진척도를 프로젝트에 할당된 전체 시간과 비교할 수 있다. 예를 들면, 10주가 소요되는 설계 프로젝트에서 4주가 진행되었다면 PCM은 계획과 대비하여 프로젝트 진행이 빠른지 느린지를 표시한다. 8주가 진행되었다면 PCM은 경보를 발생시킨다. 마지막으로, 팀이 프로젝트를 완료하는 데 요구되는 과업의 특징 및 기간을 적절히 결정했다면, PCM과 이 방법으로 작업을 감시할 수 있을 것이다. 그렇지 않다면 이 방법은 단지 환상일 뿐이다.

대부분의 설계 프로젝트에 있어서 시간은 가장 희소한 자원이다 – 시간은 감시되고 통제되어야 한다.

7.8 Xela-Aid 닭장 프로젝트 관리

이전에 밝힌 바와 같이, 사례 중 하나는 하비머드대학에서 개설된 한 학기의 공학설계 입문 강좌의 일부인 학생 설계 프로젝트에 기초한 것이다. 이 상황에서는 단지 제한된 수

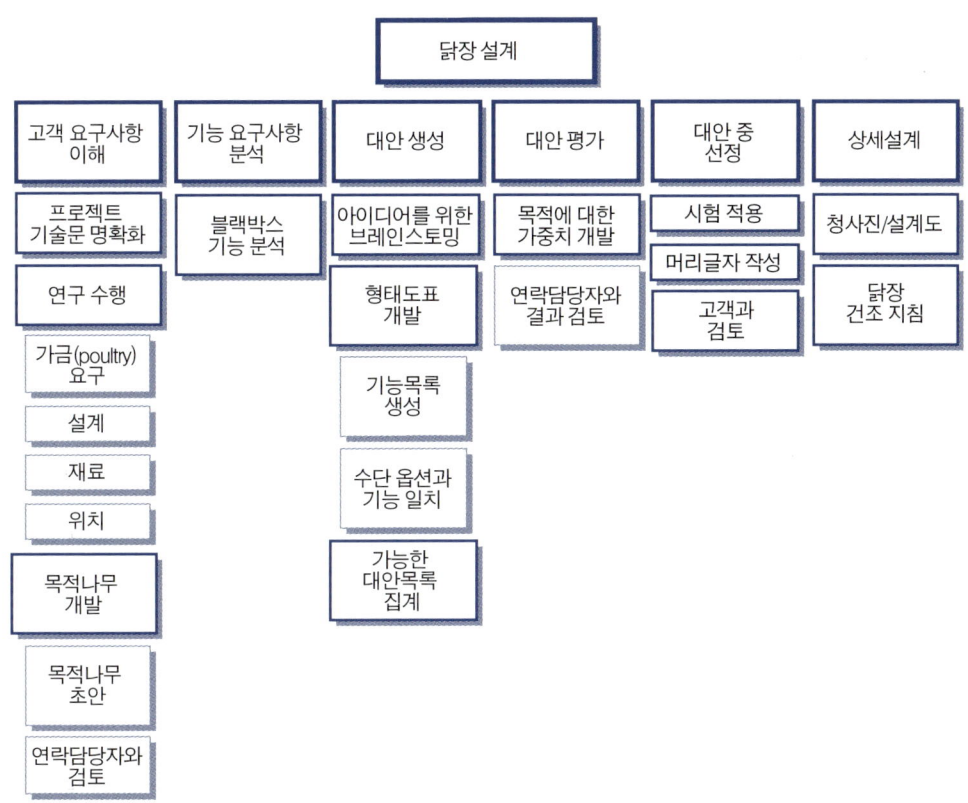

그림 7.9 닭장 프로젝트에 대한 작업분해구조(WBS). 이 WBS에는 경험이 적은 프로젝트 관리자가 범할 수 있는 몇 가지 오류가 있다. 찾아낼 수 있는가?

의 프로젝트 관리 도구만이 성공적으로 적용될 수 있기 때문에, 과테말라의 San Martin Chiquito 주민을 위한 닭장 설계를 요청받은 학생들은 단지 WBS만을 개발하여 제출하기로 하였다. 그림 7.9와 7.10에 두 가지 사례가 있다. 이에 대한 설명은 다음과 같다.

첫째, 두 팀은 매우 다른 접근법을 선택했는데, 한 팀은 도식적 표현을, 다른 팀은 표 형태의 도표를 사용하고 있다. 그림 7.9의 WBS는 실수로 선을 누락시킨 것 외에는 그림 7.1과 매우 유사하다. 이 WBS는 몇 가지 문제점이 있는데, 가장 큰 문제점은 몇몇 세부과업이 충분한 수준까지 분해되지 않은 점이다. "기능 요구사항 분석" 과업이 "블랙박스 기능 분석" 하나만의 세부과업을 갖고 있음에 주목하자. 또 다른 세부과업 없이는 그 세부과업은 상위 과업을 고쳐 말한 것(restatement)에 불과하다. WBS는 작업을 구성 요소나 세부작업으로 분해하는 방법임을 상기하자.

그림 7.9의 예에서 두 번째 문제점은 완전하지 않다는 점이다. 팀은 팀 회의나 진척도 보고 등을 포함한 추가적인 관리책임을 지는 것이 확실하다. 그림에 이런 항목이 누락되어 있다. 불완전한 WBS는 이에 근거한 모든 계획을 역시 불완전하게 한다.

	과업	개인 시간
i.	고객과 대화	5
ii.	고객 기술문 낭독	1
iii.	목적나무 작성	6
iv.	과업목록 작성	3
v.	고객 기술문 개정	7
vi.	기능박스 작성	4
vii.	작업에 관해 고객과 대화	2
viii.	목적나무, 기능박스, 과업목록 개정	7
ix.	과테말라 연구	7
x.	닭 및 닭장 설계 연구	16
xi.	기타 연구	4
xii.	형태도표 작성	6
xiii.	형태도표에 수단을 결합하여 일관성 있게 설계	4
xiv.	수단의 최선 개념 조합 결정	6
xv.	추가 대안 토의	5
xvi.	고객과 토의	2
xvii.	축소모형을 위한 재료 획득	8
xviii.	축소모형 제작	12
xix.	실물 크기 복제품을 위한 부분 제작	20
xx.	제작 프로세스 문서화	5
xxi.	설계평가 측정기준 결정	10
xxii.	개념설계 및 물리적 모형 평가	20
xxiii.	필요에 따라 닭장 재설계	10
xxiv.	해당 부분 재제작	10
xxv.	닭장 재시험	5
xxvi.	닭장 평가	5
xxvii.	고객에게 설계 발표	2
xxviii.	필요에 따라 소규모 변경	5
xxix.	서면 보고서 준비	20
xxx.	제작 지침 준비	5
xxxi.	구두발표 준비	20
xxxii.	학급 및 고객에게 발표	2
	프로젝트 완료 총 소요시간	**245**

그림 7.10 닭장 프로젝트에 대한 WBS의 기초로 사용될 수 있는 과업 목록. 모든 과업의 소요시간을 더하여 프로젝트 소요시간을 추정했음에 주목하자. 계층적 순서로 배치한다면 WBS에 매우 쉽게 적용될 수 있을 것이다.

그림 7.10의 과업 목록은 좀더 완전하며, 각 과업을 완수하는 데 소요되는 시간에 대한 추정치까지 포함하고 있다. 과업목록 작성(항목 iv)에 소요되는 시간까지 포함할 정도로 상세하다. 이 표의 진정한 문제점은 계층이 아닌 목록 형태라서 과업 간의 관계를 보이지 못하는 데 있다. 신출내기 프로젝트 관리자에게는 중요하지 않을지 모르나, 과업 간의 관계를 이해하는 것은 시간 제약 하에서 활동의 순서와 당장 하지 않아도 되는 활동 등에 대한 결정을 내려야 할 때 중요한 통찰력이 된다.

7.9 요약

7.1 절: 프로젝트의 정의는 (Meredith and Mantel, 1995)에서 발췌하였다.

7.2 절: 3S 접근법의 기초적인 개념모형은 (Oberlander, 1993)에서 발췌하였다. 그림 7.2의 사례는 (Kezsbom, Schilling, and Edward, 1989)에서 발췌하였다.

7.3 절: 그림 7.3의 텍스트-기반 WBS는 소프트웨어 Primavera Project Planner, Release 2.0에 포함된 사례집에서 인용되었다.

7.4 절: 선형책임도표는 대부분의 프로젝트 관리 입문에서 설명되어 있는데, 예를 들면 (Meredith and Mantel, 1995) 등이다.

7.5 절: 활동 네트워크 및 간트도표는 어떤 프로젝트 관리 입문서에서도 상세하게 다루고 있다. 예를 들면, (Meredith and Mantel, 1995) 등이다.

7.7 절: 수행도행렬의 표준형은 (Oberlander, 1993)에서 발췌하였다. 수정된 형태는 (CIIP, 1986)의 방법을 참고로 하였다.

7.8 절: 그림 7.9와 7.10의 WBS는 각각 (Guitierrez et al., 1977)과 (Conner et al., 1997)에서 발췌하였다.

7.10 연습문제

7.1 설계 프로젝트 관리와 설계 프로젝트 실행 관리의 차이를 설명하라. 예를 들면, 고속도로 진입로(interchange) 설계와 진입로 건설의 차이를 생각하라.

7.2 노숙자를 위한 모금을 위한 캠퍼스 내 자선행사에 대한 작업분해구조와 선형책임도표를 개발하라.

7.3 그림 3.5에서 인용된 협동조합 여성들이 캠퍼스 인근공항에 도착하여 캠퍼스로 여행한다고 할 때, 조합원들이 사용할 캠퍼스 내 회의를 위한 작업분해구조와 선형책임도표를 개

발하라. (힌트: 그들을 공항에서 영접하는 등의 친절 행위는 허용되지 않는다.)

7.4   국가적 대학생 경진대회에 출품할 로봇을 설계하기 위한 프로젝트에 대한 작업분해구조와 선형책임도표를 개발하라.

7.5   연습문제 7.2의 캠퍼스 내 자선행사에 대한 활동 네트워크를 개발하라.

7.6   연습문제 7.4의 로봇 프로젝트에 대한 활동 네트워크를 개발하라.

7.7   연습문제 7.2의 캠퍼스 내 자선행사에 대한 일정계획 및 예산계획을 개발하라.

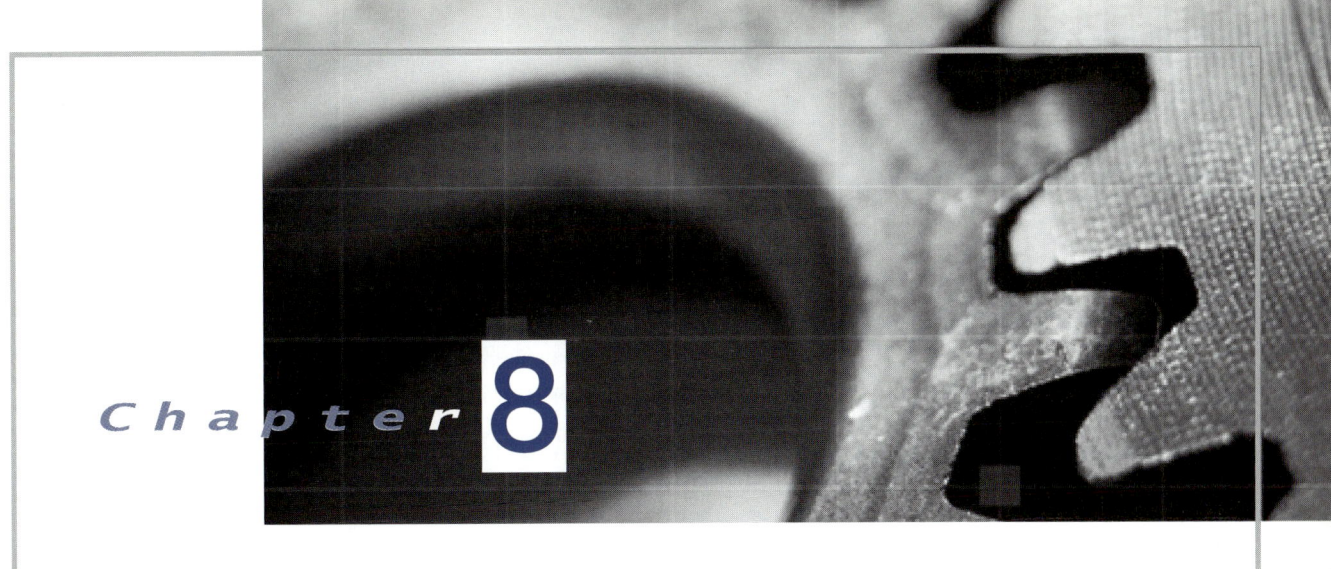

Chapter 8

"X"를 고려한 설계

기술적 선택의 결과는 무엇인가?

이 책의 중심 주제는 공학 설계가 개인보다는 팀 위주로 수행된다는 점이다. 이 아이디어는 최근의 범세계적 산업 분야에서 공학자들의 경험을 반영한다. 설계팀은 보통 공학자뿐 아니라 제조 전문가, 대개의 경우는 산업공학자이지만, 마케팅 및 판매 전문가, 신뢰성 전문가, 비용 회계사, 변호사 등 다양한 분야의 전문가를 포함한다. 이러한 팀은 설계, 개발, 제조, 마케팅, 유통, 사용 및 궁극적으로 폐기까지 망라한 전 수명(entire life)에 걸쳐 개발 단계의 제품을 이해하고 최적화하는 데 참여한다. 이 모든 분야에 대한 관심과 설계 프로세스에 대한 영향을 동시공학(concurrent engineering)이라 일컫는다. 학생 설계 사례와 같은 소규모 프로젝트에서는 동시공학을 적용할 필요는 없지만, 공학설계자가 동시공학 및 설계 작업과의 밀접한 관계를 이해하는 것이 중요하다.

현대 상업적 환경에서 공학의 가장 중요한 측면 중 하나는, 설계된 가공물을 제작하고 유지할 사람들이 좋은 설계를 위하여 청중(audience)으로 참여한다는 인식이다. 또 다른 중요한 특성은 설계가 경제적 목표 혹은 비용 관련 목표를 만족해야 한다는 점이다. 이러한 측면들은 더 일반적인 개념의 일부분으로서, 공학자는 설계에 어느 정도까지는 다양한 바람직한 속성들을 항상 추구해온 것이다. 이는 종종 "X를 고려한 설계"라고 해석되는데, X는 제조, 유지보수성, 신뢰성, 혹은 적정성(affordability) 등과 같은 속성이다. (설계자와 공학자는 이들에게 또 다른 이름(-ilities)을 붙이기도 하는데, 다수의 바람직한 속성들은 명사형 어미 "-ility"로 표현되기 때문이다.)

설계자로서 우리는 제품 수명주기 개념을 사용하여 'X'들을 유도할 수 있다. 대부분의 제품들이 제작, 판매, 사용, 폐기되도록 설계되므로, 먼저 제조 및 조립을 고려한 설계를 살펴보고, 다음으로 적정비용을 고려한 설계, 신뢰성 및 유지보수성을 고려한 설계, 끝으로 지속성을 고려한 설계 등을 차례로 살펴본다. 이러한 개념 및 관련된 개념들은 품질(quality)이라는 개념으로 요약될 수 있으므로, 품질을 위한 설계 접근법의 하나인 품질기능전개(quality function deployment; QFD)를 간략히 살펴볼 것이다.

8.1 제조 및 조립을 고려한 설계: 이 설계가 제작 가능한가?

많은 경우에 있어서 설계된 가공물은 대량으로 생산되거나 제조된다. 최근에 제품 설계가 생산비용, 최종 품질 및 다른 특성들에 지대한 영향을 미친다는 사실을 기업에서 깨닫게 되었다. 이러한 이유로 자동차나 가전 산업과 같은 범세계적 경쟁 산업에서는 어떻게 설계 프로세스 중에 제품이 제조되는지를 일상적으로 고려한다. 이러한 관심사의 중요한 원동력(driver)은 대량으로 제조되는 제품으로서, 8.2절에서 설명할 규모의 경제를 가능하게 한다. 더욱이, 제품을 고객에게 전달하는 데 소요되는 시간을 출시시간(time to market)이라 하며, 시장을 형성하는 기업의 능력을 결정한다. 제조 문제를 포함하는 설계 프로세스는 제품의 상업적 생산 속도를 높이는 데 있어서 중요한 요소가 될 수 있다.

8.1.1 제조를 고려한 설계

제조를 고려한 설계(Design for manufacturing; DFM)는 적절한 품질수준을 유지하면서 생산비용이나 출시시간을 최소화하는 데 기반을 둔 설계이다. 품질의 확보 없이는 DFM이 단지 저렴한 제품을 생산하는 것으로 전락하게 되므로, 적절한 품질수준 유지의 중요성은 아무리 강조해도 지나치지 않다.

DFM은 거의 필수불가결하게 설계팀의 발족과 더불어 시작된다. 상업적 환경에서 DFM에 전념하는 설계팀은 공학자, 제조 관리자, 물류 전문가, 비용 회계사, 마케팅 및 판매 전문가 등을 망라하는 다방면 전문 분야로 구성되는 경향이 있다. 각 전문가는 설계 프로젝트에 대한 특수한 관심과 경험을 수반하지만, 각자의 주된 전문 분야를 넘어서 프로젝트 자체에 집중해야 한다. 다수의 세계적 수준의 기업에서 이렇게 여러 전문 분야로 구성된 팀은 사실상 현대적 설계 조직의 표준이 되어왔다.

제조 및 설계는 제품 개발 과정에서 반복적으로 상호작용하는 경향이 있다. 즉, 설계팀은 설계를 재검토한 결과로서, 제안된 설계를 생산하는 데 있어서의 문제점이나 설계 비

제조를 고려한 설계는 설계자와 제작자 간의 반복적인 프로세스이다.

용이나 시간을 절감할 기회를 깨닫게 된다. 이와 유사하게 설계팀은 대안적 생산 방법을 제안하여, 제조 전문가로 하여금 프로세스를 재구성하도록 할 수도 있다. 제조와 설계 프로세스 간에 결실 있고 상승작용이 있는 상호작용을 얻기 위해, 초기 개념설계 단계를 포함한 모든 설계 단계에서 DFM을 고려하는 것이 중요하다.

DFM을 위한 한 가지 기초적인 방법은 다음과 같이 여섯 단계로 구성된다.

1. 주어진 설계 대안에 대한 제조비용 추정

2. 컴포넌트 비용 절감

3. 조립비용 절감

4. 간접생산비용 절감

5. 다른 목적에 대한 DFM 고려

6. 결과를 수용할 수 없는 경우, 설계를 다시 개정

이 접근법은 명백하게 설계의 모든 목적을 이해하는 데 의존한다; 그렇지 않다면 단계 6에서 필요로 하는 반복은 의미가 없어진다. 생산의 경제학(그 중 일부는 8.2절에서 설명함)을 이해하는 것 또한 중요하다. 그러나 이와 더불어 제품 생산비용에 직접적으로 영향을 미치는 공학 및 프로세스 의사결정이 있다. 예를 들면, 금속의 형태를 만드는 어떤 프로세스가 다른 프로세스에 비해 월등히 많은 비용이 소요되며, 따라서 특정한 공학적 필요만 만족하도록 요구될 수 있다. 이와 유사하게 어떤 유형의 전자회로는 대용량의 초고속 생산기계로 제작할 수 있는 반면, 다른 제품은 손으로 조립해야 하는 것도 있다. 소량생산에 대하여 높은 비용을 요구하는 설계를 선택하더라도 그 설계를 대량생산 목적으로 다시 사용할 수 있다면 실제로는 그리 비싼 것은 아니다. 각각의 경우에 있어서 성공적인 설계는 깊은 설계 경험과 깊은 제조기술 지식을 결합함으로써 완성될 수 있다.

8.1.2 조립을 고려한 설계

조립을 고려한 설계(Design for assembly; DFA)는 X를 고려한 설계와 관련이 있기는 하나, 공식적으로는 다른 종류이다. 조립이란 다양한 부품, 컴포넌트, 하위시스템 등을 결합하고 연결하거나 함께 모아서 최종 제품 형태를 만드는 방법을 말한다. 조립은 조립자에 의한 일련의 프로세스, 즉 (1) 부품이나 컴포넌트 취급(즉, 찾아서 상호 적합한 위치에 배치함) (2) 완성된 시스템이나 하위시스템에 부품 삽입 혹은 접속 혹은 결합 등으로 구성되는 것으로 특성화될 수 있다. 예를 들면, 볼펜 조립은 잉크 카트리지를 손잡이를 이루는 튜브에 삽입하고, 양쪽 끝에 뚜껑을 씌우는 작업을 필요로 한다. 이 조립 프로세스는 여러 가지 방법으로 수행될 수 있으며, 설계자는 생산자가 최종 제품의 고품질을 유지하면서 조립비용을 절감할 수 있도록 하는 접근법을 고안할 필요가 있다. 명백히 조립은 제조의 중요한 측면이며, 설계 과업과 밀접하게 관련지어 제조를 고려한 설계의 일부분으로서, 혹은 별도로 고려되어야 한다.

조립은 제조의 중심 부분이므로, 좀더 효과적이고 효율적인 제조를 위한 지침 및 기술을 개발하는 데 많은 생각이 투입되어 왔다. 전형적으로 고려되는 몇 가지 접근법을 살펴보면 다음과 같다.

1. 최종제품의 작동에 필수적인 컴포넌트의 개수를 최소로 제한한다. 무엇보다 이 개념은 설계자가 다른 부품과 결합하여 제거될 수 있는 부품과 필요성에 의해 별개로 남아야 하는 부품을 구별함을 의미한다. 이에 관한 일상적인 쟁점은 다음을 식별하는 것이다:

- 상대적인 위치를 변경해야 하는 부품
- 다른 재료로 만들어야 하는 부품(예를 들어, 강도나 절연을 위해)
- 조립품으로부터 분리되어야 하는 부품

2. 표준 고정장치(fastener)를 사용하거나 제품 자체에 고정장치를 결합한다. 표준 고정장치를 사용하면, 조립자가 자동화를 포함한 컴포넌트 조립을 위한 표준 루틴(routine)을 개발할 수 있다. 고정장치의 종류와 숫자를 줄임으로써 다수의 컴포넌트와 부품을 사용하지 않고도 제품을 제작할 수 있다. 또한 설계자는 고정장치가 스트레스 집중을 유도하는 경향이 있어서 8.3절에서 토의할 신뢰성 문제를 야기할 수 있다는 사실을 고려해야 할 것이다.

3. 다른 컴포넌트를 배치할 수 있는 기반 컴포넌트를 갖는 제품을 설계하고, 가능한 기반 컴포넌트를 최소로 이동하며 진행하도록 조립품을 설계한다. 이 지침은 조립자가 조립 프로세스에서 고정된 참조 점에서 작업하고 참조 점을 재설정하는 정도를 최소화하도록 한다.

4. 회수(retrieval)와 조립이 용이한 컴포넌트를 갖는 제품을 설계한다. 이는 부품이나 하위 조립품이 서로 뒤얽히는 경향을 방지하거나, 대칭적인 부품을 설계하여 한 번 회수되면 선호되는 위치나 상태로 변경되지 않고 조립될 수 있도록 하는 등의 상세 설계의 요소를 포함할 수 있다.

5. 제조뿐만 아니라 뒤따르는 수리 및 유지보수 중에도 접근성을 최대화하도록 제품 및 구성 부품을 설계한다. 컴포넌트가 사용공간에서 효율적인 것도 중요하지만, 설계자는 이러한 요구와 초기 제작 및 추후의 대체 모두에서 조립자나 수리자가 부품에 접근하고 취급하는 능력과의 균형을 맞추어야 한다.

이러한 지침들과 발견적 학습법들은 단지 조립을 고려한 설계를 구성하는 설계 고려사항의 일부로서, DFA와 DFM를 고려하기 위한 출발점을 제공한다.

설계에서 부품의 수와 부품의 조립방법을 고려하라.

8.1.3 자재명세서

제조를 고려한 효율적인 설계는 또한 생산 프로세스에 대한 깊은 이해를 요구하며, 그중에 가장 중요한 것은 재고를 계획하고 관리하는 방법이다. 통상적인 재고 계획 기법으로는 **자재수급계획**(Material Requirement Planning; MRP)이 있다. MRP는 제6장에서 설명한 조립도면을 사용하여 **자재명세서**(Bill of Materials; BOM)와 조립도표를 개발하는데, 조립도표는 "gozinto" 도표라고 하며 BOM 부품들을 결합하는 순서를 나타낸다. BOM은 모든 부품들의 목록으로서, 설계된 목적물을 조립하는 데 필요한 각 부품의 수량을 담고 있다. BOM은 (1) 필요한 모든 구성요소, (2) 명시된 로트(lot) 크기를 만드는 데 필요한 정확한 양, 그리고 "gozinto" 도표와 함께 (3) 구성요소를 결합하는 프로세스를 명시한 처방전(recipe)으로 생각할 수 있다.

회사에서 생산일정의 규모 및 시기를 결정하면, BOM을 사용하여 재고 주문의 규모 및 시기를 결정한다. (현재 대다수의 회사에서는 대규모의 재고 유지를 피하고자 **적시**(just in time) 인도 방침을 사용한다. 재고는 미리 지불되지만, 조립되어 선적되기까지는 수익이 발생하지 않기 때문이다.) 생산 프로세스 관리에 있어서 조립도면과 BOM의 중요성은 아무리 강조해도 지나치지 않다. 효율성을 위하여 설계팀은 설계를 보고하는 정확한 방법을 개발해야 할 뿐 아니라, 전체 조직이 어떠한 설계변경이나 **공학적 변경 주문**도 모든 해당부서에 정확하고 완벽하게 보고한다는 규율을 지켜야 한다. 8.2절에서 설계된 가공물의 생산비용을 추정하는 데 BOM이 유용함을 또한 알게 될 것이다.

마지막으로 주목할 사항은 제조적 관심사에 물류 및 배송이 모두 포함되므로, 이런 요소들이 제조를 위한 설계의 중요한 부분이 된다는 점이다. 오늘날 사업을 수행하는 방법에 있어서 가장 큰 변화 중의 하나는 기업들이 자재공급자, 제작자 및 완제품을 효율적으로 배송하는 데 필요한 경로(channel) 간의 연결을 구축하는 방향으로 일한다는 점이다. 관련된 활동들의 집합은 **공급사슬**(supply chain)이라고도 하며, 설계자가 전체 생산주기의 요소들을 이해할 것을 요구한다. 설계에 있어서 공급사슬 관리의 역할을 탐구하는 것은 이 책의 범위를 넘어선다. 단, 대부분의 산업에서 성공한 설계자는 자신의 생산 및 제조 프로세스를 이해할 뿐 아니라 공급자와 고객의 프로세스까지 이해한다는 점을 주목하자. 상업 프로세스에 대한 종합적 이해에 대한 요구는 미래에 더욱 증가할 것이다.

8.2 적정비용을 고려한 설계: 이 설계에는 비용이 얼마나 소요되는가?

사전에 의하면, 무언가를 할 여유가 있다는 말은 무엇에 대한 값을 지불하거나 비용을 감당할 수 있다는 것이다. 설계의 관점에 있어서 무언가를 할 여유가 있는지 없는지는 고객(예를 들어, 이 제품을 제작할 여유가 있는가 혹은 제작할 여유가 없는가)과 제조자(예를 들어, 이를 정해진 가격에 만들 수 있는가, 그리고 사용자는 이 제품을 살 여유가 있는가)가 모두 직면하게 될 문제이다. 따라서 비용적정성(affordability)은 모든 이해당사자들이 인식하고 이해하는 금전적 측면에서 설계된 물건이나 시스템의 중요한 차원을 나타내는 것이다. 이러한 차원은 전형적으로 **공업경제학**이라 알려진 분야에서 다루어진다. 공학과 경제학은 두 분야가 존속하는 한 매우 밀접하게 연결되어왔다. 실제로 경제학자들은 공학자들이 다수의 중요한 경제이론 요소들을 개발했다는 사실을 인식하고 있다. 예를 들면, 경제학자들이 효용이론 및 가격차별이라 부르는 이론은 19세기 공학자 Jules Dupuit에 의해 고안되었으며, 위치이론(location theory)은 토목공학자 Arther M. Wellington에 의해 개발되었다. 사실 Wellington은 공학을 "서투른 사람이 2달러에 할 수 있는 일을 1달러에 잘 하는 기술"이라 정의한 것으로 알려져 있다. 공학과 경제학 간의 연결은 설계자에게 그리 놀라운 일은 아닌데, 금전을 전혀 목적으로 삼지 않는 프로젝트는 거의 없기 때문이다.

공업경제학은 대안 중 선정(예를 들어, 비용-수익 분석), 기계나 시스템의 대체시기 결정(예를 들어, 대체분석), 그리고 장비가 사용되는 전 기간을 통한 총 비용 예측(예를 들어, 수명주기분석) 등 공학적 의사결정의 경제적, 재정적 예상결과를 이해하는 분야를 다룬다. 이러한 주제들은 공학 교과에서 전체 과목으로 다루어질 수 있으며, 이 책의 범위를 벗어난다. 그러나 설계자들에게 간단히 소개해야 할 정도로 중요한 주제도 있는데, 아마도 그 중에 가장 중요한 것은 **화폐의 시간적 가치**(time value of money)일 것이다. 둘째로 중요한 주제는 **비용 추정**(cost estimation)이다. 이런 주제들에 대한 초보적인 지식 없이는, 설계나 공학팀은 단지 운에 의해서만 설계에 관한 좋은 결정을 하게 될 것이다.

8.2.1 화폐의 시간적 가치

누군가가 오늘 100달러 혹은 일년 후의 100달러를 제안한다면, 우리는 거의 확실하게 지금 받는 것을 선호할 것이다. 금전을 빨리 확보하는 것은 여러 가지 장점이 있는데, 금전을 투자하거나 사용할 능력을 제공하고, 미래에 금전을 확보하지 못할 위험을 제거하고, 미래에 인플레이션으로 인해 구매력이 저하되는 위험을 제거하는 등이 그것이다. 이 간단한 예제는 **화폐의 시간적 가치**(time value of money)라고 하는 공업경제학의 가장 중요한 개념을 강조한다. 일찍 확보된 화폐는 나중에 확보된 화폐보다 더 가치가 있으며, 일찍 소비

실제로 모든 공학적 의사결정은 경제적 요소를 가지고 있다.

오늘의 1달러는 내일로 약속된 1달러보다 더 가치가 있다.

된 화폐는 나중에 소비된 화폐보다 더 값비싼 것이다.

지적한 바와 같이, 화폐의 시간적 가치는 **기회비용**(opportunity cost) 및 **위험**(risk)이라고 일컫는 과거 기회의 효과를 표현한다. 기회비용은 연기된 화폐가 그 사이에 벌어들일 수 있는 금액에 대한 척도이다. 위험은 화폐의 가치가 저하되고(인플레이션 등으로 인해), 그 사이에 화폐를 얻지 못하게 되는 두 가지 위험을 표현한다. 경제학자들과 재정 전문가들은 이러한 위험 및 관련된 상실 기회의 정도를 한 데 묶어 **할인율**(discount rate)로 나타낸다. 할인율은 예금 계좌나 신용카드의 이자율과 유사하나, 위험 및 상실된 기회로 인하여 미래의 화폐 가치가 저하되는 것으로 간주한다. 예금 계좌에서의 이자율은 은행이 우리의 자금을 사용하는 권리에 대하여 다음 해에 지불할 의향이 있는 액수를 가리킨다. 신용카드에 대한 이자율은 카드 발급자에게 그의 자금을 사용하는 권리에 대한 대가로 지불해야 하는 액수를 가리키는데, 낮은 신용등급이나 신용이력이 적은 고객에게는 높은 이자율을 부과하는 등 차등 이자율이 적용된다. 따라서 이자 계산은 통상 주어진 시점으로부터 장래에 증가할 화폐 액수를 나타낸다. 할인율은 통상 반대로 작용하여, 미래의 주어진 시점에서 가용하게 될 화폐의 현재 가치를 나타낸다.

위험 및 기회비용을 측정하는 것은 복잡한 프로세스가 될 수 있으나, 공학자로서 우리는 오늘 내려지는 설계 의사결정 및 선택이 미래의 다른 시점에서 발생할 장래의 "재무적 사건"의 흐름으로 전환된다는 사실을 기억해야 한다. 이러한 재무적 사건 중의 일부는 우리가 초래하는 비용(예를 들어, 제조 및 배송)일 수도 있고, 우리가 경영하는 이익(예를 들어, 판매 수익)이 될 수도 있다. 비용과 수익이 더 빨리 발생할수록 고객, 사용자 및 설계자의 의사결정에 더 많은 영향을 미친다.

"오늘의 100달러"와 "일년 후의 100달러" 사이의 차이를 합리적이고 일관된 방법으로 구별하는 방법은 무엇인가? 그 해답은 주어진 할인율과 일련의 미래의 재무적 사건이나 현금 흐름에 대하여, 모든 사건을 현재시점이나 미래시점을 정하여 공통된 시간 프레임으로 전환하는 것이다. 다시 한 번 오늘의 100달러와 일년 후의 100달러 사이의 선택을 생각해 보자. 연간 할인율이 10%라면, 오늘의 100달러에 대한 보상으로 일년 후의 110달러가 필요하다고 예상할 수 있다. 따라서 오늘 100달러를 받든지 일년 후에 110달러를 받든지 간에 동일한 금액을 받게 되는 것이다.

다른 방식으로 계산해 보면, 일년 후의 100달러에 해당하는 오늘의 금액이 얼마인지 질문해 볼 수 있다. 일년 후의 100달러는 오늘의 X달러에 10%가 가산된 금액이다. 즉, $1.10 \times X$달러 $= 100$달러이다. 이에 대한 해를 구하면 일년 후의 100달러는 오늘의 약 91달러에 해당한다. 화폐의 시간적 가치와 관련된 모든 다양한 공식과 계산법을 여기서 다루지는 않겠지만, 우리가 원하는 미래의 시점에서 할인 계산을 수행할 수 있다는 점을 지적하고자 한다. 그 원리는 동일하다. 따라서 2년 후로 약속된 100달러는 내년으로 약속된 100달러보다 가치가 적고, 오늘의 100달러보다는 더 가치가 적다.

경제학자들은 비용이든 이익이든 간에 화폐를 할인하고 화폐의 현재 가치를 결정하기 위한 표준 접근법을 개발하였다. 인플레이션이나 이례적인 시간적 문제들이 개입되면 이 공식들의 적용이 매우 복잡해지지만, 실제로 모든 분석은 다음의 관계에 기초한다.

$$PV = FV \left(\frac{1}{1+r} \right)^t \tag{8.1}$$

단, PV는 비용이나 이익의 현재가치, FV는 미래가치, r은 할인율, t는 비용이 발생하거나 이익이 실현되는 기간을 나타낸다. 다시 한 번 일년 후 100달러의 가치에 관련된 의사결정을 살펴보자. 이 경우 미래가치 FV는 100달러, 기간 t는 1년, 그리고 할인율 r은 연간 10% 혹은 0.1이다. 달리 말하면, 일년 후에 100달러를 제안하는 것은 오늘의 100달러보다 약 9달러 적은 제안에 해당한다. 미래의 비용을 현재등가로 전환하는 능력을 할인 (discounting)이라 하며, 설계 프로젝트에서 매우 중요하고, 여러 설계 대안 중에 선택하는 데 영향을 미친다. 이 주제로 넘어가 보자.

8.2.2 설계 선택에 미치는 화폐의 시간적 가치

운송업자를 위한 두 가지 차량 설계 대안 사이에서 선택해야 하는 상황을 잠시 생각해 보자. 설계 대안 A는 초기 구입비용이 매우 높은 반면, 설계 대안 B는 차량의 수명에 걸쳐 높은 운영비용이 발생한다. 이 경우 두 선택의 전 사용연한에 걸쳐 각각 다른 시점에 발생하는 다른 비용들을 일치시켜야 한다. 한 가지 명백한 질문은 비용의 차이가 얼마나 나며 언제 발생하는가이다. 설계 B가 설계 A에 비해 훨씬 적은 비용으로 구입 가능하다면, 높은 운영비용은 즉석의 초기 절감액에 비해 매우 늦게 발생할 것이기 때문에 그리 중요하지 않을 수도 있다. 반면에, 설계 B의 운영비용이 매우 크고 차량의 수명에서 상대적으로 초기에 발생한다면, 설계 B를 구입함으로써 얻는 즉석의 절감액은 현혹시키는 것일 뿐이다. 모든 비용을 등가의 화폐가치로 비교해야 하므로 이런 경우에 합리적인 결정을 내리려면 화폐의 시간적 가치를 적절히 분석하는 방법을 이해해야 할 것이다.

좀더 나아가서 우리의 대안들이 서로 다른 구입가격 및 운영유지비용을 가질 뿐 아니라, 서로 다른 기대수명을 갖는다고 생각해 보자. 이는 동일한 시간 프레임에 걸쳐 대등한 가치를 만들도록 모든 비용을 조정해야 함을 의미한다. 여기서 상세히 설명되지는 않겠지만, 공업경제학자들은 이를 수행하는 방법론을 개발하였다. 이를 **연간 균일등가비용** (equivalent uniform annual cost; EUAC)이라 하며, 근본적으로 모든 대안들을 기한이 다하면 일대일 교환을 통해 대체되는 것으로 간주하여 처리한다. EUAC는 이 결과로 생긴 무한한 대체 수열을 연간 지불 수열로 변환한다. 여기서 주목해야 할 점은, 모든 설계 대

설계는 오늘 구매되고 사용연한 동안 사용된다.

안에 대한 미래의 비용 및 이익의 수열이 각 대안의 수명에 걸쳐 고려되어야 하며, 이들 대안을 공평하게 비교할 수 있는 형태로 변환되어야 한다는 점이다. 중요한 교훈은 설계 대안의 초기 구입비용만을 고려하는 것은 진정한 대안 비용을 알아내는 데 충분한 방법이 아니라는 점이다. 진정한 비용 분석은 설계의 전체 수명주기에 대한 고려를 필요로 한다.

8.2.3 비용 추정

이전 절에서 장비의 수명에 걸친 운영유지비용 등 최종설계의 비용을 아는 것을 당연하게 생각했다. 실제로 비용 추정은 보통 그리 간단하지 않다. 기술과 경험을 필요로 하며, 이 주제로 교재 한 권을 다 쓸 수도 있다. 그러나 개념설계 과정에서는 몇 가지 점이 실제적으로 중요하다.

설계 비용은 전형적으로 인건비, 재료비, 간접비 및 다양한 이해당사자들을 위한 수익 등을 포함한다고 쉽게 말할 수 있다. 그러나 이 간단한 문장에는 가장 단순한 가공물을 제외하면 비용을 구체화하고 구조화하는 일의 복잡성이 숨겨져 있다. 많은 경우에 있어서 설계의 생산 및 분배비용을 추정하는 것은 지극히 어렵다. 여기서는 위에 열거한 비용 범주를 구성하는 주요 요소들을 설명하는 것으로 제한하고자 한다.

인건비(labor cost)는 전화를 받는다든지, 제품을 포장하고 선적한다든지 등의 필요하지만 보이지 않는 과업을 수행하는 직원을 보조하는 비용뿐 아니라, 가공물을 제작하는 종업원에 대한 급료를 포함한다. 또한 인건비는 종업원에게 직접 지급되지 않음으로 인해 덜 분명한 다양한 간접비용을 포함한다. 이러한 간접비용을 **부가급여**(fringe benefit)라고 하는데, 전형적으로 종업원을 대표하는 제3의 단체에게 지급되기 때문이다. 부가급여는 건강 및 생명보험, 퇴직금, 연금 보조금 및 기타 규정된 급료 지불 세금 등을 포함한다. 이러한 노동의 간접비는 설계자가 설계비용을 추정할 때 종종 무시되거나 간과되지만, 다수의 기업에서는 직접 인건비나 급료의 50%에 달하기도 한다.

8.1절에서 재고를 통제하고 제조를 관리할 때 자재명세서(BOM)의 중요성을 설명하였다. 또한 BOM은 다양한 설계와 연관된 자재비를 추정하는 데 유용하다. **자재**(material)는 중간 재료나 뚜렷이 사용되는 재고뿐 아니라, 고안물을 제작하는 데 직접 소요되는 재료를 포함한다. 예를 들면, 재고의 일부는 제조 과정에서 소모되는 반면, 어떤 재고는 작업 진행 중인 부품으로 분류되기도 한다. BOM은 고안물이나 물건을 구성하는 부품의 수량 및 종류에 대한 지침을 제공한다. BOM은 조립도면으로부터 직접 개발되기 때문에 특히 유용하며, 따라서 설계자의 최종적 의도를 반영한다.

BOM을 사용하여 비용을 추정할 때는 신중을 기해야 하는데, 노동과 자재 모두 **규모의 경제**(economies of scale)의 대상이므로 **단위비용**이나 항목당 생산비용은 다수의 복제품을 제작함으로써 절감될 수 있기 때문이다. 헨리 포드(Henry Ford)의 조립 라인의 천재성은 그가 수백만 대의 복제 자동차를 만드는 방법을 고안해다는 점에서 규모의 경제를 반영한다. 포드는 단위비용을 낮춰 많은 사람들이 그 차를 살 여유를 갖게 함으로써 그가 만든 모든 차를 팔았다. 물론 포드는 새로운 기술의 개발로 인해 이러한 규모의 경제를 깨달았지만, 이는 공학과 경제학이 상호작용하는 방법에 관한 또 하나의 사례일 뿐이다.

단일 제품에 직접 부과할 수 없는 제조 관련 비용을 **간접비**(overhead)라 한다. 예로, 만약 어떤 고안물이 20개의 다른 제품을 생산하는 공장에서 제작된다면, 건물, 기계, 경비원, 전기 등에 관련된 비용은 모든 21개 제품 간에 분배되어야 할 것이다. 이러한 간접비를 무시한 채 각 제품의 가격을 책정한다면, 그 회사는 조만간 건물이나 이를 유지하는 데 필요한 서비스 등에 대한 지불을 할 수 없게 될 것이다. 간접비의 다른 요소로는, 각각의 회사 활동을 감독하는 데 상당한 시간을 할애하는 임직원의 연봉 및 회계, 계산서 작성, 광고 등의 사업기능 관련 비용 등이 있다. 비용 구분 및 속성을 정의한 회계 표준이 있지만, 간접비의 정확한 추정은 해당 회사의 구조나 관행에 따라 크게 차이가 난다. 어떤 회사는 소품종의 제품과 매우 간결한 조직을 가지므로, 대부분의 비용이 제품의 생산 및 판매에 직접 연관되고 단지 낮은 비율만이 간접비로 할당될 수 있다. 어떤 회사는 간접비가 제품에 직접 부과되는 인건비와 같거나 더 클 수도 있다. 예를 들면, 많은 대학에서는 연구와 연관된 간접비 비율(실험실, 보조원, 대학 학장 및 기타 필수 사항에 대한 지불)이 연구원 봉급 및 수당의 65%에 달하기도 한다. 중요한 점은 설계 제작비용을 추정하는 데 있어서 고객이나 공급자의 세심한 자문이 요구된다는 점이다.

설계 프로젝트의 개념단계 동안 발생하는 비용을 추정하는 것은 상세 설계에 대한 비용 추정에 비해 매우 부정확한 경우가 많다. 예를 들면, 대형 건설 프로젝트에서 ±35%의 정확도는 초기 추정치로 수용할 만한 것으로 여겨진다. 그러나 부정확성에 대한 이러한 허용차를 초기 비용 추정에 있어서 부주의하거나 조심성이 없어도 된다는 면죄부로 여겨서는 곤란하다.

실제로 각각의 공학적 학습법은 비용 추정에 대한 고유의 접근법을 갖고 있으며, 이러한 접근법들은 개념설계 단계에서 가장 적합한 발견적 방법(heuristic)이나 **경험적 방법**(rule of thumb), 혹은 일반 지침 등에 의해 표현된다. 예를 들면, 토목공학에서 R. S. Means 비용 지침은 다양한 유형의 건설 프로젝트에서 다양한 요소에 대해 1 평방피트(square feet)에 대한 비용 추정치를 제공한다. Richardson 매뉴얼은 화학 공장 및 석유 정제 프로젝트에 대한 유사한 정보를 제공한다. 반면에, 인쇄회로기판 설계에는 1 평방인치(square inch)에 대한 비용이 더욱 적합할 것이다. 각각의 학습법에서, 특히 개념설계를 선택해야 하는 좀더 일반적인 수준에서는, 성공적으로 비용을 추정하기 위해 경험 있는 전문가와 세심하게 상의해야 한다.

마지막으로, 비용 추정에 대하여 가공물을 설계하는 비용과 이를 제조하고 분배하는 비용 간의 차이를 강조하고자 한다. 댐이나 기타 대형 구조물의 경우와 같이 많은 경우에 있어서, 설계 비용은 최종 프로젝트 비용의 상대적으로 작은 부분을 차지한다. 그러나 그럼에도 불구하고 대부분의 고객은 설계팀이 자체 비용을 정확히 추정해서 정확히 예산을 세우기를 기대한다. 따라서 설계 활동비용을 산정할 때, 유능한 설계팀은 비용을 정확히 이해하고 통제하고자 노력한다.

8.2.4 비용 및 가격산정

마지막으로, 비용 산정이 설계의 **수익성**(profitability)에 있어서 중요한 요소이지만, 일반적으로 가공품의 **가격산정**(pricing)에 있어서 핵심요소는 아님을 주목해야 한다. 이러한 외관상의 모순은 총 수익(즉, 세금 및 다른 사항을 고려하기 전의 수익)이 총 수입에서 비용을 제외한 것임을 주목할 때 쉽게 설명된다. 따라서 비용은 수익 계산에 있어서 중요한 요소이다. 반면에, 수입은 가격에 판매된 제품 수를 곱함으로써 결정된다. 가장 이익을 극대화하는 기업에서, 가격은 비용에 기초하여 결정되는 것이 아니라, 시장이 지불하고자 하는 금액에 의해 결정된다. 이를 설명하는 몇 가지 사례를 살펴보자.

고품질 그래파이트(graphite) 테니스 라켓을 생각해 보자. 처음 출시되었을 때 수백 달러의 가격에 팔릴 수 있다. 그러나 조사해 보면 이런 라켓을 제작하는 비용은 그 가격에 훨씬 못 미친다. 라켓의 재료는 단지 몇 달러 소요될 수 있고, 인건비는 거의 무시되며, 기술 개발 비용은 수천 개의 생산량으로 나누어 **분할상각**(amortize)한다면 그리 대단하지 않다. 유통비용은 할인점에서 볼 수 있는 10달러짜리 라켓에 비해 첨단 라켓이라고 해서 더 많이 들지도 않는다. 그러나 이렇게 비싼 라켓에 대한 수요가 명백히 존재하며, 높은 가격을 지불할 고객이 있으므로 가격이 높게 책정되는 것이다. 실제로 설계팀에서 마케팅 전문가의 역할에는 소비자들이 설계된 제품에 대해 프리미엄을 지불하도록 유도하는 설계 속성을 식별하는 일이 포함된다.

이 사례는 또한 **신뢰성** 측면을 강조하는 역할을 한다. 만약 제조비용이 판매가격에 비해 매우 낮다면, 제조자는 실제로 평생교환보증(lifetime replacement guaranty)을 제공할 수 있다. 따라서 특정 상표(brand)의 고품질 서비스는 가격과 비용 구조 간의 격차를 반영한다.

간단한 사례를 항공 산업에서 찾을 수 있다. 여기서 서비스 제공자는 항공기편이 거의 만석이거나 거의 공석이거나에 관계없이 근본적으로 동일한 비용에 직면한다. 이는 항공사에서 어떤 시기에는 대폭 할인된 요금을 제공하고 다른 시기(휴가철 등)에는 거의 할인해주지 않는 이유를 설명한다. 이는 또한 항공사들이 매우 다양한 요금제 구축을 위해 모형을 만들고 검토하는 데 막대한 투자를 하고자 하는 이유를 설명한다.

어떤 산업에서는 "원가가산(cost-plus)" 기반으로 특정 제품의 설계자나 제공자를 보상

원가가 수익성에 영향을 미치긴 하지만, 가격은 원가가 아니라 가치에 근거한다.

하는 관례가 생겼다. 예를 들면, 고속도로나 댐 건설과 같은 대부분의 대형 관급 프로젝트는 도급업자나 설계자의 소요 비용에 수입 할당액으로서 추가적인 비율을 더하여 가격을 책정한다. 이와 같이 특수한 경우에는 이러한 관행도 있지만, 민간 분야에서의 전형적 행동 양식은 단지 수익률을 따르는 것이 아니라 수익을 최대화하는 가격을 선정하는 것이다.

중요한 점은 공학설계자가 고객 및 사용자가 인식하는 목표가를 보장하도록 설계 비용을 통제해야 한다는 것이다. 그러나 이를 넘어서면 가공품의 최종적 수익성은 소장용 돌(pet rocks)이나 비니 베이비(beanie babies)의 경우처럼 설계자가 통제할 수 없게 되고 마는 것이다.

8.3 신뢰성을 고려한 설계: 이 설계가 얼마나 오래 작동할 것인가?

우리 중 대다수는 일상적 사물에 대한 경험의 결과로서 신뢰성 및 불신뢰성에 대한 개인적이고 직관적인 이해를 갖고 있다. 우리 가족의 차는 신뢰할 수 없다든지, 좋은 친구는 신뢰할 만하다고 말한다. 이렇게 비공식적인 평가는 개인적 생활에서는 수용되지만, 공학설계자의 역할을 수행할 때는 좀더 깊은 이해와 정확성이 요구된다. 따라서 공학자가 신뢰성 및 관련 개념인 보전성을 접근하는 방법을 설명하고자 한다.

8.3.1 신뢰성

신뢰도는 어떤 품목이 정해진 사용연한 동안 규정된 조건하에서 기능을 수행할 확률이다.

공학자에게 있어서 신뢰도는 "어떤 품목(item)이 정해진 변량의 척도(시간, 거리 등) 동안 규정된 사용 및 유지보수 조건하에서 기능을 수행할 확률"로 정의할 수 있다. 이 정의는 추가 설명을 필요로 하는 몇 가지 요소를 갖는다. 첫째는 컴포넌트나 시스템의 신뢰도는 특정한 사용 및 유지보수 조건하에서 사용되어 왔고 사용될 것이라는 가정 하에서만 적절히 측정할 수 있다는 점이다. 둘째는 **변량**(variate)이라고 일컫는 설계물의 사용에 대해 적합한 척도는 시간이 아닌 다른 것일 수도 있다는 점이다. 예를 들면, 차량에 대한 변량은 마일(mile)일 것이고, 진동하는 기계 장치에 대한 척도는 작동 사이클일 것이다. 셋째, 신뢰도는 제4장에서 설명한 기능의 관점에서 조사되어야 하는데, 이는 설계물이 수행할 기능을 개발하고 정의하는 데 주의를 기울여야 함을 강조한다. 마지막으로, 신뢰도는 확률로 취급되므로 분포에 의해 특성화될 수 있다는 점에 주목하자. 수학적으로 이는 제품이나 시스템이 얼마나 신뢰성 있거나, 안전하거나, 성공적인가에 대한 우리의 기대를 누적분포함수나 확률밀도함수로 나타낼 수 있다는 것을 의미한다.

실제로 확률적 정의를 사용함으로써 신뢰도를 성공의 반대, 즉 **고장(failure)**의 관점에서 고찰할 수 있다. 달리 말하면, 신뢰도에 대한 이해를 한 단위(unit)가 명시된 시간 동안 정해진 조건하에서 기능 수행을 실패할 확률로서 구성할 수 있다. 이때는 고장의 의미를 주의 깊게 고찰할 필요가 있다. **영국 표준 4778**에서는 고장을 "어떤 품목이 요구되는 기능을 수행할 능력이 종료되는 것"으로 정의하고 있다. 이 정의는 어느 수준까지는 도움이 되지만, 설계자가 명심해야 할 중요한 미묘성을 포착하지 못하고 있다. 즉, 복잡한 장비나 시스템을 괴롭히는 다양한 유형의 고장, 고장의 정도, 시간, 혹은 전체 시스템의 성능에 미치는 영향 등을 포착하지 못한다.

예를 들면, 시스템이 언제 고장 났는가와 어떻게 고장이 났는가를 구분하는 것이 유용하다. 어떤 품목이 사용 중에 고장 났다면, 그 고장은 **사용 중 고장**(in-service failure)으로 특성화할 수 있다. 어떤 품목이 고장 나도 그 결과를 다른 어떤 활동을 취할 때까지 알 수 없다면, 이를 **우발적 고장**(incidental failure)이라 한다. **치명적 고장**(catastrophic failure)은 어떤 기능의 고장이 그 품목을 포함하는 전체 시스템의 고장을 일으킬 때 발생한다. 예를 들면, 여행 중에 자동차가 고장 나서 여행을 마치기 위해 수리가 필요하다면, 이를 사용 중 고장이라 할 수 있다. 우발적 고장은 자동차에 대한 일상적 점검 서비스를 받는 중에 마음에 드는 정비사가 교체하라고 권하는 부품에 해당될 수 있다. 치명적이고 사고를 유발하는 고장은 고속으로 운전하는 중 자동차의 중요 부품의 고장으로부터 발생할 수 있다. 각 유형의 고장은 설계된 가공품 사용자에 대한 각각의 결과를 가지므로, 설계자가 주의 깊게 살펴야 할 것이다.

우리는 종종 신뢰도를 평균고장시간(mean time between failure; MTBF), 사용 중 고장 당 마일, 혹은 다른 변량이나 측정기준 등으로 부분적으로 나타낸다. 그러나 신뢰성의 정의를 확률로서 나타내는 것은 그러한 척도에 내재된 한계에 대한 통찰력을 제공함에 주목해야 할 것이다. 그림 8.1에 나타난 두 가지 고장 분포를 생각해 보자. 이 두 가지 신뢰성

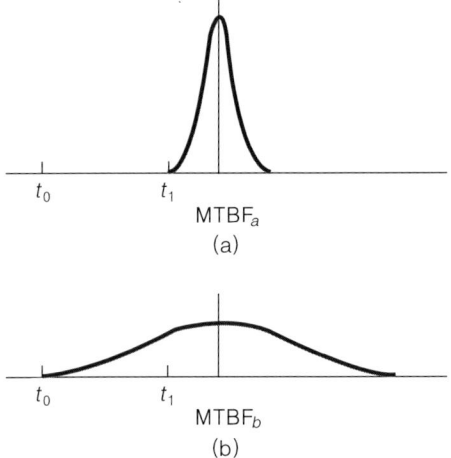

MTBF$_a$

(a)

MTBF$_b$

(b)

그림 8.1 두 가지 다른 컴포넌트의 고장분포(확률밀도함수라고 하기도 함). 두 분포 모두 동일한 MTBF를 갖지만, 가능한 고장의 산포는 명확히 다름에 주목하자. 두 번째 설계(스케치 b)는 컴포넌트 수명의 초기에 (즉, 시간구간 $t_0 \le t \le t_1$에서) 더 많은 고장이 발생할 것이므로 덜 신뢰할 만한 것으로 생각할 수 있다.

확률분포는 동일한 평균을 갖지만(즉, MTBF$_a$ = MTBF$_b$), 평균에 대하여 (보통 분산이나 표준편차로 측정되는) 다른 산포 정도를 갖는다. 평균과 분산을 모두 고려하지 않는다면, 분산의 관점에서는 훨씬 나쁘지만 MTBF 관점에서는 외관상 더 좋은 설계 대안을 선택하고 마무리 지을 수도 있다. 즉, MTBF는 수용할 만하지만 초기 고장회수가 감당할 수 없을 정도로 많은 설계 대안을 선택할 수도 있는 것이다.

설계자에게 있어서 가장 중요한 신뢰성 문제 중의 하나는 설계의 다양한 부품을 결합하는 방법과 한 부품의 고장 시 어떤 영향이 있을 것인가 하는 문제이다. 예로써, 그림 8.2에 나타난 **직렬시스템** 설계(serial design)의 개념 스케치를 살펴보자. 직렬시스템은 부품이나 요소들의 사슬로서, 한 부품의 고장은 사슬을 끊을 것이고, 따라서 시스템 고장을 야기할 것이다. 사슬이 가장 취약한 연결부위보다 강할 수 없듯이, 직렬시스템은 가장 신뢰성이 적은 부품보다 더 높은 신뢰성을 갖지 못한다. 각 부품의 신뢰도가 주어진 경우, 직렬시스템의 신뢰도(혹은 시스템이 설계된 대로 작동할 확률)는 다음과 같이 계산된다.

$$R_S(t) = R_1(t) \cdot R_2(t) \cdot \ldots \cdot R_n(t)$$

혹은

$$R_S(t) = \prod_{i=1}^{n} R_i(t) \qquad (8.2)$$

단, $\prod_{i=1}^{n}$ 은 곱 함수이다. 식 (8.2)로부터 직렬시스템의 전체 신뢰도는 시스템 내의 각 요소나 부품 개개의 모든 신뢰도를 곱한 것과 같음을 알 수 있다. 이는 어떤 한 컴포넌트가 낮은 신뢰도를 갖는다면, 유명한 취약 연결부위와 같이, 전체 시스템 신뢰도 또한 낮아져서 사슬이 끊어질 것임을 의미한다.

설계자들은 취약 연결부위 현상을 다루는 데 다중성이 중요하다는 사실을 오래 전부터 잘 이해해왔다. **중복시스템**(redundant system)은 일부 또는 전체의 부품 고장 시 대신 역할을 담당할 지원 부품이나 대체 부품을 갖는 시스템을 말한다. 그림 8.3에 나타난 세 개의 부품으로 구성된 **병렬시스템**(parallel system)의 개념 스케치를 살펴보자. 이 간단한 사례에서 시스템이 고장 나기 위해서는 모든 부품이 고장 나야 한다. 전체 시스템의 신뢰도는 다

그림 8.2 직렬시스템의 간단한 예. 시스템의 각 요소는 주어진 신뢰도를 갖는다. 전체 시스템의 신뢰도는 어떤 부품의 신뢰도보다 더 높을 수 없는데, 그 이유는 한 부품의 고장이 시스템 작동을 정지시키기 때문이다. 식 (8.2)를 이용하여 시스템 신뢰도를 계산하면 얼마인가?

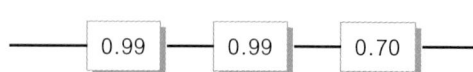

음과 같이 계산된다.

$$1 - R_P(t) = \left[\left(1 - R_1(t)\right) \bullet \left(1 - R_2(t)\right) \bullet ... \bullet \left(1 - R_n(t)\right)\right]$$

혹은

$$R_P(t) = 1 - \prod_{i=1}^{n}\left[1 - R_i(t)\right] \tag{8.3}$$

식 (8.3)으로부터 병렬시스템의 신뢰도(즉, 병렬시스템이 성공적으로 작동할 확률)는 적어도 하나의 부품이 작동하면 시스템이 작동하는 것으로 계산됨을 알 수 있다.

병렬시스템이 고장 나기 위해서는 모든 중복된 부품이 고장 나야 하므로, 신뢰성 관점에서 명백한 장점을 갖는다. 반면 병렬시스템은 다수의 중복된 부품을 가지므로 비싸다. 이런 이유로 고장 가능성을 감소시키는 데 따르는 비용과 더불어 시스템 고장에 미치는 부품 고장의 결과를 세심하게 비교해야 한다. 대부분의 경우 설계자들은 어느 정도의 다중성을 택하고, 나머지 컴포넌트들은 홀로 작동하도록 놓아둔다. 예를 들면, 자동차는 보통 두 개의 전조등을 갖는데, 밤에 하나의 등이 꺼지더라도 계속 운전할 수 있도록 한 것이다. 자동차에 라디오는 하나밖에 없는데, 그 고장이 치명적일 가능성이 없기 때문이다. 직렬 및 병렬시스템을 결합하는 계산법은 이 책의 범위를 벗어나지만, 사용자의 안전에 어떤 영향이라도 미칠 수 있는 시스템의 설계를 위해서는 그 방법을 익혀 사용해야 할 것이다.

설계자는 컴포넌트가 고장 나는 방식을 정확히 아는 경우에만 고장 모드를 고려하고 신뢰도 추정치를 구할 수 있다. 이러한 지식은 실험을 수행하고 이전 고장들의 통계를 분석하고, 근본적인 물리적 현상을 모형화함으로써 얻을 수 있다. 컴포넌트 고장을 이해하는 데 깊은 경험이 없는 설계자는 적절한 수준의 신뢰도가 설계된 것을 확인하기 위해 경험이 많은 공학자, 설계자, 사용자 및 고객의 조언을 들어야 한다. 다른 사람의 경험은 종종 설계자가 전면적인 실험을 실시하지 않고도 신뢰성에 관련된 질문에 답할 수 있도록 한다. 예를 들면, 다양한 설계에 대한 여러 종류의 재료의 적합성은 재료공학자와 상의할 수 있는 반면, 신장강도 및 피로 수명 등과 같은 특성은 공학 문헌에서 찾아볼 수 있다.

다중성은 보통 신뢰도와 비용 모두를 증가시킨다.

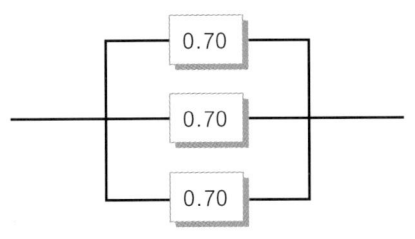

그림 8.3 병렬시스템의 간단한 예. 시스템이 작동을 중단하려면 모든 컴포넌트가 고장 나야 함에 주목하자. 이런 시스템은 높은 신뢰도를 갖는 반면에 비싸다. 대부분의 설계자는 필요한 경우 이런 다중성을 부과하고자 하지만, 가능하다면 다른 해결방안을 추구한다. 식 (8.3)으로 계산된 이 병렬시스템의 신뢰도와 그림 8.1에 나타난 직렬시스템의 신뢰도를 비교하면 어떠한가?

8.3.2 보전성

신뢰성에 대한 이해를 통하여 우리가 설계하는 다수의 시스템은 보전되지 않으면 고장나고, 잘 보전되지 못한다 하더라도 어느 정도의 수리가 필요하다는 결론을 얻을 수 있다. 이러한 수명의 현실로 인하여 공학자들은 필요한 유지보수가 효과적이고 효율적으로 수행될 수 있도록 최적으로 설계하는 방법을 고려하게 되었다. 보전성(maintainability)은 "고장 난 컴포넌트나 시스템이 유지보수가 정해진 절차에 의해 수행될 때 주어진 기간 내에 정해진 상태로 복구되거나 수리될 확률"로 정의할 수 있다. 신뢰도에 대한 정의에서와 마찬가지로, 이 정의로부터 몇 가지 사항을 배울 수 있다.

첫째, 보전성은 부품이나 장치의 상태에 대한 사전 명세와 설계자 책임의 일부인 유지보수 혹은 수리 활동에 의존한다. 둘째, 보전성은 고장 난 장치(unit)를 작동하게 하는 데 필요한 시간과 연관된다. 따라서 단일 척도의 부적절한 사용(예를 들어, 평균수리시간(mean time to repair; MTTR))에 대해 이전과 동일한 우려가 적용된다.

보전성을 고려한 설계는 설계자가 수리시간과 같은 보전성에 대한 목표를 세우고, 이러한 목표를 실현하기 위해 유지보수 및 수리 활동에 대한 명세를 결정하는 데 있어서 능동적인 역할을 담당할 것을 요구한다. 이는 다음과 같은 여러 가지 방식을 포함한다.

- 쉽게 접근하고 수리할 수 있는 부품 선정
- 유지보수 진행 중에도 시스템이 작동할 수 있도록 다중성 제공
- 예방 혹은 예측 보전절차 명시
- 시스템 고장 시 정지시간을 줄이기 위하여 재고로 비축할 예비부품의 수량 및 종류 지시

이러한 각각의 설계 선택에는 비용 및 결과가 따른다. 예를 들면, 항공 교통 통제 시스템과 같이 유지보수 진행 중에도 정지시간을 제한하기 위해 다중성을 강화한 설계는 이에 따르는 자본 비용이 매우 크다. 이와 유사하게 예비부품 재고를 보유하는 비용은 특히 고장이 드물게 발생하는 경우 매우 커진다. 다수의 산업에서 점차 많이 채택해온 하나의 전략은 부품을 표준화하고, 컴포넌트를 모듈화하는 방향으로 가는 것이다. 그러면 예비부품 재고는 좀더 유연하고 효율적으로 사용될 수 있으며, 컴포넌트나 하위조립품은 쉽게 접근하고 교체할 수 있다. 수리된 시스템이 서비스로 복귀하는 동안 제거된 하위조립품은 수리될 수 있다.

고도의 보전성이 중요한 설계 목적으로 수립되었다면, 설계팀은 이 목표를 달성하기 위해 설계 프로세스에서 능동적인 단계를 밟아야 한다. 따라서 설계팀은 고장을 감소시키는 보전 활동(예를 들어, 서비스), 문제나 고장을 초기에 발견하기 위한(예를 들어, 검사) 설계 지원, 그리고 고장 난 품목의 복구(예를 들어, 수리)를 돕는 요소 등에 대해 자문해야 할 것

이다. 아무도 고의로 시스템을 유지보수하기 어렵게 만들지는 않겠지만, 단지 퓨즈를 교체하기 위해 계기판을 뜯어내야 하는 자동차 등을 포함하여 세상은 달리 믿기 어려운 예들로 가득 차 있다.

8.4 지속성을 고려한 설계: 환경은 어떻게 되는가?

한 세대의 진보가 다음 세대에게 환경적 악몽을 가져올 수 있다는 깨달음으로 인해 많은 사람들이 기술 및 공학 시스템에 대해 비판적인 시각을 견지하게 되었다. 책임 있는 공학자들이 그들의 최선의 아이디어가 궁극적으로 초래할 결과에 대해 적어도 걱정하게끔 하는 근시안적인 프로젝트의 사례들(사막을 만들거나 강 전체를 마르게 하는 홍수 통제 계획 등과 같은)이 있다. 공학 전문집단은 지난 수십 년간에 걸쳐 이러한 우려를 인식해왔고, 환경적 책임을 공학자의 윤리적 의무에 직접 포함시켰다. 예를 들면, 미국 토목공학회는 공학자들에게 "환경적으로 지속적인 개발의 원리에 부합하도록 힘쓰라"고 구체적으로 지시하고 있으며, 미국 기계공학회 윤리규정은 규범 8항: "공학자는 그들의 의무를 수행함에 있어서 환경적인 영향을 고려해야 한다"는 조항을 포함하고 있다. 이러한 문제와 의무를 지원하기 위해 환경 영향을 이해하기 위한 다수의 도구들이 도입되고 있다. 때로는 특정 프로젝트에 대한 환경영향 기술문을 요구하는 등 법규의 힘을 빌기도 한다. **환경수명주기평가**(environmental life cycle assessment; LCA)의 사용이 증가하고 있으므로, 설계자들이 직면한 중요한 환경적 도전들을 언급하고 LCA를 설명할 것이다.

> 공학자는 그들이 설계한 설계물이 끼치는 환경적 결과를 고려할 윤리적 책임이 있다.

8.4.1 환경적 문제와 설계

설계와 관련된 환경적 관심사는 여러 가지 방법으로 구성될 수 있다. 예를 들면, 운송공학 주제들은 용수나 대기 품질에 대한 공학 시스템의 영향에 관여한다. 그 대신에 전기공학 주제들은 전력 생산 및 배송의 영향을 고려하거나, 칩(chip)이나 인쇄회로기판(PCB) 생산에 관련된 용매 및 기타 화학물질의 특정한 환경 영향에 집중한다. 좀더 일반적인 접근법은 환경의 특정한 측면에 관하여 생각하고, 설계 대안의 있을 법한 장단기 결과를 고려하는 것이다.

우리는 종종 설계의 환경적 관계를 대기 품질, 용수 품질, 에너지 소비 및 폐기물 생성 등에 대한 영향에 의하여 특성화한다. 각 경우마다, 경제적 효과의 일부로서 언급될 수 있는 단기 문제와 그렇지 않은 장기 문제 모두를 다룰 필요가 있다. 불행히도, 경험에 의하면 설계 선택의 장기 효과는 단기 수익을 완전히 압도하는 경우가 많다.

설계 관련 환경적 관심사의 목록을 작성할 때, 즉시 떠오르는 것은 **대기품질**(air quality) 이다. 도심지역은 엄청난 스모그(smog) 문제를 안고 있으며, 소도시에는 종종 대형 굴뚝을 갖는 산업이 있으며, 국유 산림은 산성비와 기타 대기품질 문제로 인한 서식지(habitat) 유실을 경험하고 있다. 이같이 엄청난 문제가 일상용품의 생산에서 다양한 단계로부터 상대적으로 작은 방출로써 시작되는 경우가 빈번하다는 사실을 이해하는 것이 중요하다. 표준 내연기관 자동차를 1마일 운전할 때, 이산화질소 및 일산화탄소 등 소량의 미립자 물질이 대기에 더해진다. 이와 더불어 연료 정제, 금속 제련, 타이어용 고무 경화 등은 대기에 추가적인 방출물을 더한다. 덜 뚜렷하지만, 유사한 대기품질 문제는 종이봉투 및 플라스틱 완구 내의 일상적 재료 생산으로부터 발생한다. 달리 말하면, 환경에 관계하는 설계자는 제품의 제조 및 사용 모두를 고려해야 한다.

환경적 의식이 있는 공학자는 또한 **용수품질**(water quality) 및 용수소비(water consumption) 문제를 걱정해야 한다. 우리는 깨끗한 물을 쓸 수 있는 것을 당연하게 생각한다. 실제로 다수의 세계적 주요 급수원은 이미 남용과 오염으로 인하여 몸살을 앓고 있다. 대기품질과 마찬가지로, 이는 용수 공급을 구성하는 복합적 사용의 직접적인 결과이다. 최근 미국 내 많은 주에서는 심각한 가뭄을 겪고 있으며, 미국 남서부에서는 용수 문제가 추후 성장에 대한 가장 큰 환경적 제약이 되고 있다. 유능한 설계자는 설계물을 생산하고 사용하는 데 있어서 용수 요구사항을 고려하여 계산해야 한다. 특정 설계의 결과로써 발생하는 용수의 변화를 추정하는 것은 매우 중요하다. 용수 온도(대형 프로세스에서는 물고기 및 생태계의 다른 부분에 영향을 줄 수 있다) 및 화학물질(특히 위험하고 오래가는 화합물) 증가 등이 이에 포함된다.

설계된 시스템을 생산하고 사용하는 데는 **에너지**가 필요하다. 그러나 시스템의 에너지 요구는 설계자가 인식한 것보다 훨씬 높을 수 있거나, 환경적으로 특별히 문제가 있는 에너지원을 필요로 할 수도 있다. 몇 년 전, 캘리포니아 주는 산발적인 정전을 초래한 에너지 위기를 맞았다. 냉장고와 같은 일상 가전제품에 대한 설계 선택사항은 점점 더 에너지에 굶주린 세상에 영향을 미친다. 냉장고의 다양한 크기, 모양 및 효율등급은 공학자 및 제품 설계팀이 작성한 설계 선택사항을 강조한다. 그러나 이 장치의 표면 내부에는 공학자가 대안을 생성하고 선정하는 동안 작성한 추가적인 설계 선택사항이 있다. 냉장고의 주요 에너지 소비원은 응축기(compressor)이며, 컴포넌트를 세심하게 선택함으로써 에너지를 더욱 효율적으로 만들 수 있다. 냉장고 벽 내부에서 절연재는 차가운 온도를 얼마나 잘 유지하는가에 지대한 영향을 미친다. 심지어 문짝 설계 및 배치 또한 냉장고의 에너지 소비량에 영향을 준다. 설계자는 공학적 과학 교과에서 습득한 솜씨와 기술을 적용하고 설계 선택사항의 결과를 설명함으로써 이러한 프로젝트들을 체계적으로 접근해야 할 것이다.

제품은 내용수명(useful life)이 다하면 처리되어야 한다. 어떤 경우에는 완벽하게 좋은 설계가 심각한 폐기 문제를 낳는다. 예를 들면, 철길을 고정시키고 안정시키며 하중을 밑에 깔린 자갈에 분배하는 철도 침목을 생각해 보자. 보통 크레오소트(역자 주: 방부제의 일종)로 처리되는 침목은 적절히 유지보수하면 무거운 하중과 열악한 기후 조건에서도 30년이상 지탱한다. 놀라울 것도 없이 대부분의 철도는 이러한 침목을 사용한다. 그러나 사용연한이 다하고 나면, 침목을 그리 오래 지탱하게 했던 화학 처리물질이 심각한 폐기 문제를 초래한다. 부적절하게 폐기하면 그 화학물질은 용수 공급원에 침투하여 생명체에 해로울 수 있다. 침목을 태우면 매우 유해하고 심지어 유독한 연기를 방출한다. 따라서 제품 및 시스템과 연관된 폐기물 흐름(waste stream)에 대한 관리는 현대의 설계에서 중요한 고려사항이 되었다. 하나의 문제에 대한 위대한 해결방안 그 자체가 또 다른 문제가 되고 만 것이다. 철도산업에서는 사용된 침목을 재사용하거나, 재생하거나, 혹은 최소한 더 잘 폐기할 수 있는 방법을 탐색하기 위한 다수의 연구 프로젝트를 지원하였는데, 그 결과는 두고 볼 일이다.

때로는 시장이 계획된 소비 이후의 폐기를, 심지어 재생 가능하거나 재사용 가능하게 설계된 제품에 대해서도 조차 지원하지 못하기도 한다. 예를 들면, 다수의 종이 및 플라스틱 제품을 분명히 의도적으로 재생(recycling)하여 사용하지만, 많은 도시에서는 재생 종이를 성공적으로 폐기하지 못하여 매립지에 버리고 만다. 배터리 회사는 재생 시설을 개발하여 금속 및 기타 위험한 폐기물을 수집 및 처리하고자 했지만, 작고 어디에나 존재하는 배터리의 특성은 이를 어렵게 한다.

8.4.2 환경 수명주기평가

수명주기평가(Life Cycle Assessment; LCA)는 제품의 설계, 제조, 운송, 판매, 사용 및 폐기 등 전 범위의 환경적 영향을 이해하고, 분석하며, 문서화하기 위해 개발되었다. LCA와 제품의 특성에 따라, 이러한 분석은 원자재(플라스틱 제품을 위한 석유 시추 및 정제나 철도 침목을 위한 벌목 및 가공 등)의 수집 및 처리로 시작하며, 제품이 재사용, 재생되거나 매립지에 매장될 때까지 지속된다. LCA는 세 가지 필수적인 단계를 갖는다.

- 재고분석(inventory analysis)은 모든 입력물(원자재 및 에너지)과 출력물(제품, 폐기물, 에너지), 또한 중간 출력물의 목록을 작성한다.

- 영향분석(impact analysis)은 재고분석에서 식별된 각 항목의 환경에 대한 모든 영향의 목록을 작성하고, 결과(예를 들어, 건강에 해로운 효과, 생태계에의 영향, 자원 고갈 등)를 정량화하거나 정성적으로 설명한다.

- 개선분석(improvement analysis)은 이전의 두 단계에서 발견된 해로운 결과를 취급할 필요성과 기회의 목록을 만들고, 측정하며, 평가한다.

명백히, LCA 요소의 하나는 평가 경계를 정하는 것이다. 또 다른 요소는 LCA를 수행하는 경우 적절한 척도 및 데이터 출처를 결정하는 것이다. 설계자는 LCA의 모든 요소에 대해 양질의 일관성 있는 데이터를 기대할 수 없으므로 다양한 출처로부터 정보를 조정해야 한다. 서로 다른 경계, 데이터 출처 및 조정 기술 등으로 인하여, 굳은 신념이 있는 분석자라 하더라도 제품의 전반적 영향에 대한 다른 모습을 산출할 수 있다. 이 문제를 다루기 위하여 모든 가정을 나열하고 모든 데이터 출처를 문서화하는 것이 특히 중요하다.

현재 LCA는 아직 공학설계자(그리고 기술의 환경적 영향과 연관된 다른 사람들)를 위한 도구로서 초기 개발 단계에 있다. 그러나 그 역사가 길지 않음에도 불구하고 LCA는 이미 설계를 위한 유용한 개념 모형이며, 공학 시스템 평가에 있어서 더욱 중요해질 것이다.

8.5 품질을 고려한 설계: 품질의 집짓기

품질은 개념설계의 거의 모든 요소들을 하나로 묶는다.

어떤 면에서 이미 살펴본 *X*들은 **품질을 고려한 설계**(design for quality)의 차원으로 생각할 수 있다. 품질 자체는 때로는 매우 간략하게, 때로는 매우 복잡하게 다양한 방법으로 정의되어 왔다. 우리가 선호하는 정의는 가장 간단한 것 중의 하나로서, **품질**(quality)은 "사용 적합성", 즉 제품이나 서비스가 요구되거나 바라는 명세를 얼마나 잘 만족하는가에 대한 척도이다. 이 정의에 의해 제2~4장에서 설명한 문제정의 활동의 대부분은 "품질" 설계가 요구하는 사항을 결정하는 것을 지향하고 있다. 어떤 설계가 모든 제약을 만족하고, 바람직한 성능명세 내에서 완벽히 작동하며, 다른 설계 대안 이상으로 목적을 만족한다면, 그 설계는 일반적으로 고품질 설계라 할 수 있다. 이런 면에서 개념설계에서 수행한 모든 작업들은 품질을 위한 설계를 지향한다.

그러나 이렇게 말했음에도 불구하고, 좋은 설계의 모든 요소를 결합하는 일은 쉽지 않을 때가 많다. 이런 어려움은 우리의 주 관심사인 설계 단계에서 비롯될 수도 있고, 외관상 좋은 제품을 제조하고 분배하는 실행 단계에서 비롯될 수도 있다. 설계자와 제조자는 이런 난제를 접근하고 제품 품질을 향상시키기 위한 다양한 도구와 기법을 개발해왔다. 흐름도 작성(flowcharting) 및 통계적 공정관리(statistical process control; SPC) 등과 같은 프로세스 개선기법, 다른 고품질 제품에 대한 벤치마킹(benchmarking)과 같은 외적 비교기법, 공급 사슬 관리(supply chain management)로 알려진 분배 및 배송 향상 기법 등이 이에 속한다.

다수의 설계자들이 사용하는 중요한 도구 중의 하나는 **품질기능전개**(quality function deployment; QFD)이다. QFD는 **품질의 집**(house of quality)을 사용하고 또한 이에서 비롯되었는데, 품질의 집은 이해당사자들에 대한 정보, 설계된 제품의 바람직한 특성, 현행 설계, 성능 행렬 및 교환조건(tradeoffs)을 결합한 행렬이다. 그림 8.4는 품질의 집의 일반적인 구

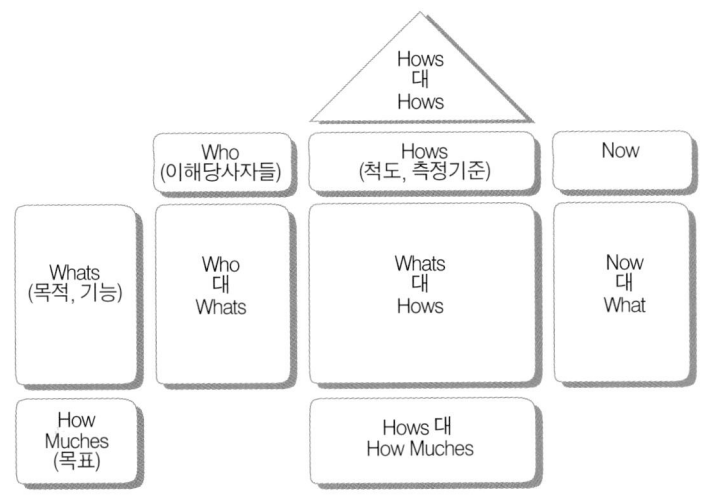

그림 8.4 이해당사자들의 관심, 바람직한 설계속성, 척도 및 측정기준, 목표, 및 현행 제품을 나타내는 품질의 집에 대한 기초적 추상도. "집"은 이들의 정량적 값을 나타내며, 설계자가 이들 간의 관계를 탐색하도록 돕는다. (Ullman, 1997)에서 발췌함.

조를 나타내며, 집이라는 비유가 어떻게 생겨났는지를 설명한다. 그림에서 **누구(Who)**는 설계 프로세스에서의 이해당사자들, 즉 고객, 사용자 및 기타 영향 받는 집단 등을 나타낸다. **무엇(What)**은 바람직한 설계 속성 목표에 해당하며, 때로는 기능에 해당한다. 집 내부의 현재(Now)는 현존 제품 및 설계이다. 이들은 통상적으로 문제정의 단계에서 수행된 연구의 결과로서 발견되며, 제안된 설계를 벤치마킹하는 데 사용된다. 품질의 집에서의 **어떻게 (How)**는 목적이나 기능이 얼마나 잘 만족되었는지를 측정하는 데 사용하는 측정기준(metrics) 및 명세를 나타낸다. 다른 형태의 품질의 집에서는 일부의 기능이 행렬의 **어떻게 (How)** 부분에 위치하기도 하는데, 특히 정성적 척도가 사용되는 경우에 그렇다. **얼마나 많이(How muches)**는 **무엇(What)**에 대한 목표나 목표액을 나타낸다. 나머지 부분에서는 이런 요소들 간의 관계, 가치, 혹은 교환조건 등을 설명한다. 예를 들면, 바람직한 속성을 실현하는 방법들 간의 관계는 집의 지붕에 표현된다. 예로써, 중복시스템으로 더욱 신뢰성 있게 만든 장치는 비용이 더 들 것이며, 이들 척도에 대응하는 상자에는 음수 부호를 표기할 것이다.

그림 8.5의 예를 살펴보자. 이 단순한 품질의 집은 휴대용(laptop) 컴퓨터에 대한 집 구성을 탐색하는 데 사용된다. 최근 많은 사람들이 여행할 때나 사무실에서 휴대용 컴퓨터를 사용하기 시작했다. 컴퓨터 제조자는 사무실용이나 휴대용 모두를 만족하는 컴퓨터 집 건설의 설계공간을 탐색하기 원할 것이다. 이해당사자는 여행 중 사용자, 사무실 사용자 및 제작자의 생산 그룹 등을 포함한다. 그림 8.4의 Who 대 Whats 구역에서 여행자는 가벼움이나 내수성 같은 물리적 특성에 높은 우선순위를 두는 반면, 사무실 사용자는 비용과 적합성(adaptability)에 더욱 관심이 있다. 두 가지 기존 설계, 즉 표준 휴대용 케이스와 표준 탁상용(desktop) 케이스를 생각할 수 있다. Whats 대 Hows 구역은 다양한 평가기준 및

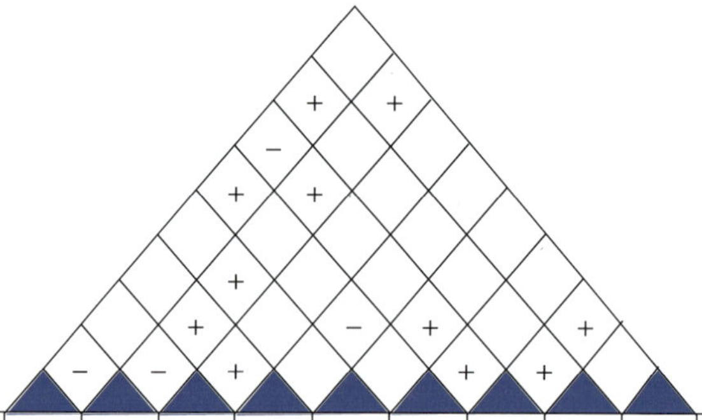

	여행중 사용자	사무실 사용자	제조	중량(OZ)	재료비($)	조립비($)	부품 개수	IEEE 표준적합성(Y/N)	신출 강도(MPa)	포카스 그룹 순위	포트 혹은 카드 개수	재활용 비율(%)	휴대용 케이스	탁상용 케이스
경량성	H	L	L	●									1	2
저렴함	M	H	H		●	●	○						2	1
매력	H	M	L							●	○	□	1	2
내구성	H	M	L	○			□		●				2	1
적합성	L	M	H								●		2	1
안전성	H	H	L				●						2	1
재생성	M	M	M									●	2	1
			목표	16	20	10	2	Y	50	1	4	50		

우선순위:
H: 높음
M: 보통
L: 낮음

관계:
●: 밀접한 관계
○: 보통 관계
□: 관련 가능/약한 관계

그림 8.5 휴대용 및 사무실용으로 사용될 컴퓨터의 집 구성 설계를 위한 품질의 집 초안. 서로 다른 사용자는 서로 다른 우선순위를 가지며, 집의 지붕은 다양한 척도 및 속성 간의 균형교환을 식별하는 데 도움이 된다.

"좋은" 설계 속성 간의 관계를 나타낸다. 예를 들어, 원자재 비용과 조립비용 모두 저렴함과 깊은 관계가 있는 반면, 부품의 개수는 단지 어느 정도의 관계만 있다. 유사하게, 카드나 포트의 개수는 저렴함과 보통의 관계에 있는데, 추가적 조립작업이나 추가 부품을 필요로 하기 때문이다. Now 대 What은 두 가지 기존 설계 선택을 벤치마킹한 결과이며, "범용(universal)" 설계가 두 설계의 단점을 보완한다면 더 많은 사용자들을 만족시킬 수 있는 가능성을 강조한다. 마지막으로, 집의 지붕은 설계자들이 고려할 필요가 있는 관계 및 교환조건을 나타낸다. 예를 들면, 케이스를 더 가볍게 만드는 것은 내구성과 음의 교환조건을 가질 것이다. 부품의 수를 추가하는 것은 더 높은 조립 비용을 초래할 것이다.

이 단순한 사례는 품질의 집이 이 교재를 통하여 고려해 온 다수의 개념을 한 데 묶는 역할을 한다는 것을 보여준다. 한 가지 중요한 질문은 "설계 프로세스의 어느 시점에서 QFD를 도입할 것인가?"이다. 실제로 품질의 집을 반대하는 모든 사람들은 상당한 시간과 노력을 필요로 한다는 점을 지적한다. 우리의 경험에 의하면 품질의 집은 정보 수집, 가용한 정보 체계화 및 설계팀과 이해당사자 간의 대화 촉진 및 향상 등을 계획하는 유용한 방법이다. 그러나 다른 도구와 마찬가지로 품질의 집은 엄격한 의사결정을 내리는 알고리즘으로 간주되어서는 곤란한데, 근간이 되는 자료보다 더 좋은 결과를 낳을 수는 없기 때문이다.

8.6 요약

8.1절: 이 절은 (Pahl and Beitz, 1996)과 (Ulrich and Eppinger, 1995)를 상당 부분 인용하였다. 특히, 6단계 프로세스는 (Ulrich and Eppinger, 1995)의 5단계 접근법을 확장하여 반복을 부각시킨 것이다. DFA에 대한 설명은 (Dixon and Poli, 1995)와 (Ullman, 1997)을 인용하였다; 조립 규칙은 여러 곳에서 인용되었으나, 주로 (Boothroyd and Dewhurst, 1989)에서 발췌하였다. BOM을 조리법에 비유한 것은 (Schroeder, 1993)에서 인용하였다.

8.2절: 공업경제학을 주제로 좀더 공부하고자 할 때 사용할 수 있는 훌륭한 교재가 많이 있다. 비용 추정 자료는 Donald Remer가 비용 추정 교과를 위해 준비한 강의노트와 (Oberlander, 1993) 등에서 인용하였다. 좀더 회계에 기초한 공학적 비용산정 견해는 (Riggs, 1994)에서 찾아볼 수 있다. 가격산정과 비용의 관계는 (Nagle, 1987) 및 (Philips, 1985)에 설명되어 있다.

8.3절: 신뢰도의 정의는 (Carter, 1986)에서 밝힌 바와 같이, 미국 군사표준핸드북 217B(MIL-STD-217B, 1970)에서 인용하였다. 고장에 대한 설명은 주로 (Little, 1991)에서 인용하였다. 신뢰도 및 관련 수리를 공식적으로 다룬 저서로는 (Ebeling, 1997)과 (Lewis, 1987) 등 다수가 있다. 보전성의 정의는 (Ebeling, 1997)에서 발췌하였다. 서비스, 검사 및 수리 간의 구별은 (Pahl and Beitz, 1996)에서 인용하였다.

8.4절: 공학자를 위한 윤리규범은 제9장에서 좀더 자세하게 설명한다. 8.4.1 및 8.4.2절은 (Rubin, 2001)에서 상당 부분 인용되었는데, Cliff Davidson이 저술한 LCA의 매우 교육적인 사례 또한 포함된다.

8.5절: 품질의 정의는 (Juran, 1979)에서 발췌하였다. 품질의 집의 표준 참고문헌은 (Hauser and Clausing, 1988)이며, 이로부터 다수의 수정 및 확장을 하였다. 일반화된 도해는 (Ullman, 1997)을 기초로 각색하였는데, 이 문헌은 한 장 전체를 할애하여 품질의 집 개발을 위한 좀더 상세한 방법론을 설명하고 있다.

8.7 연습문제

8.1 재생성(recyclability)을 고려한 설계를 의뢰받았다면, 이것이 의미하는 바를 어떻게 결정할 것인가? 추가하여, 질의응답을 대비해 어떤 질문을 준비해야 하는가?

8.2 대량 생산을 하는 제품(예를 들어, 휴대용 전자기타)과 매우 소량만 생산하는 제품(예를 들어, 온실)에 대한 DFA 고려사항의 차이점은 무엇이겠는가?

8.3 도시 버스를 위한 두 가지 설계 대안이 마련되었다. 대안 A는 초기비용 100,000달러, 추정된 연간 운영비용 10,000달러 및 5년 후 분해수리(overhaul)에 50,000달러 등이 소요된다. 대안 B는 초기비용 150,000달러, 추정된 연간 운영비용 5,000달러가 소요되며 5년 후 분해수리가 필요 없다. 두 대안 모두 10년간 지속된다. 모든 차량의 성능이 같다면 할인율 10%를 사용하여 어느 대안이 더 선호되는지 결정하라.

8.4 할인율이 20%라면 연습문제 8.3에서 도출한 결과가 바뀌겠는가? 할인율이 15%라면 어떻게 되겠는가? 결과적인 비용 총액이 주어진 비용 추정치의 평가에 어떤 영향을 미치는가?

8.5 개발도상국의 온실에 대한 두 가지 설계 대안이 마련되었다. 대안 A는 초기비용 200달러가 소요되고 2년간 지속된다. 대안 B는 초기비용 1,000달러가 소요되고 10년간 지속된다. 다른 모든 상황이 동일하다고 할 때, 할인율 10%에서 어느 대안이 더 경제적인지 결정하라. 다른 어떤 요소들이 이 결정에 영향을 줄 수 있는가?

8.6 그림 8.2에 묘사된 시스템의 신뢰도는 얼마인가?

8.7 그림 8.3에 묘사된 시스템의 신뢰도는 얼마인가? 이 결과는 연습문제 8.6의 결과와 비교하여 어떻게 다른가? 왜 다른가?

8.8 모든 부품이 중복되어 있는 시스템과 부품이 중복되지 않은 두 시스템을 중복한 시스템을 비교할 때, 무엇을 근거로 하여 선택하겠는가?

8.9 음료용기 설계 문제의 환경 분석에서 고려해야 할 요소는 무엇인가? 이런 질문을 접근하는 데 있어서 환경 수명주기평가가 어떻게 도움이 되겠는가?

8.10 제7장에서 사용된 음료용기 설계 문제에 대한 품질의 집을 작성하라.

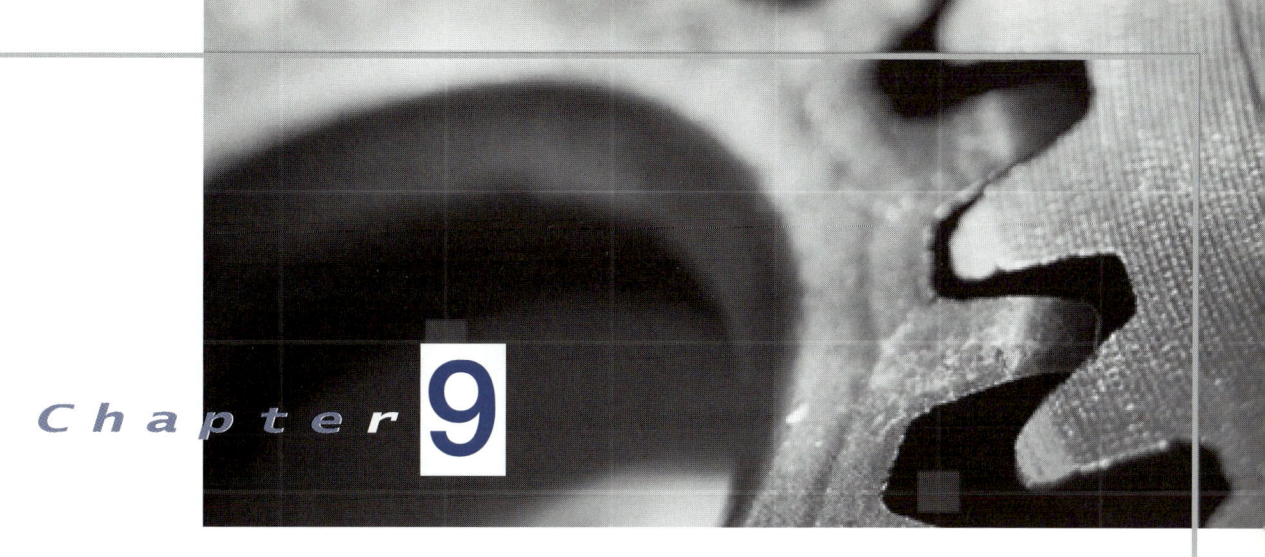

Chapter 9

설계에서의 윤리

설계는 정말로 단순히 기술적인 문제만은 아니지 않은가?

제1장의 설계에 대한 일반적인 설명에서 설계는 바로 인간의 시도임을 살펴보았다. 설계는 설계 팀원 간의 상호작용, 설계자, 고객 및 제조자 간의 관계, 그리고 설계된 고안물의 구매자가 일상생활에서 사용하는 방법을 포함한다. 설계가 사람들의 일상생활의 많은 측면에 관계하기 때문에, 사람들이 설계를 창안하고 사용하는 데 있어서 어떻게 상호작용하는지 고려해야 한다. 설계한다는 것은 사람들을 위한 설계를 창안하는 책임을 수용한다는 것을 의미한다. 따라서 어떻게 설계를 창안하고 사용하는지를 조사할 때 윤리 및 윤리적 행동이 고려되어야 한다.

9.1 윤리: 모순되는 의무 조정

윤리 도덕, 의무, 책임 등과 같은 말은 마음의 자세를 수반한다. 따라서 사전적 정의로서 설명을 시작한다. 첫째, 윤리(ethics)라는 말은:

윤리 1 선한 것과 악한 것, 도덕적 책임과 의무를 다루는 학문 분야 **2 a:** 도덕적 원리 및 가치의 집단 **b:** 도덕적 가치의 이론 및 체계 **c:** 개인이나 그룹을 통치하는 원리

윤리를 정의할 때 자주 인용되는 도덕(moral)이란 말은:

도덕 1 a: 행동에서 옳고 그른 것의 원칙 혹은 이와 관계된 원칙 **b:** 옳은 행동의 개념을 표현하거나 가르치는 것

학문 분야나 학습 분야의 정의 외에 위의 정의는 윤리를 사람들이 잘 행동하도록 돕는 지도적 원리나 체계의 집단으로 정의한다. 그러나 우리는 부모로부터 옳고 그른 것을 배우지 않았는가? 혹은 아마도 우리는 윤리를 신(예를 들어, 기독교, 유대교, 이슬람교)에 대한 믿음을 강조하는 종교적 전통, 혹은 **정도**(right path)(예를 들어, 불교, 유교, 도교)에 대한 믿음을 강조하는 종교적 전통 중의 하나에 대한 믿음의 집단으로 배웠을 것이다. 어느 쪽이든지 우리는 정직과 성실, 그리고 남에게 대우 받고자 하는 대로 남을 대우하라는 이행명령(injunction)에 대하여 알고 있다.

윤리는 개인과 단체 모두에 대한 행동 원칙이다.

이런 것들을 안다면, 이미 알고 있는 것을 가르치는 또 다른 부수적인 규칙이 왜 필요한 것인가? 이것이 필요 없고, 법이 우리로 하여금 말썽을 부리지 않게 한다면, 윤리적 원칙의 용도는 무엇인가? 사실은 우리가 가정, 학교, 종교 토론회 등에서 배운 교훈은 우리가 일상에서, 특히 직장(professional) 생활에서 직면하는 많은 상황에 대하여 충분히 명확한 지침을 제공하지 못할 수도 있다는 점이다. 또한 사회의 다양성이나 복잡성으로 인하여, 모든 전통이나 개인적 양육에 걸쳐 광범위하게 인정되는 직업적 행동의 표준을 갖는 것이 더 바람직하다. (모든 이들이 개인적으로 배운 학습이 충분하다면, 법이나 법률가에게 의존하는 일이 상당히, 그리고 행복하게 줄어들 것이다.)

우리의 직장 생활은 새로 발견된 다수의 책임이 여러 이해당사자들에 대한 의무를 포함하기 때문에 매우 복잡하다. 이해당사자는 명백할 수도 있고(예를 들어, 고객, 사용자, 대중), 그렇지 않을 수도 있다(예를 들어, 공공기관, 전문학회). 9.2절부터 9.4절에 걸쳐 이러한 의무를 자세히 설명하겠지만, 시작부터 의무들이 종종 상충되는 경우가 있다는 것을 깨닫게 된다. 예를 들면, 한 고객이 어떤 것을 원하는데 설계의 영향을 받는 다른 그룹은 전혀 다른 것을 원할 수도 있다. 더욱이 설계의 영향을 받는 그룹은 설계가 완료되어 설치된 후까지 그들이 어떻게 영향 받는지조차 모르는 수도 있다.

다음의 시나리오를 생각해 보자. 미국 내 어딘가의 광산 소유주에게 수갱 연장(shaft extension)을 설계하기로 고용된 채광 공학자를 상상해 보자. 설계 임무의 일환으로 광산을 조사하고 광맥의 일부는 다른 누군가의 소유임을 발견한다. 단순히 광산 소유주를 위한 탐사 및 설계를 마치고 다음과 같은 직업상의 용무를 계속할 수 있겠는가?

광산 소유주가 땅 주인에게 그의 광물 소유권이 땅 밑에서 발굴되고 있다는 사실을 알리지 않았다고 의심할 수도 있다. 이에 대해 공학자로서 뭔가 해야 하지 않겠는가? 만약 그렇다면, 무엇을 하겠는가? 또한 무엇이 그렇게 하도록 만드는가? 개인적인 도덕성인가? 관련된 법규가 있는가? 공학자의 책임은 무엇이며, 누구에게 책임이 있는가?

방금 시작된 일련의 질문들은 쉽게 연장될 수 있으며, 상황은 더 복잡해질 수 있다. 예

를 들면, 그 광산이 마을에서 유일한 것이며, 광산 소유주가 공학자와 많은 마을주민들의 생계를 좌지우지하는 경우이다. 또는 광산이 학교 밑을 통과하거나 위험할 정도로 가깝게 통과하는 경우이다. 상황이 바뀌겠는가?

이 이야기는 공학설계 프로젝트에서 발생할 수 있는 많은 골칫거리와 의무 중 몇 가지를 강조하고 있다. 이는 사례연구로 볼 수도 있는데, 이런 시나리오가 19세기 말과 20세기 초에 일어났기 때문이다. 이러한 상황은 전문가협회의 형성과 윤리규범의 제정을 위한 원동력을 제공하였는데, 부분적으로는 개인 회원을 보호하고자 하는 취지도 있었다.

시간이 지남에 따라 전문가협회는 8.3절에 설명된 것과 같은 설계 시도를 위한 표준을 공표하고, 연구 및 실제 문제의 혁신 등을 발표하는 포럼을 제공하는 등 다양한 유형의 활동에 착수하였다. 그러나 핵심사항은 전문공학협회가 설계자와 공학자를 위한 윤리표준을 수립하는 데 중요한 역할을 담당한다는 점이다. 이러한 윤리표준은 공학자가 당면하는 다양하고 상충된 의무에 대하여 명확히 언급하고 있다. 협회는 또한 공학자가 상충된 의무를 처리하고 해결하도록 돕는 심리과정(mechanism)을 제공하고, 요청 시에는 윤리적 행동을 조사하고 평가하는 수단을 제공한다.

채광 업무로 돌아가서, 설계자로서 광범위한 의무를 다하려고 애써야 할 것이다. 설계자는 광산 소유주에게 논쟁의 여지가 없는 광산 조사 자체를 포함하여 직업상 수갱 설계를 제출할 책임이 있다. 그러나 광산이 다른 누군가의 땅 밑을 통과한다는 것을 발견하고 난 후, 광산 소유주에게 상황을 물어보거나, 토지 소유주를 만나 상황을 아는지 알아보거나, 외부의 당국자를 만나 질문하거나 탄원을 제기하는 등의 필요를 느낄 수도 있다. 만약 학교가 광산 위에 있다면, 더 많은 사람들(예를 들어, 어린 학생들 및 부모)과 대행기관(예를 들어, 학교 이사회)이 관련될 것이며, 따라서 더 많은 책임을 느끼게 될 것이다. 어떤 시나리오에서든, 설계자로서 여러 사람이나 그룹에 대한 의무감을 느끼게 될 것이다. 이런 이유로, 공학자가 이런 유형의 우려를 처리하기 위한 답변을 구상하고 계획을 고안하도록 돕는 체계나 지침이 필요한 것이다.

앞의 예에서 설명한 상황은 결코 유례없는 것은 아니다. 난해하고 주목할 만한 윤리적 갈등의 잘 알려진 예 중의 하나, 1986년 1월 28일 우주왕복선 챌린저(Challenger)호의 발사를 연기하려 했으나 실패하고만 공학자 그룹이 직면했던 것이다. 몇몇 공학자들이 비행 전의 차가운 날씨로 인하여 챌린저 O-링의 안전에 관한 심각한 우려를 표명했으나, 챌린저호의 로켓 제작사인 Morton-Thiokol의 상부 관리층과 미항공우주국(NASA)에서는 발사를 승인하였다. 관리자들은 Morton-Thiokol의 이미지에 대한 우려와 NASA 왕복선 프로그램의 진보와 탁월성 등이 로켓 설계에 가장 가까이 있던 공학자들의 판단보다 더 비중이 크다고 판단하였다. 훗날 Morton-Thiokol의 공학자들은 **호각불기**(whistleblowing)를 시작하여 발사를 막으려던 그들의 권고가 기각되었다고 발표하였다. 호각불기란 회사나 관공서 혹은 다른 기관 내에서 내려진 잘못된 결정을 멈추기 위해 누군가 호각을 부는 것을 말한다.

호각불기는 새롭거나 독특한 것이 아니다. 초기의 유명한 상황은 산업공학자 Ernest Fitzgerald가 미 공군의 거대한 C-5A 수송기의 조달에서 주요 비용의 초과에 대하여 호각을 분 것이다. 미 공군은 Fitzgerald의 행동에 불쾌해서 C-5A에 대한 더 이상의 업무로부터 그를 배제시키는 관료적인 행동을 취하였다. 미 공군은 Fitzgerald의 민간 부문(Civil Service) 재직권을 박탈하였고, 그의 직무를 제거하기 위해 그가 담당했던 사무절차의 일부를 개정했다. 끈기 있고 값비싼 법적 투쟁을 통하여 Fitzgerald는 잘못된 해직에 대한 상당한 보상을 얻었고, 그의 자리로 복직했다.

이런 이야기는 어느 정도 낙담이 되기도 하지만, 견디기 힘든 상황 하에서의 영웅적인 행동을 보여주기도 한다. 더욱 적절하게는, 이런 예들은 "옳은 일을 하는 것"이 조직 내에서 얼마나 다른 식으로 받아들여질 수 있는지를 보여준다. 공학자는 공학윤리에 대한 토론의 핵심에 위치하는 의무의 대립과 같은 유형의 문제에 당연히 직면하게 된다. 이런 일이 발생하면 설계자나 공학자는 누구에게 도움을 요청할 것인가?

대답의 일부는 공학자 자신의 윤리에 대한 이해의 뿌리에 있다. 즉, 그 자신, 가족 및 그 자신의 개인적 믿음에 있는 것이다. 대답의 다른 부분은 가까운 직업상의 동료와 친구들의 도움에 있는데, 그들은 잘못이라고 느끼는 것을 바로잡고 호각불기 역할을 지속하는 데 매우 효과적인 것으로 밝혀졌기 때문이다. 또한 전문가협회도 있다.

대부분의 전문공학회는 **윤리규정**을 공표한 바 있다. 그림 9.1은 미국토목공학회(American Society of Civil Engineers; ASCE)의 윤리규정을 나타내고, 그림 9.2는 미국전기전자통신학회(Institute of Electronics and Electrical Engineering; IEEE)의 윤리규정을 나타낸다. 두 규정 모두 성실과 정직을 강조하는 반면, 특정 유형의 행동에 대해서는 다른 가치를 부여한다. 예를 들면, ASCE 규정은 회원들이 불공정하게 경쟁하는 것을 금하는데, IEEE 규정에는 이런 사항이 언급되어 있지 않다. 유사하게, IEEE 규정은 회원들에게 "모든 사람을 인종, 종교, 성별 등에 관계없이 공평하게 대하라"고 구체적으로 요구하고 있다. 다른 차이점도 있는데, 예를 들면 언어의 문체 같은 점이다. ASCE는 공학자가 이행할 명령 또한 제시하는 반면, IEEE 규정은 특정한 행동의 책임을 지는 서약으로 표현된다.

공학자의 의무 중 하나는 윤리규정을 준수하는 것이다.

이러한 차이에도 불구하고, 두 윤리규정 모두 고객(예를 들어, ASCE의 "성실한 대리인 혹은 수탁자로서"); 직업(예를 들어, IEEE의 "직업적 계발에 있어서 동료와 협력자를 돕는다"); 법규(예를 들어, IEEE의 "모든 형태의 뇌물을 거절한다"); 대중(예를 들어, ASCE의 "객관적이고 진실한 방식으로만 대중 보고서를 발행한다") 등에 대한 행동 방식의 지침이나 표준을 상세히 설명하고 있다. 이러한 표준은 상충하는 의무를 다루는 방법의 규칙을 상세히 설명하고 있는데, 이러한 상충이 단지 느끼는 것인지, 아니면 실제로 해로울 수 있는 특성인지 판단하는 과업도 포함한다.

전문가협회 및 그들의 윤리규정에 대하여 두 가지만 더 설명하겠다. 첫째, 규정상의 차

ASCE 윤리규정

기본 원칙

공학자는 다음 사항에 의해 공학 전문직의 고결, 명예 및 품위를 유지하고 향상시킨다.

1. 인류 복지 및 환경의 향상을 위하여 지식과 기술을 사용함

2. 정직하고 공명정대하며 충실하게 공공, 고용인 및 고객 등에게 봉사함

3. 공학 전문직의 경쟁력과 명성을 향상시키려고 노력함

4. 해당 학문 분야의 전문적, 기술적 학회를 지원함

기본 규범(canon)

1. 공학자는 공공의 안전, 건강, 복지를 최우선시하며, 전문적 책임의 성과에서 지속적인 개발의 원리를 따르도록 힘쓴다.

2. 공학자는 경쟁력 있는 분야에서만 봉사를 수행한다.

3. 공학자는 객관적이고 진실한 방식으로만 공공 보고서를 발행한다.

4. 공학자는 성실한 대리인 혹은 수탁자로서 각각의 고용인이나 고객을 위한 전문적인 문제에 종사하며, 이해의 상충을 피한다.

5. 공학자는 봉사의 공적에 따라 전문적 명성을 쌓으며, 타인들과 불공정한 경쟁을 하지 않는다.

6. 공학자는 공학 전문직의 명예, 고결, 품위를 유지하며 행동한다.

7. 공학자는 모든 경력을 통하여 직업적 계발을 지속하며, 그들의 감독 하에 있는 공학자들의 전문적 개발을 위한 기회를 제공한다.

그림 9.1 미국토목공학회(ASCE)의 윤리규정(1977년 1월 1일). 그림 9.2에 있는 IEEE에서 채택한 규정과 동일하지는 않지만 유사하다.

이점은 윤리의 중요성에 대한 관점의 차이라기보다는 다양한 학문 분야에서의 공학적 관습의 상이한 스타일을 반영한다. 예를 들면, 정부기관에 고용되지 않은 대부분의 토목공학자는 자본집약적이라기보다는 노동집약적인 소기업에서 근무한다. 이런 회사들은 대부분의 일을 공개경쟁 입찰을 통해 수주한다. 반면에, 전기공학자는 대개 서비스보다는 제품을 판매하는, 따라서 결과적으로 중대한 제조 작업을 수행하는 자본집약적인 대기업에서 종사한다. 이렇게 서로 다른 관행은 서로 다른 문화를 형성하고, 따라서 서로 다른 윤리표준 선언문을 낳게 된다.

두 번째 사항은 전문가협회가 윤리규정의 공표에도 불구하고, 특정한 공학이나 설계 사례에 대한 우려를 제기하는 호각 부는 사람이나 기타 전문가 등을 위한 능동적이고 가시적인 보호자가 항상 되어오지는 못했다는 점이다. 상황은 느리더라도 점진적으로 개선되고 있으나, 아직도 많은 공학자들은 그들의 단체, 특히 현지 지역분과가 필요시에 제1선

IEEE 윤리규정

우리 IEEE 회원은 전 세계를 통하여 생활의 질에 영향을 미치는 우리 기술의 중요성을 인식하고, 우리의 전문직과 회원 및 우리가 봉사하는 사회에 대한 개인적 책임을 수용하며, 최고의 윤리적 전문적 품행을 스스로에게 서약하며, 다음 사항에 동의한다.

1. 공중의 안전, 건강 및 복지와 일치하는 공학적 의사결정을 내릴 책임을 수용하고, 공중이나 환경에 위협이 되는 요소를 즉시 공개한다.

2. 가능한 실제의 혹은 인지된 이해의 상충을 피하고, 상충의 영향을 받는 단체에게 이를 공개한다.

3. 가용한 데이터에 근거하여 주장이나 추정치를 발표함에 있어 정직하고 현실적으로 한다.

4. 어떤 형태의 뇌물수수도 거부한다.

5. 기술 및 이의 적절한 적용과 잠재적 결과에 대한 이해를 증진한다.

6. 우리의 기술적 역량을 유지 및 향상시키고, 훈련과 경험으로 자격을 갖추거나 해당하는 한계를 모두 공개한 후에만 타인을 위한 기술적 임무를 떠맡는다.

7. 기술적 업무에 대한 정직한 비판을 추구하고, 수용하고, 제안하며, 오류를 인정하고 정정하며, 타인의 공헌을 적절히 인정한다.

8. 인종, 종교, 성별, 장애, 연령 혹은 국적 등과 같은 요인과 관계없이 모든 사람을 공평하게 대한다.

9. 타인, 타인의 재산, 명성 등을 해하지 않으며, 거짓이나 악의적인 행위에 의한 고용을 하지 않는다.

10. 직업적 계발에 있어서 동료와 협력자를 도우며, 그들이 이 윤리규정을 따를 수 있도록 지원한다.

그림 9.2 미국전기전자통신학회(IEEE)의 윤리규정(1990년 8월). IEEE 윤리규정이 그림 9.1에 나타낸 ASCE가 채택한 윤리규정과 어떤 차이가 있는가?

의 협력과 지원을 제공하리라고 기대를 걸기 어렵다고 생각한다. 물론 우리 모두가 윤리적 행동에 더 높은 우선순위를 두기 때문에, 이런 지원의 필요성은 감소하고, 지원의 신속한 가용성은 분명히 증가할 것이다.

9.2 의무는 고객과 더불어 시작된다

이제 고객이나 고용자에 대한 우리의 다양한 의무를 생각해 보자. 설계자나 공학자로서, 우리는 설계 문제를 해결하는 데 우리의 고객이나 고용자에게 직업적인 노력을 제공할 책임이 있는데, 기술적으로 역량이 있고, 양심적이며, 철저해야 하고, 우리가 적절히 "훈련이나 경험을 통해 자격을 갖춘" 경우에만 기술적 임무를 맡아야 함을 의미한다. 이해의 상충을 피해야 하며, 있을 수 있는 어떠한 상충도 공개해야 한다. 또한 우리는 "정직하고 공정함"과 "충성으로 봉사함"의 정신으로 고용자를 위해 일해야 한다. 이런 의무들의 대부분은 윤리규정(예를 들어, 그림 9.1과 9.2의 인용문 비교)에 명확히 서술되어 있으나, 이 목록에는 호기심을 끄는 적어도 하나의 의무가 있다: "충성"으로 봉사한다는 의미가 무엇인가?

동의어사전에는 충성(fidelity)의 여러 동의어가 나오는데, 한결같음(constancy), 충성(fealty), 충성(allegiance) 및 충성(loyalty)이 그것이다. ASCE 윤리규정에서 끌어낼 수 있는 하나의 암시는 우리가 고용자나 고객에게 충성해야 한다는 점이다. 이는 우리의 의무 중의 하나는 고객이나 고용자의 최선의 이해를 충분히 주의하여 돌보고, 설계 작업을 수행함에 있어 이런 이해에 대한 명확한 그림을 유지해야 한다는 것을 시사한다. 그러나 충성은 매우 다루기 힘든 문제이다; 간단지도 않고, 일차원적 속성도 아니다. 사실 고객과 회사는 그들의 상담역과 직원의 충성을 적어도 두 가지 방법을 통해 얻는다. 첫째, **대행-충성**(agency-royalty)은 설계자와 그의 고객(예를 들어, 임대 작업) 혹은 고용주(예를 들어, 고용된 작업자) 간의 계약의 특성으로부터 유래한다. 대행-충성은 계약에 의해 지시되므로 설계자에게 분명히 의무적이다. 두 번째 유형의 충성인 **일체감-충성**(identification-royalty)은 선택사항이라고 볼 수 있다. 이는 공학자가 고객이나 회사의 목표를 높이 평가하거나 그 행위가 그 자신의 가치와 아주 흡사함을 발견함으로써 일체감을 느끼는 데서 비롯된다. 일체감-충성은 선택사항이므로, 고객과 회사가 설계자에게 상호 교환의 충성을 보일 때만 얻을 수 있다.

대행-충성은 설계 작업을 문서화하기 위해 "설계노트(design notebook)"를 관리해야 할 하나의 이유를 제공한다. 이전에 주지한 바와 같이, 이런 기록을 유지하는 것은 설계 프로세스의 다른 단계로 넘어갈 때 우리의 생각을 요약하고 실시간으로 추적하는 데 매우 유용하기 때문에 좋은 설계 습관이다. 또한 오래된 설계노트는 새롭고 특허출원이 가능한 아이디어를 개발하는 방법을 문서화하는 법적 근거가 된다. 특허출원이 당연히 요구된다면, 이런 문서는 고용자나 고객에게 필수적이다. 더욱이 계약 및 고용계약에 통상 명시되므로, 설계 창출 과정에서 수행된 지적 작업은 그 자체가 고객이나 고용자의 지적 재산권이 된다. 고객이나 고용자가 설계자와 지적 재산권을 공유할 수는 있지만, 재산의 소유권에 대한 기본적 결정은 일반적으로 고객이나 고용자에게 귀속된다. 설계자가 이를 명심하고 그가 수행하는 별도의 개인적인 작업을 기록함으로써 설계 작업의 특정 부분을 누가 소유하는지에 대한 혼란을 피하는 것이 중요하다.

일체감-충성은 선택사항이므로, 의무들이 많이 충돌하는 장을 제공하는데, 다른 충성도 느껴질 수 있는 여지가 있기 때문이다. 9.3.1 절에서 더 설명하겠지만, 현대적 윤리규범은 공공의 건강과 복지에 대한 어떤 유형의 의무를 명확히 표현하는 것이 보통이다. 예를 들면, ASCE 윤리규범(그림 9.1 참조)은 토목공학자가 인류 복지와 환경 모두를 향상시키는 데 종사할 것과 "공공의 안전, 건강, 복지를 최우선시..."할 것을 권장하고 있다. 유사하게, IEEE 규정(그림 9.2)은 회원들이 "공중의 안전, 건강 및 복지와 일치하는 공학적 의사결정을 내릴..." 것을 서약하도록 권장한다. 이는 공학자들이 충성심을 느낄 다른 충성스런 행위를 식별해야 한다는 명백한 요구이다. 다수 보고된 호각불기의 사례에서 나타난 것은 단지 이렇게 분열된 충성행위라는 데는 거의 의심할 여지가 없다.

공학자들은 그들의 고객, 다른 이해당사자, 그리고 자신들에게 충실해야 한다.

챌린저호 폭파 사건에서, 발사 반대를 주장했던 이들은 생명이 위협받을 것이라고 느꼈다. 그들은 Morton-Thiokol 사가 요구하는 충성(즉, 정부 도급업자로서의 입지를 공고히 함)이나 NASA에서 요구하는 충성(즉, 의회나 대중 앞에서 우주왕복선 프로그램에 대해 성공적으로 주장할 능력)보다 위험에 처한 생명에 더 큰 가치를 두었다. 상충된 충성의 유사한 사례는 미국환경보호단체(Environmental Protection Agency; EPA)의 슈퍼펀드(Super Fund) 프로그램하에서 유독한 폐기물 부지를 정화할 때의 공학자들에게서 나타난다. 많은 상황에서 피고용인은 자신의 회사를 주의 깊게 돌볼 필요를 느끼는데, 한편으론 회사가 합법적이었던 일로 인해 처벌받아서는 안 된다고 느끼기 때문이고, 다른 한편으론 동료나 상사에 의해 압력을 받아 직업을 상실할지 모른다는 두려움 때문이기도 하다. 공학자들이 명백히 회사에 최우선의 충성을 두려워하거나 적어도 둘 수 있는 경우도 있는데, 위조된 배기(emission) 데이터를 정부에 보고하거나(포드 자동차 회사에서 공학자들과 경영자들에 의해), 결함을 알고도 부품을 미 공군에 납품하거나(B. F. Goodrich 회사에서 공학자들과 경영자들에 의해) 하는 정도까지이다.

회사나 조직에 대한 명백한 불충성은 때때로 장기적으로는 더 훌륭하고 성공적으로 통합된 충성 행위가 될 수도 있다. 예를 들면, 포드의 Pinto 자동차가 처음 설계될 당시, 몇몇의 공학자들은 관련된 미국 교통부 규제사항에서 당시에는 요구하지 않았던 충돌시험을 수행하기를 원했다. Pinto 개발을 담당했던 경영자는 그런 시험이 프로그램에 유익할 것이 없고 오히려 짐이 될 뿐이라고 생각했다. 시험이 요구사항도 아닌데, 시험에서 떨어질 위험만 부담하게 될 뿐 아닌가? 그 시험을 제안했던 설계자들은 포드 및 Pinto 프로그램에 불충성한 것으로 여겨졌다. 실상은 구동 트레인(drive train) 및 가스탱크의 배치가 격렬한 충돌을 일으켜 생명을 잃었으며, 포드에게 중대한 대중 고발 및 재정적 고민을 초래했다. 명백히 포드는 그 시험을 수행하는 것이 장기적으로 유익했을 것이며, 따라서 시험을 제안한 공학자들은 회사의 장기적 이해를 주의 깊게 살폈다고 할 수 있다.

지금까지 설명으로부터 나타난 한 가지 주안점이 있다면, 윤리적 문제가 하나의 의무로부터 기인하지는 않는다는 점이다. 실제로 문제가 그리 쉽게 분류된다면, 선택은 의미가 없으며 윤리는 문제가 되지 않을 것이다.

9.3 대중 및 전문직은 어떻게 되는가?

사람들이 잘 행동하면 나쁜 상황에서도 일이 결과적으로 잘 될 수 있다는 것을 보여주는 사례를 소개한다. 사실 결말로 시작하면, 이 이야기의 주인공-영웅은 "[전문공학(professional engineering)] 면허를 취득하고 존경의 대상이 된 것의 답례로서, 당신은 자기 희생적이 되고, 자신과 고객의 이해를 초월하여 전체 사회를 지향해야 한다. 그리고 이 이야기의 가장 훌륭한 부분은 내가 이렇게 했을 때 나쁜 아무것도 일어나지 않았다는 점이다"라고 말했다.

우리의 영웅은 캠브리지, 매사추세츠의 William J. LeMessurier("LeMeasure"로 발음)로서, 세계에서 가장 존경받는 구조공학자 중 한 명이자 설계가이다. 그는 저명한 건축사인 Hugh Stubbins, Jr의 구조 상담역으로서 미국에서 가장 큰 은행 중 하나의 모회사인 씨티그룹의 신규 뉴욕 본부의 설계에 종사하였다. 59층의 씨티그룹 센터는 1978년에 완성되어 세계의 거대한 빌딩들로 가득 찬 도시의 가장 인상적이고 흥미로운 마천루 중의 하나이다(그림 9.3 참조). 다방면으로 LeMessurier의 씨티그룹 센터에 대한 개념설계는 다른 인상적인 마천루들을 닮았는데, 빌딩이 상대적으로 단단한 튜브 벽을 갖는 높고, 속이 빈 튜브로서 설계되는 튜브 개념을 사용했다는 점이 그 중 하나이다. (구조공학 용어로는 튜브의 주요 측면 안정성 요소는 외부 주변에 위치하며 모서리에 결합된다.) 시카고에 있는 Fazlur

그림 9.3 건축사 Hugh Stubbins, Jr.가 설계하고, William J. LeMessurier가 구조 상담역으로 종사한 59층짜리 씨티그룹 센터의 전경. 이 빌딩의 주목할 만한 특징 중 하나는 빌딩의 모서리가 아닌 측면의 중심점에 위치한 네 개의 육중한 기둥에 의존하고 있다는 점이다. 이로써 씨티그룹의 보호 차양 아래 St. Peter 교회를 위한 새 빌딩이 들어설 수 있게 되었다. (Clive L. Dym. 사진)

그림 9.4 Skidmore, Owings와 Merrill 설계회사에서 설계하고, Fazlur Kahn이 구조공학자로 종사한 102층짜리 John Hancock 센터. 노출된 사선 및 수직의 요소들이 빌딩의 근본적인 개념설계인 튜브를 어떻게 구성하고 있는지 주목하라. (Clive L. Dym. 사진!)

Kahn의 Jon Hancock 센터는 유사한 설계이다(그림 9.4 참조). 외부의 "튜브" 혹은 "주요 측면 안정성 요소"는 모서리의 대형 기둥에 결합되는 고층의 비스듬한 요소이다. Kahn의 설계는 튜브의 세부를 노출하기로 한 사려 깊은 건축학적 결정으로부터 도움을 받았으며, 이는 아마도 **형태는 기능을 따른다**(이는 상례적으로 잘못해서 Frank Lloyd Wright의 것으로 간주되지만, 저명한 시카고의 설계가이자 Wright의 조언자(mentor)였던 Louis Sullivan에 의해 공식적으로 발표되었다)는 유명한 격언을 예시한다.

LeMessurier의 씨티그룹 설계는 여러 측면에서 혁신적이었다. 하나는, 밖에서는 보이지 않지만, 삼각형 지붕 구조 안에 기름판(sheet of oil) 위에서 자유로이 움직이는 커다란 덩어리를 넣은 것이다. 그것은 풍력으로 인하여 빌딩이 받을 수 있는 진동을 감소시키거나 줄이기 위한 완충기(damper)로서 포함된 것이다. 다른 기술혁신은 LeMessurier가 예외적인 상황에 대해 튜브 개념을 응용한 것이다. 씨티그룹 센터가 지어진 부지는 St. Peter 교회의 소유였는데, 그 교회는 부지 서편에 오래되고(1905년부터) 쇠락한 고딕 빌딩을 소유하고 있었다. St. Peter 교회가 빌딩부지를 씨티그룹에 팔면서, 씨티그룹 마천루 아래 새로운 교회를 세우는 조건으로 협상하였다. 이 문제를 처리하기 위해 LeMessurier 는 빌딩의 "모서리"를 각 면의 중앙으로 옮겼다(그림 9.5 참조). 이로써 새로운 교회를 위한 거대한 공간이 확보되었는데, 사무용 고층건물 자체가 9층에 해당하는 높이로 교회 위에 외팔보처럼 돌출하였기 때문이다. 튜브의 측벽을 보면(그리고 여기서 우리는 빌딩의 표면을 벗겨내야 하는데, 건축사 Stubbins 가 Hancock 타워처럼 구조가 노출되는 것을 원하지 않았기 때문이다) 벽의 단단함이 비스듬하고 수평하며 측면의 중심점에 모두 연결된 요소들로 구성된 거대한 삼각형에서 비롯됨을 알 수 있다. 따라서 LeMessurier 의 삼각형은 Kahn 의 대형 X-프레임과 같은 목적을 수행한다.

윤리 문제는 빌딩이 완성되고 입주된 직후에 발생하였다. LeMessurier 는 뉴저지의 한 공학도로부터 전화를 받았는데, 한 교수가 빌딩의 기둥이 잘못된 위치에 세워졌다는 말을 들었다는 것이었다. 사실 LeMessurier 는 기둥을 중심점에 배치한다는 그의 아이디어를 매우 자랑스럽게 생각했다. 그는 학생에게 중간 기둥에 겹쳐놓은 48 개의 비스듬한 버팀대가 어떻게 빌딩의 튜브 구조에, 특히 풍력에 대해 거대한 강도를 더하는지 설명했다. 그 학생의 질문은 LeMessurier 의 호기심을 충분히 자극하여 그는 초기 설계 및 계산을 검토하여 바람 저항 시스템이 얼마나 강한지 알아보았다. 그는 당시의 관행이나 빌딩 관례 하에서

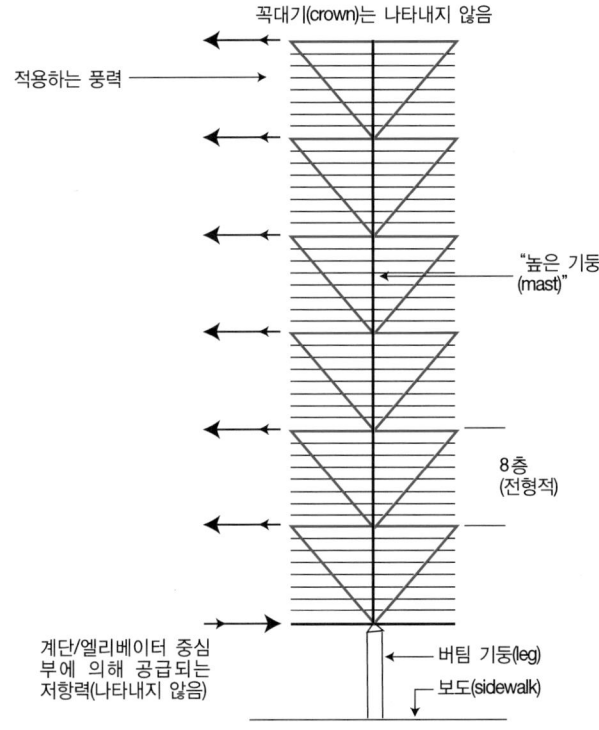

그림 9.5 LeMessurier 의 씨티그룹 설계 스케치. 여기서 튜브는 (노출되지 않은) 비스듬한 요소로 구성되고, 단단한 삼각형이 되며, 빌딩 측면의 중심점에 위치한 네 개의 기둥에 연결된다. (Civil Engineering 에서 인용)

247

는 조사된 바 없는 경우를 스스로 조사한 것이다. 그 당시 관행은 풍력의 효과를 계산할 때 바람이 빌딩 측면에 직접 부딪히는 경우만을 요구하였다. 그러나 바람이 45도 각도로 빌딩에 부딪혀 그 결과로 바람의 압력이 두 개의 인접한 측면으로(그림 9.6 참조) 분산되는 **사후방바람**(quartering wind) 효과에 대한 계산은 이전에 요구된 적이 없었다. 씨티그룹 센터에 대한 사후방바람은 일부 사선 구조물에는 압박을 주지 않지만 다른 구조물에는 두 배의 하중을 주게 되어 40% 정도의 압력 증가를 가져오는 것으로 계산된다. 보통은 전체 시스템이 설계된 기본 가정으로 인하여 이러한 압력의 증가가 문제가 되지 않을 수도 있었다.

그러나 LeMessurier를 더욱 실망시킨 것은, 완성된 대각 지주 시스템에서 실제 연결 부위가 그가 명기한 용접 강도만큼 강하지 않다는 사실을 몇 주 후에 발견한 것이다. 오히려 연결 부위는 볼트로 조여졌는데, 철제 가공자인 Bethlehem Steel이 결정하여 LeMessurier의 뉴욕 사무소에 볼트가 충분히 강하고 매우 저렴하다고 권고했기 때문이었다. 볼트를 선택한 것은 정상적이고 전문적으로 매우 옳은 것이었다. 그러나 LeMessurier에게 볼트는 사후방바람으로 인한(그 당시 구조공학자에게 고려하도록 요구되지 않은) 힘에 대항하는 안전여유(margin of safety)가 그가 원한만큼 크지 않다는 것을 의미하였다. (당시 뉴욕시의 빌딩 규정은 빌딩 설계에 있어서 사후방바람을 고려할 것을 요구하지 않은 반면, 보스턴의 규정은 이를 1950년 이래로 요구하여 왔다는 사실은 흥미롭다.)

그의 새로운 계산과 볼트에 대한 사실에 자극을 받고, 그의 뉴욕사무소의 공학자들이 내린 기타 상세 설계 가정들에 관하여 들은 후, LeMessurier는 Maine의 한 섬에 있는 그의 여름 휴양지로 가서 모든 계산, 변경사항 및 그 영향을 세밀하게 검토하였다. 풍력을 조목조목 계산하고 뉴욕시의 기상통계를 검토한 후, LeMessurier는 평균적으로 매 16년에 한 번씩 씨티그룹 센터가 치명적 손상을 초래할 수 있는 바람을 받게 될 것이라고 결론지었다. 따라서 바람과 홍수 모두를 설명하는 기상학자의 표현을 빌리면, 씨티그룹 센터는

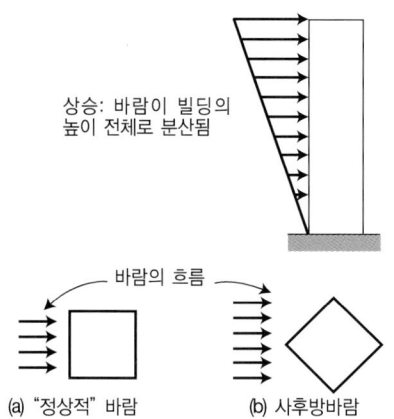

상승: 바람이 빌딩의 높이 전체로 분산됨

바람의 흐름

(a) "정상적" 바람   (b) 사후방바람

그림 9.6 풍력이 빌딩에 어떻게 작용하는가에 대한 스케치. **(a)** 바람의 흐름이 정상적이거나 빌딩 표면에 수직으로 작용하는 것이 표준의 경우이다. 씨티그룹 센터가 설계될 당시 설계 규정에서 요구하는 유일한 사항이었다. **(b)** 사후방바람의 경우로서, 바람 흐름이 45도 각도로 작용하여 동시에 두 표면에 압력이 가해진다.

16년 폭풍우로 파손될 것이었다(50년 폭풍우에 버티도록 설계된 것임에도 불구하고). 그러면 LeMessurier는 어떻게 해야 했을까?

사실 LeMessurier는 몇 가지 선택행위를 고려했는데, 소문에 의하면 고속으로 차를 몰아 고속도로 교각을 들이받는 것도 포함되었다. 그의 혁신적인 옥상 질량 완충기가 실제로 그런 파손 확률을 50년 수준으로 낮출 것이라고 스스로를 안심시키면서 잠자코 있는 것 또한 고려하였다. 반면에 전원이 꺼진다면 질량 완충기는 아무런 도움이 못될 것이었다. 그러면 LeMessurier는 실제로 어떤 행동을 취했을까?

그는 먼저 건축사 Hugh Stubbins와 접촉하려 했지만, 그는 멀리 여행을 떠나고 없었다. 그는 Stubbins의 변호사와 통화한 후, 그의 보험회사와 먼저 상담하고, 씨티그룹의 핵심간부들과 상담하였는데, 그들 중 한 명은 은행원이 되기로 결심하기 전에 공학을 공부했던 사람이었다. 특히 허리케인 계절이 막 시작되려던 참이어서 빌딩 입주자를 피난시키는 것도 처음에 고려되었지만, 그 대신에 위험성이 있는 모든 연결 부위를 재설계하고 소급하여 수리하는 것으로 결정되었다. 2인치 두께의 강판 "반창고(Band-Aids)"를 각각 200개 볼트 연결 부위에 용접하기로 하였다. 그러나 매우 흥미로운 실행 문제들이 있었는데, 그 중의 일부만 여기서 언급한다. 수리 작업이 2개월 이상 밤마다 계속되어야 했으므로, 빌딩 거주자들이 놀라지 않게 통보해야 했다. 대중에게는 그 은행의 신규 본사 본부가 갑자기 즉각적인 수정이 필요하게 된 이유를 알려야 했다. (사실, 전체 프로세스는 공개되었고 대중의 우려에 마음을 썼다.) 숙련된 구조 용접공이 부족하였지만 찾아야 했으며, 흡족한 등급의 강판을 적절히 조달하는 문제 또한 마찬가지였다. 수리가 진행되는 중에 예상치 못한 강풍이 발생할 경우에 대비해서 별개의, 심지어 비밀스러운 대피 계획이 알려져야 했다. 또한 뉴욕시의 건물 행정관과 건축부서의 검사관들이 문제해결의 핵심이었기 때문에, 그들을 지붕 위로 데려와야 했다. 그들에게 문제와 제안된 해결방안을 설명해야 했으며, 그 방안을 검사하는 데 그들의 동의를 구해야 했다. 완전히 배려와 법규 및 물론 인간성의 눈부신 합작품이었다.

마침내 강판 반창고(Band-Aids)가 붙여졌으며, 손가락질이나 대중의 비난 없이 전체 사업은 전문적으로 완료되었다. LeMessurier는 그의 경력이 벼랑 끝에 왔다고 생각했지만, 자발적으로 문제를 직시하고 현실적이고 세심하게 정성들여 만든 해결방안을 제시하고자 하는 그의 의지에 기인하여, 결국 더욱 위대한 재능을 나타내었다. LeMessurier의 해결방안을 실행하는 데 참여했던 한 공학자의 말을 빌리면, "그것은 '우리가 너를 잡았으니, 넌 끝장이다'라는 경우가 아니었다. 그것은 '나는 문제가 있고, 그 문제는 내가 만든 것인데, 함께 이 문제를 바로잡자'고 우뚝 서서 말한 한 사람으로부터 시작했다. LeMessurier 같은 사람을 죽이고자 한다면, 누가 말하고자 하겠는가?"

전에 말한 대로, 이는 연관된 모든 이들이 적절히 행동한 사례이다. 사실 모든 이들이 명예롭게도, 모든 관계자가 매우 높은 수준의 전문성과 이해로써 행동하였다. 따라서 그것은 특히 공학자로서 우리가 즐거운 마음으로 연구할 수 있는 사례이다. 그것은 또한 다른 방향으로 전개될 수도 있었던 사례이므로, 당신이 LeMessurier의 위치에 있었다면 직면했을지도 모르는 몇 가지 질문을 제기하면서 토의를 마치고자 한다.

- 당신이라면 "호각을 불었을"것인가 아닌가?
- 당신이 재계산된 파손 확률이 처음 설계에 비해 높지만(즉, 나쁘지만) 규정에 의해 허용된 범위 내에 있다고 결론지었다면, 어떻게 했을 것인가?
- 당신의 보험회사가 "잠자코 있으시오."라고 했다면, 어떻게 했을 것인가?
- 건물 소유주나 시 당국에서 "잠자코 있으시오."라고 했다면, 어떻게 했을 것인가?
- 누가 수리비를 지불해야 하는가?

9.4 내가 이 프로젝트에 종사하는 것이 바른 일인가?

우리가 언급한 사례는 설계 자체에 관한 것이라기보다는 공학 관행에 관한 것으로 보인다. 그러나 사실 연관된 공학자들이 그들이 작성한 설계를 실현하는 데 종사하는 것이 분명하므로, 이 사례들은 사회적 활동으로서 설계에 관한 것이다. 아마도 좀더 효과적인 요점은 우리가 만들 필요가 없다거나 심지어 만들어서는 안 된다고 생각하는 제품 설계를 요청받았을 때 발생한다. 제4장에서 담배 라이터의 설계를 참조하였는데, 잎으로 만든 물체의 점화장치라고 생각할 수도 있다. 이 사례는 평범하고 심지어 무의미하게 보일 수도 있지만, 분열된 충성의 또 다른 측면을 지적하고 있다. 이 사례는 담배 라이터의 설계가 어쨌든지 도덕적으로 난처하다는 것을 시사한다. 오늘날 미국에서는 국민의 대다수가 담배 라이터 설계와 담배제조 기계장치를 설계하는 것이 적어도 정치적으로 옳지 않고, 따라서 도덕적으로 옳지 않다고 여기는 듯하다. 반면에, 담배를 피우고 안 피우고를 선택하는 것은 개인에게 달린 문제가 아니겠는가? 제품이 합법적이라면, 거리낌 없이 그 제품을 설계하도록 스스로 허용해야 하지 않겠는가?

1930년대와 1940년대에 독일에서 만든 대형 오븐과 이를 위한 특수한 건물의 설계자들과 1940년대 말부터 이곳과 소련에서 (그리고 오늘날 몇몇 개발도상국가에서) 설계된 핵무기의 설계자들을 주목하면 이와 비슷한 좀더 눈에 띄는 경우가 나타난다. 기술도 달랐고, 어떤 공학자와 물리학자들은 핵분열을 활용하는 장치를 설계하는 지적 도전에 의해 흥분되었을 것이지만, 오븐 설계자가 비슷한 감정을 가졌을 것이라고 상상하기는 어렵다. 그러면 이 두 집단의 설계자들이 단지 그들의 고객, 정부, 및 사회에 충성했을 뿐인가? 그렇다면 그들이 "인류 복지와 환경"에 충성했는가?

내가 이 설계 프로젝트에 종사해야 하는가 하는 문제는 매우 개인적인 문제이다. 불행

설계할 수 있다고 해서 무엇이든 설계해도 되는 것은 아니다.

히도, 언제 의무와 충성의 심각한 상충이 발생할지 우리가 미리 알 수 있는 방법은 없다. 이러한 상충이 깊이 새겨질 특정한 개인적, 직업적 상황 또한 알 수 없다. 불행히도, "상황에 따를 뿐"이라는 대답 외에는 제기된 질문들에 대한 단 하나의 대답은 있을 수 없다. 위압적인 상충에 직면한다면, 우리는 우리의 양육과 성숙 및 여기서 매우 간단히 제기한 문제들에 대한 사고 및 반성 능력 등에 의해 우리의 준비가 갖춰졌을 것을 희망할 수밖에 없는 것이다.

9.5 요약

9.1 절: (Martin and Schinzinger, 1996) 및 (Glazer and Glazer, 1989)는 공학윤리 및 호각불기 각각에 대한 매우 흥미롭고, 유용하고, 읽기 쉬운 책이다. 윤리는 Harr의 이야기(1995)에서 부적절한 유독성 폐기물 정화로 인해 발생한 민간소송의 주요 주제이다.

9.2 절: 대행- 및 일체감-충성의 정의는 (Martin and Schinzinger, 1996)에서 발췌하였다.

9.3 절: 씨티그룹 센터 사례는 (Morgenstern, 1995) 및 (Goldstein and Rubin, 1996)으로부터 각색하였다. 우리는 William LeMessurier의 자료 검토에 큰 도움을 받았다.

9.4 절: 간결함을 위하여 이 절에서 제기된 깊고 복잡한 문제들에 대한 많은 서적 중에 단지 (Arendt, 1963)와 (Harr, 1995)만을 인용하였다.

9.6 연습문제

9.1 윤리와 도덕 간에 차이가 있는가?

9.2 HMCI 설계팀이 휴대용 전자기타를 위한 설계를 개발하는 데 반드시 인식해야 할 이해당사자들을 식별하라. 이 이해당사자들에 대하여 고려해야 할 의무로는 어떤 것이 있으며, 당신의 고객이 요구한 사항과 상충되는 것이 있는가?

9.3 전자 컴포넌트에 대한 설계를 시험하는 공학자로서, 당신은 그 컴포넌트가 특정 지역에서 고장 남을 발견하였다. 후속 조사를 통해 그 고장이 인접한 고출력 레이더 설비에 기인함이 밝혀졌다. 이런 환경에서 작동할 수 있도록 그 설계제품에 덮개를 씌울 수도 있는데, 그 인근에 보육원이 있음을 알게 되었다. 어떤 조치를 취해야 하는가?

9.4 새로 설계한 장치에 대한 안전 시험을 고려하고 있다. 당신의 관리자가 해당 정부 규제사항이 설계의 이런 측면에 대해서는 언급하고 있지 않으므로 시험을 수행하지 말라고 지시하였다. 어떤 조치를 취해야 하는가?

9.5 전자 포장(packaging)의 설계자로서 습득한 경험으로 인해 당신은 특허가 나지 않은 정교

한 열처리 프로세스를 이해하는데, 이것은 회사 기밀이다. 당신은 새로운 일을 맡아 BJIC를 위한 음료용기 설계를 수행 중이며, 이 열처리 프로세스가 효과적으로 사용될 수 있을 것으로 믿고 있다. 당신의 사전 지식을 사용할 수 있겠는가?

9.6   연습문제 9.5와 관련하여, 당신의 고용자가 재난의 희생자들에게 음식을 제공하는 데 전념하는 비영리 단체라고 가정하자. 당신이 취할 행동을 변경하겠는가?

9.7   당신의 팀원인 짐(Jim)이 제출한 일자리 지원과 관련하여 그에 대한 추천서를 제공하도록 요청받았다고 하자. 당신은 짐의 성과에 만족해 오진 않았지만, 다른 환경에서는 더 잘 할 것이라고 믿는다. 당신은 짐의 자리를 다른 사람으로 채울 수 있을 것으로 기대하는 한편, 짐의 잠재력에 대한 정직한 평가를 제출할 책임을 느낀다. 어떻게 해야 하는가?

9.8   연습문제 9.7과 관련하여, 당신이 짐을 대체할 사람이 없다는 것을 알고 있다면, 당신의 대답이 바뀌겠는가?

Chapter **10**

제품개발설계

제품개발설계는 제품에 대한 전반적인 아이디어를 공학적인 설계 요소로 구체화시켜 필요한 자료를 제공한다.

현대 산업의 흐름은 제품의 다양화가 그 주된 경향을 이루고 있다. 신제품이 자주 소개되고, 기존의 제품들은 고객의 요구사항과 기호가 변함에 따라 이를 수용하고자 그 사양이 자주 바뀌고 있다. 기존의 기업이나 신생 기업들은 모두 제품에 대한 고객의 요구와 고객이 원하는 제품 가격, 그리고 해당 시장의 잠재력 등을 제대로 파악하기 위하여 총력을 기울이고 있다.

10.1 시장조사

기업이 생산하여 시장에 내놓고자 하는 제품과 관련된 고객의 요구, 필요도 등의 제반 사항들을 파악하기 위한 시장조사 방법은 주로 통계적인 기법을 사용하고 있다. 이러한 조사는 고객의 제품에 대한 성향(예를 들어, 제품의 필요성, 요구 품질, 선호하는 포장 조건 등)과 고객의 구매 습관(예를 들어, 구매 빈도, 제품 상표에 대한 선호도, 구매 가격의 적절성 등)을 파악할 수 있게 하며, 최종적으로 제품이 시장에 출시되었을 때 판매를 증진시키면서 마케팅 비용을 절약하는 데 한 몫을 할 수도 있다.

　제품개발설계가 제품의 잠재시장을 확장시키는 데 중요한 역할을 담당하는 이유는 고객은 제품설계, 구매 가격, 제품의 성능, 사용의 편이성 및 제품의 미적인 감각 등의 요인에 영향을 크게 받기 때문이다. 이러한 요인들은 서로 밀접하게 관련되어 있다. 즉, 고객들이 물건을 구입하는 데는 제품이 자신에게 유용한 기능을 제공할 수 있다거나 제품을 소유하고 싶다거나 하는 어떤 이유가 반드시 있을 것이다. 또한 제품의 겉모양도 고객으로 하여금 구매욕구가 생기도록 설계되어야 한다. 제품개발설계에 있어 제품의 기능 못지않게 미적인 요소도 제품의 구매결정이나 지불의향 가격에 영향을 미친다. 사용상 편이를 충분히 고려한 제품의 설계가 비록 제품의 초기 구매 시에는 큰 위력을 발휘하지 않는다 하더라도, 동일한 고객이 다시 그 제품을 재구매할 때에는 심각한 영향력을 행사한다.

　또한 시장조사는 고객의 심미적인 요구와 같이 제품의 디자인에 영향을 주는 고객 지향적인 특성을 파악하는 데 유용하게 사용되어야 한다. 즉, 고객 다수가 선호하는 제품의 색상, 모양, 취급 요건, 기타 감각적인 요인 등을 조사 항목에 포함시켜야 한다. 더 나아가 시장조사는 예상 판매가격을 결정하고 부가적인 설계 특성에 따라 이 가격이 어떻게 변할 수 있는지 분석하기도 한다.

　새로운 제품의 생산과 판매는 쉬운 일이 아니다. 기업은 신제품이 개발 당시의 시장에서도 경쟁력을 갖추도록 해야 할 뿐만 아니라, 개발된 후에 시장에 출시될 때에도 비슷한 가격으로 판매되는 경쟁제품이 보유할 모든 특성들을 미리 예상하여 신제품의 설계에 반영하여야 한다. 또한 판매를 안정적으로 확보하려면 경쟁제품의 가격보다 저렴해야 하고, 가격이 비쌀 경우에는 경쟁제품이 가지고 있지 않은 다른 특성을 보유해야 한다. 궁극적으로 제품의 품질이 더 우수하지 않거나 가격이 저렴하지 않다면 고객은 그 제품을 외면할 것이다. 이렇듯 신제품 개발의 목표는 경쟁 제품보다 여러 가지 면에서 우수한 제품을 개발하는 것이라고 할 수 있으며, 이것은 **수명주기관리**(life cycle management)의 한 분야이기도 하다.

　제품개발설계를 할 때 시장에 이미 유사한 제품이 있을 경우, 잠재시장 규모를 파악하려면 다른 제조업체가 생산하여 판매하고 있는 제품의 양을 추정하는 작업이 선행되어야 한다. 이러한 정보는 서신이나 전화 통화에 의한 시장조사를 통하여 자체 내에서 취득할 수도 있고, 정부 간행물이나 주식시장 보고서, 관련 잡지 등을 참조하여 외부에서 얻을 수도 있다. 인구, 소득 수준, 구매 빈도, 수요 성향의 변화 등 판매에 영향을 미치는 요인을 비롯하여 판매량에 대한 과거 및 현재 자료를 철저히 분석하면 장래의 잠재 시장 규모를 파악할 수 있을 것이다.

　정부 간행물은 기업 자체에서 취득하기에는 상당한 비용이 수반될 뿐만 아니라, 어쩌면 수집이 불가능한 방대한 양의 자료를 제공해준다. 예를 들면, 미국 상공부와 통계청에서 매년 발간되는 많은 보고서는 전 산업에 걸쳐 생산량, 판매량, 수입과 수출에 대한 정보를 게재하고 있다.

현대의 시장 상황은 급속하게 변하고 있다. 따라서 과거 판매량에 대한 자료만을 가지고는 미래 시장을 정확하게 예측할 수 없을 뿐만 아니라 새로운 기술 개발로 인하여 예측하는 데 사용할 만한 기초 자료조차 없는 경우도 많이 발생한다. 만일 비디오 시장에 처음 진입하는 기업이 있다면, 어떻게 미래 비디오 시장의 규모를 정확하게 예측할 수 있겠는가?

신제품개발설계를 위한 자료 수집 방법에는 세 가지의 전형적인 방법, 즉 우편을 통한 자료 수집, 전화를 통한 자료 수집, 개인적인 만남을 통한 자료 수집 등이 있다. 우편을 통한 자료 수집은 수집할 의견을 개인들에게 우편으로 발송하는 것으로 쉽게 이루어질 수 있지만 응답을 받는 데 어려움이 있다. 또한 해당 제품에 대해 관심을 갖고 있는 고객의 주소 목록을 찾아내고 유지하기가 쉽지 않다. 이러한 고객의 목록을 판매하는 몇몇 기관에서 관련 자료를 구매할 수도 있을 것이다.

전화를 통한 자료 수집 방법은 우편을 통한 방법보다 더 많은 노동력이 필요하겠지만, 응답을 쉽게 얻을 수 있다는 장점이 있다. 하지만 이 방법 역시 해당 제품의 구매에 관심을 보이는 사람을 올바로 찾아내는 것이 가장 어려우며 중요한 사항이라고 할 수 있다. 응답률이 낮은 우편 조사나 반대로 응답률이 높은 전화를 통한 자료 수집 방법은 개인적인 만남을 통한 직접 조사보다는 비용 면에서 이점이 있다. 하지만 우편이나 전화를 통한 자료 수집 방법으로는 제품을 직접 보여줄 수가 없기 때문에 취득한 자료의 신빙성이 상대적으로 떨어질 수도 있다.

한편 직접 면담 조사는 잠재 고객을 방문하여 제품에 대한 질문과 의견을 수렴한다는 점에서, 위의 두 조사에서는 얻을 수 없는 다양한 정보를 얻을 수는 있으나 시간이 많이 소요되고 자료 수집 비용이 상대적으로 많이 든다.

다음은 **시장조사**를 수행하는 데 필요한 각 단계를 정의하며, 각 단계에서 수반되는 시간과 노력은 분석에 포함된 항목들을 얼마만큼 자세하게 분석할 것인가에 따라 다르다.

1. **현상 분석**: 시장 상황을 이해하기 위하여 회사의 과거 기록, 사업 관련 출판물, 도서관 자료, 과거 시장 분석 자료 등을 검토한다. 기업의 가능성과 한계성을 확실하게 파악한다. 기업이 이 시장에 진입하려는 이유와 시장 진입에 실패했을 때 기업의 상황 등을 분석한다.

2. **조사에 관한 계획 설정**: 필요한 정보를 정의한다. 시장조사의 목적, 정보 수집의 방법 등을 설정하고, 조사가 어떻게 구성되는가를 결정한다.

3. **자료 수집**: 고객으로부터 필요한 정보를 수집할 수 있는 방법은 무엇인가? 정부 간행물, 사기업에서 작성된 보고서, 관련 잡지를 가지고 현재 판매 추세를 파악할 수 있

는가? 판매에 영향을 미치는 조건들을 알아내기 위하여 어떤 사실들을 관찰해야 하는가? 등이 포함된다.

4. 수집된 자료의 분석: 수집된 자료를 분석하기 위하여 어떤 통계 기법이 사용될 것인가? 필요한 정보를 검토하고, 각각의 의미를 올바로 파악한다. 만일 고객이 제품에 대해 더욱 많은 관심을 보인다면 시장의 규모는 증가할 것인가, 가격은 어느 수준으로 결정될 수 있는가 등을 알아내려는 시도가 있어야 하며, 제품의 디자인과 판매에 관련된 다양한 질문에 답할 수 있어야 한다.

5. 연구에 관한 보고: 모든 결과와 이에 대한 해석을 적절하게 문서화해서 해당하는 경영진에게 보고한다.

위와 같은 유형의 분석은 경영진으로 하여금 현재 시장에 진입하는 것이 회사에게 수익성을 확보해 주는지의 여부를 결정할 수 있도록 지원해야 하며, 제품의 기대 수명과 미래 고객의 요구사항 등을 예상하여 회사의 잠재 시장 규모를 추정해야 한다.

예를 들면, 일반 공립학교 외에 몇 개의 단과대학과 두 개의 종합대학이 있는 큰 도시에 철제 책상을 생산 및 판매하고 있는 제조업체가 있다고 하자. 이 회사의 고객 중 약 30%는 정부나 회사이며, 그 밖에 70%는 주요 고객이 학교이다. 경영진에서는 새로운 철제 책상의 90~100% 가량을 학교에 판매하려고 한다. 새로운 학교의 건축이 별로 이루어지지 않고 있기 때문에 이 회사는 기존의 학교에 새 제품의 판매 목표를 두고 있다.

현재 학교에 공급하고 있는 네 개의 업체들 중에 하나는 거리가 멀리 떨어진 관계로 운송비를 고려해서 이미 판매를 중단한 상태이고, 이러한 상태는 이미 기존의 공급업체들에게 책상을 더 판매할 수 있는 기회를 주고 있다.

표 10.1에 나타낸 바와 같이 이 업체에서는 책상 세 종류를 생산하고자 한다. 제일 작은 크기의 책상은 2인용이며 양쪽 면을 사용한다면 4인까지도 앉을 수 있다. 중간 크기의 책상은 3인용이나 양쪽 면과 끝면을 사용하면 8인까지 앉을 수 있고, 제일 큰 크기의 책상은 14인용의 회의용 책상이다.

표 10.1 생산할 책상의 외면적 특성

책상 인원 용량		크기
한 면	합 계	(길이 x 넓이 x 높이)(인치)
2	4	54 x 36 x 30
3	8	84 x 36 x 30
6	14	180 x 45 x 40

이 업체는 먼저 기존의 고객들에게 새 제품에 관한 시장조사를 하기로 했는데, 대부분의 고객들이 공장과 가까운 거리에 있으므로, 시장조사팀은 판매담당자들이 직접 학교의 고객을 만나 개인적인 면담 조사를 하기로 하였다.

면담 조사에 응한 사람들 중에 92%가 응답을 해주었으며, 그들은 모두 현재 기존의 회사 제품을 사용하고 있는 고객들이었다. 고객 중에 70%는 경쟁 입찰로 구매해야만 하는 학교이고, 약 9%는 현재 다른 공급업체와도 계약을 맺고 있고, 나머지는 까다로운 구매 제약이 없는 사립학교들이다.

대부분의 응답자들은 최소한 어느 정도의 구매 의사를 보여주었는데, 40%에 달하는 학교에서는 교체 시기가 되면 이 업체에서 개발한 새 책상을 구입할 의사가 있었다. 나머지 학교들은 교체 시기와 무관하게 책상을 구매할 의사를 보이고 있었다. 대부분의 고객들은 책상의 평균 수명을 8년 정도로 생각하며, 대략 5~10년을 예상 수명으로 생각하고 있었다.

표 10.2에서와 같이 응답자의 책상 크기에 관한 의견과 상대적 구매 비율, 평균 구매 예상 비용에 관한 통계적 분석을 볼 수 있다. 25개 이상의 판매는 업체가 직접 관리하고, 그 이하 적은 양의 판매는 소매상을 통하여 관리하려고 한다.

생산은 다음해 1월부터 계획되었고, 회사의 이익을 위해서는 다음 5년 후에 전체 시장의 17%를 점유해야만 할 것으로 추정된다. 판매부서에서는 기존의 업체에서 생산 및 판매하였던 이와 유사한 제품을 비교 연구해본 결과, 최소한 다음 해에 8%, 그 다음 해에는 11% 그리고 3년차부터는 2%의 시장점유율을 매해 증가시켜야 한다. 이 지역에서 학교용 책상의 수요는 지난 5년간 꾸준히 증가해왔다. 책상의 평균 수명이 8년임을 고려하면, 약 12.5%의 책상은 매년 교체되어야 함을 알 수 있다. 새로운 학교용 책상은 기존의 것보다 앉기 편안하고, 교실 내에 책상을 배치할 때도 유연성을 주는 이점이 있다.

현재 사업을 중단할 업체의 시장점유율은 약 25%로 추정되고 있으며, 이외에 여러 통계 자료를 검토한 결과 이 업체가 약 17%의 점유율을 확보할 수 있으리라 결론지었다. 표 10.3은 매년 책상 종류별 총 수요량과 시장점유율을 곱해서 얻은 수치이다.

이러한 생산량을 충족시키는 제품의 생산이 가능한지 여부는 자재비, 비품비 및 인건비

표 10.2 책상 종류에 대한 수요예측 및 구매예상 비용

책상 인원 용량/한 면	판매량 비율	구매의사 가격
2	63	63.00 달러
3	30	88.00 달러
6	7	210.00 달러

표 **10.3** 판매 예측

연도	시장점유율	생산량 및 판매량		
		작은 책상	중간 책상	큰 책상
1	8%	1300	640	150
2	11%	1947	924	217
3	13%	2535	1204	282
4	15%	3160	1710	401
5	16%	4000	1904	444

를 포함한 비용에 달려 있다. 이 비용을 계산하기 위해서는 직접 자재비, 직접 인건비, 직접 설비비 등을 포함한 직접 비용뿐만 아니라 물자 운반비, 공공 설비비 및 감독비 등 간접비용도 계산해야 하며, 일반적으로 간접비용은 직접 인건비의 150~200% 정도로 계산한다.

예를 들면, 생산 효율을 90%로 추정했을 때 직접비는 29.32/0.9 = 32.57달러가 된다. 공장의 간접비용은 직접 인건비의 160%, 즉 20.27달러(11.40/0.90 × 1.6)로 계산되어 제조단가는 52.84달러가 된다. 여기에 포장 및 운송비 1.20달러를 추가하면 제품의 총 생산단가는 54.04달러가 되며, 판매 예측 가격을 63.00달러로 보면 8.96달러의 이익을 산출해 낼 수 있다.

이와 같은 방법으로 계산하면, 중간 책상은 10.20달러, 큰 책상은 18.15달러의 이익을 얻을 수 있다. 판매 계획에 따라 표 10.4와 같은 연간 이윤이 예상된다.

따라서 대략 평균 연 42,508.01달러의 이윤을 준다. 경영진은 125,000달러의 설비 투자를 계획하고 있고, 향후 5년간의 판매 계획 동안 17%의 투자 회수율(internal rate of return)을 기대하고 있으며, 회사에서 기대하는 세전 수익률(minimum attractive rate of return)은 15%이므로 이 계획은 받아들여질 수 있다.

표 **10.4** 연간 이윤 측정

연도	이윤
1	21,292.74달러
2	30,808.47달러
3	40,143.30달러
4	56,976.15달러
5	63,319.40달러

10.2 품질기능전개

시장조사 방법과 함께 **품질기능전개**(Quality Function Deployment; QFD)는 제품개발설계에 있어 그 중요성이 더해간다. 품질기능전개는 1972년도에 일본에서 시작되었으며, 그 개념과 응용은 이제 미국 기업체에도 널리 알려졌다. 품질기능전개는 고객의 제품에 대한 의견이나 요구사항을 제품설계 및 제조에 반영시키는 구조화된 프로세스이다. 또한 이 기술은 관련된 사람들과의 집단 토의를 통해 고객이 원하는 필요조건을 경영 의사에 반영시키기 위한 하나의 기술이며, 생산의 어느 단계에서든 응용할 수 있다. 예를 들어, 전체적인 시스템 측면에서 볼 때 고객은 제품을 사용하는 최종 소비자인 반면에, 공장 내에서 볼 때는 해당 제품을 처리할 바로 다음 부서로 간주될 수 있다. 품질기능전개는 자신의 제품을 시장의 경쟁제품과 비교하는 데 사용되기도 한다.

품질기능전개는 고객을 정의하고 이들의 요구가 무엇인지를 파악하는 일부터 시작한다. "무엇을, 언제, 어디서, 왜 그리고 어떻게 고객이 해당 제품을 사용할 것인가"라는 질문을 통해 고객의 요구조건을 확인할 수 있다. 예를 들어, 커피메이커의 경우, 고객은 확실히 커피를 만들어 마시는 외부 고객이 될 것이다. 따라서 이때의 고객은 식당 종업원이 될 수도 있고, 일반 가정의 개인이 될 수도 있다. 물을 데우는 전원은 커피메이커의 구매 의사 결정에 있어 중요한 몫을 한다. 집이나 사무실에서는 220V의 전원을, 차 안이나 휴가전용 차량은 12V의 전원을 사용하기 때문이다. 한편, 캠프장에서는 전력이 약해서 나무를 이용해 물을 끓일 경우도 있을 것이다. 따라서 어떤 시장을 목표로 할 것인가를 우선 정해야 한다. 다양한 고객층을 상대하기 위해 변압기와 같은 장치를 개발할 수도 있겠지만, 그러기에는 비용 문제가 대두될 수도 있다. 따라서 우리는 집이나 사무실에서 이것을 사용하는 고객을 대상으로 결정한다.

다음 단계로는, 이러한 고객들의 **기능요구사항**(functional requirement)을 **설계속성**(design attribute)으로 전환한 도표는 고객의 요구사항과 이에 해당하는 설계속성과의 상관관계를 보여준다. 이러한 도표를 만들기 위해서는 고객들이 원하는 사항을 체계적으로 평가하여 같은 요구사항이 반복해서 입력되지 않도록 하는 작업이 선행되어야 한다.

설계속성을 결정하기 위해서는 일반적으로 디자인 엔지니어, 제조 엔지니어 및 경영관리자로 구성된 디자인팀의 충분한 토의가 필요하다. 예를 들어, 좋은 맛은 커피가 증류되어 만들어지는 비율이 좌우한다. 이러한 증류 흐름 비율은 또한 몇 잔의 커피가 만들어 지느냐에 달려 있다. 필요 전력을 조절할 수 있는 가변 가열기를 부착하면 증류되는 양을 일정하게 하여 일관성 있는 커피 맛을 내게 할 수 있다. 따라서 이와 같은 조절 레버의 설계 역시 품질기능전개에 포함된다. **품질의 집**(house of quality)에서는 고객의 요구사항과 설계의 형태 간의 양의(positive) 상관관계 뿐 아니라 음의(negative)의 상관관계도 나타낸다.

다음 단계는 어떤 설계속성들이 제품에 포함되어야 하는가를 결정하는 단계이다. 역시 집단 토의를 통하여 소비자의 요구사항들에 대하여 상대적 중요도를 각각 부여한다. 이러한 중요도에 영향을 미치는 요소로는 예상 판매량, 경쟁 제품의 특성, 생산 가능성, 신뢰도 및 품질 등이 있다.

한 제품과 다른 여러 제품들을 비교하기 위하여 품질기능전개를 수행할 때는 일단 하나의 비교 제품에 대한 분석 내용과 절차가 정의되면 각 제품마다 결정된 상대적 중요도를 표시하는 기호만 바꾸어 분석하면 된다. 이렇듯 품질기능전개는 정성적인 고객의 요구 조건을 확인하고, 기능 요소와 설계속성을 결정하기 위한 방법이다.

10.3 수요예측

수요예측의 기법은 크게 정성적인 분석과 정량적인 분석으로 나뉜다. 정성적인 분석은 과거 실적에 관한 정성적인 수치를 갖고 있을 때 현재의 추세가 미래에도 계속될 수 있다고 가정하여 적용할 수 있고, 반면에 정량적인 분석은 제품이나 특이사항에 관해 전문가의 경험이나 의견 및 직감 등을 토대로 이루어진다. 신제품과 같이 과거에 대한 정성적인 자료가 없을 때 이러한 방법이 주로 이용된다. 정성적인 기법들은 과거의 자료에서는 나타날 수 없는 요인들이 미래의 예측치에 심각한 영향을 줄 수 있을 때 사용된다.

수요예측의 오차 e는 수요예측치 F와 실질수요량 D와의 차이를 의미한다. 수요예측 기법의 목적은 이러한 오차를 최소화시킬 수 있도록 적절한 수요예측 기법을 정하고, 가중치와 같이 예측 기법에 수반되는 관련 변수를 올바르게 결정하는 것이다. 수학적으로, 어떤 기간 t에 있어서의 오차는 $e_t = F_t - D_t$로 정의된다. 또한 n기간 동안의 수요예측치와 실질수요량이 주어졌을 때에 전체 오차를 나타내는 몇 가지 방법은 다음과 같다.

$$\text{평균오차(mean error)} = \sum_{t=1}^{n} \frac{e_t}{n}$$

$$\text{평균절대오차(mean absolute error)} = \sum_{t=1}^{n} \frac{|e_t|}{n}$$

$$\text{평균제곱오차(mean squared error)} = \sum_{t=1}^{n} \frac{e_t^2}{n}$$

$$\text{표준편차오차(standard deviation of error)} = \sqrt{\sum_{t=1}^{n} \frac{e_t^2}{n-1}}$$

이동평균법 과거의 관련 자료를 평균하여 계산하는 다소 간단한 기법에 속하는 이동평균법(moving average method)은 평균 계산에 필요한 관측치의 수를 먼저 정의해야 한다.

표 10.5 지난 6개월간의 수요량

월	수요량
1월	500
2월	515
3월	600
4월	620
5월	595
6월	635

새로운 자료가 가용하게 되면, 가장 오래된 자료가 누락되면서 최근의 관측 자료가 추가되어 다음 기간에 해당하는 예측치인 이동 평균을 산출한다. 수학적인 표현으로는 다음과 같이 나타낸다.

$$F_t = \frac{\sum_{i=1}^{n} D_{t-i}}{n}$$

여기서 F_t는 t기간의 수요예측치를, D_{t-i}는 $t - i(i = 1, 2, \ldots, n)$ 기간의 실적수요량을 의미하고, n은 이동평균법의 기간 수가 된다. 예를 들어, 관측기간 $n = 3$이고 지난 6개월 간의 실적수요량이 표 10.5와 같을 때를 고려해 보자.

이때 7월의 수요예측량은 다음과 같이 산출된다.

$$F_{7월} = \frac{(620 + 595 + 635)}{3} = 616.66 \text{ 혹은 } 617 \text{ 단위}$$

이 경우 만일 7월의 실적수요량이 625가 되었다면, 8월의 수요예측치는 다음과 같다.

$$F_{8월} = \frac{(595 + 635 + 625)}{3} = 618.33 \text{ 혹은 } 618 \text{ 단위}$$

가중이동평균법 이동평균법에서는 수요예측치를 얻기 위해 관측치에 동일한 가중치를 주었다. 하지만, 최근의 관측지에 좀더 가중치를 좀더 주고 과거의 관측치에는 가중치를 덜 주는 것이 바람직할 수도 있을 것이다. **가중이동평균법**(weighted moving average method)은 각 관측치에 원하는 가중치를 서로 다르게 주어 예측한다. 위의 예에서 표 10.6과 같은 가중치를 주고 7월의 수요예측치를 계산하면 다음과 같다.

$$1/8(620) + 1/4(595) + 5/8(635) = 623$$

혹은 좀더 일반적인 형태로 다음과 같이 표현한다.

표 10.6 수요량의 비교 가중치

관측	가중치	비교 가중치
1개월 전	5	5/8
2개월 전	2	1/4
3개월 전	1	1/8
합 계	8	

$$F_t = \frac{\sum_{i=1}^{n}(W_{t-i} \times D_{t-i})}{n}$$

여기서 W_{t-i}는 관측 기간 $t-i$의 가중치를 말한다.

지수평활법 비록 이전의 실적치보다 최근의 실적치에 가중치를 더 준다는 것이 바람직하지만, 이동평균법에 적절한 가중치를 정하는 방법은 다소 복잡한 측면이 있다. **지수평활법**(exponential smoothing method)은 지수적인 방법으로 경과된 기간에 따라 가중치를 감소해나가면서 이를 할당해 주는 방법이다. 더군다나, 이 방법에서는 마지막 기간의 실적수요량과 수요예측치, **평활상수**(smoothing constant)만 주어지면 적용할 수 있다. 실질적으로 이 방법은 단기간의 수요예측에 주로 사용된다.

수학적으로 이는 다음과 같이 표시된다.

$$F_{t+1} = F_t + \alpha(D_t - F_t)$$

단, F_{t+1}은 $t+1$기간의 수요예측치, D_t은 t기간의 실적수요량, α는 평활상수($0 < \alpha < 1$)이다.

이 공식을 다시 쓰면, $F_{t+1} = \alpha D_t + (1-\alpha)F_t$이다.

실적관측치가 시간이 지남에 따라 영향력(가중치)이 어떻게 줄어드는지 알아보기 위하여 위의 식에 F_t를 다시 풀어 보면 아래와 같이 된다.

$$F_{t+1} = \alpha D_t + (1-\alpha)(\alpha D_{t-1} + \alpha(1-\alpha)\,F_{t-1})$$
$$= \alpha D_t + \alpha(1-\alpha)D_{t-1} + (1-\alpha)^2\,F_{t-1}$$

위와 같은 과정을 n기간 동안 반복하면 아래와 같은 결과가 산출된다.

$$F_{t+1} = \alpha D_t + (1-\alpha)D_{t-1} + (1-\alpha)^2\,D_{t-2}$$
$$+ \alpha(1-\alpha)^{n-1}D_{t-(n-1)} + (1-\alpha)^n F_{t-(n-1)}$$

여기서 $\alpha < 1$이며, 연속된 관측치에 대한 가중치는 $1-\alpha$의 비율로 감소되기 때문에, 오래된 관측치의 가중치는 지수적으로 감소됨을 알 수 있다.

표 10.7 $\alpha = 0.2$일 경우의 수요예측치

월	수요예측치	실적수요량
1월	500.0	500.0
2월	500.0	515.0
3월	503.0	600.0
4월	522.4	620.0
5월	541.9	595.0
6월	552.5	635.0
7월	569.0	

지수평활법의 첫 단계는 α의 값을 정하는 것인데, 지난 예에서 α의 값을 0.2로 정했을 때의 결과는 표 10.7에 나타낸 것과 같다.

곡선적합법 수요예측 방법 중에 하나는 가용한 자료를 가지고 단순하게 곡선을 그리거나 자료로부터 관계식을 유도하여 이를 예측 기간을 대상으로 확장시키는 것이다. 곡선적합법(curve fitting method)에서는 수요에 영향을 미치는 일련의 변수들이 서로 독립이어야 한다. 또한 변수의 값들은 미리 정해지거나 조절될 수 있고, 측정이 가능해야 한다. 예상 수요는 각 변수에 해당하는 값이 주어졌을 때 추정할 수 있다. 각 변수의 계수(coefficient)는 잔차제곱의 합을 최소화시키는 **최소제곱적합도**(least squares fit) 방법에 의하여 산출한다.

유도할 관계식이 다음과 같다고 가정하자.

$$Y = b_0 + b_1 X_{1i} + b_2 X_{2i} + ... + b_m X_{0mi}$$

단, m은 독립변수의 개수이고 n은 관측 횟수이다.

$\hat{Y}_i$를 수요예측치라 하고, Y_i를 i기간의 실적수요량이라고 하면, 잔차(residual) $e = Y_i - \hat{Y}_i$로 나타나며, 잔차의 최소제곱은 다음과 같다.

$$\min e^2 = \min \sum_{i=1}^{n} (Y_i - \hat{Y}_i)^2$$
$$= \min \sum_{i=1}^{n} (Y_i - (b_0 + b_1 X_{1i} + b_2 X_{2i} + \cdots + b_m X_{mi}))^2$$

최소값은 위의 식을 각 계수(b_0, b_1, b_2, ... , b_m)에 대하여 일차 미분하여 0으로 놓고, 각 방정식을 동시에 만족시키는 계수 값을 찾으면 구해진다. 위의 가장 간단한 형태는 단지 하나의 독립변수만을 사용하는 단순선형회귀라고 하며, 관계식은 $Y = b_0 + b_1 X_i$로 표현된다.

다음은 곡선적합법의 세 가지 예를 든 것이다. 어느 목재회사에서 톱밥을 재료로 하는

표 10.8 지난 6년간의 소비수요량

연도(X)	수요(단위: 천 개)(Y)
1980	102
1981	105
1982	110
1983	108
1984	115
1985	113

통나무 벽난로를 개발하려고 한다고 하자. 판매 대상 구역으로 상정하고 있는 반경 100 마일 내에 위치한 가게들을 조사한 결과, 지난 6년간의 소비시장의 정보가 아래와 같음을 알게 되었다. 이 목재회사에서는 생산 첫 해에 약 10%의 시장을 점유하려고 하며, 그 후의 3년간은 매년 3%씩을 증가시키려 한다. 이때 이 회사 난로의 향후 4년간의 수요를 예측해보자.

이 예의 풀이법은 그림 10.8에서와 같이 연간 수요량은 $\hat{Y}_i = b_0 + b_1 X_i$에 의해 선형으로 표현될 수 있다. 여기서 $\hat{Y}_i$는 X_i년도의 수요예측치이며, X_i는 1980, 1981 등으로, 혹은 1980년도를 기준으로 증가되는 수를 대입함으로써 나타낼 수 있으며, 여기서는 1980, 1981, . . . 등을 대입하여 결과를 산출한다.

이때 $b_1 = 2.3714$와 $b_0 = -4592.47$을 얻을 수 있으며, 수요예측에 관한 선형회귀식은 $\hat{Y}_i = -4592.47 + 2.3741 X_i$가 된다. 표 10.9와 같이 향후 4년간의 전체적인 수요예측치를 그래프로 그려서 회사가 예측한 시장점유율을 각각 적용하면 된다.

여기서 1980년도를 0으로, 1981년도를 1 등으로 계산하면, 회귀식은 $\hat{Y}_i = 102.90 + 2.3714 X$로 표현되며, 1986년도를 6으로 하면 동일한 수요예측치를 얻을 수 있다.

위에서 구한 결과는 연속적인 선형의 추세를 가정하고 있으나, 현재까지의 추세를 토대로 미래의 수요량을 예측할 때는 여러 가지 주관적인 판단이 개입될 수도 있다. 예를 들어, 수요가 어느 시점에 포화점에 다다라서 그 이후에는 일정한 값으로 계속 유지될 수도

표 10.9 수요예측치

연도	수요예측치(단위: 천 개)	시장점유율	예측 수요(단위: 천 개)
1986	117.13	10%	11.71
1987	119.50	13%	15.54
1988	121.87	16%	19.50
1989	124.24	19%	23.61

있는 것이다. 만일 기업이 생각하기에 해당 계획 기간 동안 이러한 일이 발생한다고 여겨지면, 이 상황을 회귀식에 반영하여 다음과 같은 곡선회귀식이 채택될 수도 있다.

$$\hat{Y}_i = b_0 \, X_i^{b1}$$

또 다른 두 가지 예는 과거의 수요 자료를 이용하지 않고, 정부간행물을 참조하거나 시장조사를 수행하여 수요예측이 이루어지는 경우다. 이 경우는 미국 정부간행물인 「*Current Industrial Reports of Plumbing Fixtures*」에서 발췌된 정보로서, 1980년도와 1984년도 사이에 미국 내에서 소비된 크롬 수도꼭지와 샤워꼭지(showerheads)의 수요량을 기재한 것이다(표 10.10 참조).

단순선형회귀 분석을 수행하면 다음과 같은 회귀식이 도출된다.

수도꼭지: 당해년도 수요량 = 524,004.9 + 10,049.5(당해년도 − 1980)
샤워꼭지: 당해년도 수요량 = 527,943.7 + 5,675.3(당해년도 − 1980)

이상의 회귀식에 의해 얻어진 결과는 선물의 신축 등과 같이 이들 품목의 소비에 주된 영향을 미치는 요소들을 감안함으로써 더욱 개선될 여지가 있으나, 초기 기준 수요 추정으로서 위의 회귀식은 상당히 근거 있는 결과를 보여줄 수 있다.

세 번째의 경우는 CompuTable이라고 하는 제품에 대한 수요예측의 예이다. 이 제품은 의자와 책상으로 구성되어 있으며, 책상에는 PC와 관련 주변 장치를 올려놓을 수 있다. 주요 고객은 일반 가정의 컴퓨터 사용자이고, 간혹 소규모 업체에서 구비하기도 한다.

이 제품에 관하여 언급한 정부간행물이 없기 때문에 과거 실적치를 토대로 하여 판매예측을 할 수는 없다. 따라서 전화나 개인 면담을 통한 시장조사가 수행되었으며, 가정용 컴퓨터 사용자에 관한 자료가 분석되었다. 그 결과, 61.8%의 가정용 컴퓨터 사용자가 CompuTable과 유사한 제품을 구매하길 원한다는 것을 알게 되었다. 조사 자료 중에서 1985년에 발행된 「*Facts on File*」에 의하면 미국 내 가정에서 컴퓨터 보유 비율은 1985년 현재 10%라고 한다. 1984년도 미국 상공부의 가구 수를 바탕으로 하여 컴퓨터 보유자 수로 이를 환산하면 약 850만 명 정도가 된다. 1985년 6월 24일자 「*Business Week*」에 의하

표 10.10 국내 소비량

연도	수도꼭지	샤워헤드
1980	579,337	566,170
1981	524,958	552,970
1982	514,989	458,936
1983	519,239	551,481
1984	632,444	595,291

면 가까운 장래에 연간 약 2백만 대의 가정용 컴퓨터가 판매될 것이며, CompuTable에 역시 사용 가능한 포터블 컴퓨터의 판매도 다소 증가할 것이라고 한다.

새로운 기종의 개발에 따른 시장 확대 등의 요인을 배제시킨 보수적인 예측을 갖고서라도 1985년 2월을 기준으로 하면, 850만 가정용 컴퓨터 소유자의 61.8%인 525만 명 규모의 잠재 시장이 예상되며 매년 2백만 명의 61.8%인 123만 명의 새로운 잠재 고객이 시장에 추가될 것으로 예상할 수 있다. 이 시장조사 결과, 전체 고객의 10.9% 가량이 컴퓨터용 책상을 구입할 것으로 조사되었다. 따라서 1987년 초기 생산년도부터 이후 5년간의 책상의 전체 규모는 단위를 천 개로 했을 때 다음과 같이 추정할 수 있다.

1987: $0.109((5.25) + 3(1.23)) = 974.46$(1985년부터 1987년도까지의 기준)

1988: $0.109(0.70(8.94) + 1.23) = 1002.23$

1989: $0.109(0.891(7.49) + 1.23) = 861.491$

1990: $0.109(0.891(6.473) + 1.23) = 762.72$

1991: $0.109(0.891(5.76) + 1.23) = 693.475$

여기서 8.94는 1987년도의 전체 예측 인구이며, 그 인구의 10.9%는 제품을 구입했으며 나머지 89.1%는 판매 가능한 구매자이다. 만일 회사가 매년 2%, 4%, 5.5%, 6.5% 그리고 7.5%의 시장점유율을 목표로 한다면, 판매 잠재력은 19,489, 40,089, 47,382, 49,577 그리고 52,011이 될 것이다.

10.4 신제품개발설계

일단 시장조사가 수행되고 나서 생산할 제품에 대하여 시장 잠재력이 충분히 있다고 판단되면, 다음 단계로 해야 할 첫 번째 작업은 효율적인 생산이 가능하도록 제품을 설계하는 일이다. 생산에 필요한 자원이 많을수록, 또한 설계의 복잡성이 증가할수록 개발할 제품에 대한 분석의 범위가 넓어진다.

제품설계는 공학 분석의 단계와 기본적으로 일치하며, 다음과 같은 단계를 거친다.

1. 문제의 인식과 최초 아이디어의 개발

2. 아이디어 정제(refinement)

3. 제품설계와 분석 및 적합도 검정

4. 의사결정의 실행

위의 각 단계는 더 자세하게 구분할 수가 있는데, 예를 들어 아이디어의 정제는 다음과 같은 항목에서의 수정 작업이 포함될 수 있다.

- 외부 모양
- 무게와 부피
- 내구력, 탄력성 혹은 내충격성(impact resistance) 등의 물리적인 특성
- 치수(scale drawing)

의사결정의 실행 단계 역시 다음과 같은 작업을 포함한다.

- 구체적인 설계 및 설계명세서
- 모형 및 자세한 설명서
- 원형(prototype)의 시험 및 변경

제품설계에 앞서 다음과 같은 몇 가지 중요한 점을 염두에 두어야 한다.

우선, 허용차(tolerance)는 제품의 품질을 규정하기 때문에 중요하다. 그러나 제품의 정밀도를 높이기 위해서는 고비용을 수반하는 비싼 기계와 숙련된 작업이 필요하다.

둘째로, 제품은 적정수준 이상으로 과도하게 설계되어서는 곤란하다. 물론 설계는 요구되는 수준이 반드시 유지되도록 해야 하지만, 과도한 설계는 많은 비용을 필연적으로 수반한다. 사실 대부분의 제품은 시장에서 최고일 필요가 없으나 경쟁력은 반드시 있어야 한다.

셋째로, 제품은 주어진 기능(function)에 의해서뿐만 아니라 외적인 형태(form)에 의해서도 평가된다. 그러나 허용차의 경우와 마찬가지로, 외양(표면 처리, 칠 처리, 끝마무리 등의 요소)를 개선시키는 데 드는 비용은 그 정도가 높을수록 더욱 급격하게 상승한다.

마지막으로, 제품설계자는 완제품 생산량에 대하여 잘 알고 있어야 한다. 예를 들어, 대량 판매를 목적으로 하는 제품은 품종 교체 작업이 거의 없는 대량 생산용 기계에 맞도록 설계되어야 한다.

10.5 제조를 고려한 설계

제품설계의 최우선적인 목적은 고객의 요구조건을 충족시키면서, 동시에 생산이 가능하도록 제품을 설계하는 것이다. 생산에 더 적은 비용과 노력, 시간 등을 들이기 위해서는 설계자가 설계 최초의 단계에서부터 제조능력(manufacturability)의 경제성을 고려해야 한다. "제조를 고려한 설계(Design For Manufacture; DFM)"라는 용어는 "경제적인 생산을 위한 설계", "조립을 고려한 설계", "자동화 생산을 고려한 설계" 등의 용어와 그 의미가 같다. 이러한 개념들의 이면에 있는 동기는 동일하다. 즉, 제품을 개발하고 생산하는 데 있어서 제품의 제조능력에 관련된 각종 사항들을 고려하여 시간과 비용을 줄이고자 하는 것이다.

전통적으로 설계에 드는 노력은 비용으로 환산하면 제품단가의 5%에 불과하지만, 영향력의 측면에서 보면 제조비용의 약 70~80%에 영향을 준다. 따라서 생산하기 쉽도록 제품을 설계하려면 설계 단계에서 부가적인 시간과 비용이 소요되지만, 이 비용은 생산 단계에서 이를 고려함으로써 절약될 수 있는 비용을 상쇄하고도 남는다. 생산이 용이하지 않은 속성을 갖는 제품은 전 생산 기간 동안 계속해서 부가적인 비용을 수반하게 된다. 만일 이러한 문제점이 대량 생산의 단계에서 발견되었다면, 잘못된 설계를 변경하고 제조공정, 공구 등을 다시 설계하고 생산라인을 정지시키는 등 엄청난 양의 시간과 노력이 들 것이다. 따라서 생산 단계에 돌입하기 전에 충분히 제품설계의 제조능력에 관한 검토를 해야 할 것이다.

DFM이란 효율적인 생산 및 조립, 제품 시험 등을 위한 일련의 기술을 포함하며, 설계자와 생산 엔지니어가 한 팀을 이루어 설계 단계와 원형 시험(prototype-testing) 단계 동안 관련 제품에 대하여 분석 작업을 수행하는 방법을 뜻한다. 생산부서에서 제공하는 전문가 시스템이나 데이터베이스를 이용하면, 설계 초기 단계에서 설계자가 제조능력에 관한 세부사항을 고려하는 데 큰 도움을 줄 수 있다. 또한 설계자와 생산 엔지니어로 구성된 팀을 결성하는 것도 모든 제조 단계를 대상으로 제품을 조목조목 분석하는 데 큰 도움을 준다.

DFM의 대상은 부품의 허용차 분석에서부터 더 적고 더 새로운 부품으로 최종 완제품을 생산하기 위한 전 생산공정의 재설계까지의 활동을 포함한다. 예를 들어, 제품분석은 중복되는 부품과 조립하기 어려운 부품들을 확인한다. 공통적으로 쓰일 수 있는 부품의 수를 늘리고, 고객의 기대를 만족시킬 수 있도록 제품의 품질을 향상시키는 것이 중요한 목표 중의 하나다. DFM의 몇 가지 설계 원칙을 들면 다음과 같다.

1. 될 수 있으면 부품 수가 최소가 되도록 설계한다. 예로, 다음과 같은 질문을 함으로써 서로 다른 별도의 부품이 꼭 필요한지의 여부를 결정한다.

   a. 이 부품들은 서로 각기 다르게 움직이는가?

   b. 이 부품들은 서로 다른 재료로 만들어져야 하는가?

   c. 이 부품들은 보전 목적으로 분리될 필요가 있는가?

   d. 이 부품은 나머지 부품들을 조립하는 데 필요한가?

   널리 사용되고 있는 부품 결합 방법은 부품들을 한꺼번에 묶어 주조(mold)하는 것이다. 예를 들어, 커피메이커의 밑받침과 스탠드, 윗부분은 한꺼번에 주조하여 조립할 필요가 없도록 만든다. 그런 경우는 기어와 샤프트가 있는 작은 전기기구 용품에서도 볼 수 있다.

2. 조립 작업을 할 때는 밑부분으로 조립될 부품은 다른 부품을 조립할 때의 하부 기초로서 활용될 수 있으면 좋다. 바닥이 편평하면서 완제품의 밑부분으로 조립되는 부

품은 별도의 고정구(fixture) 없이 그것 자체가 훌륭한 지지대의 역할을 할 수 있으므로, 다른 부품들은 이 부품 위로 바로 조립될 수 있다. 모를 깎은 둥근 홈(chamfer)이나 안내 홈(lead-ins) 등을 두면 조립 작업이 쉽게 이루어질 수 있다.

3. 나사, 볼트와 너트, 리벳 등의 고정장치(fastener)는 되도록이면 자동걸쇠(snap fits), 용접, 아교 접합 등으로 대치하는 것이 좋다. 왜냐하면 자동걸쇠를 사용하면 나사를 사용할 때보다 조립이 빠르고 쉽기 때문이다. 또한 잠금장치들의 크기나 종류는 통일시키는 것이 바람직하다. 그 이유는 서로 다른 크기와 종류의 잠금장치는 조립 작업 전에 미리 분류되어 있어야 하고, 조립 작업도 시간이 많이 소요되기 때문이다.

4. 어떤 부품을 교체하기 위해 이미 조립된 부품을 다시 분해하는 공정은 배제하여야 한다. 예를 들어, 자동차의 점화 플러그를 교체하기 위하여 배전기를 분리해내는 작업이 필요해서는 안 된다.

5. 모든 부품은 작든 크든 간에 취급하기 편해야 하며, 대칭 혹은 비대칭으로 혹은 색상이나 모양으로 잘 구분할 수 있어야 한다.

6. 분해 작업이나 조립 작업에 사용되는 공구의 수를 되도록 줄이기 위하여 공구에 관한 분석이 수행될 필요가 있다. 한 번의 조립 작업에서 여러 종류의 드라이버를 사용할 이유는 없는 것이다.

7. 표준화 부품이나 호환성이 있는 부품을 사용한다.

8. 가능한 한 큰 허용차를 명시하여야 하며, 취급하기 어려운 전선이나 케이블의 사용은 제한되어야 한다.

1982년도에 Boothroyd와 Dewhurst는 제품을 분석하여 조립의 효율을 결정하는 방법을 개발하였다. 이 절차는 표준 동작 시간 시스템을 사용하여 작업에 표준 시간을 부여하는 것과 유사하다. 하나하나의 동작을 검토하여 단순화되거나 혹은 아예 없애버릴 수 있는지의 여부를 판단한다. 이러한 분석에서 복잡한 동작이 과연 필요한지에 대한 의문이 제기되면, 부품이나 공정절차를 재설계하여 이들을 제거시킨다.

제조를 고려한 설계(DFM)는 동시공학(Concurrent Engineering; CE)의 기법 중의 하나다. 사실 DFM과 동시공학은 동일한 개념으로 여겨지기도 한다. 그러나 일부에서는 동시공학이 DFM 분석에 더하여 공정(process)과 제조 활동 예비 계획(preplanning manufacturing activity)의 동시설계가 추가된다는 견해를 가지고 있다. 위의 견해에 의하면, CE는 생산하기 쉬운 제품의 설계에 관여할 뿐만 아니라 공정 및 작업을 개선하고 현대화한다든가 또는 전혀 새로운 공정과 작업을 개발하는 데에 관여한다. 동시공학의 성공 여부는 여러 분야의 전문가들로 조직된 팀이 얼마나 단결력을 가지고 각자의 임무를 수행하느냐에 달려 있다. 이들은 자신이 속한 부서의 발전뿐 아니라 전체적인 회사의 발전을 위해 함께 노력해야 하고, 자신이 수행한 일에 대한 비평을 겸허히 받아들이면서 동시에 다른 팀원들의 작업 결과에 대하여 공정하게 비판할 수 있어야 한다. 또한 현실적으로 수행 가능한 일정을 가지고 계획에 따라 일을 진행시켜야 하고, 너무 자주 제품의 요구사항을 변경하여 이어지는 작업에 심각한 영향을 초래하지 말아야 한다. 생산 자동화에 수반되는 비용을 면밀하게 분석하여, 상당량의 투자를 필요로 하는 자동화 단계에 돌입하기 이전에 우선 관련된 제품, 공정, 작업 등을 단순화시킬 수 있는지 검토해야 할 것이다. 또한 경영진은 이 프로젝트가 성공했을 때 적절한 보상을 통하여 팀의 노력을 치하하여야 한다.

품질기능전개(QFD), 제조를 고려한 설계(DFM), 동시공학(CE)은 제품개발설계에 중요한 역할을 담당한다. QFD는 제품이 시장에 출시되어 성숙기에 있을 때 제품의 설계를 변경하여 생산 라인에 변화를 주는 경우를 최소화한다. 고객의 요구에 부응하면서 DFM이나 CE를 적용하여 제조능력을 염두에 두고 설계한 제품은 필요한 모든 항목이 설계에 잘 반영되어 있으면서도 생산성이 높은 제품이라고 할 수 있다.

10.6 제도

제품에 대한 최종설계는 충분히 상세한 부분까지 포함하고 있어야 하며, 필요하다면 협력업체 같은 외부 계약자와의 입찰에 사용할 수 있도록 상세도면이나 모형이 산출되어야 한다.

이러한 도면은 조립도면, 상세도면, 자재명세서나 부품목록, 또는 분해도면까지도 포함하고 있어야 할 것이다.

조립도면은 여러 가지 부품들이 어떻게 조립되어 하나의 완제품이 되는가를 보여주며, 실질적인 면에서 완제품이 수행할 수 있는 기능도 보여줄 수 있어야 한다. 대개의 경우, 조립도면에는 전체 치수 및 조립에 필요한 치수 등을 기재하며, 그 종류는 다양하게 존재한다. 어느 것이 더 경제적이며 명료한지는 설계자의 주관에 따라 달라지겠지만, 대개 다음과 같은 것들을 조립도면에 표시한다.

- 직각 단면도
- 3차원 그래픽
- 투시도
- 분해도

상세도면은 각 부품들의 직각 단면도가 반드시 필요하고, 완제품의 모양과 크기에 대하여 상세하게 서술한다. 표준화된 나사나 열쇠 같이 늘 사용하는 부품의 상세도면은 특별히 만들 필요는 없지만, 이런 부품들은 조립도면에 나타나며 부품목록이나 자재명세서에 나타난다.

상세도면에 나타나 있는 모양과 크기와는 별도로 각 부품에 대한 명세는 다음 절에서 언급될 자재명세서나 조립 도면의 앞부분에 있는 부품목록에서 주어진다. 부품목록에는 부품번호, 부품명, 필요량, 자재, 때로는 원자재의 재고량, 상세도면번호, 중량 등의 정보를 기재한다. 또한 열처리 등과 같은 사항을 적을 수 있도록 비고란을 두기도 한다.

자재명세서(Bill Of Materials; BOM)는 부품의 목록을 기재하고 완제품을 조립하기 위해 반드시 필요하다. 각 부품의 도면번호, 명세서, 조립에 필요한 양, 자체생산인지 외주 (make-or-buy)인지 여부 등은 최소한 명시하여야 한다. 또한 자재의 종류, 중량과 단가 등이 부가적으로 기재될 수도 있다. 자재명세서의 맨 윗부분에는 이름과 부품번호, 혹은 조립번호 등이 명시된다. 자재명세서는 단지 필요한 부품과 직전 단계의 부분 조립품만을 명시하기 때문에, 전체 부품을 모두 보고 싶으면 완제품에 대한 BOM뿐 아니라 그 하부에 있는 모든 부분 조립품의 BOM도 참조해야 한다.

조립도면 및 상세도면과 더불어 사용자의 필요에 따라 부수적인 도면들이 있다. 기계의 경우를 예로 들면, 기계 설비를 위한 기초 계획, 예방보전 프로그램을 위한 오일 다이어그램이나 전기 배선 상태를 보여주는 전기전선 도면 등이 있을 수 있다.

다음으로는 생산될 각 부품에 대한 **공정절차표**(route sheet)가 있다. 이것은 단계별로 어떻게 부품이 만들어지는지, 어떤 기계가 사용되는지, 어떤 공정이 수행되는지, 각 공정별로 표준 작업 수행 시간이 얼마인지 등이 표시된다. 공정절차표를 작성하기 위해서 필요 기계와 해당 공정의 표준 시간이 필요하다는 것만 언급하고자 한다. 적절한 공정을 선택하는 일은 해당 기계의 선정과 연관이 되며, 따라서 공정절차표에도 영향을 준다.

10.7 컴퓨터지원설계

최근 들어 컴퓨터는 제품설계에 더욱 자주 이용되고 있다. **컴퓨터지원설계**(Computer Aided Design; CAD)는 공학적인 계산을 지원할 뿐만 아니라 설계의 정확성과 속도를 증진시키는 데 큰 기여를 하고 있다. 특히 CAD는 기존의 설계를 수정하거나 PCB 같은 통합적인 부품의 새로운 설계에도 유용하다. 컴퓨터는 생산단계 이전에 다양한 조건 하에서 모의실험을 가능하게 했을 뿐 아니라, 실제 모형을 만들지 않고도 다양한 설계속성에 대한 각종 분석을 가능하게 한다.

컴퓨터지원설계 시스템은 세 가지 요소, 즉 설계자/제도자, 하드웨어(크기가 큰 컴퓨터에서 개인용 컴퓨터, 터미널을 통한 그래픽, 키보드, 형광 연필, 마우스, 디스크드라이브 등), 소프트웨어 등으로 구성된다. 컴퓨터는 사용자와 대화형 모드(interactive mode)로 일련의 자료를 그림이나 기호로 나타낼 수 있으므로 설계자가 자료를 수정하면 즉시 그 효과를 확인할 수 있다. 즉, 관련 소프트웨어가 변경한 자료의 계산 결과를 산출하여 CRT에 수정된 그림을 그려준다. 이렇듯 설계자가 조금씩 제품의 모양과 형태를 변화시키면, 컴퓨터는 이러한 변화가 각 부품과 조립품에 어떻게 영향을 주는지를 보여줄 수 있기 때문에 설계자는 각 부품의 허용차를 변화시켜 가면서 이 변화가 그 부품과 조립될 제품에 미치는 영향을 확인할 수 있다. 또한 스크린 상에 보이는 설계를 확대할 수 있고, 움직이는 부품의 경우에 이들이 서로 움직이면서 상호 간섭을 하지 않는지 등을 면밀히 조사할 수 있도록 한다.

CAD 시스템은 제도에도 사용되고 있다. 제도자는 형광연필, 키보드 혹은 마우스 등을 사용해서 그림이나 기호를 컴퓨터에 그려 넣을 수 있다. 이미 입력된 기호를 반복할 수 있고, 크기의 변화 및 그림의 이동이 자유롭고, 정보와 그림의 저장과 회수, 그리고 인쇄가 가능한 다양한 컴퓨터의 능력으로 인하여 제도의 능률성은 세 배 이상 증가하였다. 일부에서는 제도의 생산성이 일곱 배 이상 향상되었다는 보고도 있다. 이미 제작된 제도를 수정하는 작업은 CAD 시스템에서 제도의 저장과 회수 기능의 발달로 수행하기가 수월해졌다. 3차원의 그림을 보여줄 수 있는 소프트웨어는 움직이는 부품의 상호 간섭을 검토하는 데 상당한 도움을 주고 있다. 제도명세서로부터 부품목록과 자재명세서를 만들 수 있도록 개발된 CAD 시스템은 각 명세서의 타당성을 확인할 수 있도록 지원한다.

CAD 시스템의 장점은 다음과 같다.

- 설계하려는 제품의 시각화가 가능하다. 부품이나 반조립품, 완제품 등의 설계 변경이 미치는 영향을 분석해 준다.
- 도면뿐만 아니라 각종 명세서, BOM 등을 작성할 수 있다.

만약 열 명 이상의 제도자가 있는 회사라면 분명 CAD 시스템이 경쟁력을 갖는다. 어떤 종류의 CAD 시스템이 적당할 것인가는 수행하는 작업의 종류와 시스템 사용빈도의 증가율에 달려 있다. 시스템 제조업체마다 사양이 서로 다르고 대부분 호환성을 확보하지 못하고 있으므로, 시스템을 처음 도입할 때는 이에 대한 면밀한 검토가 반드시 필요하다.

CAD 시스템은 세 가지 기본 유형이 있는데, 그것은 독립형(stand-alone) 시스템으로서 한 대의 마이크로컴퓨터에서만 작업할 수 있는 유형, 미니컴퓨터에서 작업할 수 있는 유형, 주컴퓨터(mainframe)에서 작업할 수 있는 유형이다. 그러나 현재 많이 사용되고 있는 다수의 PC와 워크스테이션을 네트워크로 연결한 시스템은 위의 유형 구분이 적당하지 않다고 할 수 있다. CAD 시스템의 각 유형별 특성은 다음과 같다.

1. 독립형 시스템은 작업할 수 있는 장소가 오직 하나인 반면에, 비용이 적게 든다는 장점이 있다.

2. DEC Vax 11/780과 같은 마이크로컴퓨터 CAD 시스템은 약 20여 개의 컴퓨터 단말기를 지원할 수 있다. 초기 투자비용이 높은 반면 확장할 수 있다.

3. 마이크로컴퓨터 CAD 시스템과 미니컴퓨터 CAD 시스템은 처리하는 자료의 양이 적어야 하기 때문에 경영정보 시스템에 대한 지원 기능이 미약하다. CAD 시스템의 사용자는 필요한 운용 시스템과 소프트웨어 지원 시스템을 대부분 구입하며, 종종 독자적으로 개발하기도 한다.

4. 주컴퓨터 CAD 시스템은 IBM 3033과 같은 대용량의 컴퓨터를 사용하며, 여러 작업장을 지원할 수 있으나, 운용과 보존에 있어 많은 인원을 필요로 한다. 투자비용은 다른 어떤 유형보다 크지만, 작업량이 상당할 경우에는 경제성이 있다.

CAD 시스템은 사용자가 많은 비용을 들여 개발할 수도 있지만 대부분은 소프트웨어 회사에서 구입하여 사용한다. 소프트웨어와 하드웨어는 특정 전문 회사에서 구입하고 시스템의 유지는 자체 내에서 하는 것이 편리하다. 대부분의 경우 사용자의 필요에 따라 구입한 프로그램을 일부 수정하여 사용하고 있다.

CAD 시스템은 NC 기계와 같은 컴퓨터지원생산(CAM) 설비와 데이터베이스를 직접 연결하여 사용할 수 있다면 더욱 광범위하게 그 적용 범위가 확장될 수 있으므로 현재 이런 방향으로 연구가 진행 중에 있다.

10.8 요약

10.1 절: 이 절은 (Sule, 1994)에서 인용되었다.

10.2 절: 산업공학개론 강의 노트에 근거했다.

10.3 절: 동시공학 강의 노트에 근거했다.

10.4 절: 컴퓨터통합제조 시스템 강의 노트에 근거했다.

10.9 연습문제

10.1 시장조사란 무엇인가?

10.2 잠재시장에 대한 정보는 어디서 얻을 수 있는가?

10.3 탁상용 선풍기(table fan)에 대하여 품질기능전개를 수행하라. 소비자 관점에서의 바람직한 설계속성에는 어떤 것들이 있겠는가? 설계자의 관점에서 공통적인 속성은 어떤 것이 있는가?

10.4 시장에 출시한 지 5년 이상 된 제품을 하나 선정하여, 제조를 고려한 설계(DFM) 원리를

적용하여 개선될 수 있는 설계속성이 무엇인지 조사해 보라.

10.5 어떤 제품의 지난 8개월간의 수요(단위 100개)가 아래와 같을 때 다음에 답하라.

월	1	2	3	4	5	6	7	8
수요	5.0	8.3	13.9	16.2	5.4	18.6	16.4	17.5

a. 3개월 동안의 이동평균을 이용하여, 9월의 수요를 예측하라. 만일 9월의 실적수요량이 18.3이라면, 10월의 수요예측은 얼마인가?

b. 지수평활법을 사용하여 9월과 10월의 수요를 예측하고, 최적의 평활 상수값을 결정하라.

c. 9월과 10월의 수요예측을 선형회귀법을 이용하여 풀어라.

Chapter 11

작업분석설계

산업 환경의 지속적인 변화 속에서 기업의 이윤을 높이기 위한 유일한 방법은 생산성을 높이는 것이며, 생산성은 작업분석설계에 기인한다.

산업 및 기업 환경에 있어야 할 지속적인 변화는 경제적, 실질적 사항을 고려해야 할 것이며, 이러한 것은 고객과 생산자와의 통합, 기업의 경쟁력 있는 제품개발 노력 및 정보화 추진의 의미를 내포하고 있는 것이다. 기업의 이윤을 높이기 위한 유일한 방법은 **생산성**을 높이는 것이며, 생산성의 중요성은 작업 시간당 산출량을 증가시키는 것에 의거하며, 그 몫은 공학설계자의 것이다.

산업에 있어서 생산에 대한 설계 영역은 중심적인 역할을 하고 있으며, 이 분야의 일이 수행되지 못하면 전체적인 산업에 흔들림이 올 것이다. 그렇기 때문에, 생산부서에서는 그 것을 바탕으로 작업분석설계, 표준시간 연구 및 작업설계 등을 수행하는 것이다.

11.1 작업분석설계

작업분석설계는 제품의 역사를 비추어 보아서 두 가지로 정의한다. 첫째로 작업분석설계자는 제품이 생산되는 작업장을 개발하고 설계할 의무가 있으며, 두 번째는 제품의 품질을 향상하기 위해서 꾸준히 작업장을 연구해야 한다.

최근 들어, 후자인 경우를 **기업공학**이라고도 일컫는다. 이러한 관점에서, 기업은 이윤을 위해 꾸준히 변화를 해야 한다는 것을 알 수 있으며, 따라서 제조 영역 외부로부터 새로운 변화를 도입해야 한다. 회계, 재고 관리 경영, 원자재 공급 계획, 물류 관리, 인사 관리 경영 등에서의 긍정적인 변화로부터 이윤을 추구하기도 한다. 자동화 정보는 이러한 모든 영역에 응용할 수 있는 것이다. 계획 단계에서의 철저한 방법 연구는 제품 전주기에 걸쳐 부가적인 연구를 줄일 수 있게 한다.

작업분석설계는 기술적인 능력의 응용을 함축할 뿐 아니라, 생산성의 향상에 있어서도 근본이 되는 것이다. 개발도상국가에서의 기술적인 혁신으로 얻을 수 있었던 생산성은 저개발 국가들에게는 경쟁력을 유지할 수 있게 하는 원천이 되었다. 따라서 새로운 기술을 위한 연구 개발은 작업분석설계의 근본이 되었다. 1985년, 국제 산업 개발 조직에 의하면 연구 개발의 최상 10개국은 미국, 스위스, 스웨덴, 네덜란드, 독인, 노르웨이, 프랑스, 이스라엘, 벨기에, 그리고 일본을 들 수 있으며, 이 국가들이 생산성에 있어서 최고를 유지하고 있으며, 이들 국가들이 연구 개발에 꾸준히 투자를 하는 한, 새로운 기술 혁신을 위한 작업분석설계는 최고의 상품과 서비스를 공급할 수 있는 도구가 되는 것이다.

따라서 작업분석설계란 작업자의 건강과 안전을 고려하면서 작업을 쉽게 수행하고 단위당 최소의 투자와 시간을 필요로 할 수 있고, 생산성 향상을 하기 위해 모든 직접 및 간접 작업들을 면밀하게 조사하는 시스템적인 방법인 것이다.

새로운 방법의 유지 혹은 개발을 위해서, 작업설계는 작업자들이 환경적으로 작업장에서 작업을 수행하기에 가장 필수적인 것임에도 불구하고, 생산성의 향상만을 위한 과정으로 생각될 경우가 있다. 더구나, 반복적인 작업에 있어서는 작업설계의 중요성을 상실하기도 한다. 작업분석설계자는 새로운 작업 방법에 관한 원칙의 개발뿐만 아니라, 생산성 및 작업자들이 안전한 작업 환경에서 작업을 수행할 수 있도록 고려해야 한다.

11.2 과거의 개발

Frederick W. Taylor는 시간 연구의 창시자로서 간주되고 있으나, Taylor의 시간 연구 이전에 유럽에서는 이미 이에 관한 연구가 수행되었다. 1760년에 프랑스 공학자 Jean Rodolphe Perronet는 제조번호 6번 핀에 관한 광대한 시간 연구를 수행했으며, 60년 후에는 영국의 경제학자 Charles W. Babbage가 제조번호 11번 핀에 관한 시간 연구를 수행했다.

Taylor는 1881년에 필라델피아의 Midvale 철강회사에서 시간 연구 작업을 시작했다. 그는 유복한 가정에서 태어났지만 작업공으로 일을 배웠으며, 12년 후에는 "작업"에 응용되는 시스템을 연구하기 시작했다. 각 작업자의 작업량은 최소한 하루 전에 계획되어야만 하며, 문서화된 자세한 작업 지시에 따라 작업을 수행해야 한다고 주장했다. 그 작업량은 전문가에 의해 계획된 표준시간으로 주어졌으며, Taylor는 "요소"라는 이름으로 작업량을 적은 할당량으로 분해했으며, 전문가들은 그것을 대상으로 작업을 수행하기 위해 허용되는 시간을 책정하기에 이르렀다.

처음에 Taylor의 연구는 작업의 분석과 개발이라기보다는 하나의 변형된 시스템이라는 이유로 주목받지 못했다. 당시 경영자나 종업원은 표준시간이라는 것은 감독자의 추측에 의해 정해진다고 믿었기 때문이다.

1903년 6월에 ASME(미국기계공학회) 회의에서 Taylor는 그의 대작인 「*Shop Management*」를 통해 시간 연구, 도구와 작업의 표준, 기획부서의 이용, 시간 감소를 위한 개발, 작업 지시 카드, 상여금 제도, 차별화된 비율, 제품의 구별, 공정 시스템, 현대 원가 시스템과 같은 과학적인 경영 요소를 발표하였다. 그 후, Taylor의 "과학 경영 기법"은 1917년에 113개의 공장에서 응용되었는데, 59개 공장은 성공을 이루었고, 20개 공장은 부분적인 성공을, 34개 공장은 실패를 보여주었다.

1898년 Bethlehem 철강 공장에서 그의 대작인 선철에 관한 실험 계획을 수행한다. 재정을 고려한 정확한 방법을 수립하고, 92파운드의 선철을 운반하는 작업자들은 하루 평균 12.5톤에서 47~48톤의 생산성을 이루게 된다. 이러한 작업은 하루 1.15달러에서 1.85달러의 증가를 보여주었고, Taylor는 "노조의 파업과 투쟁 없는 더욱 행복하고 만족스러운 분위기"에서 작업자들이 높은 생산성을 보여준다고 주장했다.

Bethlehem 철강 공장에서의 또 다른 그의 작품은 삽에 관한 실험이었다. 공장 내의 작업자들은 같은 삽을 사용하기를 바랐는데, Taylor는 무거운 석광은 짧은 삽으로 가벼운 석탄은 긴 것으로 옮기는 방법을 고안했다. 그 결과로 생산성은 향상되고 물자취급 비용은 1톤에 8센트에서 2센트로 감소되었다.

Taylor의 또 다른 유명한 연구는 자체 경화되는 철의 열처리에 관한 연구였는데, 크롬-텅스텐 철을 깨지지 않고 융해점까지 열을 가하면서 경화시키는 방법을 개발한 것이다. 결과물인 "고속도 강철"은 현재 전 세계에서 사용되고 있으며, Taylor는 그 후 금속절단에 관한 공식을 개발하였다.

그가 공학에 헌신한 것 이외에 잘 알려지지 않은 사실은, 1881년에 자신이 고안한 정구를 사용하여 복식정구에서 우승하였다는 것이며, 1915년 폐렴으로 59세에 일생을 마쳤다. 그의 더욱 자세한 개인적인 정보는 1997년 Kanigel의 전기에서 찾아볼 수 있다.

1900년도 초에 예기치 않았던 공황이 왔을 때에, 효율이라는 단어는 이미 시대에 뒤떨어진 의미가 되었으며, 대부분의 기업들은 그들의 생산성을 증가시키기 위한 새로운 아이디어를 찾기 시작했다. 철도 산업 역시 전반적인 비용의 증가를 충족시키기 위해 점진적으로 운임을 올릴 필요를 느꼈다. 당시 동부기업인협회를 대표하던 Louis Brandeis는 철도

산업은 과학적 경영을 도입하지 않음으로써 이러한 운임의 증가를 피할 수 없었다고 주장하면서, Taylor의 기술을 도입하면 하루에 백만 불을 절약할 수 있다고 주장했다. 이때 처음으로 Taylor의 **과학적 관리**를 소개하였다.

당시에 많은 사람들이 이 분야에 "효율 전문가"라는 이름으로 과학적 관리 프로그램을 만들어 산업에 기여하는 데 힘썼는데, 그들은 노사 관계에 관한 준비가 없었으므로 곧 종업원들로부터의 저항을 받게 되는 문제에 봉착하게 되었다. 문자적인 과학 지식만을 가지고 최선의 성과를 얻기에는 부족했으며, 이러한 사태의 심각성은 이러한 프로그램을 급기야 중단하는 경우를 초래했다.

다른 예로, 공장의 경영자는 감독자로 하여금 표준 시간을 정하게끔 했는데, 만족스러운 결과를 만들지 못하고 불공정한 임금 책정 등으로 인해 자연적으로 노동자들의 강력한 반응을 초래하게 되었다.

이러한 현상이 계속되는 동안, 주 연방 통상위원회에서는 1910년 Watertown에 있는 군수공장에서 새로운 시간 연구를 시작하였는데, 몇 가지 명예를 훼손하는 보고서는 1913년 정부 특별 지출금 법안에 영향을 주게 되어, 결국 시간 연구에 종사하는 이들이 지출금을 얻는 데 성공할 수 없었으며, 이러한 제한은 정부 주관의 공장들에게 적용되었다.

1947년이 되어서야 하원에서 스톱워치나 시간 연구를 사용하는 데 대한 금지를 철회하기에 이르렀다. 그러나 철도 보수 공장의 노조에서는 스톱워치를 사용하는 것을 규제하고 있다. 흥미로운 사실은, Taylor 방식은 오늘날에 조립 라인, 변호사 비용의 책정 및 주방 용품 배열 등에서 응용되고 있다.

Flank Gilbreth와 Lillian Gilbreth는 작업 수행에 있어 불필요한 동작의 삭제, 필요한 동작의 단순화 및 최대 효과를 위해 만족할 만한 동작 순서의 제정 등 실질적인 **동작 연구**로 정의되는 현대 동작 연구 기법의 창시자이다. Flank Gilbreth는 그가 종사하던 벽돌 공업에 그의 생각과 철학을 최초로 도입하였다. 작업자의 훈련 및 그가 창안한 적정한 발판을 포함한 동작 연구를 통해 방법의 개선을 도입함으로써, 그 전에는 120개의 벽돌 쌓는 것을 작업자 시간당 평균 350개의 벽돌을 쌓게 되었다.

그들은 이제 산업 발전에 있어 생산성의 증가, 피로의 감소 및 최선의 작업 수행을 위한 작업 지시에 관한 상세한 연구를 책임지게 되었고, 미세 동작 연구(micromotion study)라고 알려진 동작 연구를 필름에 담아 연구하는 기법을 개발하였으며, 고속 촬영은 산업 응용에만 국한된 것은 아니었다.

더구나, 그들은 작업자의 동작을 연구하는 **사이클그래픽**(cyclegraphic)과 **크로노사이클그래픽**(chronocyclegraphic) 분석을 개발하였는데, 사이클그래픽(cyclegraphic) 방법은 작업 당시 작업자의 손가락, 손 혹은 몸의 일부분에 작은 전구를 부착시켜서 사진 촬영을 하는 방법이며, 그 결과물은 가능한 개선방안의 분석과 동작 형태의 기록에 사용된다. 크로노사이클그래픽은 사이클그래픽과 유사한 기법이나 규칙적인 전기 회로가 전구를 반짝이게 되며,

따라서 동작 형태를 라인으로 보여주는 대신 촬영된 동작 속도에 비례해서 점선으로 나타나게 된다. 결과적으로, 크로노사이클그래픽은 동작 연구뿐만 아니라 속도, 가속 및 감속 측정을 할 수 있었으며, 세계의 스포츠 계에서는 이러한 분석 도구를 사용해서 기술 및 형태의 개발을 위한 가치 있는 일을 하게 되었다.

흥미로운 일은 Flank Gilbreth의 개인적 생활에 관한 일인데, 그의 자식들이 저술한 『Chapter of the Dozen(1948년)』이라는 책에서 찾아볼 수 있다. 55세의 아까운 나이로 Flank는 떠나고, 그의 동료 이상이었던 심리학 박사인 Lillian은 그녀 홀로 장애인을 위한 작업 단순화 개념을 진보시키는 연구를 했으며, 1972년 93세의 일기로 세상을 떠났다.

Taylor의 동료인 Carl G. Bath는 금속 절단 도구의 수명, 크기 및 절삭 깊이를 고려하면서 다중의 금속 절단을 위한 가장 효율적인 속도 및 연료의 조합을 결정하는 생산 규칙을 개발하였으며, 또한 허용차를 결정하는 작업의 창시자로도 알려져 있다. 그는 하루에 작업자가 1파운드를 1피트 들어올리는 수를 조사함으로써 작업자가 하루에 할 수 있는 양을 결정하는 규칙을 개발하였다.

Harrington Emerson은 Santa Fe 철도산업에 과학적 방법을 응용했으며, 그의 저서인 『Twelve Principles of Efficiency』에서 효과적인 작업을 위한 경영 절차에 관한 정보를 언급했다. 또한, 표준 비용 및 상여금 제도의 실시 및 작업장 절차의 통합으로 회사를 재정비했으며, 홀러리스(Hollerith) 기계산업에 회계 작업을 전이하였다. 이러한 노력은 150만 달러 이상의 연간 비용절감을 이뤄냈으며, 이것은 **능률공학**(efficiency engineering)이라는 용어로 통용되고 있다.

1917년, Henry Laurence Gantt는 예측된 일정 계획의 성과 측정을 보여주는 간단한 그래프를 개발하였다. 이러한 생산 통제 도구는 제1차 세계대전 중에 선박 산업에 응용되었고, 처음으로 초기 계획과 실질적인 성과를 비교하게끔 했으며, 생산 능력, 주문 잔고 및 고객의 요구 조건에 맞추어 하루 일정 계획을 조정할 수 있게 하였다. 간트는 표준 이상의 성과를 올리는 작업자에 대한 성과급에 관한 임금 시스템의 개발자로도 알려져 있으며, 노동력의 증가만을 고려하기보다는 노동자와의 인간적인 관계를 더욱 중시하였다.

동작 및 시간 연구는 제2차 세계대전 중에 미국 노동부를 통해 Franklin D. Roosevelt 대통령이 생산의 증가를 위한 표준을 설정하도록 요구함으로써 더욱 주목을 받게 되었다. 대통령이 주창한 것은 단위 노동 비용의 증가 없이 최대의 산출 및 임금, 노사 관계에서 얻을 수 있는 동기 부여 및 생산 표준을 위한 과거 기록 및 시간 연구의 응용 등이었다.

작업설계는 작업, 작업장 및 작업환경을 작업자들에게 더 잘 적응되도록 설계하는 새로운 과학이다. 미국에서는 전형적으로 **인간 요소**(human factors)로 알려져 있으며, 전 세계적으로는 그리스어의 작업이라는 뜻의 "erg"와 법칙이라는 뜻의 nomos에서 유래된 어거너믹스(ergonomics)로 잘 알려져 있다.

Taylor와 Gilbreth의 초기 연구 후에 미국에서는 제1차 세계대전 중에 군 병력의 선발 및 훈련과 Western Electric에서 하버드대학원의 산업심리 실험 등이 작업설계 분야에 있어서 상당한 공헌으로 꼽을 수 있다. 유럽에서는, 제1차 세계대전 후에 영국산업협회에서 여러 가지 상황 하에서의 인간성과에 관한 많은 연구를 수행하였으며, 이러한 연구는 후에 영국의학 연구기구를 통해 열 스트레스 및 다른 조건의 실험으로 확장되었다.

제2차 세계대전 후에 미군의 공학심리 실험실에서는 군장비 및 항공기의 발전에 실로 많은 연구가 있었다. 1957년 Sputnik의 착수로 인간 요소 공학의 발전이 특히 항공기와 군 분야에서 이루어졌다. 1970년대부터 급속히 컴퓨터 장비, 소프트웨어 및 사무 환경 부분 산업으로 확장하기 시작했으며, 제품의 특성, 개인적인 손해소송, 더 나아가서는 인도 보팔의 Union Carbide 공장에서의 가스 유출 사건 및 Three-Mile Island에서의 핵사고 등과 같은 기술적인 재앙에 이르기까지 작업설계의 역할이 많아진 것이다. 확실히 컴퓨터와 기술의 발전은 인간공학자와 어거너미스트들로 하여금 더 좋은 삶의 질과 개선된 제품 및 작업장의 설계를 위해 노력하게끔 한 것이다.

1911년 이후 기업들은 Taylor와 Gilbreth의 기법을 병행하려는 경향이 나타났으며 동작 연구, 작업 단순화 및 공학의 표준 설계 등을 위한 기술 조직이 생겼는데, 1915년에는 과학적 경영을 추진하는 Taylor Society가 설립되었고, 생산 방법을 연구하는 산업공학회(Society of Industrial Engineering)가 1917년에 설립되었다. 미국경영학회(American Management Association)는 훈련된 경영자들이 국가기업학교학회(National Association of Corporate Schools)를 형성했던 1913년에 조직되었으며, 많은 분과의 과정과 생산 증진, 작업 측정, 임금 책정, 작업 단순화 및 작업 표준에 관한 출판을 했다. 미국기계공학회(American Society of Mechanical Engineering)와 더불어 미국경영학회는 매년 산업경영에 뛰어난 공헌을 한 이에게 간트 기념 메달을 수여한다.

작업설계 분야에서는 처음으로 1949년 영국에서 어거너믹스연구회(Ergonomics Research Society)가 조직되었으며, 1957년 「Ergonomics」라는 전문잡지가 출판되었다. 1957년 미국 전문기관인 인간공학 및 어거너믹스연구회(Human Factors and Ergonomics Society)가 설립되었으며, 1960년에는 회원이 500명에서 3000명으로 놀라운 증가를 보였다. 최근에는 20개의 기술 분과와 5000명 이상의 회원이 있으며 그들의 근본적인 목적은; (1) 회원들 간의 기술 정보를 교환함으로써 인간공학 및 어거너믹스를 과학적 응용으로 정의하며 지원한다. (2) 인간공학 및 어거너믹스를 기업, 산업과 정부산하기관에 교육한다. (3) 인간공학 및 어거너믹스가 좀더 나은 삶의 질을 이끄는 도구임을 홍보한다. 이 연구회에서는 또한 「Human Factors」라는 전문잡지를 출간할 뿐만 아니라 매년 학술대회를 개최한다.

11.3 현재의 동향

작업설계의 전문가들은 성별, 나이, 건강, 부, 신체적인 조건, 재능, 훈련 정도, 작업 만족도 및 동기 등의 요소들이 생산성에 직접적인 영향을 준다는 것을 알았으며, 현재의 설계자들은 작업자들이 기계로 취급되고 있다는 것을 인식했다. 작업자들은 그들이 해오던 작업의 변화를 좋아하지 않았으며, 과학적 접근방법을 기피하며, 경영자들조차도 변화에 대한 민감한 사항 때문에 의미 있는 방법의 응용을 피하는 경우도 종종 일어난다.

현재의 많은 노조들 또한 측정에 의한 표준 수립과 작업 평가에 의한 시간율의 개발 및 성과급의 응용 등을 반대하며, 그들은 작업 수행 시간과 임금만이 현재 단체교섭회의에서 풀어야 할 문제라 믿는다.

현대의 전문가들은 "인간적" 접근방법을 이용해야 하며, 인간 행위 연구와 대화를 조화시켜야만 하며, 작업자들의 생각과 요구조건을 존중하는 자세로, 비록 신뢰할 수 없는 자에 관해서도 신뢰를 주고받을 수 있는 노력을 해야 한다. 또한 창시자들이 주장한 바와 같이 동작 및 시간 연구는 의심스러운 행동에 관해 연구하는 분야가 되며, 생산성, 품질, 배달, 작업자의 안전 및 부의 증가를 위한 새로운 방법의 개발을 추구하기에 더 좋은 길이 있으리라는 생각을 버리지 말아야 한다.

작업설계 분야에 있어서는 직업안전 및 건강을 위한 국가기구인 NIOSH(National Institute for Occupational Safety and Health)에서 제정한 OSHA 규칙이 의회에서 통과되면서, 작업자의 직업 안전 및 건강에 관한 표준을 강화하는 연구 등이 강화되었다. 음식 가공 공장에서 계속되는 상해의 급증에 따라, OSHA는 1990년에 생고기 포장에 관한 경영 프로그램(Ergonomics Program Management Guideline for Meatpacking Plants)을 제정했다. 대부분의 공장에도 이와 유사한 규칙이 있었는데, 2001년도에 미국 대통령 클린턴에 의해 OSHA 어거너믹스 표준으로 제정되었다가, 바로 의회에서 정치적인 이유로 그 계획은 취소되었고, OSHA는 표준화 개정을 하고 있는 중이다.

1990년 장애자보호법(Americans with Disabilities Act)이 의회를 통과하면서, 이 규범은 15인 이상의 작업장에 사원모집, 고용, 승진, 해고, 휴가 및 작업 할당에 관한 영향을 주게 되었다.

작업 측정은 직접 노동에, 방법론 및 표준화 개발은 간접 노동에 응용되었으며, 이러한 경향은 미국 내의 제조업의 감소에 반해 서비스업의 증가로 말미암아 계속될 것으로 본다. 컴퓨터 기술의 증가와 더불어 몇 개의 예측된 시간 연구는 이미 전산화되었으며, 그 중에 유명한 것으로는 예측시간 시스템인 MOST가 있다. 많은 기업에서 정보 기술의 발달로 시간 연구 및 작업에 관한 소프트웨어의 개발에 힘쓰고 있다. 표 11.1은 방법론, 표준화 및 작업설계의 발달 과정을 보여준다.

표 11.1 방법론, 표준화 및 작업 설계의 진보

연도	사건
1970	Perronet의 No.6 핀 시간 연구
1820	Charles W. Babbage의 No.11 핀의 시간 연구
1832	Charles W. Babbage의 「On the Economy of Machinery and Manufactures」 출판
1881	Frederick W. Taylor의 시간 연구 시작
1901	Henry L. Gantt의 작업 및 상여금 시스템 개발
1903	미국기계공학회(ASME)에서 Taylor의 「Shop Management」 논문 발표
1906	Taylor의 「On the Art of Cutting Metals」 논문 발표
1910	주 연방 통상위원회에서 시간 연구 조사 시작
	Gilbreth의 「Motion Study」 출판
	Gantt의 「Work, Wages, and Profits」 출판
1911	Taylor의 「The Principles of Scientific Management」 출판
1912	과학적 경영을 위한 연구회의 조직
	Emerson의 동부 철도산업이 과학적 경영을 응용한다면 하루에 백만 불의 감소가 있음을 예측
1913	Emerson의 「The Twelve Principles of Efficiency」 출판
	의회에서 시간 연구 작업에 종사하는 어느 작업자에게도 정부의 특별 지출금의 혜택을 받지 못하도록 하는 법안을 정부에 제출
	Henry Ford는 디트로이트 공장에서 조립에 관한 연구
1915	Society to Promote the Scientific Management를 Taylor Society로 변경
1917	Frank B. Gilbreth와 Lillian M. Gilbreth의 「Applied Motion Study」 출판
1923	American Management Association 조직
1927	호손 연구를 Elton Mayo가 일리노이 주 호손에 있는 웨스턴 일렉트릭(Western Electric) 회사에서 시작
1933	미국 최초로 코넬대학교에서 Ralph M. Barnes는 산업공학 박사학위 취득하며, 그의 논문 「Motion and Time Study」 출간
1936	Society for the Advancement of Management 조직
1945	노동부에서 군수품의 생산성을 위한 표준 설정의 제안
1947	국방부에서의 시간 연구에 관한 법안의 통과
1948	오하이오 주 콜롬부스에 산업공학회(Institute of Industrial Engineering) 조직
	도요타의 Eiji Toyoda와 Taichi Ohno는 lean production 개념 창시
1949	스톱워치 사용에 반대하는 규제의 철회
	영국에서 The Ergonomics Research Society 조직
1957	미국에서 The Human Factors and Ergonomics Society 조직
	E. J. McCormick의 「Human Factors Engineering」의 출판
1959	세계적으로 인간 활동을 위한 International Ergonomics Association 조직
1970	OSHA의 의회 통과와 기관 설립
1972	Society for the Advancement of Management는 미국경영학회와 병합

표 **11.1** 방법론, 표준화 및 작업 설계의 진보(계속)

연도	사건
1975	MIL-STD 1567(USAF), 작업측정의 사용
1981	NIOSH 규범의 소개
1983	MIL-STD 1567A, 작업 측정의 사용
1986	MIL-STD 1567A, 작업 측정 규범의 완성
1988	Human Factors Engineering of Visual Display Terminal Workstation을 위한 ANSI/HFS Standard 100-1988의 사용
1990	장애자보호법의 의회 통과
	OSHA에서 생고기 포장을 위한 인간공학 경영 프로그램 공표
1993	NIOSH 규범의 수정
1995	직업에 연관된 정신질환에 관한 ANSI Z-365 표준안의 설정
2001	OSHA 어거너믹스 표준(OSHA Ergonomics Standard)이 제정되었으나 의회에서 취소

11.4 작업분석설계의 기본적인 접근방법

생산량, 작업 수명과 노동 내용이 예측되면, 작업설계자는 직접적인 제조 정보를 수집해야 하며, 이 정보는 모든 작업, 설비, 작업 시간, 수송, 수송 설비, 수송 거리, 모든 검사, 검사 설비, 검사 시간, 저장, 저장 설비 및 시간, 모든 구매자의 비용을 포함한 작업, 도면, 설계 규격 및 품질을 포함한다. 이러한 정보는 연구하기 쉬운 형식으로 제공되어야 하며, 도표의 사용이 가장 효과적인 한 방법이 된다. 따라서 설계자는 주어진 도표의 작업과 검사를 면밀히 검토하고 "왜"라는 의문과 함께 많은 질문을 해야 한다.

1. "왜 이 작업이 필요한가?"
2. "왜 이 작업이 이러한 형식으로 수행되어야 하는가?"
3. "왜 이런 허용차가 이만큼 가까운가?"
4. "왜 이 자재가 요구되는가?"
5. "왜 이 작업자가 이 작업에 할당되었는가?"

이러한 "왜"라는 의문은 "어떻게", "누가", "어디서", "언제"라는 다른 질문을 제시하게 되고, 설계자는 아마도 다음과 같이 질문할 것이다.

1. "어떻게 이 작업을 좀더 잘 수행할 수 있을까?"
2. "누가 이 작업의 최선의 작업자인가?"

3. "어디서 낮은 비용 혹은 개선된 품질로 이 작업이 수행될 수 있을까?"

4. "언제 이 작업이 최소의 자재취급을 위해서 수행되어야 하는가?"

11.4.1 작업 목적

작업 목적은 작업분석설계 중에서 가장 중요하며, 작업을 단순화하는 최선의 방법은 부가적인 비용 없이 더 좋은 결과를 얻는 것이다. 설계자는 일에 앞서 먼저 작업을 "제거" 혹은 "조합"하려고 노력하는 자세를 가져야 하며, 미국 산업계에 의하면, 작업의 약 25% 는 설계 및 공정의 면밀한 연구가 이루어지면 제거될 수 있다고 한다.

오늘날 산업에서 불필요한 작업이 수행됨을 볼 수 있다. 작업이나 공정이 단순화되거나 개량될 뿐 아니라 완전히 제거되는 경우가 많다. 작업의 제거는 개량된 방법의 응용 비용을 감소시킨다. 작업자는 새로운 방법에 의한 훈련을 받을 필요는 없고, 불필요한 작업 혹은 활동이 제거되면 변화에 대한 저항은 최소화된다. 서류 작업에 관련하여, 정보의 흐름에 관한 형성이 개발되기 전에, "그러한 형태가 정말로 필요한가?"에 관한 질문이 있어야 한다.

불필요한 작업은 종종 작업의 시작 단계에서 적절하지 못한 계획에 의해 일어난다. 한 번 표준화된 경우가 수립되면, 변화하기란 쉬운 일이 아니다. 따라서 새로운 작업이 계획되면 계획자는 제품 여유에 관한 사항을 고려해야 한다. 예를 들어, 두 번의 공정으로 끝낼 수 있는 작업에도 두 번이나 혹은 세 번의 공정이 필요한가에 대해 의문스러우면, 설계자는 세 번으로 결정지을 수 있어야 한다.

11.4.2 부품설계

일단 설계가 완성되면 작업분석설계자의 목적은 경제적인 제조를 계획하는 것이다. 간단한 설계 변경도 쉬운 일이 아니지만, 좋은 작업분석설계는 가능한 개선될 수 있는지의 여부를 고려하면서 모든 설계를 계속 검토해야 한다.

설계 개선을 위해서, 설계자는 각 컴포넌트와 부품 조립의 저렴한 설계비용을 위해 다음과 같은 사항에 유념해야 한다.

1. 설계의 단순화로 부품 수 감소

2. 개선된 부품 조립과 쉬운 가공 및 조립으로 제조 시간과 작업 수 감소

3. 더 나은 재질의 사용

4. 주요 작업의 정확성 확립 및 허용차 설정

5. 제조와 조립을 고려한 설계

제품의 설계를 통한 생산성의 증진을 추구하는 것은 산업 혹은 기업에서도 구조의 설계를 통해 얻고자 함과 같기 때문에, 일단 구조가 결정되면, 정보의 수집과 흐름 과정을 개선하려는 노력이 필요하다. 구조 개발을 위해 주목해야 할 기준들은 다음과 같다.

1. 설계 구조의 단순화 유지 및 최소 입력 정보 유지

2. 정보 입력 방법의 다양화를 위한 충분한 공간 유지

3. 이론적인 형태로 정보의 일련화

4. 분배 및 경로의 현실화를 위한 구조의 색채화

5. 표준 기록 설비와 절차를 위한 충분한 여유 확보

6. 한 페이지로 컴퓨터 구조 제한

11.4.3 허용차 및 규격

공정분석설계에서 제품의 질에 연관된 것은 **허용차**와 **규격**에 관한 것이다. 설계를 검토할 때 허용차와 규격은 언제나 고려되지만 공정분석설계를 위한 독립된 접근방법으로 간주되어야 한다.

설계자가 제품개발 이상으로 엄격하게 규격을 고려하는 경향이 있는 것은, 비용설계에 대한 지식의 결핍과, 실질적으로 제조 분야에서 요구하는 규격보다 더 면밀한 허용차와 규격이 필요하다고 생각하기 때문이다.

설계자는 비용에 관한 상세한 면을 인지해야 하며, 불필요하게 자세한 허용차나 그것으로 인한 결과가 판매비용에 어떤 영향을 주는지에 대해서도 인지해야 한다. 비용과 가공 허용차의 관계를 보여준다. 만일 설계자가 허용차와 규격을 고려하는 데 너무 여유가 없다면, 경영진은 규격의 경제성에 관한 프로그램에 주의해야 하며, 불합격 혹은 쓰레기로 인한 부가적인 비용에 관한 고려도 해야 한다. 오늘날에 경쟁력 있는 회사가 되기 위해서는 오직 제품이 도면의 규격에 맞게 생산 부품으로 정확하게 생산되어야 하는 것이다. 1986년도 Taguchi의 방법이 대표적이며, 이 방법은 공학과 통계적인 접근방법의 조합으로 제품설계 및 제조방법의 최적화를 통해 비용과 품질의 개선을 목표로 하고 있다.

설계자는 규격에 너무 자유롭거나 제한적이지 말아야 하며, 때로는 허용차를 크게 하는 것이 조립 작업 혹은 관련된 공정을 수월하게 할 수 있을지 모르고, 조립 공정의 수행 시간을 증가시킨다 하더라도 경제적일 수도 있다. 이러한 맥락에서 설계자는 전반적인 허용차는 개인적인 허용차 합의 평방근과 같다는 것에 유의해야 한다.

또한 설계자는 이상적인 검사절차를 고려해야 하며, 검사는 양, 질, 규격 그리고 성능의 검증이다. 이러한 검사는 spot 검사, lot-by-lot 검사, 혹은 100% 검사 등 여러 가지로 수행이 가능하다. Spot 검사는 주기적으로 수행되며, lot-by-lot 검사는 생산 라인의 품질을 샘

플링하는 절차며, 샘플링의 크기는 결점의 허용 한계와 검사되는 생산 크기에 의해 달라진다. 100% 검사는 모든 생산품을 일일이 검사하고 불합격품을 골라내는 것이나, 경험에 의하면 이 방법은 완전한 제품을 보장하지는 못한다. 단조로운 절차는 작업자의 피로를 줄 뿐 아니라, 불합격품을 합격품으로 판정하게 하거나, 또 그와 반대로의 상황을 연출하기 쉽다.

11.4.4 자재

새로운 제품설계를 위한 중요한 질문은 **자재**에 관한 것이다. 올바른 자재의 선정은 실질적으로 경제적인 측면에서 종종 실질적인 문제로 대두되어 왔다. 설계자는 공정상에 사용되는 직접 및 간접 자재에 관한 다음과 같은 가능성을 고려해야 할 것이다.

1. 저비용의 자재 선택

2. 가공하기 쉬운 자재 선택

3. 자재의 경제적인 사용

4. 잔존가치가 있는 자재의 사용

5. 경제적인 공급품 및 도구의 사용

6. 자재의 표준화

7. 가격과 공급량을 고려한 최선의 공급자 선택

산업은 지속적으로 새로운 공정의 개발 및 자재의 정제에 힘을 기울이고 있다. 철판, 바, 판금, 주조, 주철, 알루미늄, 동과 그 밖의 합금에 관한 단위 비용도 월별로 조회가능하다. 이러한 비용 정보는 새로운 자재의 응용 면에서 도움이 많이 된다. 가격 경쟁력이 없던 자재들이 오늘날 경쟁력을 지닐 수도 있다.

또한 대체 자재의 발견으로 오히려 더 좋은 품질의 제품을 생산하는 경우도 있으며, 비용 면에서도 훨씬 경제적인 발견을 하는 경우도 많다.

자재의 경제적인 사용에 대한 연구에서 폐기물 비용이 높다면 자재의 활용성을 조사해야 한다. 실질적으로 투입되는 플라스틱에서 때로는 폐기되어 분사되어 버리는 양도 있기 때문이다.

현대의 많은 제조업에서 기존의 설계를 고려해 보면 이 부분은 절대적으로 필요할 뿐 아니라 모두가 원하는 것이다. 예로, 1997년 자동차는 차세대 자동차 산업의 갤론당 80마일의 효율을 위하여 1200파운드의 무게를 감축하지 않으면 안 되었다. 이러한 목표는 기능 설계자와 설계자들에게 많은 자동차 컴포넌트의 재공학을 요구하게 되며, 신소재 개발이라는 연구를 추진하게 한다. 예를 들어, 크롬소재 강철을 알루미늄과 스테인리스 강철의 합금으로 대체한다거나 철강 컴포넌트의 대체를 확대해서 우리가 잘 알고 있는 세탁기,

비디오, 텔레비전 등에 응용해서 무게의 감소를 유도해 왔다.

자재는 또한 폐기물로써 버리기보다는 잔존가치를 지녀야 한다. 완성되지 못한 부품이나 폐기물의 부산물은 종종 잔존가치의 실질적인 가능성이 있다.

만일 부산물의 활용에 관한 개발이 불가능하다면, 폐기된 자재는 최고의 가격을 받을 수 있도록 해야 한다. 철강, 합금, 동 및 알루미늄 등의 부산물은 분리되어 유지되어야 하며, 나무상자의 재활용 등 실질적으로 경제성이 있는 분야를 고려해야 한다. 이는 많은 회사나 서비스 분야, 음식물 산업 분야에서도 응용하고 있다.

또한 자재의 표준화에 주의해야 한다. 생산과 조립 공정의 각 자재의 크기, 모양, 등급 등의 종류를 최소화해야 한다. 자재의 크기와 등급의 감소로 인한 전형적인 경제성은 다음과 같다.

1. 단위당 최소 비용의 자재는 많은 양을 주문한다.

2. 적은 양의 자재만 보존하면 되므로 재고는 적다.

3. 저장 기록에서 적은 양이 필요하다.

4. 소모 자재를 위한 장소는 작아야 한다.

5. 샘플링 검사는 전체적인 부품 검사를 대신한다.

6. 낮은 가격의 시세와 구입이 필요하다.

많은 양의 자재, 공급품 및 부품에 관해서 수많은 공급자들은 서로 다른 시세, 품질, 배달 시기, 재고를 보여주기 때문에, 구매부서의 책임은 적절한 최선의 공급자를 찾아내는 것인데, 작년의 최선의 공급자가 올해의 최선이 된다는 것은 보장할 수 없다. 따라서 설계자는 구매 부서에게 충분한 재고를 유지하면서 최고의 가격 자재, 공급품 및 부품을 제시한 공급자에게 최고의 품질과 더 나은 가격으로 재입찰하기를 권고한다. 설계자는 구매부서의 이 같은 접근 방법을 주기적으로 추구하면서 가격의 10% 감소와 재고의 15% 감소를 성취하기 때문이다.

일본이 제조 분야에서 지속적으로 성공할 수 있었던 가장 중요한 이유는 게이레츄(keiretsu)일 것인데, 이것은 기업과 기업에 관련된 제조 조직이 함께 구성된 것이며, 제조업간 혹은 종종 큰 제조업체와 그들의 중요한 공급자 사이에 맞물린 거미줄로 고려할 수 있다. 이와 같이 Hitachi 나 Toyota 혹은 국제적인 일본 기업들이 고품질의 공급원과 주기적으로 그들의 부품을 획득할 수 있는 것은 언제나 그들의 네트워크에서 최선의 가격으로 공급받기 위해 개선을 하고 있기 때문인데, 이것이 오늘날 공급사슬망(supply chain management)의 모체가 되었다.

11.4.5 제조순서 및 공정

21세기 제조 기술은 노동에 의존한 제조를 배제하기 때문에 작업분석설계자는 다기능의 기계 가공과 조립에 초점을 두어야 한다. 현대의 장비는 좀더 빠르면서 정확해야 하며, 엄격하고 유연성이 있는 기계는 진보된 통제와 도구 자재의 유용성을 지녀야 한다. 프로그램화된 기능은 가공 전후에 도구의 능력을 평가할 수 있으므로 최고의 품질을 관리할 수 있다.

설계자는 제조공정을 세 가지, 즉 재고 관리 및 계획, 초기 작업, 공정 내 제조로 구분하여 시간의 유용성을 이해해야 하며, 제조공정의 개선을 위해서 (1) 공정의 재배열 (2) 수동 공정의 기계화 (3) 기계 작업을 위한 효율적인 설비 이용 (4) 기계 설비의 효율적인 이용 (5) 현실적인 형상을 위한 제조 (6) 로봇의 이용 등을 고려해야 한다.

공정의 재배열은 이익을 증대시키며, 공정의 조합은 주로 비용을 감소시킨다. 그러나 어떠한 공정을 변화시키기 이전에 설계자는 라인의 부수적인 작업 영향을 고려해야 한다. 예로서, 전압 코일 제조 분야에서의 변화는 비용의 상승을 초래하기 때문에 실질적으로 추천할 만하지가 않다. 중심 부분의 코일은 테이프로 감겨서 두터운 동으로 구성되어 있다. 운모 테이프는 이미 코일 부품을 감싸고 있으며, 코일을 감기 전에 기계로 동을 둘러싸게 제조하는데, 코일을 감는 구조가 운모 테이프를 상하게 하거나 이것으로 인해 제품의 승인 전에 일어날 수 있는 수리에 관한 시간을 소요하기 때문에 이러한 방법은 실질적이지가 못하다.

작업 결합은 주로 비용 감소를 가져온다. 예로서, 전기모터와 전기박스 제조회사의 경우 부품을 페인트칠한 후에 두 개를 맞물려 조이는데, 페인트칠 이전에 전기박스와 전기모터를 조이는 것이 많은 시간 감소를 보인다는 분석이 있다. 마찬가지로, 여러 가지 작업을 결합하는 복합한 기계는 완성품 생산 시간과 생산성을 시킬 수 있다. 기계 구입비가 비쌀지라도 직접 인건비를 감소함으로써 더 많은 비용 감소를 초래할 수 있다.

오늘날 생산량이 특히 많은 공장에서 특수 목적으로 된 자동화된 장비와 도구의 사용을 설계자는 고려해야 하는데, 프로그램화된 조절 장치, NC, CMC 가공과 관련된 장비 등이다. 이러한 것은 인건비 절감뿐만 아니라 공정 재고의 감소, 취급 부주의로 의한 부품 파괴 감소, 적은 폐기물, 적은 공간 및 생산 시간의 감소를 초래한다.

다른 자동화 장비로는 자동화 나사 기계, 다수 회전 드릴링, 구멍 뚫기, 나사 깎기, 인덱싱 기계 도구, 자동 주조 장비, 자동 페인팅 장비 등을 들 수 있으며, 자동 조립 도구도 수작업으로 하는 것보다는 경제적이다.

예를 들면, 특수 유리 제조에서 창틀의 끝부분을 조립하는 작업을 수작업에서 특수 자동 조립 기계를 사용함으로써 유리의 파손도 줄일 뿐더러 생산성의 증가와 작업자의 근골격계 질환 감소도 이룩하게 되었다.

또한 기계화의 응용은 공정 작업뿐만 아니라 서류 작업에도 응용된다. 예를 들어, 바코드는 다양한 자료를 빠르고 정확하게 입력할 수 있기 때문에 그 응용은 작업 분석에 있어서 가치가 높으며, 컴퓨터는 그 자료를 해석하여 계산과 재고의 파악, 부품의 경로 혹은 공정 파악, 혹은 작업 완성 상태의 인지나 재공중의 각 부품 작업의 현재 작업자 인지 같은 원하는 바로 수정하게 된다.

공정 작업의 기계화에도 개선할 수 있는 가능성은 언제나 있다. 세 대의 기계를 사용하여 가공되는 제품에 대해 주기 시간과 비용이 높다면, 통합된 기계의 기능으로 처리 할 수 있는 부분을 연구함으로써 관련된 시간과 비용을 절감할 수 있는 가능성은 배제할 수 없다.

작업 기계화는 수작업 이외에도 응용되는데, 요식 산업체의 예에서 여러 종류의 제품의 중량을 균형 있게 측정한다. 현 장비는 직접 눈으로 확인하고 기록해야 하며 부가적인 계산이 필요하다. 작업분석설계자는 통계적 통제 시스템의 소개와 함께 연구하게 되는데, 개선된 방법 하에서 작업자는 프로그램화된 통제 장비로 중량을 측정하게 되었고, 일단 제품의 중량이 측정되면, 그 측정 정보는 개인용 컴퓨터로 자료가 이동되어 원하는 형식대로 인쇄된다.

설계자의 좋은 격언은 "두 개를 동시에 설계하라"는 것이다. 압축 작업에서 다수의 주조 작업은 하나의 작업을 하는 것보다는 훨씬 경제적임에 틀림없다. 주조, 형상 그밖에 유사한 작업 공정의 다수의 창조적인 고안이 필요하며, 기계 작업의 경우 설계자는 적절한 연료와 속도 유지를 확인해야 하며, 최대 성과를 이루기 위해 윤활유의 적절한 이용, 기계 도구의 상태와 유지 등 절삭 도구를 검사해야 한다. 많은 기계 도구는 최대한 이용하지 못하고 만다. 기계 설비의 효율적인 이용은 언제나 이득을 주게 된다.

최종 형상과 직접 연관되는 컴포넌트를 생산하는 제조의 공정은 자재 사용의 최대화, 폐기물 최소화, 가공과 같은 이차 공정의 최소화, 자연 친화적인 자재의 이용 등에 접근해야 한다. 예를 들어, 전통적인 주조 대신 분말 합금으로 부품을 형성하는 것은 종종 경제적인 이득과 기능적인 이점을 가져오고 현실적인 형상을 제조하는 데 기여하며, 소음과 진동을 감소시킨다.

또한 로봇의 전형적인 수명은 10년이지만, 유지만 잘 하면 5년을 더 사용할 수 있으므로, 감가상각비는 낮다고 본다. 또한 로봇의 크기와 형상이 적절하면 여러 가지 작업에 사용 가능하다. 이론적으로 정확한 크기와 형상에 따라 어떤 작업도 할 수 있기 때문이다.

생산성 증가와 더불어, 로봇의 사용은 안전성도 내포하고 있다. 로봇은 공정성격상 위험한 작업장에서도 사용할 수 있다. 주조 공정의 예도 마찬가지이며, 이러한 것은 로봇을 사용하는 가장 큰 이유가 된다. Unimation 회사에서 개발한 다섯 개의 축으로 된 로봇은 600톤의 주조물까지도 취급할 수 있다.

자동차 제조 공장은 용접 부분에서 로봇의 사용에 중점을 두었다. 예를 들어, Nissan 회사는 용접의 95%를 로봇이 대신하고, Mitsubishi 회사는 70%에 이르며, 로봇의 비가동시간은 1%에도 못 미친다.

11.4.6 준비 및 도구

모든 형태의 작업 요소, 도구 및 준비에 있어 가장 중요한 요소는 경제성이며, 이것은 (1) 생산량 (2) 기업의 회전율 (3) 노동 (4) 배달 요구와 (5) 요구되는 자본 등에 의해 좌우된다.

계획자와 도구 개발자의 가장 큰 실수는 실제로는 다 사용되지 않으면서 계획되는 자금 계획이다. 어떠한 작업에 대해서 일련의 직접 인건비를 10% 감소시키는 것은 일년에 한두 번 발생될 수 있는 80~90%의 도구 사용비의 감소보다는 훨씬 경제성이 있다는 것이다. 인건비의 경제적인 이용은 비록 도구의 사용이 적다할지라도 도구 결정에 통제 변수로 사용된다. 개선된 호환성, 개선된 정확성, 노동 문제의 감소 등과 같은 요소는 도구 사용의 주된 이유가 될 수 있다.

준비가 도구와 연관되어 있는 이유는, 도구의 사용은 준비시간을 일정하게 결정하기 때문이다. 준비시간은 작업 도착, 지시 절차, 도면, 도구, 자재에 관한 요소가 포함되며, 도구의 준비, 속도, 절삭 깊이 등 작업장에서 준비된 형태로 생산의 준비가 되어야 한다.

준비 작업은 특히 생산량이 적은 일정 계획에서 중요하다. 이러한 공장이 최신의 설비를 갖고 많은 노력을 한다 해도 적절하지 못한 계획과 비효율적인 도구 때문에 준비를 오래 한다면 경쟁력을 맞추기가 어렵기 때문이다. 생산 시간과 준비시간의 비율이 높다면, 설계자의 노력이 필요하게 되고, 여기서 주목할 만한 것은 그룹 테크놀로지 시스템이다.

그룹 테크놀로지의 기본은 제품의 여러 가지 컴포넌트를 유사한 형태와 공정의 순서에 의해 분류하는 것이다. 같은 부품군에 속한 부품들은 적절한 작업 순서에 따라 같이 작업에 투입된다. 부품의 크기나 형상 또한 분류의 조건이 된다. 결과로 생산량의 증가와 준비시간의 감소, 기계 효율의 개선, 적은 물자취급, 짧은 주기 시간과 개선된 비용 등의 효과를 가져올 수 있다.

더 나은 방법을 개발하기 위해서 설계자는 (1) 더 좋은 계획, 방법과 생산 조정을 통한 준비시간의 감소 (2) 기계의 최대 활용 (3) 더 효율적인 도구 방법 등의 연구를 해야 한다.

최근에 사용되고 있는 JIT(just-in-time) 기법은 준비시간을 단순화 혹은 제거함으로써 준비시간을 최소로 감소하려는 데 주목하고 있으며, 도요타 회사의 생산 시스템의 SMED는 대표적인 접근 방법이다. 준비시간의 대부분은 규격에 맞는 자재의 준비, 도구의 재점검 및 고정물의 상태 등을 확인함으로써 종종 제거할 수 있다. 적은 생산량은 효과적인 비용을 보여주는데, 적은 양은 적은 재고를 초래하며, 오염 및 부패 등의 문제와 운반비용의 감소를 보여준다. 설계자는 생산량의 감소는 주어진 생산 기간 내에서 총 생산량의 총 준비비용을 상승시킨다는 것을 이해해야 한다.

준비시간은 주로 도구와 자재의 구입 요청 시간, 실제 생산을 하기 위한 작업장을 준비하는 시간, 작업장 청소 시간과 도구를 되돌려주는 시간 등을 포함하는데, 그런 시간은 통제하기가 어려우며 작업은 대개 비효율적으로 수행된다. 효과적인 생산 관리는 종종 이러한 시간을 감소시킨다. 자재, 지시, 측정 및 도구의 적절한 관리는 적절한 관련된 시간과 일이 완성된 후 도구를 되돌려 주는 과정과 같이 작업자가 작업장을 나가야 하는 필요를 제거한다. 작업자는 기계의 준비시간만을 수행하면 되고, 그 밖의 도면, 지시, 도구를 공급하는 작업은 그와 유사한 작업을 수행하면 된다. 이와 같이, 이러한 요구사항의 많은 요청은 동시에 수행될 수 있으며, 준비시간은 최소화될 수 있으며, 역시 그룹 테크놀로지의 응용이 가능하다.

작업자를 위해서 절삭 기계를 복수로 사용할 수 있어야 하며, 새로운 도구를 구입했을 때에는 오래된 것은 함에 보관하고 날카롭게 갈아서 정리해야 하는데, 이것은 도구를 꾸준히 표준화하기 위함이다.

에너지 비용의 끊임없는 증가를 볼 때, 작업 수행을 위한 가장 경제적인 장비의 활용이 중요한 주제가 된다. 수년 전 에너지 비용은 기계 능력의 최대 활용을 무시함으로써 총 비용의 많은 부분을 차지하였다. 기계 능력의 최대 활용을 위한 수많은 작업을 무시하고 전력의 사용을 해왔다. 현대의 금속 산업에서의 전력비는 총 비용의 2.5% 이상에 달하는데, 앞으로 10년 내에 50%에 달할 것으로 보인다. 이는 기계 능력을 최대한 활용하면 전력 사용량의 50%까지를 감소시킬 수 있다는 것이다. 전형적으로 대부분의 동력들은, 최대 동력이 25%에서 50%에 도달하면, 약 11%의 효율이 증가됨을 알 수 있다. 대부분의 AC 동력기의 에너지 효율은 표준 동력기보다는 2%에서 4% 이상의 작업 효율 증가를 나타내며 더 긴 수명을 갖는다.

더 새롭고 효율적인 도구는 꾸준히 개발되어야 한다. 예를 들어, TiC-코팅 절삭 도구의 개발은, 같은 기존의 같은 조건에서 50%에서 100%의 속도를 공급할 수 있었으며, 단단한 표면, 표면 연마의 감소, 접착 응집력, 대부분의 자재 상호관계의 저하, 화학성 및 고온 저항 등에 우수함을 보여주었다.

탄화재 도구는 대개 강속 철강도구 보다는 효과적이라고 하는데, 예로서 한 회사에서는 마그네슘 주조 밀링 작업의 변화로써 60%의 이익을 얻을 수 있었다. 이는 강속 강철 밀링 절삭으로 두 작업을 수행해왔는데, 분석 후에 세 개의 탄화재 절삭의 대치가 빠르고 속도와 면삭 면에서 우수함을 알 수 있었다.

도구의 형상 면에서의 재설계를 통해 이익을 초래할 수 있는 부분도 있다. 좀더 효율적인 도구를 소개함으로써 설계자는 작업의 위치를 잡고 쉽게 제거할 수 있도록 작업유지를 위한 나은 방법을 개발해야 한다. 적재 작업이 비록 수작업이라 할지라도 생산성은 생산량과 마찬가지로 증가할 수 있다.

11.4.7 물자취급

물자취급은 동작, 시간, 장소, 물량과 공간을 포함하며, 첫째로, 물자취급은 부품, 원자재, 가공자재, 완제품과 공급 물품이 정기적으로 이동되어 가는가를 확인해야 한다. 둘째로, 물자취급은 각각의 작업 공정은 특별한 시기에 자재와 공급 물품을 필요로 하기 때문에, 생산 공정 혹은 소비자가 배달의 시기로 인해 불편하지 않도록 확인해야 한다. 셋째로, 물자취급은 자재가 올바른 장소에 배달이 되는가도 확인해야 한다. 마지막으로, 물자취급은 일시적과 정기적으로 저장소의 공간을 고려해야 한다.

물자취급협회의 연구에 의하면, 제품을 시장에 출하하는 비용의 30∼85%는 물자취급과 연관된다고 한다. 가장 최선의 물자취급 부품은 최소한의 물자취급을 기하는 부품이다. 이동 거리와 관계없이, 이러한 이동은 세밀화되어야 한다. 물자취급의 시간 감소를 위한 여섯 가지 주목할 사항은 다음과 같다: (1) 자재 운반 시간의 감소 (2) 기계화 혹은 자동화된 장비의 이용 (3) 기존의 취급 설비의 효율적인 이용 (4) 조심스러운 물자취급 (5) 재고와 그와 관련된 응용 분야에의 바코드 응용 고려 등이다.

위의 여섯 가지 응용의 좋은 예는 창고의 혁신이다. 이전의 저장소는 오늘날 자동화된 분배센터로 바뀌어 가고 있으며, 자동 창고는 물자 흐름과 자료 공정의 정보 흐름에 컴퓨터 조절을 사용한다. 이러한 형태의 자동 창고는 물품 수령, 이동, 저장, 불출과 재고 관리를 통합된 기능으로 취급하고 있다.

물자취급은 종종 중요한 작업장의 위치를 고려하지 않고 오로지 운반이라고 생각되는 경우가 있다. 자재의 작업장 위치가 운반보다는 이익의 초래를 더 할 수가 있음을 주목해야 한다. 자재 운반 시간의 감소는 기계 혹은 작업자의 물자취급을 최소화해야 하며, 작업자로 하여금 안전하며 피로를 덜 느끼면서 작업을 수행하도록 해야 한다.

자재취급의 기계화는 주로 인건비와 자재 손상비의 감소, 안전 유지, 피로의 경감 및 생산성의 증가를 가져오는데, 적절한 장비와 방법의 선택에 유의해야 한다. 장비의 표준화는 작업의 단순화, 장비의 호환성, 수리 부품의 감소를 고려해야 하기 때문에 중요하다.

물자취급 장비의 기계화를 통해 얻을 수 있는 이득으로는, 다음과 같은 예가 있다. IBM 360 프로그램에서 패널을 설치하기에 작업자는 저장소에 가서 목록에 의해 특별한 패널에서 필요로 하는 올바른 카드를 선택해서, 작업장으로 되돌아와서는 목록에 맞는 카드인가 아닌가를 수행해보아야 하는데, 자동 운반 차량은 운전자 없이 작동이 가능하므로, 편지 운반과 같은 작업 응용에 성공적으로 사용할 수 있다. 전형적으로, 자동 운반 차량은 프로그램화되어 있지 않고 계획된 공정에 의해 수행된다.

정지 작업도 물자의 입·적재에 따라 발생하며, 필요에 따라 정지 버튼을 사용하게 된다. 자동 운반 차량은 하나 이상의 경로를 프로그램화할 수 있으며 다른 장비와 충돌방지를 위한 조절이 가능하기 때문에, 물자취급 운반비용 면에서도 경제적이다. 기계화는 팰릿과 같은 수동 작업에도 가능한데, 작업자가 물자를 들어 올리는 작업을 대신할 수 있다.

물자취급 장비의 효율적인 사용을 위해서 여러 가지 환경에서 여러 가지 물자취급 수행을 통해 방법과 장비의 사용에 유연성을 고려해야 한다. 자재를 팰릿에 실어서 장기간 저장하는 것은 팰릿 없이 자재를 저장하는 것보다는 약 65%의 인건비를 감소시킨다.

산업 연구에 의하면 공장 내 사고의 약 40%는 물자취급 과정에서 발생한다고 한다. 이 중 25%는 자재의 이동에서 발생한다. 물자취급에는 주의가 요구되며, 가능하면 기계화의 이용으로 작업자의 피로와 사고를 미연에 방지하도록 해야 한다. 효율적인 공장 또한 안전 요인으로 입증되고 있으며, 전력 사용의 안전 규칙, 안전 작업에 관한 교육, 조명 및 훈련된 사용자는 물자취급 장비의 안전한 작업을 유지한다. 따라서 모든 작업자는 안전 규칙에 따라 물자취급 장비를 운용해야 한다.

바코드는 자재의 수령, 창고, 작업 수행, 노동력 보고, 도구의 조절, 자재의 불출, 불량품 보고, 품질 측정, 생산 관리 및 일정계획에 유용하다. 예를 들어, 전형적인 처자 표시는 부품 규격, 크기, 포장된 수, 부서 번호, 저장 번호, 저장 층 및 주문 시기 등의 정보를 갖게 되므로, 재고의 재주문을 위한 시간이 상당히 감소될 수 있다.

Accu-Sort 시스템 회사의 실질적인 바코드 응용에 관한 보고에 의하면, 컨베이어 시스템의 조정, 필요한 자재의 변환, 정확한 물자취급, 자재 이동에 관한 정확한 지시 및 적절한 자재 취급 여부의 자동 인식 등을 포함한다고 한다. 바코드가 프로그램화되어 자동화된 포장 장비와 사용이 가능하다면, 실시간 제조 확인으로 제품의 리콜(recall)을 예방할 수가 있을 것이다.

11.5 요약

11.1 절: 이 절은 (Mundell, 1978)에서 인용하였다.

11.4 절: 이 절은 (Niebel and Freivalds, 2002)에서 인용하였다.

11.6 연습문제

11.1 Taylor의 과학적 경영 원칙을 설명하라.

11.2 Taylor와 Gilbreth의 사고를 추진화시킨 조직은 무엇인가?

11.3 작업분석설계의 기본적인 접근방법에 대해 논하라.

Chapter 12

어거너믹스 설계

설계자는 작업자를 위해 안전하고 편안한 작업 환경을 설계해야 한다.

공학설계자는 작업자를 위해 안전하고 편안한 작업 환경을 공급해야 한다. 경험에 의하면 좋은 작업 환경에서의 생산이 나쁜 환경에서의 것보다 우월하다는 것을 알 수 있으며, 좋은 환경을 위한 투자로부터 얻을 수 있는 이득은 실로 놀랍다. 생산성의 증가와 더불어, 이상적인 작업 환경은 안전도의 증진, 노동 회전율, 부재 및 나태함의 감소와 작업자의 도덕성 고취 및 공공 관계의 개선을 이끌어 낸다.

12.1 조도

조명도 측정에 관련된 개념, 용어 및 단위는 많이 있는데, 기본적인 이론은 조명의 근원에서 조도의 강도는 cd(candelas)로써 측정된다. 조명은 근원지에서 구 모양으로 모든 영역에 발산되며, 빛이 발산되어 볼 수 있는 영역을 **조명도** 혹은 **조도**라고 하며 fc(foot-candles)로 측정된다. 빛의 근원지로부터 조도의 양이 비추어지는 거리(d)를 평방 거리로 다음과 같이 측정된다.

$$조도 = 강도/d^2$$

빛이 흡수되고 반사됨으로써 사람들은 물건을 볼 수 있으며 밝기를 인식하게 되는데,

표 12.1 전형적인 페인트와 목재 표면의 반사율

색상 혹은 표면	반사율(%)	색상 혹은 표면	반사율(%)
흰색	85	중간 파랑색	35
밝은 크림색	75	어두운 회색	30
밝은 회색	75	어두운 빨강	13
밝은 노랑	75	어두운 고동색	10
밝은 담황색	70	어두운 파랑색	8
밝은 녹색	64	단풍색	42
중간 노랑	65	마호가니류 색	34
중간 담황색	63	호도나무 색	16
중간 회색	55	마호가니	12
중간 녹색	52		

반사되는 양을 조도라고 하며 fL(foot-Lambert)로 측정되며, 반사되는 부분을 반사율이라 하며, 광속발산도 = 조도 × 반사율로 계산된다.

반사율은 단위가 없으며 0~100%로 표현한다. 품질이 좋은 흰 종이의 반사율은 약 90%, 신문과 콘크리트는 55%, 카드보드는 30%, 검은색 페인트는 5%에 이른다. 표 12.1은 여러 가지 색상의 페인트 혹은 표면 부분의 반사율을 나타내고 있다.

12.1.1 가시도

사람들이 사물을 보는 명확도는 주로 **가시도**로 인용되며, 시각, 대비와 가장 중요한 조도의 세 가지 중요한 요소로 구성된다. 시각은 목표물에 의해 눈에 대하는 각도를 말하며, 대비는 시각적인 목표와 그 배경 사이의 조도 차이를 말한다. 시각은 대개 적은 목표에 있어서 1/60도인 arc min(arc minutes)으로 다음과 같이 정의된다.

$$시각(acr\ min) = 3438 \times h/d$$

여기서 h는 목표물의 높이를, d는 목표물에서 눈까지의 거리를 말한다.

대비는 여러 방법으로 정의될 수 있는데, 가장 전형적인 것은 다음과 같다.

$$대비 = (L_{max} - L_{min})/L_{max}$$

여기서 L은 조도를 말한다. 즉, 대비는 목표물과 그 배경 조도의 최대와 최소 차이와 관계되며, 단위는 없다.

가시도의 다른 중요한 요소는 노출 시간, 목표물 동작, 나이, 위치, 훈련이다.

이러한 세 가지 중요한 요소간의 관계는 1959년 Blackwell의 실험에 의해 정량화되었

는데, 이것은 조도의 표준화를 위한 IESNA(Illuminating Engineering Society of North America, 1995)의 설립을 초래했다. 블랙웰 곡선(Blackwell curve)은 오늘날 자주 사용되지는 않지만, 이것은 조도량과 목표물의 크기와 목표와 그 배경의 대비에 관한 사항을 보여 주기 때문에, 조도량의 증가가 작업 가시도를 개선하는 단순한 접근방법이라 하더라도, 대비의 증가 혹은 목표물 크기의 증가로도 개선될 수 있다.

12.1.2 광속발산도

IESNA는 1995년 Blackwell의 실험과 기존에 있는 복잡한 이론을 바탕으로 조도의 최저 수준을 결정하는 단순한 접근방법을 선택하게 되었는데, 첫 단계는 발생되는 대부분의 활동을 표 12.2의 9개의 분류 중에 택하는 것이며, 후에 1995년 IESNA에 의해 더 자세한 분류의 목록이 작성된다. 분류 A, B, C는 특별한 가시 작업을 포함하지 않으며, 각 분류에는 낮음, 보통, 높음의 **광속발산도** 수준이 있다.

실질적으로 조도는, 광속발산도가 광도계로 측정되는 동안, 전형적으로 카메라와 유사하지만 단위는 다른 노출계로 측정되었다. 반사율은 주로 목표물 표면과 목표물 표면의

표 12.2 실내 조명 설계를 위한 조도 수준(출처: IESNA, 1995)

구분	조도 범위(fc)	활동 형태	참조영역
A	2-3-5	어두운 생태의 공공 영역	
B	5-7.5-10	짧은 일시적 방문을 위한 간단한 소개	일반적인 조명
C	10-15-20	시각 수행이 가끔 발생되는 작업장	
D	20-30-50	독서, 타자, 쓰기, 기계 작업, 검사 및 조립과 같은 높은 대비나 큰 사물을 보기 위한 시각적 수행활동	
E	50-75-100	펜을 사용한 독서, 재활용 물질로 사용된 책의 독서, 기계 작업 및 어려운 검사, 조립과 같은 중간 대비 혹은 적은 사물을 보기 위한 시각적 수행 활동	작업을 위한 조도
F	100-150-200	질이 나쁜 종이에 연필로 쓴 책의 독서나 아주 까다로운 검사와 같은 낮은 대비 혹은 아주 적은 사물을 보기 위한 시각적 수행 활동	
G	200-300-500	정교한 조립, 아주 어려운 검사 및 기계 작업과 같은 대비와 아주 적은 사물을 보기 위한 시각적 수행 활동	
H	500-750-1000	굉장히 어려운 검사, 까다로운 기계 작업 및 조립과 같은 많은 노력이 필요한 시각적 수행 활동	일반적인 것과 보충적인 조명의
I	1000-1500-2000	수술 절차와 같이 극도의 낮은 대비와 적은 사물을 보기 위한 특별한 시각적 수행 활동	조합을 통한 조도

같은 위치에 있는 반사율의 표준 표면(예를 들어, Kodak neural 실험 카드의 반사율은 0.9)과의 광속발산도의 차이 비율로 계산되었다. 따라서 목표물의 반사율은 다음과 같다.

$$목표물의\ 반사율 = 0.9 \times L_{목표물}/L_{표준}$$

12.1.3 조명 근원

공간의 조도 조건을 연구하고 결정한 후에, 설계자는 적절한 조명 도구를 선택해야 하는데, 인공적인 조명에 관련된 두 가지 중요한 변수는 전형적으로 루멘/와트처럼 단위 에너지당 조명 산출과 같은 효율과 색조 표현이다. 효율은 비용과 관련되어 있기 때문에 특별히 중요하며, 효율적인 조명 근원은 에너지 소비를 감소한다. 색조 표현은 표준 조명 근원의 조도로 같은 목표물을 인식하는 것과, 실지로 관측되는 목표물의 색깔을 인식하는 차이의 근접성과 관련되어 있다. 표 12.3은 인공적인 조명의 원칙적인 형태를 위한 효율과 색조 표현 정보를 보여준다.

12.1.4 조명 배치

주로 사용되는 조명의 광원은 수평선의 위와 아래로 발산되는 조명 산출의 백분율과 조합되어 분류된다. 간접 조명은 아래 방향을 반사하면서 천정을 비추게 되며, 따라서 방안에서 천정이 80% 이상의 반사율을 갖는 가장 밝은 부분이 되며, 그 밖의 영역은 천정에서

표 12.3 인공적인 조명 근원(출처: Human Factors Section, Eastman Kodak Co.)

형태	효율(lm/W)	색조 표현	비고
Incandescent	17~23	좋음	주로 사용되나 비효율적인 비용이 낮고 수명이 1년 이하이다.
Fluorescent	50~80	적절	램프의 형태에 따라 효율과 색조 표현이 상당히 달라지고, 에너지 보존 램프 등으로 비용의 감소가 가능하며, 수명은 전형적으로 5~8년이다.
Mercury	50~55	나쁨	수명은 9~12년으로 가장 기나, 시간이 지날수록 효율이 떨어진다.
Metal halide	80~90	적절	색조 표현에서 많은 응용에 적절하며 수명은 1~3년이다.
High-pressure Sodium	85~125	적절	상당히 효율적이고 3~6년의 수명이나 하루 평균 12시간 사용한다.
Low-pressure Sodium	100~180	나쁨	가장 효율적이고 4~5년의 수명이며 하루 12시간 평균 사용이고, 주로 거리와 창고 조명으로 사용한다.

바닥까지 조명이 움직이면서 점차 낮은 퍼센트의 조명을 반사하게 되나, 회광을 피하기 위해 20～40% 이하의 반사율을 가져야 한다. 강렬한 조도를 피하기 위해서 광원은 천정을 통해 평등하게 배분되어야 한다.

직접 조명은 천정에 중점을 두지 않고 작업 표면과 바닥에 조명의 중요성을 주고, 직-간접 조명은 두 개의 조합이다. 조명의 분배는 중요하기 때문에, IESNA(1995)는 시각적으로 근접한 영역의 조도 비례는 3/1을 넘지 않도록 추천하고 있고, 이러한 목적은 회광과 적응 문제를 피하기 위함이다.

12.1.5 휘광

휘광(glare)은 시각에 주는 정도에 넘치는 밝기이며, 이러한 조명은 각막, 렌즈와 교정 렌즈에 까지 흩어져 있어서, 가시도 감소로 인해 눈이 밝은 부분에서 어두운 조건으로 적응하기 위한 부가적인 시간이 필요로 하게 된다(Freivald, Harpster, Heckman, 1983). 또한 불행하게도, 사람의 눈은 굴광성이 있어서 밝은 조명을 보면 눈이 수축되는 경향이 있다. 휘광은 직접 광원 혹은 간접 광원이 될 수 있다. 직접 휘광은 baffle 혹은 diffusers를 갖는 약한 강도의 많은 광원을 조명 근원과 수직으로 위치하고, 대비 감소를 위해 전반적인 환경 조명을 늘림으로 감소시킬 수 있다.

반사된 휘광은 윤기가 없거나 광택을 없앤 표면의 사용과 작업면 혹은 작업을 재 정돈하고, 더구나 직접 회광을 변경함으로써 감소시킬 수 있다. 또한 작업자가 착용하는 안경에 편광을 사용할 수 있다. 특별한 문제는 부품이나 기계를 이동할 때에 반사로써 일어나는 회전 속도계 영향이라고 할 수 있다. 잘 닦여진 유리와 같은 표면을 제거하는 일이 여기서는 중요하다. 예를 들어, 컴퓨터와 같이 유리와 같은 품질의 유리 표면 스크린은 사무실에서 고려해야 할 문제가 되므로, 모니터를 재배치시키거나 스크린 필터를 사용하는 것이 도움이 된다. 전형적으로 대부분의 작업들은 충분한 조명이 필요하며, 이러한 사항은 작업의 성질에 의해 여러 가지 형태로 공급받을 수 있다.

12.1.6 색상

색상과 질감은 모두 인간에게 정신적인 영향을 주는데, 그 예로 노랑색은 버터 색깔로 인식되므로 마가린은 식성을 유발하기 위해 노랑색으로 만들어져야 한다. 스테이크는 다른 예로서, 전기그릴에 45초간 요리하면 식성을 유발하기에 필요한 색깔이 부족하여 고객들의 식욕을 돋우지 못하기 때문에 특별한 부속물이 스테이크를 그슬리게끔 잘 고안이 되어야 한다. 세 번째 예로서, 중서부 지방의 한 공장의 에어컨디셔너의 온도가 72°F(22.2°C)를 유지함에도 불구하고 더위를 호소하는 작업자들에게 공장의 하얀 벽을 따뜻한 색깔로 다시 칠함으로써 그러한 불평이 사라졌다.

표 12.4 색상의 감정적 및 정신적인 특성

색상	특성
노랑	실질적으로 모든 조명조건 하에서도 가장 높은 가시도를 보여주며, 건조함과 신선함을 자극하며, 부와 영광의 느낌을 주면서 반면에 겁과 아픔을 제시하기도 한다.
오렌지색	노랑색의 높은 가시도와 빨강의 강렬한 특성의 조합이며, 다른 색상보다 훨씬 더 주의력을 주며, 따뜻함과 종종 격려를 자극하기도 한다.
빨강	강렬함과 활동성을 지니면서 높은 가시도를 주며, 피의 색깔과 연상이 되며 열, 강함 및 활동을 의미한다.
파랑	낮은 가시도의 색상으로 차분함 및 정교함을 이끌어 주며, 비록 가라앉은 분위기를 자아내지만 색상이 부드러운 경향이 있다.
녹색	낮은 가시도의 색상이며 휴식, 차가움 및 안정을 보여준다.
보라색	낮은 가시도로 고통, 열정, 영웅 등을 연상하게 하며, 허약, 늘어짐 및 무딤을 준다.

색상 사용에서 가장 중요한 것은 아마도 시각적으로 작업장에게 좋은 작업 환경을 공급해 주는 것일 것이다. 설계자는 대조적인 색상의 배치를 줄이고 조명을 늘리고 위험한 부분에 대한 강조나 작업 환경의 모양에 더 많은 주의를 하게 된다.

판매 또한 색상에 의해 영향을 받는다. 사람들은 포장, 상표, 회사 편지지, 트럭 및 건물의 색상에 따라 즉각적으로 회사의 제품을 인식하게 된다. 색상의 취향은 국가, 지역, 기후 등에 따라 결정된다는 연구가 있다. 표 12.4는 색상의 전형적으로 감정적인 영향 및 정신적인 특징을 예시하고 있다.

12.2 소음

설계자의 견해로 볼 때 소음은 인간이 원하지 않는 소리이다. 음향 파장은 원칙적으로 어떠한 물체의 진동으로부터 결국 공기나 물 등의 전달 매체를 통해 압축이나 확장 파장으로 이루어진다. 이와 같이, 음향은 공기나 액체뿐만 아니라 기계 도구 구조와 같은 물체를 통해서도 전달이 된다. 공기에서의 음향의 속도는 초당 약 1,100 ft(340 m/초)임을 알고 있다. 납이나 유리 금속과 같은 점성이 있는 탄력 자재에서의 음향 에너지는 빨리 흩어져 버린다.

음향은 강도를 결정하는 진폭과 더불어 음조와 품질을 결정하는 주파수로 정의될 수 있는데, 사람이 들을 수 있는 주파수는 초당 대략 20~20,000 주기이며, 주로 헤르츠의 약기호인 Hz로 불린다. 기본적인 파장전파 공식은 $c = 1\lambda f$로 나타내며, 여기서 c는 음향속도(1,100 ft/sec), f는 주파수 Hz, λ는 파장 길이 ft를 말한다.

따라서 파장 길이가 길어질수록 주파수는 감소한다는 사실을 알 수 있으며, 방법 설계 자는 음향수준 미터로 음향의 강도를 측정하며, 음향 강도의 단위는 **데시벨**(decibel; dB)이 다. 음향 파장의 진폭이 크면 클수록 음압이 커지며 역시 데시벨 단위로 측정된다.

12.2.1 측정

평범한 인간 환경에 있어서 음향강도의 범위가 너무 넓기 때문에 데시벨 척도가 선택 되었다. 결과적으로 실질적인 음향강도와 젊은 사람이 듣는 역치에 있어 음향강도와의 비 례에 관한 대수(logarithm)이며, 따라서 음압수준(L)의 dB는 $L = 20 \log_{10} P_{rms}/P_{ref}$로 계산 된다. 여기서 P_{rms}는 음압의 평균제곱평방 microbars이며, P_{ref}는 1,000 Hz에서 젊은 사람 의 청각 역치에 있어 음압(0.0002 microbars)을 말한다.

음압수준은 대수이기 때문에 한 장소에서의 둘 이상의 음향 진원의 영향은 L총소음 $=$ $10 \log_{10}(10^{L_1/10} + 10^{L_2/10} + \cdots)$와 같이 더하게 된다.

12.2.2 청력 손실

주파수가 2,400~4,800 Hz인 범위에서는 인간의 청력에 손상을 초래할 수 있다. 청력 손실은 내 귀의 감각 기관의 손상을 초래하고 결국에는 음향파장을 뇌에까지 전달하게 되 는 것이며, 특히 높은 강도를 갖는 주파수의 시간이 증가하면 할수록 청력의 완전한 손실 을 초래할 수 있다. 귀먹음은 대부분 작업 소음에 의해 일어난다.

대개 소음은 광대역(broadband) 소음 혹은 의미 있는(meaningful) 소음으로 구분되는데, 광대역 소음은 음향범위의 특정 부분을 포괄하는 주파수에 의해 만들어지며, 이러한 형태 의 소음은 지속되거나 간헐적으로 이루어진다. 의미 있는 소음은 작업자의 효율에 영향을 주는 정보를 산란하게 함을 의미하는데, 긴 안목에서 볼 때에 광대역 소음은 귀먹음을 초 래하고, 하루하루의 작업에서 볼 때는 작업자의 효율을 감소시키고, 의사 전달의 비효율적 인 결과를 초래한다.

지속적인 광대역 소음은 전형적으로 소음 수준이 전체 작업일수 동안 특별히 벗어나지 않는 방직 산업과 자동차 기계 산업과 같은 곳에서 일어나며, 간헐적인 광대역 소음은 목 재 공장에서 일어나는 경우가 많다. 사람이 위험수준 이상의 소음에 접했을 때는 몇 시간 이후에 정상적인 작업 환경으로 되돌아 올 수 있으나, 지속적으로 노출되어 있을 경우에 는 회복할 수 없는 청력 손실을 초래하게 된다. 따라서 위험수준의 소음에 노출되는 작업 시간을 줄이면 청력 손실의 가능성을 감소시킬 수 있는 것이다.

광대역 소음과 의미 있는 소음 모두 작업자의 피로 증가와 생산성의 감소를 초래하는 원인이 되기 때문에, OHSA(1970)는 직업적인 환경에 의한 청력 손실을 예방하기 위해 연 방 규정을 제정했다.

12.2.3 소음 노출분량

OSHA는 듣는 사람이 부분적인 노출분량을 유발할 수 있는 80 dBA 이상의 소음 노출분량의 개념을 사용한다. 만일 하루 총 노출이 상이한 소음수준의 여러 가지 부분적인 노출이라면, 여러 개의 부분적인 노출분량이 합산되어 조합된 노출을 다음과 같이 얻게 되며, 총 노출은 100%를 초과할 수 없다.

$$D = 100 \times (C_1/T_1 + C_2/T_2 + ... + C_n/T_n) \le 100$$

여기서

> D = 소음 노출분량
>
> C = 특별한 소음수준의 사용시간
>
> T = 표 12.5에 의한 특별한 소음 수준의 허용시간

소음에 시달림은 좀더 복잡하며 감정적인 면에 치우친다. 강도, 주파수, 지속 시간, 파장 및 음향의 범위 구성과 같은 음향적인 요소는 이전의 소음 경험, 활동, 개인성, 소음 발생 예측, 하루 및 연간의 시간 및 장소의 형태와 같은 비음향적인 요소와 마찬가지로 중요한 역할을 한다. 1993년 Sanders와 McCormick에 의하면 이러한 소음으로부터의 시달림을 평가하는 데는 여러 가지 상이한 방법이 있다고 하나, 대부분의 이러한 방법들은 60~70 dBA의 소음수준을 갖는 일반적인 형태의 측정을 기준으로 하기 때문에 산업 현장에서의 응용에는 적합하지 않다.

표 12.5 특정 음향 수준 노출허용시간

시간/하루	음향수준(dA)
8	90
6	92
4	95
3	97
2	100
1.5	102
1	105
0.5	110
0.25 이하	115

12.2.4 소음 통제

소음 수준을 통제하는 세 가지 방법 중에 가장 최선의 방법은 대개 어려우나 소음 수준을 그 원천에서부터 감소시키는 것이다. 그러나 이 방법은 원칙적으로 중장비 기계가 소음을 내면서 장비 특성의 효율을 발휘할 수 있기 때문에 때로는 재설계가 매우 어려울 수도 있다. 그러나 경우에 따라 소음을 적게 내는 장비로 대체할 수는 있을 것이며, 장비의 유지 및 균형을 잘 관리함으로써 소음의 원천에서부터 통제할 수도 있을 것이다. 소음이 원천적으로 통제될 수 없으면 그 장비를 분리시켜 통제할 수 있는 부분도 조사해야 하며, 이러한 것은 주로 에너지 동력과 연계된 것이 주로 이룬다.

만일 소음이 원천에서부터 감소될 수 없고, 소음 원천이 음향적으로 분리될 수 없을 때에는 음향 흡수가 효과적일 수 있다. 벽, 천정 및 바닥에 음향 자재를 설치하는 목적은 반향을 감소하기 위한 것이다.

때로 소리는 작업 환경에 도움을 주는데, 예로서 공장 내의 음악 소리가 작업 환경을 증진하는 경우도 있고, 대부분의 생산부서와 유지보수, 배송 및 출하 등과 같은 부서의 노동자들은 작업하면서 음악듣기를 즐긴다.

12.2.5 청력 보호

일반적인 경우, OSHA는 작업장에서 청력 보호구를 착용하는 것을 일시적인 해결방법으로 간주한다. 개인적인 보호 장비는 귀마개 같은 것이며, 대부분은 110 dB 이상의 음압까지의 주파수에 있는 소음을 약하게 해주며, 또한 600 Hz 이상에서 125 dB 이상, 115 dB 이하까지의 주파수로 소음을 감소시킬 수 있다. 귀마개 효과는 소음 감소율(NRR)로 측정할 수 있다. 일반적으로 귀 속에 집어넣어 보호하는 기구는 방한용 귀마개 형태의 것보다는 훨씬 보호 작용이 된다. 이 두 가지의 조합된 기구는 30 NRR 수치를 산출할 수 있다. 이러한 실험적인 수치는 이상적인 조건에서 얻은 것이며, 전형적으로 실제적인 상황에서는 머리, 수염, 안경 등으로 인해 NRR 수치가 10까지 상당히 떨어질 수 있다(Sanders and McCormick, 1993).

12.3 온도

대부분의 작업자는 강한 열에 한 번 이상은 노출되는데, 대부분의 경우는 특별한 산업에서 요구하는 인공적인 더위를 산출하게 된다. 갱도는 환기의 부족뿐만 아니라 땅 속 깊은 온도의 증가 때문에 더운 작업 환경을 갖게 된다. 방직 산업의 작업자는 덥고 습한 환경에 있고, 그 밖의 강철 및 알루미늄 산업의 작업자는 용광로나 오븐에서 방출되는 강렬한 온도를 느끼게 된다. 이러한 조건은 하루 작업 시간 중에 제한된 시간에만 있겠지만, 기후 때문에 받는 최악의 스트레스 이상을 줄 수 있다.

인간은 전형적으로 피부, 피부 섬유질, 수족 및 근육에 연결되어 각질로 보호된 실린더와 같이 형상화되어 있고, 중심의 온도는 98.6°F(37°C)의 정규 분포 내에 있다. 100~102°F(37.8~38.9°C) 사이에서는 생리학적인 특성이 갑자기 저하되며, 105°F(40.6°C) 이상에서는 땀을 배출하는 작용이 망가지고 중심의 급작스러운 온도 상승으로 말미암아 결국 죽게 된다. 인간 몸의 섬유질은 그와 반대로 손상을 피하면서 큰 온도의 분포에 대처하며, 중심 온도를 보호하기 위한 작용을 할 수 있다. 옷을 입는다는 것은 중심 온도가 더 이상 피해보지 않도록 보호 작용을 하는 것이다.

사람의 몸과 환경 사이의 열 교환은 다음과 같은 열평형 공식에 의해 나타낼 수 있다.

$$S = M \pm C \pm R - E$$

여기서, M = 신진대사에서의 얻은 열: (신진대사)

             C = 대류에서의 얻은(잃은) 열: (대류)

             R = 방열에서의 얻은(잃은) 열: (복사)

             E = 땀 증발을 통한 열손실: (증발)

             S = 몸의 열저장(손실): (열저장)

열 중성에 의하면 S는 0이 되어야 한다. 만일 몸을 통한 여러 가지 열 교환의 합이 열을 얻게 되면, 그 결과로 얻은 열은 몸의 피부 섬유질에 저장이 되고 중심 온도의 증가와 잠재적인 열압박을 받게 된다.

열 안전 영역은 하루 8시간 동안 앉거나 가벼운 작업이 이루어진 경우를 말하는데 66~79°F(18.8~26.1°C)의 온도 범위와 20~80%의 습도 범위에서 정의된다. 물론 작업량, 옷 및 복사량이 개인적인 차이에 따라 다를 수 있다.

12.3.1 열압박: WBGT

열 교환에 의한 생리적인 현상과 환경적인 측정을 하나의 지수로 조합하기 위한 많은 연구가 있었으며, 이러한 시도는 인간의 몸을 자극하는 데 필요한 기구의 설계, 혹은 환경 압박을 측정하는 데 필요한 실험적이거나 이론적인 자료를 근거로 모형과 공식의 고안, 혹은 생리적인 긴장감을 초래하는 것들에 집중되었다. 단순한 형식으로 대부분의 사람들이 온도 영역에서 사용하는 건조된 전구 온도와 같은 중요한 요소를 포함한다.

오늘날 산업 사회에 있어 가장 많이 사용되는 지수는 아마도 젖은 전구의 온도, 혹은 1957년 Yaglou와 Minard에 의해 개발된 WBGT에 의한 노출 제한과 작업 휴식 주기일 것이며, 약간 다른 형식으로 개발된 것은 1985년 ACGIH, 1986년 NIOSH와 1991년 ASHRAE가 있다. 태양이 비추는 실외의 WBGT가 0.7NWB + 0.2GT + 0.1DB로 정의되며, 태양열이 없는 실내 혹은 실외의 WBGT는 0.7NWB + 0.03GT가 된다.

여기서, NWB = 자연적으로 젖은 전구의 온도(젖은 양초나 남포의 심지와 자연적인 공기의 흐름을 갖는 온도계를 이용한 냉온 증발의 측정), GT = 공구의 온도(6인치 직경의 검은 구리 영역을 갖는 온도계를 이용한 방열의 측정), DB = 건조된 전구의 온도(기본적 둘러싼 온도; 복사열로부터 보호된 온도계) 등이다.

NWB는 최대 공기 속도를 이용하고 상대적인 습도와 열 안전 영역을 설정하기 위한 DB와 접속되어 사용되는 이상적인 젖은 전구와 다르다.

일단 WBGT가 측정되면, 현재는 가중치화 된 수치를 보여줄 수 있는 상품화된 기구가 있지만, 이것은 어느 주어진 환경하에 환경에 적응이 잘 된 작업자와 적응이 잘 안 된 작업자의 작업 시간을 설정하기 위해 신진 대사량과 함께 사용된다. 이러한 제한은 열평형 공식에서 계산된 개인적인 중심 온도가 약 1.8℉(1℃)씩 증가되는 데에 의하며, 1.8℉의 증가는 1986년 NOISH에 의해 사람의 몸의 열저장이 허용할 수 있는 제한으로 설정되었으며, 적절한 휴식 시간 역시 같은 조건하에 가정된다. 따라서 작업자가 안전한 영역에서 휴식을 할 수 있으면 필요한 휴식 시간은 줄어들 수 있는 것이다.

12.3.2 통제 방법

열 압박은 환경을 조절한 공학적인 통제 혹은 행정적인 통제로써 감소될 수 있다. 환경을 조절하는 것은 열평형 공식에 직접적으로 따른다. 만일 신진대사량이 열저장에 중요한 영향을 준다면, 작업량은 작업 작용에 의해 감소되어야 한다. 천천히 하는 작업은 역시 작업량을 감소시킬 것이나, 생산량의 감소를 초래할 수 있으며, 복사량은 뜨거운 물에 방수로를 공급하거나, 증기가 배출되는 부분을 조인다거나, 열공정에 있어 뜨거운 공기를 분산하기 위한 환기를 장치한다거나 등의 열 장비를 절연하는 방법으로 열 원천을 통제함으로써 감소할 수 있다. 복사열은 알루미늄, 혹은 플라스터 보드를 보호하는 반사자재, 혹은 가시력을 요구하면 전선 망사 스크린, 혹은 단유리와 같은 금속 체인 커튼을 이용한 복사열 보호 장치를 사용해서 작업자에게 도달하기 전에 막을 수 있으며, 반사보호 옷 혹은 소매가 긴 옷도 복사열을 감소시키는 데 도움이 된다.

작업자의 대류인인 열 손실은 전형적으로 95℉(35℃)의 건조된 전구 온도가 피부 온도보다 낮은 한, 환기를 통한 공기 흐름을 증가함으로써 높일 수 있다. 대류는 피부에 직접적으로 영향이 있는 반면에 복사열을 흡수할 수 있다. 작업자의 증발되는 열 손실은 공기의 흐름 증가 및 에어컨디셔너나 가습기를 이용한 수분 증발 압력을 감소시킴으로써 증진시킬 수 있다. 불행하게도 후자의 접근 방법은 비록 상쾌한 환경을 조성하기는 해도 비용이 비싸고, 종종 전형적인 생산 설비에는 실질적으로 적합하지가 않다.

12.3.3 냉각 압력

냉각 압력 지수로 가장 많이 사용되는 것은 한랭 바람 지수이며, 이것은 1945년 Siple과 Passel에 의하면, 주위 온도와 바람 속도의 함수로 나타내는 복사열 및 대류에 의한 열 손실 비율을 말한다. 전형적으로, 한랭 바람 지수는 직접적으로 사용되지 않고, 동량의 한랭 바람 온도로 변환되어 사용된다. 이것은 평범한 조건하에서 실질적인 공기 온도와 바람 속도의 조합을 같은 한랭 바람 지수로 생성하는 주위 온도를 말한다. 이와 같은 낮은 온도 조건에서 열평형을 유지하기 위해 작업자는 작업자의 육체적인 활동(열 생산)과 보호복에 의한 보호 사이에 어떠한 관계를 보여준다. 여기서, clo는 습도 50도, 공기흐름이 20 ft/min와 건조된 전구온도 70°F(21.1℃)하에 앉아 있는 작업자를 편안하게 유지하기 위한 보호를 의미한다. 가벼운 사무 작업 장소는 대략 1 clo 보호와 동등하다.

외부 조건에 노출되는 산업 근로자에 있어 가장 큰 영향은 아마도 촉감과 수동 작업의 감소와 손의 피 흐름감소일 것이다. 수동 작업 수행은 피부온도가 65 ~ 45°F(18.3 ~ 7.2℃)로 떨어짐으로써 약 50% 감소된다(Lockhart, Kiess and Clegg, 1975). 부가적인 히터, 손 보호 장치와 장갑은 이러한 문제의 해결을 도와주고, 수동 작업 수행과 압력을 감소시킨다. 손과 수작업의 수행에 최소한으로 영향을 줄 수 있는 방법은 손 장갑일 것이다(Riley and Cochran, 1984).

12.4 환기, 진동 및 방사선

사무실에 사람, 기계 혹은 활동이 나타나면, 그 사무실의 공기는 냄새, 열, 증기로 인한 형성, 탄화 물질의 생성 및 공기 중의 독성으로 인해 더러워질 것이기 때문에, 이러한 오염물의 희석, 오염공기의 배출 및 신선한 공기의 공급을 위해 환기가 필요하며, 이러한 환기는 일반적, 장소적 혹은 부분적인 세 가지 접근방법 중에 하나, 혹은 두 가지 방법으로 할 수 있다. 일반적 배수의 환기는 8 ~ 12 feet(2.4 ~ 3.6 m) 크기로 이루어지며 장비, 조명 및 작업자로부터 발생되는 온기를 대체한다. 한 시간당 한 작업자에게 필요한 신선한 공기는 대략 300 ft²(8.5 m³)이 된다.

작업장의 수가 적은 경우에 전체적인 건물을 환기한다는 것은 비실용적이기 때문에, 이러한 경우는, 장소에 따른 환기를 낮은 수준이나 닫힌 장소에 따른 환기 조절 장치의 사용으로 이루어질 수 있다. 환풍의 속도는 환풍에서 떨어질수록 급격하게 떨어지기 때문에 환풍의 방향이 중요하며, 대략적인 것은 30환풍 지름의 거리에서 환풍의 속도는 0으로 떨어진다(Konz, 1995). 결국 내화성 오븐과 같은 장소적인 열 원천의 영역에서는 작업자에게 직접적이고 높은 속도의 공기흐름은 대류적이고 증발적인 냉각을 증가시킨다.

진동은 작업 수행에 있어 해로운 영향을 미친다. 높은 진폭과 낮은 주파수의 진동은 특히 사람 몸과 근육 조직에 해로우며, 진동의 변수는 주파수, 진폭, 속도, 가속 및 갑작스러운 동작의 멈춤이 될 수 있다.

모든 기계적인 시스템은 질량, 탄성, 기력을 이용한 조합으로 구성되어 자체적인 자연 주파를 갖는데, 진동이 이러한 주파수와 가까우면 가까울수록 시스템이 미치는 영향은 커진다. 만일 힘이 가해진 진동이 시스템 내에서 진폭 진동을 유발한다면 이러한 시스템을 공명이라고 말하며, 이것은 상당한 영향력을 갖고 있다.

몸이나 시스템의 진폭은 이와 반대로 기가 꺾이는 경향이 있다. 이와 같이 서있는 위치에서는 다리의 근육은 진동을 막아준다. 35 Hz 이상의 주파수는 특히 없어지며, 손가락 진동의 진폭은 손에서 50%, 팔꿈치에서 60% 그리고 어깨에서 90%가 사라지게 된다.

진동의 사람 허용치는 시간이 지날수록 감소되며, 따라서, 허용할 만한 가속 수준도 시간이 감소됨에 따라 증가된다. 국제표준기구(International Standards Organization)와 미국표준협회(American National Standards Institute)에 의해 수송과 산업 응용을 위한 몸 진동의 한계가 개발되었는데, 가속, 주파수 및 지속시간에 따라 한계가 표준화되었다. 적절한 한계는 가속치가 3.15로 나누어지고 안전한 한계를 위해서는 수치가 2로 곱해진다. 그러나 손을 위한 한계는 개발되지 않았다.

$0.2 \sim 0.7$ Hz와 같은 낮은 주파수, 높은 진폭 진동은 해상이나 비행 상에서의 구역질을 느끼게 하는 주요한 원인이 되며, $1 \sim 250$ Hz 사이에 진동 노출에서 작업자는 급격하게 피로를 느끼게 된다. 진동 피로의 초기 증상은 두통, 시각장애, 식욕감소 및 의욕상실이며, 후에는 운전 조절력 상실, 허리통증, 골 위축증 및 관절염이 나타난다. 이러한 범위내의 진동 경험은 종종 운송 산업에서 볼 수 있는데, 보통의 무게를 싣고 전형적인 속도로 $3 \sim 7$ Hz 사이에 운반을 할 때 고무타이어의 수직적인 진동이 정확하게 인간의 신경에서의 공명 주요 범위에서와 같다.

$30 \sim 40$ Hz 주파수의 전기 도구는 혈관흐름을 막고 신경을 다치게 하는 경향이 있어 결국은 "백지병(white fingers)" 증상을 유발하며, 이 문제는 냉 조건에서 더 악화되며 혈관흐름을 막거나 레이노 증상(Raynaud's syndrome)을 유발한다. 이러한 문제를 줄이기 위해 진동을 흡수하는 도구, 진동 흡수를 위해 떨어질 수 있게 고안된 손잡이 및 진동 흡수의 젤을 시용한 장갑의 사용이 있겠다.

경영진에서는 진동에 대비한 여러 가지 방법으로 작업자를 보호할 수 있는데, 진동 근원을 줄이기 위해 속도, 동력 혹은 동작의 조작이나 장비의 적절한 유지 및 낡은 부품의 교환이 있을 수 있고, 설계자는 진동 방지 물체를 이용하거나 작업자의 위치 조절을 고려하거나 작업자 군에서 작업 할당을 바꾸는 것을 고려해야 한다. 마지막으로 높은 진폭 진동을 줄이기 위한 물체의 도입 및 서서 작업하는 작업자를 위한 가볍고 탄력 있는 바닥재의 사용도 고려해야 한다.

비록 모든 형태의 방사선 피폭은 신경 조직을 상하게 하지만, 베타 및 알파선은 오늘날 감마선이라고 불리는 엑스레이와 중성방사선을 쉽게 방어할 수 있다. 진공 장비에서 금속을 뚫는 높은 에너지 전자 광선은 일반 전자 광선보다 훨씬 더 강한 엑스레이 선을 만들어 낼 수 있다.

흡수량은 주어진 자재에 방사선 피폭에 의해 분리된 에너지의 양을 말하는데, 그 단위는 rad로 하고 이것은 1 킬로그램당 0.01 joules의 흡수와 같다(100 ergs/gram). 양등가는 인간에 대한 다양한 방사선 피폭의 생물학적인 영향의 차이를 수집하는 방법인데, 그 단위는 rem이며, 이것은 근본적으로 1 rad의 엑스 혹은 감마선 흡수량이 보여주는 같은 생물학적 영향을 산출한다. Roentgen(R)은 엑스 혹은 감마선에 의해 공기에 전리된 양을 측정하는 노출 단위이다. 1 Roentgen은 약 1 rad의 흡수량을 받은 노출된 신경 조직의 점을 말한다.

사람의 전체 몸에 짧은 시간에 있어 100 rads 혹은 그 이상의 많은 방사선 피폭 양은 방사선으로 인한 병을 유발하고, 약 400 rads의 흡수량은 치명적이다. 또한 긴 시간 동안 적은 양의 노출은 다양한 암과 그 밖의 질병을 수축할 수 있는 확률이 높아진다. 1 rem의 방사선 양등가에 의한 치명적인 암의 위험은 약 1024이며, 이것은 양등가 1 rem을 받은 사람은 방사선으로 인해 암으로 죽어가는 사람 10,000명 중에 1명일 가능성이 있다. 또한 각 사람이 1 rem의 양등가를 받았을 때, 10,000명 중에 치명적인 암이 있을 한 사람으로 표현할 수 있다.

방사선 영역의 작업장에 있는 작업자는 1년에 5 rem 양등가로 제한되며, 방사선 조절을 받지 않는 경우도 마찬가지이다. 이러한 제한 구역에서의 작업자는 건강에 큰 영향이 미치지 않도록 해야 하며, 모든 사람은 사람의 몸, 우주, 건축 자재 및 지구 자체에서 자연적인 방사선에 노출되어 있으며, 자연적인 환경에서의 양등가는 연간 약 0.1 rem(100 millirem)이다.

12.5 안전

발전성 있는 경영진의 목적 중 하나는 직원에 대한 안전하고 건강한 작업장의 공급에 있으며, 기업 혹은 운용의 물리적인 환경의 통제를 요구하게 된다. 대부분의 상해는 안전하지 못한 조건, 혹은 불안한 활동, 혹은 두 사항의 조합에 의해 초래된다. 불안전한 조건은 장비 사용과 작업장 주위로 모든 물리적인 조건이 포함된 물리적인 환경에 연관되어 있다. 예로서, 위험은 감시의 부족, 혹은 장비, 기계의 위치, 저장소 영역의 조건, 혹은 건물의 조건에 대한 적절하지 못한 감시에서 유래된다.

건물에 연관된 주요한 안전 고려사항은 적절한 건물 내의 부하 용량을 포함하고 있고, 이것은 특별히 매년 과부하로 인해 심각한 사고를 유발하는 저장소 영역에서 중요하다.

벽, 천정, 과도한 진동 및 구조 작업의 배치 등에 과부하 위험 표시를 해야 한다.

복도, 계단 및 그 밖의 통로는 장애물 방해가 없는지, 평평한지, 오일이 있지는 않은지 혹은 다른 자재가 떨어지거나 미끄럽지 않은지를 확인하기 위해 정기적으로 검사를 해야 한다. 많은 오래된 건물은 계단의 검사가 중요하고, 계단은 30~35도 각도의 기울기와 약 9.5인치(24 cm)의 넓이를 유지해야 하며, 높이는 8인치(20 cm)를 넘지 말아야 한다. 모든 계단은 손잡이가 부착되어야 하며, 최소한 100 foot-candles(100 lux)의 조명과 밝은 색깔로 이루어져야 한다.

건물은 최소한 두 개의 비상구가 준비되어야 하며, 비상구의 크기는 국제소방대책협회(National Fire Protection Association)의 생명안전코드(Life Safety Code)와 일치해야 하며, 이 코드는 제한 인원 및 기존의 영역의 화재 위험에 관련된 사항을 고려하고 있다. 적절한 화재 방지는 OSHA 기준과 특별히 고안된 지방의 내규에 따라 서로 협조되어야 하며, 건물 내에는 적절한 소화기, 살수기 시스템 및 배수탑과 호스를 준비해야 한다.

복도는 명백하게 표시되고 직선이어야 하며, 둥그런 모퉁이나 회전점에서는 비스듬한 선을 유지해야 하는데, 만일 복도가 운반 기구와 같이 사용되면, 복도의 넓이는 가장 넓은 운반 기구의 두 배보다 최소한 3피트는 더 넓어야 하며, 교통량이 오직 한 길이라면 가장 넓은 운반 기구의 넓이보다 2피트 더 넓은 것이 적당하다. 대개 복도는 최소한 5 foot-candle(50 lux)의 조명이 되어야 하며, 충분한 초기 조명 설비 설치 때에는 적절한 조도를 확신할 수 없고, 지속적으로 조명 설비의 청소와 낡은 전구의 교체가 필요하다. 색조는 위

표 12.6 추천할 만한 색조

색	사용처	예
빨강	화재 예방 장비, 위험 및 정지표시	화재 경보 상자, 소화기 위치 장소, 및 호스 살수기 파이프, 화염성 있는 안전 캔, 위험표시, 응급정지단추
오렌지	기계의 위험 부품, 그 밖의 위험 물질	가동 위험 방지기의 내부, 안전 시작 단추, 가동 장비의 노출 부품
노랑	주의 지적 물리적인 위험	건축 및 장비의 물자 취급, 모퉁이 표시, 승강장, 구멍, 계단 발판, 돌출 부분의 끝부분, 검은색 줄 혹은 점검 요구가 노랑과 함께 사용
녹색	안전	응급처치 약 장비, 가스마스크, 안전 방수의 위치
파랑	장비 사용 혹은 시작에 대비한 주의 지적	기계의 시작점, 전기 조작, 탱크 및 보일러의 밸브에 주의깃발
보라색	방사선 위험	방사선 자재 및 원천의 용기
검정과 흰색	교통과 감독 표시	복도 위치, 방향 표시, 응급 장비 부근의 청소 영역

험조건을 확인할 수 있도록 사용되어야 하며, 표 12.6은 OSHA 기준에 의해 추천할 만한 색깔을 보여준다.

대부분의 기계 도구는 기계를 작동할 때 작업자가 상해를 받을 수 있는 가능성을 최소화하는 데 충분한 감시가 되어 있는데, 문제는 대부분의 기계가 감독하에 있지 않다는 것이다. 이러한 경우에는, 즉시 행동을 취해서 감독이 있어 평소와 같이 일을 할 수 있도록 해주어야 한다. 각각의 작업자는 적절히 떨어진(36인치 혹은 91 cm) 부분에 두 개의 단추가 있어서, 프레스 작업을 할 경우 안전한 위치에 와서 작동을 해야 한다. 손바닥을 사용해서 작동하는 단추는 직물프레스를 입·출하할 경우 가장 안전하게 고안된 것이다.

접합기 혹은 원형 차단 장치 톱과 같은 경우에 있어서의 공정은 부분적인 감독이 가능할 수 있으며, 완전 감독은 작업자의 작업에 방해가 될 수 있고 가격이 비싸거나 불가능하기 때문에, 여러 가지 대안을 고려해야 한다. 때로는 공정을 자동화하거나, 로봇의 사용 혹은 방법의 다양함을 고려해서 위험 부분에서 작업자의 안전을 고려할 수 있다.

도구에 관한 품질관리와 유지보수 시스템은 작업 조건에서 작업자가 신뢰하고 작업할 수 있도록 해야 한다. 부러진 절연 부분이 있는 전기 도구, 접지 상태가 안 좋은 전기도구, 날카롭지 않은 도구, 납작해진 머리의 망치, 부러진 톱니바퀴, 보호 장치가 없는 톱니바퀴, 톱니 빠진 도구 등은 작업자에게 공급될 수 있는 불안전한 도구의 예가 된다.

또한 고려해야 할 잠재적인 위험 물질이 있는데, 많은 기업과 제조업에서는 위험한 화학물질이다. 회사 정책상 사용되는 모든 화학 물질의 구성체는 그 위험도가 확인되어야 하며, 작업자를 보호하기 위한 측정 항목이 통제되어야 한다. 그 밖에 인간에게 오랫동안 영향을 미치는 물질은 알 수 없을 만큼 많다. OHSA와 그 밖의 관련 협회에서 인식된 위험에 대해서 회사는 그 처리 문제에 관한 새로운 절차를 따라야 한다.

사람과 안전 문제에 대해서 이미 알려진 물질은 부식성 물질, 독성 및 자극성 물질, 발화성 물질 등 세 가지 분류로 나누게 된다. 부식성 물질은 다양한 산성과 초산이 포함되어 있어 피부에 닿기만 하면 타거나 손상을 주게 되며, 화학적 반응은 피부와 직접적인 접촉으로 일어나거나, 방출되는 연기나 증기를 통해서도 가능하다.

소화 불량과 피부 흡수나 호흡을 통한 장애를 유발하는 가스, 액체 혹은 사람에게 독성이 있는 고체가 독성 및 자극성 물질에 포함되는데, 다음과 같은 방법으로 이러한 독성 물질을 통제한다.

1. 독성을 유발하는 공정에서는 작업자를 철저하게 통제한다.

2. 적절한 출구 환기를 공급한다.

3. 신뢰할 만한 개인 보호 장비를 작업자에게 공급한다.

4. 비독성 혹은 비자극성 물질로 가능하면 대체한다.

발화성 물질과 강력한 산화약품은 화재와 폭발위험을 갖고 있으며, 자연발화 물질은 천천히 내뿜는 산화공정 열을 충분히 환기시키지 못함으로써 점화될 수 있는데, 이러한 화재를 방지하기 위해서는 자연발화 물질은 환기가 잘 되고, 시원하며, 축축하지 않은 곳에 저장을 해야 하며, 적은 양은 뚜껑이 있는 금속 용기에 저장을 해야 한다.

나무 톱밥먼지와 같은 자연산화 할 수 있는 먼지는 발화성이 있다고 좀처럼 알려져 있지 않으나, 발화는 이러한 먼지, 발화성 있는 증기나 풀들이 산적해 있는 경우에는 언제나 일어날 수 있다. 가스나 먼지는 발화가 일어날 수 있는 제한성의 산적을 두고 있는데, 가벼운 먼지는 1 cubic foot당 0.015 ounce, 두터운 먼지는 1 cubic foot당 0.5 ounce의 최소 제한을 두고 있다. 증기와 가스는 그보다 좀더 넓은 범위에 제한을 두고 있는데, 공기 내에 0.5%의 농축을 최소 제한으로 표기하며, 온도의 증가는 최소 제한을 더 떨어지게 한다.

폭발을 방지하기 위해서 적절한 환기를 공급해서 점화를 방지하는 배기장치 시스템이 필요하며, 적절한 제조 공정의 통제로 먼지 생성과 가스와 증기의 유리 현상을 최소화해야 한다. 가스와 증기는 가스 유출에서부터 액체나 고체의 흡수, 고체의 흡착, 액화, 촉매 연소 및 소각의 방법으로 제거할 수 있을 것이다. 흡수로써, 가스 혹은 증기는 액체 혹은 고체 상태 변화되며, 흡수 장치로 인해 얻은 가스와 증기는 고체 형태로 흡착이 되어서 다양하게 되는데, 예로 석탄을 들 수 있다.

작업의 성격과 경제적인 고려사항 때문에 방법의 변화, 장비 혹은 도구가 때로는 어떤 위험을 제거하지 못할 수 있는데, 이러한 경우가 발생되면, 작업자는 종종 보호안경, 얼굴 보호대, 헬멧, 앞치마, 재킷, 바지, 각반, 장갑, 안전화 및 호흡장비와 같은 개인 보호 장비로 충분히 보호받을 수 있다.

작업자가 늘 개인 보호 장비를 착용하기 위해서 회사는 싼 값으로 혹은 무료로 이러한 장비를 공급해야 하며, 회사가 부담하는 경우는 점차적으로 확대되고 있으며, 작업자가 개인 보호 장비로 인해 안구, 손, 발 혹은 생명까지도 보호 받을 수 있었던 예는 많다. 예로서, 한 강철 회사는 회사가 공급하는 헬멧의 사용으로 인해 1년에 20명의 사상자를 예방할 수 있었다는 보고가 있었으며, 한 목재 회사는 20일 주기 내에 안전모의 착용이 여섯 명의 머리 부상을 예방했다고 한다.

최근 미국 노동 통계에 따르면 안구 부상이나 화학 작용으로 인한 작업자 가운데 60%는 사고 당시 안구 보호대를 착용하지 않았었다고 하며, 이 사고의 75%는 작업자가 안구 보호대의 필요성을 갖지 못했다고 한다. 안구 보호 장비는 비싸지도 않으며 늘 착용되어야 한다. 작업자는 보호 장비의 필요성과 이러한 장비의 사용에 적응되어야 하며, 그것은 작업자가 시행해야 할 조건에 해당된다.

12.6 OSHA

1970년 미국의회에서는 국내에서 일하는 남녀 모든 작업자의 안전과 건강한 작업 조건과 인간 존엄성의 유지를 위해 OSHA(Occupational Safety and Health Administration)를 통과시켰다. 이 법령 하에서 OSHA는 다음을 위해 제정되었다.

1. 고용주와 종업원이 작업장의 위험을 줄이고 기존의 안전 및 건강 프로그램을 개량하거나 새롭게 발전하기 위함이다.

2. 더 나은 안전 및 건강조건을 얻기 위해 고용주와 종업원에게 서로 구별되지만 서로 "의존적인 책임과 권리"를 부여하기 위함이다.

3. 작업과 관련된 상해 및 질병을 감시하기위한 보고 및 기록 시스템을 유지한다.

4. 강제적인 작업 안전 및 건강 표준을 개발하고 효과적으로 사용한다.

5. 직업 안전 및 건강 프로그램의 개발, 분석, 평가 및 절충을 제공한다.

이 법령은 초기부터 작업장의 설계에 영향을 주기 때문에 방법 분석가는 이 법령에 관한 구체적인 사항을 인지하고 있어야 한다. 본 법령의 주 임무는, 각 고용주는 작업자에게 육체적인 심각한 상해나 사망까지 이를 수 있는 위험 원인이 없는 작업장을 공급해야 한다는 것을 말하며, 본 법령은 작업자들도 작업 수행에 응용할 수 있도록 인지되어야 하는 책임과 안전을 위해 개인 보호 장비를 착용해야 한다는 것을 일러준다.

OSHA 규칙은 일반적인 산업, 해운, 건설 및 농업의 네 가지 분류로 나뉘게 되는데, 모든 OSHA 규칙은 대부분의 도서관, 1997년 OSHA가 발행한 규칙에 관한 책과 웹(http://www.osha.gov/)의 Federal Register에서 찾아볼 수 있다. OSHA는 자체의 발의권과 건강복지부(Secretary of Health and Human Service; HHS), NIOSH(National Institute for Occupational Safety and Health), ASME와 같은 국가적으로 인정되는 생산 표준 조직, 주정부나 고용주 혹은 노동자 대표의 허가를 바탕으로 절차를 제정할 수 있다. 이러한 단체 중에, HHS의 매개로 NIOSH는 그 중 가장 활발하게 표준 제정에 활동하고 있고, 다양한 안전 및 건강 프로그램에 관한 연구와 OSHA에 상당한 기술적인 지원을 하고 있다. 특히 중요한 것은 NIOSH에 의해 독성물질에 관한 조사와 작업장에 이러한 요소의 사용기준에 관한 개발이었다.

OSHA는 또한 모든 50개 주의 작업자를 위한 컨설팅 서비스를 공급하고 있으며, 이것은 요청에 의해 이루어진다. 우선권은 규모가 작은 기업에 주어지며, 점차적으로 사기업에는 기회가 적어지고 있다. 이러한 전문가는 고용주에게 위험성을 인식하게 하고 올바른 측정을 하도록 도와준다.

법령은 또한 11명 이상의 종업원이 있는 고용주에게 직업적인 상해와 병이 발생했을 때에는 기록하도록 요구한다. 직업적인 상해는 작업과 관련되어 발생한 잘림, 뼈의 상해, 접질림이나 절단을 말하며, 직업적인 병은 직업적인 상해와 직업과 관련되어 노출된 환경 요소로 인해 유발된 비정상적 조건이나 정신 분열을 말하는데, 이것은 호흡, 흡수, 음식물 섭취 혹은 해롭거나 독성의 직접적인 접촉으로 인해 유발될 수 있는 급성 및 만성의 병을 포함한다. 특히 이러한 결과가 사망, 하루 이상의 작업일수의 손실, 과거에 작업에 관해 수행할 수 없는 동작의 제한, 의식 상실, 다른 작업으로의 이전, 혹은 응급 처치 이상의 의료 조치를 필요로 하는 것으로 된다면 필히 기록을 해야 한다.

OSHA는 제정된 표준을 수행하기 위해서 작업장의 검사를 수행할 권한이 있다. 결과적으로, 법령에 제정된 모든 조항은 OSHA에 의해 검사를 받아야 하며, 법령은 OSHA 사무원이 지체 없이 어느 공장이나 작업장에 들어가서 모든 관련된 조건, 장비 및 자재를 검사하며 고용주, 작업자 혹은 종업원을 대상으로 질문을 할 수 있도록 권한을 주고 있다.

소환(citation)은 고용주와 종업원에게 위반된 규범과 표준의 공고와 더불어 그것의 논쟁에 관한 주어진 시간을 공시하는 것이다. 고용주는 등기우편으로 소환과 제시된 벌금 요구를 받게 될 것이며, 고용주는 위반이 발생되었던 모든 곳에 3일 혹은 위반에 관한 논쟁이 끝날 때까지, 둘 중에 긴 시간 동안 각 소환장을 복사해서 붙여야 한다.

1990년에 육류 포장 산업에서 작업과 연관된 심각한 근육병과 높은 사고가 발생되어 OSHA는 이러한 위험성에서부터 작업자를 보호하기 위해 인간공학 지침을 개발하게 되었다. 이 지침의 출간과 유포는 육류 포장 산업의 지원에 있어 인간공학을 포함한 포괄적인 안전과 건강 프로그램을 시행하는 첫 단계를 의미하며, 산업 인간공학 표준의 새로운 개발점이 되었다. 지침은 고용주가 인간공학 형태의 문제가 있으면 그러한 문제의 위치와 성격을 파악하고 결정하고, 그 문제를 제거 혹은 감소하는 데 필요한 정보를 공급해 준다. 지침은 2001년도에 OSHA 인간공학 표준에 의해 산업전반에 걸쳐 개발되었으나, 현재 정치적인 이유로 해서 법안 통과가 보류 중에 있다.

육류 포장 산업에 있어 인간공학 프로그램은 (1) 경영 책임 및 종업원 참여; (2) 작업장 분석; (3) 추천할 만한 위험 방지 및 통제; (4) 의학 경영 및 (5) 훈련 및 교육의 다섯 가지로 분류된다.

책임 및 참여는 확고한 안전 및 건강 프로그램의 가장 기본적인 요소이며, 경영진의 책임은 특히 동기 부여 및 문제 해결의 필요한 근원으로써 매우 중요하다. 종업원 참여 역시 유사하게도 이러한 프로그램을 유지하고 지속하는 데 필요하며, 효과적인 프로그램은 최고경영진을 팀 리더로 두는 팀 접근 방법이며, 다음과 같은 원칙이 있다.

1. 최고 경영자가 서명하고 지지하며 확실한 목적을 달성하기 위한 직업 안전, 건강 및 인간공학을 위한 서면 프로그램

2. 인간공학 위험 제거를 강조하면서 종업원의 건강과 안전을 고려하는 인사

3. 생산과 마찬가지로 건강과 안전에 같은 중점을 두고 시행되는 정책

4. 적절한 경영자, 감독자 및 종업원에게 인간공학 프로그램 책임의 의사전달과 할당

5. 이러한 책임을 수행하기 위해 경영자, 감독자 및 종업원으로부터의 신뢰성을 확신

6. 인간공학 프로그램의 정기적인 검토와 평가의 수행에는 상해 자료의 경향 분석, 종업원 조사, 작업장 변화의 전과 후의 평가, 작업 능률의 노동 시간표 등과 같은 것이 포함될 수 있다.

종업원은 다음과 같은 사항을 통해 참여할 수 있다.

1. 분노나 보복 없이 경영진에게 종업원의 관심사항을 알리는 개선 절차나 불만사항

2. 작업 관련된 근육병의 조짐이 있을 때에, 민첩한 통제와 조치가 이뤄질 수 있도록 하는 정확히 기록된 절차

3. 인간공학 문제의 분석과 개선에 관한 보고서를 받는 인간공학 위원회

4. 인간공학 스트레스의 작업분석과 확인을 할 수 있는 기술이 요구되는 인간공학 팀

효과적인 인간공학 프로그램은 설계 작업장 분석, 위험 통제, 의학 경영, 훈련 및 교육 등의 주 프로그램 요소를 포함한다.

12.7 설계 작업장 분석

설계 작업장 분석은 위험이 있을 작업과 작업장뿐만 아니라 기존의 위험과 위험 조건을 확인하게 되고, 이 분석은 또한 작업과 연관되어 발생할 수 있는 근육병과 같은 것을 확인하기 위하여 상해와 병의 통계적인 분석과 상세한 근본 원인을 추적해 가는 것도 포함한다. 분석 프로그램을 수행하기 위한 첫 단계는 예를 들면, 의학기록, 보험기록 및 OSHA-200 노동시간표의 상해 및 병 기록의 분석과 검토이다. 작업과 관련된 근육병과 같은 사고율(Incidence Rates; IR)은 한 설비에서 1년간 100시간 작업자에 한해 다음과 같이 계산된다.

$$IR = 200,000 \times I/H$$

여기서, I = 주어진 시간 주기에서 발생한 상해의 수

H = 같은 시간 주기에서 실제로 종업원이 작업한 시간

유사하게 병이나 사고로 인해 작업을 하지 못한 날짜의 수는 SR(severity rate)로 다음과 같다.

$$SR = 200,000 \times LT/H$$

여기서, LT = 작업을 하지 못한 날짜의 수

설계 작업장 분석의 두 번째 단계는 작업에 관련된 병이 발생할 가능성이 있는 부분을 인식하기 위한 기초조사를 수행하는 것인데, 전형적으로 질문지를 통해 개인 작업자에게 잠재적으로 발생할 수 있는 작업에 관련된 병의 심각성이나 발생할 수 있는 위치뿐만 아니라 작업 공정, 작업장, 혹은 작업 방법에도 있을 수 있는 인간공학 위험 요소를 확인하기 위함이다.

주요한 세 번째 단계는 실질적인 설계 작업장 분석이며, 이것은 이전 절에서 언급한 인간공학 혹은 작업설계의 목록을 이용하여 실질적으로 작업장을 돌아다니면서 분석함을 말한다. 비디오테이프를 이용하는 것도 추천할 만한데, 천천히 동작을 분석함으로써 좀더 정확하게 작업수행을 하는 것뿐만 아니라, 작업자의 자세, 각도 및 작업의 요구사항을 분석할 수 있기 때문이다.

설계 작업장 분석의 네 번째 단계는 정기적인 검토이다, 이것은 이전에 잠재적 위험요소 혹은 설계의 미비함을 발견할 수 있으며, 검토 공정은 종업원들이 인간공학 위험이 나타나는 조건에 관한 것을 경영진에게 알려줄 수 있어야 하며, 그들의 경험으로 문제를 통제할 수 있어야 한다. 상해나 병에 관한 경향은 인간공학 프로그램의 효과를 정량적으로 검사할 수 있도록 정기적인 주기로 검사되고 계산되어야 한다.

12.7.1 인체측정학과 설계

주요한 가이드라인은 인간의 신체구조 치수에 관한 한 광범위한 사람들에게 맞도록 작업장을 설계해야 한다는 것이다. 인체를 측정하는 과학을 **인체측정학**(anthropometry)이라 하며, 대체로 키나 전완 길이 등의 구조적 치수를 재기 위해 다양한 측정 양각기(caliper)를 이용한다. 하지만 실제로 이미 수집되고 도표화된 자료만으로도 충분하기 때문에, 인체측정학자나 공학자들이 직접 자기 자신만의 자료를 수집하는 경우는 드물다. 서로 다른 100여 인종을 위해서는 1000개의 다른 신체 치수를 측정해야 한다.

가령 미군, NHES의 여성과 남성, 네덜란드시민, 일본시민 등은 Anthropometric Source Book(Webb Association, 1978)에서 자료를 제공한다. 미국 내 여성과 남성들이 사용할 작업장 설계에 적용될 특별한 자세를 위한 치수도 필요하다. 이 자료 중의 일부는 조정이 가능한 모형이나 작업자의 키에 기초한 알맞은 작업장을 위한 계산 도표에 사용되고 있다 (Diffrient et al, 1978)

마침내, 컴퓨터를 사용한 배치로서, COMBIMAN, Jack 그리고 MannequinPro 같은 컴퓨터화된 인간 모델은 손쉽게 크기를 수정할 수 있게 했고, 심지어는 동작이나 시야 내에서 한계 표시가 가능하게 했다. COMBIMAN은 SGI나 RISC-type의 작업 환경이 필요하다. 반면에 Jack이나 MannequinPro는 개인용 컴퓨터로도 가능하다.

12.7.2 극단적 설계

대부분의 개인을 위한 설계는 디자인 문제 유형에 의해 결정된 3개의 특유한 디자인 원칙 중 하나를 사용하는 것을 포함하는 접근이다. **극단적 설계**는 특정 설계 치수가 대상 집단의 최대치와 최소치를 결정하는 제한 요소라는 사실을 의미한다. 가령 출입구나 저장 탱크의 입구와 같은 문은 최대 집단치로 설계되어야 한다. 즉, 남성의 키나 어깨너비의 제 95 백분위수를 사용해야 한다. 그러면 남성의 95%와 여성의 대부분이 문을 통과할 수 있을 것이다.

통로나 빈 공간은 사용 빈도가 그다지 많지 않다. 그리고 문틈 높이는 최대 집단치로 설계하는 것이 적절하다. 반면에 군용 비행기나 잠수함에 공간을 넓히는 것은 경비가 많이 들기 때문에 최소 집단치로 설계하는 것이 바람직하다. 브레이크 페달과 조절 장치까지의 도달거리는 최소 집단치로 설계되어야 한다. 즉, 여성의 다리나 팔 길이의 제 5 백분위수를 사용해야 한다. 그렇게 하면 여성의 95%에 해당하는 수와 남성 모두가 페달과 조정 장치에 다리가 닿고 조절이 가능하다.

12.7.3 가변적 설계

가변적 설계는 광범위한 개인에게 맞추기 위해 조절될 수 있기보다는 일반적으로 장비나 설비를 위해 사용된다. 의자, 책상, 탁자, 자동차 좌석, 운전대와 공구선반은 일반적으로 여성의 제 5 백분위수부터 남성의 제 95 백분위수에 이르기까지를 수용할 수 있게 조정이 가능하다. 분명 가변적 설계는 디자인을 하는 데 선호되는 방법이지만, 비용 면에서는 그렇지 못하다.

12.7.4 평균 설계

평균 설계는 가장 싸고 쉬운 방법이지만 되도록이면 사용하지 않는 것이 바람직하다. 모든 치수가 평균인 사람은 아무도 없다 할지라도, 어떤 경우에는 모든 것에 가변성을 포함한다는 것이 비현실적이고 비용이 너무 많이 들 수도 있다. 가령 대부분의 산업 기계 공구는 부피가 크고 무거워 작업자를 위해 높이를 가변적으로 할 수 없다. 작동 높이를 남성과 여성 집단을 합했을 때(보통 남성의 평균과 여성의 제 50 백분위수)의 팔꿈치 높이 제 50 백분위수로 하면, 대부분의 사람이 심하게 불편하지 않을 것이다. 그러나 예외적으로 키가 큰 남성이나 키가 작은 여성은 자세의 불편을 겪게 될지도 모른다.

마지막으로, 산업 디자이너들은 설계 작업을 하는데 있어서 법적으로 파생되는 결과 또한 고려해야 한다. The Americans with Disabilities Act of 1990(미국 장애인 법)의 통과로 인해 장애인을 포함한 모든 사람에게 적합할 수 있도록 디자인하는 데 합리적인 노력을 기울여야만 한다. 특별한 접근 가이드라인(Special accessibility guidelines; U.S. Department of

Justice, 1991)이 제정되었으며 이것은 주차장, 건물 복도, 조립공장, 현관, 진입로, 엘리베이터, 문, 분수, 화장실, 레스토랑이나 카페테리아의 설비, 경보기, 전화기 등에 적용된다.

현실적이고 비용의 측면에서 가능하다면, 설계된 장비나 설비를 실제 크기의 모형으로 만들어 사용자가 직접 평가하게 하는 것이 가장 도움이 된다. 인체 측정은 대개 표준 자세로 실시된다. 실제 생활에서 사람들은 기본 치수나 궁극적 설계와는 다른 편한 자세를 취한다. 실제로 모형이 결핍된 평가로 인해 생산 과정에서 많은 문제점이 발견되었다.

12.8 수동작업설계

수동작업설계(manual work design)는 Gilbreth의 동작 연구와 동작 경제의 법칙에 의해 도입되었으며 그 후 Barns에 의하여 발전되었다(1980). 그 원리는 기본적으로 다음과 같이 세 가지로 세분될 수 있다; (1) 인간의 몸을 사용, (2) 작업장소의 배열과 조건, (3) 공구와 장비의 설계. 더욱더 중요한 것은 비록 이러한 원리가 경험적으로 발전되었다고 하더라도 사실은 인간 신체의 해부학적, 신체역학적, 생리학적 특성에 기본을 두고 있다는 것이다.

즉, 이러한 것들이 인간공학과 작업 디자인에 있어서 과학적인 근거를 마련하고 있다는 것이다. 따라서 이 장에서는 동작경제의 원리가 단순히 암기된 규칙으로 받아들여지기보다는 이해될 수 있도록 이론적인 배경에 대하여 설명되도록 할 것이다. 더구나, 전통적 동작 경제의 원칙은 그 범위가 더욱 확장되어 지금은 작업 설계를 위한 원칙 및 가이드라인으로 불린다.

12.8.1 작업 디자인의 원칙

- 동작의 중간범위에서 최대한의 근력을 얻도록 하라.
- 동작을 천천히 하여 최대 근력을 얻도록 하라.
- 가능하다면 작업자를 돕기 위한 모멘텀을 사용하라.
- 인간의 힘의 능력을 최적화하기 위해 작업을 설계하라.
- 힘을 요구하는 작업에는 큰 근육을 사용하라.
- 최대한 발휘할 수 있는 힘의 15% 이하로 유지하라.
- 짧게, 자주, 간헐적인 작업-휴식 주기를 사용하라.
- 대부분의 작업자들이 그 작업을 할 수 있도록 작업을 설계하라.
- 정확하고 세밀한 작업을 위해서는 적은 힘을 사용하도록 하라.

- 힘든 작업을 한 직후 정확하고 세밀한 작업을 하려고 하지 말라.

- 속도를 위해서는 탄도 동작(Ballistic movements)을 사용하라.

- 동작의 시작과 끝은 양손을 동시에 사용하라.

- 손을 대칭적으로 동시에 몸의 중심으로부터 앞뒤로 움직이도록 하라.

- 몸의 자연적인 리듬감을 사용하라.

- 연속적인 곡선의 동작을 사용하라.

- 최하위 동작 분류를 사용하라.

- 손과 발을 동시에 사용하여 작업하라.

- 눈동자 움직임을 최소화하라.

동작 연구는 작업을 하는 데 사용되는 몸동작을 자세히 분석하는 것이다. 동작 연구의 목적은 비효율적인 동작을 제거하거나 줄여주는 것이며, 효율적인 동작을 촉진시켜 주는 것이다. 동작 경제의 원칙과 연계하여 동작 연구를 통하여, 작업이 좀더 효율적이 되도록 재설계 되고 그를 통해 생산율도 높이는 것이다.

Gilbreth 부부가 수작업 동작 연구의 효시이며 지금까지도 기본으로 인식되는 동작 경제의 기본 원칙을 개발하였다. 또한 "미세 동작 연구"라는 동작 사진 연구의 개발에도 공적이 있는데, 이 연구는 아주 빈번한 수동 작업을 분석하는 데는 매우 귀중한 것으로 평가되고 있다. 넓은 의미의 동작 연구는 단순한 시야 분석 및 고가의 도구 사용분석 모두를 포함한다.

12.9 요약

12.1 절: 이 절은 (Niebel and Freivalds, 2002)에서 인용하였다.

12.6 절: OSHA. Ergonomics Program Management Guidelines for Meatpacking Plants. OSHA 3123, Washington DC: The Bureau of National Affairs, Inc., 1990 에 근거하였다.

12.7 절: 이 절은 (Niebel and Freivalds, 2002)에서 인용하였다.

12.8 절: 이 절은 (Borg, 1990)에서 인용하였다.

12.10 연습문제

12.1 작업을 만족스럽게 수행하기 위해 필요한 조도의 양을 결정하는 데 영향을 미치는 요소는 무엇인가?

12.2 작업장과 주변 환경의 조합의 색을 기준으로 작업 영역의 반사율이 60%이고, 조립 작업을 하기 위한 가시도를 구분하기에 매우 힘든 경우, 어떠한 조도를 추천할 것인가?

12.3 180 candela 근원에서 3 feet의 조도 아래 앉아서 작업하는 감독자는 반사율 30%의 녹색 잉크로 반사율 60%의 노랑색 종이에 필기를 하고 있다. 종이 위의 조도는 얼마이고, 그것은 충분한가? 만일 그렇지 않다면 얼마만큼의 조도가 필요하며, 필기 작업의 대비와 종이의 조도는 얼마인가?

12.4 챌린저호의 폭발로 인해, 나사(NASA)는 우주비행사가 탈출할 수 있는 공간(탈출 발사 칸: launch compartment)을 포함하기로 결정했다. 우주는 아주 특별한 곳이기 때문에 우주환경에 적합한 인체적 디자인이 아주 중요하다. 또한 예산의 제약 때문에 디자인을 조정할 수 없는데, 가령 같은 디자인으로 현재의 우주비행사와 미래의 우주비행사는 물론 남녀 모두에게 적합해야 한다. 탈출 발사 칸 설계 필요한 신체치수, 설계 원칙 및 실제 값을 적어라.

Chapter 13

경영실천설계

현대 기업에서 공학 설계 기법의 활용은 강조되고 있으며, 이러한 요구를 만족하고 이러한 분야에 경영 실천을 도약하기 위한 교육 프로그램을 강화하고 있다.

마케팅, 재정, 판매 및 최고 경영진을 포함한 현대 기업의 대부분의 영역에서 공학 설계 기법의 활용은 강조되고 있으며, 사무 활동, 유지관리, 입출고, 판매, 검사 및 도구실과 같은 영역에서 작업 측정이 활성화되고 있다. 이러한 요구를 만족하고 이러한 분야에 훈련의 혜택을 제고하기 위해서 다수의 회사에서는 교육 프로그램을 강화하고 있다.

13.1 작업자 훈련

회사의 노동력은 중요한 성공의 원천이 된다. 숙련된 작업자 없이는 생산 주기가 길어질 것이며, 제품 품질 또한 열등하게 되며, 전반적인 생산성이 낮아질 것이다. 따라서 새로운 방법이 도입되고 적절한 표준이 설정되면 작업자는 설명된 방법에 따라 실행하고 요구된 표준을 성취하기 위한 충분한 교육을 받아야, 표준에 맞거나 더 능률을 보일 수 있는 데 어려움이 없게 된다. 훈련자재, 프로그램 및 컨설팅에 관한 훌륭한 소재는 많으나, 훈련 프로그램에 있어서, 훈련 다음으로 실행해야 하는 부분과 같은 대부분의 선택 사항이 있다는 것을 인지해야 할 것이다.

아무런 훈련도 없이 새로운 작업에 작업자를 투입한다는 것은, 사람을 물에 던져 수영을 하거나 빠지거나 하게 하는 무관심한 접근 방법이다. 비록 회사의 생각은 이러한 방식이 회사의 비용을 절약할 것이라고 해도 결코 용납될 수 없다. 대부분의 작업자는 혼란스러울 것이고 결국에는 새로운 기술에 적응될 것이며, 이것을 이론적으로 학습이라고는 하나, 그렇게 되면 작업자는 올바르지 못한 방법의 습득과 요구되는 표준을 성취하지 못 할 수 있으며, 혹은 어느 정도의 표준을 성취하기 위해서는 많은 시간이 필요로 하게 될 것이다. 이것은 장시간의 학습 곡선을 의미한다. 다른 작업자는 동료에게 물어보거나 주시하면서 결국에는 새로운 방법을 습득하게 되나, 이러한 기간 동안에 전반적인 생산성이 낮아질 수 있으며, 최악의 경우는 동료 작업자가 올바르지 못한 방법을 사용하고 새로운 작업자에게 그 방법이 전수되게 될 수도 있다. 더구나 새로운 작업자는 공정에 방해되는 새로운 경험을 하게 된다.

단순한 서면 지시 사항은 전반적인 작업 학습에 향상이 되나, 상대적으로 적은 양의 작업이나 작업자가 공정 지식을 갖고 있어서 소수의 변화에 적응하기 위할 때에 사용 되어야 하기 때문에, 작업자가 지시 사항을 쉽게 이해하거나 충분한 교육을 받았다는 가정이 필요하다.

서면 지시에 그림이나 사진을 사용하는 것은 여전히 작업자 훈련에 효과적이며, 교육을 덜 받은 작업자와 다른 언어를 사용하는 작업자에게 새로운 방법을 쉽게 익히게 하는 데 도움이 된다. 지시사항 중에서 특히 강조해야 할 부분에만 밑줄을 긋는 것도 장점이 있으나, 사진을 사용하는 것이 좀더 생산적이다(Konz and Johnson, 2000).

동작 그림은 동작, 부품 및 도구 등의 상호관계를 정지되어 있는 사진 한 장보다는 동적으로 공정을 보여주기 때문에, 비디오테이프는 저렴하게 산출 과정을 보여줄 수 있고, 작업자가 시간에 구해 받지 않고 재검토를 할 수 있으며, 저장, 삭제 및 기록이 용이하다.

실제적인 모형, 모의실험자, 혹은 실제적인 장비를 포함한 훈련은 복잡한 작업에 최선이며, 이것은 훈련을 받는 사람으로 하여금 실제적인 조건과 안전관리 하에 위기조건에서 직접 작업 활동을 수행할 수 있도록 하며 작업수행에 관해 감시된다. 실제적인 다수의 비행기회사에서 사용하는 비행사 훈련 방식은 미국 펜실베이니아 근처의 Bureau of Mines Bruceton 연구센터에서 광산작업자를 위한 지속적인 훈련을 위해 사용된다.

실제적인 훈련의 장점은 작업자들이 직접적으로 공정에 투입되어 작업을 익히고 근육이나 손 압력을 사용해 실제적인 조건에서 작업을 수행함으로써, 작업에 적응될 수 있는 신체적인 조건을 이루어 가도록 할 수 있다는 것이다. 이러한 절차는 매우 성공적 이었으며, 예로서 1990년 OSHA 지침에 의해 언급된 육류포장 산업의 경우에 작업에 관련된 근골격계 질환을 감소하고 인간공학과 안전 지침을 위한 미국육류협회에서도 추천되었다.

인간 행위에 관한 연구에 관심이 있는 공학설계, 인간공학 및 다른 관련된 연구에서 학습은 시간에 종속되어 있음을 인식하게 되었다. 아주 간단한 작업도 완성하기까지는 많은 시간을 필요로 한다는 것이다. 복잡한 작업은 작업자가 정신적으로나 육체적으로 주저 없이 작업 요소를 다루기 위해서는 하루 혹은 몇 주의 시간이 필요하다. 학습 수준은 전형적으로 이러한 시간 주기와 학습 곡선으로부터 나타난다.

일단 작업자의 학습 곡선이 평탄하게 되면 성과의 문제는 단순화되지만, 표준을 개발하기 위해 이러한 시간을 기다릴 필요는 없다. 분석가는 곡선의 경사가 급할 때에 표준을 설정하라고 강요를 받는데, 이러한 경우 분석가는 정확한 관찰력을 지님으로써 정규적인 시간이 계산되도록 훈련을 통해 성숙한 판단을 해야 한다.

회사 내의 가능한 다수의 학습 곡선이 있으면, 이러한 정보는 바람직한 표준 설정에 따른 생산 단계를 결정하는 것과, 고정된 수의 부품을 생산한 후에 평균 작업자의 기대되는 생산 수준의 기준을 제공하는 데 도움이 된다.

새로운 설계가 생산에 투입될 때마다 새로운 학습 곡선이 있을 필요는 없다. 새로운 설계와 유사한 이전의 설계는 학습 곡선이 평탄해지는 점에서 영향력이 있기 때문에, 회사가 복잡한 제품에 관한 조립의 새로운 설계를 완성해서 도입했다면, 이 제품의 조립은 지난 5년 전에 설계된 제품에 있어 수행된 학습 곡선과는 큰 차이가 있을 것이다.

학습 곡선 이론은 총 생산 단위가 두 배로 되면 단위당 시간은 어느 정도의 상수 비율로 감소된다는 것이다. 예를 들어, 만일 분석가가 80%의 학습 비율을 기대한다면, 생산성은 두 배로 되고 단위당 평균 시간은 20% 감소된다.

13.2 설계 훈련 프로그램

설계 훈련 프로그램을 도입한 다수의 회사는 잠재적인 이익이 모든 공장 내에 존재한다는 것을 즉시 알 수 있었다. 어느 농기계 제조회사에서 42명의 감독자, 보조 감독자, 시간 연구 분석가 및 관련된 중요한 인사를 포함시켜 21주에 걸쳐 64시간 코스의 방법분석을 수행했는데, 공장 내에 도입해서 문제를 향상시키는 방법 제시를 위한 28개의 방법 계획을 도출해냈다. 이러한 제안들은 기계 커플링, 도구와 제품의 재설계, 사무 작업의 단순화, 설비의 향상, 규격과 허용차의 적용들이 있었으며 연간 많은 이익을 초래하는 것들이었다.

언급한 이익과 더불어 작업 분석의 훈련과 개발된 작업 단순화, 작업 운용자의 능력과 분석력이 계속 지속되어 미래에 더 나은 방법을 모색하게 되며, 코스를 마치면서 산출물과 판매 가격의 관계를 알게 되고 보다 나은 제조비용을 개발하게 된다. 작업에 관한 직접적인 훈련을 공급함으로써 이 회사는 좀더 경쟁력 있는 회사로 발전할 수 있었다.

13.2.1 방법 및 시간 연구 훈련

시간과 방법 연구 프로그램을 성공하지 못하는 것은 경영진과 작업 설계자들 모두의 기술에 관한 이해의 부족에서 기인된다. 실질적인 혁신의 성공을 확신하는 가장 쉬운 방법은 관계되는 사람에게 기술의 방법과 이유를 알려주는 것인데, 이론, 기술, 경제성, 작업 측정 및 종업원 동기들이 노사간에 모두 이해가 되어야 응용하는 데 어려움이 없다. 노조가 있는 공장에서는 지방 노조 사무직들이 성과 표준을 설정하는 데 있어 단계가 필요하다는 것을 이해하는 것이 특히 중요하다. 성과 비율, 허용치 응용, 표준자료 방법 및 직무 평가에 관한 훈련은 특히 필수적이며, 경영진 대표는 물론 노조 사무원을 위한 시간 연구 요소에 관한 훈련을 공급하는 회사는 방법, 표준 및 임금 지불에 관한 조화된 관계 성립이 중요함을 경험할 수 있었다.

경영진은 다양한 작업자와 감독자가 시간 및 동작 연구의 철학과 기술을 익힐 수 있도록 훈련을 지원해야 한다. 이와 더불어 이러한 시간 및 동작 연구를 계획하고 있는 이들에게 산업체는 훈련을 시켜야 하며, 숙련된 분석가는 정기적으로 그들의 노력이 표준에 어긋나지 않은가를 점검해야 한다. 시간 연구에 참여하는 참모의 능력에 관한 정기적인 검증은 기본적이다.

새로운 개발이 지속적으로 만들어지고 있으며, 그 개발들이 인식되어가면서 방법, 시간 연구 및 임금 지불 부서의 인사들에 관한 훈련이 함께 이루어져야 한다.

작업 단순화 혹은 분석, 시간 연구, 작업 측정 및 능률 임금 지불에 관한 프로그램을 하고 있거나 준비하고 있는 회사는 그러한 프로그램을 시행하는 한 부분으로 지속적인 훈련 프로그램을 포함하여야 한다. 감독자, 노조위원, 직접 노동 및 보수 유지에 종사하는 사람들에 대한 일주일에 한 번씩 2시간에 걸친 훈련은 시간과 비용 면에서 가치 있을 것이다.

13.2.2 창조력 개발

창조적인 작업은 특별한 분야 혹은 소수의 개인에게 한정되어 있는 것이 아니라, 미술 작품, 새로운 아이디어를 도출시키는 신문작가, 학생 개발을 위한 선생님의 격려, 이론에 관한 과학자의 실험 및 방법 및 시간 연구 분석가의 방법 향상에 관한 개발과 같이 다양한 직업에서도 수행된다.

창조력은 새로움을 의미하나 오래된 제품의 향상과도 종종 관련된다. 옳은 판단을 갖고 무언가 좀 더 나은 제품을 생산하고자 하는 태도는 효과적인 방법 및 시간 연구 분석가에게는 중요한 특징이다.

방법 및 시간 연구 분석가에게 있어 꾸준한 창조력 개발은 지속적인 도전이며, 물리, 화학, 수학 및 공학의 기본 원리에 관한 지식은 창조적인 사고의 기본이다. 분석가가 이러한 배경을 지니고 있지 않다면 교육이나 자발적인 연구로써 그러한 지식을 얻어야만 하는데, 물론 지식은 창조적인 사고의 기본이며, 창조적인 사고를 유발하는 데 필요한 것은 아니다.

호기심, 직관적인 사고, 인지, 탐구력 및 꾸준함과 같은 개인적인 특성이 창조적인 사고에 도움이 되며, 호기심은 그 중에서도 새로운 아이디어를 유발하는 데 가장 영향을 준다. 이러한 호기심을 개발하는 데 도움이 되는 것은 지속적인 관찰이 되며, 분석가는 어느 특별한 물체가 어떻게 만들어졌고, 구조를 위한 자재의 사용은 무엇이며, 특별한 설계와 형태를 이룬 것에 대한 의아심, 왜 그리고 어떻게 완성이 되었는지 그리고 비용은 얼마인가와 같은 질문을 계속함으로써 호기심을 유발하게 된다. 그들 자신이 이러한 질문에 답할 수 없다면, 분석이나 근원적인 참고문헌 및 전문가를 통해 그 답을 구해야 한다. 이러한 관찰 및 연구는 창조적인 설계자들에게 제품이나 공정이 비용 감소, 품질향상, 쉬운 유지보수, 혹은 향상된 미적 매력을 통해 어떠한 방법으로 향상되었는가를 보여주게 된다.

하나의 특별한 창조적인 사고는 주로 다수의 새로운 사고를 도출해 내는 활동 분야를 열어주고, 하나의 제품이나 공정에 응용할 수 있는 아이디어는 자주 다른 제품과 유사한 공정에도 응용할 수 있다.

13.2.3 종업원과 동기 부여

방법, 표준 및 임금 지불 접근 방법에 관한 태도 및 노조의 이해와 더불어 분석가는 작업자의 정신적, 사회적인 반응에 관한 확실한 이해를 해야 하는데, 다음과 같은 세 가지가 인지되어야 한다.

1. 대부분의 사람들은 변화에 호의적으로 반응하지 않는다.
2. 직업 보장은 대부분의 작업자에게 최상위를 차지한다.
3. 사람들은 가입을 원하고 그들이 속한 그룹에 결과적으로 영향을 받는다.

대부분의 사람들이 위치에 관계없이 그들의 작업 형태 혹은 작업장과 연관된 변화를 원하지 않는 것은 여러 가지 정신적인 요소에 기인한다. 첫째로, 변화는 현재 상황에 대한 불만족을 암시하고, 인간의 자연적인 경향은 현재의 방법을 유지하고 싶기 때문이다. 작업자가 작업에 불만족스러워 하는 것은, 변화를 제시한다 해도 그 제시된 변화가 성공하지 못한다는 이유에 대한 즉각적인 반응이 설명되기 때문이다.

두 번째로, 사람들은 취미를 창조하는 경향이 있다. 일단 취미를 얻게 되면 포기하기가 어렵고 누군가가 그 취미를 변화하고자 한다면 분개하게 된다. 예를 들어, 어느 특정한 곳에서 음식을 먹는 취미를 갖는 사람은 음식 맛이 더 좋고 비용이 적게 든다 해도 다른 곳으로 옮기기를 싫어한다.

세 번째로, 사람들은 본능적으로 자기 보존의 기본이 되는 그들의 위치를 보장받기를 원한다. 사실 안전 보장 및 자기 보존은 서로 연관되어 있으며, 대부분의 작업자는 작업장을 선택할 때 높은 임금보다는 보장을 더 원하게 된다.

네 번째로는, 작업자에게 모든 방법과 표준에 관한 변화는 생산성을 증가하기 위한 노력으로 나타나게 된다. 즉각적이고 이해할 만한 반응은 생산성이 높아지면 요구가 단기간에 만족되고, 요구 없이는 작업의 수도 줄어든다고 믿는 데 있다.

작업 안전 필요에 관한 해법은 경영진의 충실성에 있으며, 방법 향상이 직무의 재배치를 초래한다면, 경영진은 재배치된 작업자에게 충분한 노력을 쏟아야 할 책임이 있다. 이것은 재훈련을 제공해 주는 것을 포함할 수도 있다. 대부분의 회사에서는 방법 향상의 결과가 작업자의 직업을 빼앗아 가지 않음을 보장하고 있다. 노동 회전율이 주로 향상률보다 크기 때문에 사직과 은퇴로 인한 자연적인 직원의 감소는 대개 향상의 결과로 다른 사람을 대체함으로써 흡수할 수 있다.

다섯 번째로, 동맹에 관한 사회적인 필요와 결과로 초래되는 조직력이 또한 변화에 영향을 주게 되는데, 노조원으로서 자주 작업자는 경영진이 추진하는 어떤 변화도 거부할 것이고, 결과로 작업자는 방법과 표준 작업의 변화에 협력하지 않는다. 다른 요소는 그들의 조직에 속하지 않은 어떤 사람에 대해서 호의적이지 않다는 것인데, 회사는 다수의 조직을 커다란 범위 안에 묶어 하나의 그룹을 대표한다. 이러한 개별적인 조직은 기본적인 사회 법규에 반응하며, 그들의 조직 밖의 사람으로부터 제안된 변화는 종종 공개적인 적대심을 받게 된다. 작업자는 방법 및 표준을 단순히 실행하기보다는, 조직 안에서의 평상시 수행을 방해할 수 있고 다른 조직에 속한 분석가의 어떤 노력에 저항하는 경향이 있다.

13.2.4 인간 요구의 Maslow 계급 단계

스트레스, 요구 조건 혹은 보상과 같은 생리학적인 요소는 작업자의 생산성 측면에서 중요할 수 있다. 작업자들은 자연적으로 최소의 스트레스를 주는 작업과 최대의 보상을 원한다. Maslow는 1954년 이러한 작업자의 요구 조건을 피라미드 모형, 혹은 최후의 목적을 위한 피라미드형으로써 표현한 정량적 모형을 개발했는데, 각각의 낮은 단계에서 그 다음의 높은 단계로 오르게 위해서 작업자는 전자의 단계가 만족되어야 한다는 것이다. 가장 낮은 단계는 생리적인 요소로써 생존, 음식, 물 및 건강이 포함되며, 이러한 단계의 작업에 연관된 요소는 충분한 임금, 혹은 다른 재정적인 보상이 될 것이다.

일단 이러한 생리적인 요소가 만족되면 두 번째 단계인 안전 요구가 중요시 되는데, 안전에 관한 요구는 육체적인 안전과 정신적인 감각에서의 안정을 의미한다. 이러한 요구조건은 아마도 육체적인 상해를 피하거나 작업자를 위협하거나 경시하지 않는 감독자를 구함으로써 단순해질 수 있다. 1990년 후반에 회사의 규모를 줄여가면서 안전 요구는 직업에 관한 보장 및 숙련된 작업자에 대한 인식을 포함하게 되었다.

세 번째 요구인 사회적인 요구는 상대 작업자와의 의미 있는 관계, 우정, 주의, 사회적 참여 등을 포함하며, 네 번째 단계인 자존심 요구에서, 작업자는 유능함과 성취도를 위한 노력, 자기자존심의 기대에 관한 표현, 혹은 그들의 자기만족도를 위한 추구를 하게 된다

마지막 단계는 다섯 번째 단계로써, 자기 달성이 있는데, 작업자가 마침내 그들의 모든 요구 조건을 만족하고 개인적으로 성취하며 그들의 자존심을 만족하게 되는데, 이 단계는 개인의 차이가 있을 수 있다.

이러한 Maslow의 계급 단계가 공장 내에서 목적하는 바와, 이러한 요구들이 있는 생산 작업자를 어떻게 만족할 수 있는가에 의아할 것이다. 첫 번째 단계인 생리학적인 요구를 고려하면, 노조와 경영진 측면에서 보면 매우 부정적이라 해도, 하나의 계획은 생산량 목표를 맞추지 못하거나 안전 규범을 위반하는 위험을 줄인다. 다른 위협적인 절차 혹은 어려운 방법 또한 이러한 구분이 되는데, 가장 긍정적인 방법은 성과급 임금의 시행이다. 이 것은 가장 단순하면서 전형적인 조건, 혹은 긍정적인 심리적 강화이다. 대부분의 작업자는 주어진 성과급 임금에 맞춰 높은 생산성을 내거나, 혹은 적절히 지루한 작업을 하면서 작업을 하기를 원하기 때문에, 부가적인 임금을 공급받는 한에서 만족이 큰 작업과 불만족스러운 작업과의 균형교환을 하게 된다. 불행하게도, 부에 따르는 급진적인 세금이 부가적인 소득을 의미 없이 만들어 버린다면, 아마도 더 높은 Maslow의 계급 조직을 위한 추진을 필요로 할 수 있다.

안전 혹은 보장 요구인 두 번째 단계에서, 전반적인 직업에 관한 안전이 특별히 회사의 규모가 축소되는 경우 주의된다. 전통적으로 다른 나라의 경우, 특히 일본에서 직업은 평생보장이 되어왔으나, 미국의 경우는 작업자가 매 5년에서 6년마다 직업을 바꾸고 반평생 동안만 일을 한다. 직업은 아마도 몇 년간 안정되게 보장될 수 있으며, 작업장의 경우에는 작업 실천에 관련된 특별규범, 불안전한 단계에서의 물리적인 보호나 안전시상이 전반적인 안전이나 작업장 분위기를 향상할 수 있다.

세 번째 단계인 사회적인 요구는 작업자가 사회시스템에 포함되거나 참여됨을 추구하는 것인데, 작업에 관련해서는 이것은 상대 작업자와의 우정, 경영진과의 편안한 상호관계, 인간공학 혹은 안전위원회의 참여 등을 내포할 수 있다. 이러한 공식적인 조직은 일본의 경우 품질분임조(quality circle)에서, 독일의 경우에는 경영진과의 관계를 협력하기 위한 Betriebsrat라 불리는 작업위원회의 선출을 할 때에, 그리고 스웨덴에서는 자동차 공장에서 작업군(arbetsgrupper)과 함께 일반적이다.

네 번째 단계에서, 작업자는 자존심을 높이기 위한 노력을 하는데, 이것은 작업자에게 좀더 도전적이고, 책임감을 더욱 북돋우며, 다양성을 공급함으로써 가능하다. 후자는 작업

의 수평적인 팽창인 직무 확대를 통해서 이루어질 수 있으며, 하루 종일 부분적인 작업을 하기 보다는 부분적인 작업을 통합한 조립 작업을 수행할 수 있을 것이다. 이것은 오로지 작업자의 책임 의식을 증가하기 위함뿐만 아니라 육체적인 압박을 나누어 줌으로써 작업으로부터 올 수 있는 직업병을 미연에 예방할 수 있는 다양성을 위함이다. 직무 확대와 더불어 또한 직무 충실은 작업의 수직적인 팽창으로 작업자가 주어진 작업을 시작에서 완성까지 수행할 수 있게 하며, 의무를 다양하게 함으로써, 의사결정에 신중하며, 작업 할당의 순환으로 작업자가 지루한 작업을 피할 수 있도록 한다. 직무 순환은 작업자가 엄격한 일정 계획에 있는 반면 다양한 작업을 수행할 수 있는 기회를 얻을 수 있다는 면에서 직무 확대와 유사하며, 그 영향 또한 직업적 압박으로 피곤해 있는 근육과 몸을 회복할 수 있다는 면에서도 직무 확대와 유사하다.

13.2.5 볼보 접근 방법

직무 확대, 직무 충실, 직무 순환 및 작업군과 같은 개념은 1960년 스웨덴에서 시작되었으며, 이것은 부재(자리이탈)의 증가, 노조 활동, 작업자의 불안 및 대부분의 작업자 불만족을 야기했으나, 당시 볼보자동차 사장 Pehr Gyllenhammer의 지휘 아래 혁신적인 계획이 수립되어, 그 결과 새로운 완전한 조립 공장이 1974년 Kalmar에 세워졌다.

공장 내에 전통적인 컨베이어 라인이 자동 운반 장치인 AGV(Automate Guided Vehicle)로 대체되고, AGV는 공장에서 전기시스템으로 작동되었다. AGV의 움직임이 중앙컴퓨터로 통제되었고, 작업자는 공장지시에 따라 작업군에 속하게 되었다. 작업군마다 맞는 작업을 수행할 수 있도록 조치되었으며, 작업자는 작업을 마친 후 작업 검사를 받고, 조립 후에는 서류 작업을 완성하며, 하루 작업의 종료 시간에는 작업의 문제에 관한 토론을 하는 등의 대단한 변화가 있었다. 직무 확대는 자동차의 25% 이상을 조립한 작업군에 한에서 수행되었다.

Kalmar 설계는 처음부터 성공적이었다. 작업도 성공적이었으며, 작업자도 책임을 가질 수 있었으며, 비용과 생산성을 맞추어 가면서, 작업자의 공장 부재나 작업자 이동도 감소되었다. Kalmar의 성공 때문에 유사한 새로운 공장이 Uddevalla와 Torslunda에 설립되었으나, 불행하게도 시장성 불안과 더불어 급작스러운 판매 부진으로 두 곳의 공장은 결국 문을 닫게 되었다. 1997년 Uddevalla 공장은 새로운 스포츠 자동차 생산을 위해 다시 열게 되었다.

세 가지 형태의 작업 조직, 즉 직무 확대, 직무 충실 및 직무 순환이 볼보 공장에서 수행되었고, 어느 한 부분의 근육을 반복 사용하는 작업은 감소되었고, 주기 시간은 증가되었다.

Maslow의 마지막인 다섯 번째 단계에서, 회사는 작업자가 회사에 완전히 헌신하기를 기대할 것이다. 일본을 제외하고는 규모가 큰 회사에서 아마도 가능할 수 없을 것이나, 반면에 이제 시작하는 규모가 작은 회사에서는 소유주뿐만 아니라 가까운 동료들은 그들 대부분의 시간을 회사를 위해 헌신할 것이며, 따라서 회사와 작업은 그들 자신의 현실이 될 것이다.

13.2.6 동기

1966년 Herzberg는 12개의 상이한 조직의 1500여 명의 종업원을 대상으로 만족과 불만족에 관한 조사에 의해서 흥미 있는 동기-유지 이론(motivation-maintenance theory)을 발표하였는데, Maslow 이론과 유사하게, 그는 두 가지 기본적이지만 상이한 개인적인 요구를 알게 되었다. 작업자가 그들의 작업에 불만족하면 그 주요한 관점은 작업 환경이며, 그들의 작업에 만족한다면 그것은 실제적인 작업 그 자체에 관한 것이라는 것이다.

Herzberg는 환경적인 요소를 잠재적인 불만족을 유발하는 외부적인(extrinsic) 요소로 구분하고, 이러한 것은 행정, 감독, 작업 조건, 임금 및 개인간의 관계와 같은 요소를 포함하며, 잠재적인 만족을 유발하는 동기는 성취, 인식, 책임 및 진보를 포함하고 이것을 내부적인(intrinsic) 요소라고 했다. 외부적인 요소는 약간의 긍정적인 영향이 있으나, 전반적인 부정적인 감정과 강한 불만족을 유발할 수 있다. 내부적인 요소는 작업자를 격려함으로써 생산성과 만족을 줄 수 있어서, 경영자의 관심은 내부적인 요소의 최대화와 외부적인 요소로 인한 부정적인 영향의 최소화를 추구하는 데 있다.

가장 효과적으로 내부적인 동기 유발을 하는 기술 중의 하나는 직무 단순화의 반대인 직무 충실인데, 작업 방법과 동작 경제의 원리와 함께 중요한 목적은 직무 단순화이다. 작업이 단순하고 반복적이면 많은 학습이 필요하지 않고 작업자도 쉽게 상호교환 될 수 있을 것이다. 이러한 접근방법은 기계 같은 일정함이 요구되는 조립공정에서 개발되었으나, 작업자는 기계가 아니며, 이러한 조건에서 작업자는 점점 지루해져서 불만족하게 되며, 결국에는 작업 부재의 증가와 직업의 변화를 초래하게 된다. 심한 경우에는, 최근에 조사에 따르면, 암의 증가를 보여준다. 따라서 상해로 수많은 비용이 발생하는 경우를 보면 몇 푼의 돈을 절약하는 것은 의미가 없는 것이다.

Herzberg는 또한 조사에서 다수의 흥미로운 사실을 알게 되었는데, 이것은 작업자군의 구성에 따라 회사의 이익에 사용될 수 있다. 한 예로서, 젊은 작업자는 나이가 든 작업자보다는 직업 안정에 별 관심이 없으며, 조직보상 시스템에 더 관심이 있다는 것이다. 많은 교육을 받고 많은 임금을 받는 작업자는 내부적인 보상을 선호하며, 외부적인 보상은 내부적인 보상보다 전반적으로 높지만 교육을 덜 받고, 임금이 적고 나이가 많은 작업자에게 대부분 돌아간다는 것이다.

13.3 인간 상호관계

작업장에서 종업원간의 상호관계는 도덕과 생산성에 중요한 요소가 된다. 다수의 접근 방법이 사람과의 의사전달과 취급에 사용될 수 있으며, 여기서는 교류 분석(transac-tional analysis)과 데일 카네기(Dale Carnegie) 접근방법이 소개된다.

13.3.1 교류 분석

1964년 Eric bern에 의해 개발된 교류 분석(transaction analysis)은 (1) 자아상태, (2) 교류, (3) 동일연결상 선에서의 마무리 작업(stroking and stamps), (4) 보다 복잡한 게임과 생활유형(lifestyle)으로 구성되어 있으며, 모든 인간에게 항상 세 가지 자아상태가 발견되는데, 부모자아상태(parent ego state)는 부모가 아이에게 대하는 듯한 권위와 태도로 상대를 대하는 것을 반영하며, 미국의 텔레비전 방송 프로그램인 코스비 쇼(Cosby Show)가 하나의 예가 된다.

성인자아상태(adult ego state)는 논리적으로 사실을 분석하고 이성적인 결론과 결정을 한다. 스타 트렉(Star Trek) 프로그램에서의 Mr. Spock은 완벽한 성인자아상태의 한 예가 된다. 아동자아상태(child ego state)는 마치 어린아이와 같은 언행으로 보다 복잡한데, "내가 몰랐다"라는 순진함과 "어른을 존경하라"는 사회적응 상태와 "감기 때문에 학교에 가지 못하겠다"는 거짓과 같은 상태로 구분된다.

자아상태 간의 상호작용은 교류의 형태를 유발하는데, 참석자 모두가 위의 세 가지 자아상태의 어떤 형태로든 서로가 정보를 주고받게 된다. 정보가 성인에서 성인과 같은 동일한 수준에서 교류됨을 상보상태(complementary)라고 하며, 긍정적이고 성공적인 결과가 고려된다. 부모에서 아이의 교류는 평행적으로 발생되며 여전히 상보상태에 있다고 고려는 되나 동일한 수준에서 만큼의 효과는 없을 수 있다.

또한 서로가 상이한 교류 수준으로 가정함으로써 발생하는 것인데 이것은 종종 분노나 적대심을 초래한다. 표면상으로는 논리적이나, 이면 혹은 숨은 교류(ulterior transaction)는 항상 숨은 의미를 갖는다. 예로서, 생산 감독자가 표면상으로는 성인과 성인의 교류를 지시하고 실제적으로는 행동을 통해 부모와 아이 교류를 산출하는 경우이다.

교류 분석은 모든 인간이 어떠한 방법이든 인식될 필요를 느낀다는 것을 강조하며, 이러한 필요는(Maslow의 네 번째 계급 조직) 아마도 어릴 적부터 시작이 되고 성인이 될 때까지 지속되는 것이다. 인지는 지적인 인지, 도움, 연민과 같은 좋은 행위를 바탕으로 한 긍정이나 속임수, 이기심과 같은 나쁜 행위를 바탕으로 한 부정적인 면에서 올 수 있으나, 긍정적인 면만이 오로지 사람의 정신을 건강하게 유지한다. 부정적인 면은 사람의 어깨를

움츠리게 하며 세상의 나쁜 면을 보게 한다. 어린 시절의 극도의 부정적인 비판은 성인이 될 때까지 지속되며, 인간을 연민이나 종속적인 교류로 이끌며, 극도의 긍정적인 면만을 추구하는 개인도 있다.

교류가 복잡하면 rituals, pastimes, games 등의 형태를 갖게 되는데, rituals(의식의 절차)는 아침에 하는 평범한 인사말과 같은 단순한 형태의 극히 교양적인 것이며, pastimes는 일, 스포츠, 혹은 사회적인 친구에 관한 대화와 같은 좀더 복잡한 상호작용이며, games는 사적인 생활에서 친근함을 대신 할 수 있거나 직장에서 사고를 내기 쉬운 행위를 할 수 있는 가장 복잡한 상호 작용적인 교류이다.

대개 산업공학자나 경영자는 교류 분석의 기본적인 이해를 통해 생산직 근로자와 관련된 인사와의 나은 상호관계를 위해 노력해야 한다. 복잡한 games는 부모 혹은 아동자아상태를 성인자아상태로 바꿈으로써 피해야 하며, 이것은 긍정적인 대답 하에 이루어질 수 있으나, 참석자의 이면의 동기로 인해 현장 문제풀이 효과가 감소될 수도 있다.

경영자는 작업장 설계의 향상을 위한 모든 제안이 긍정적인 대답으로 기각이 되었는데도 아무런 대답을 할 수 없을 때, 이러한 교류는 부모와 아이관계로 진행되었다는 것을 감지해야 한다. 긍정적인 대답으로 성인과 성인 교류로 호환한다는 것은 분명히 어려운 일이며, 당신이 그것에 관해 무엇을 할 수 있느냐는 것은 games를 떠나서 직접적으로 문제에 도달하는 것이다. 다른 말로, 부모와 아이 교류수준이라 해도 교차(crossed)교류에서 상태를 호환하는 것이 나으며, 따라서 성인과 성인 교류의 것보다는 덜 효과적이다. 마지막으로 타격(stroke)을 주거나 받는 낮은 수준의 games에 참석하는 것이 때로는 필요하다. 많은 회사에는 기계의 고장 혹은 도구의 손상이건 하나의 문제나 다른 문제에 언제나 포함되는 "Calamity Jane or Joe"라고 불리는 사람이 있는데, 이러한 사람은 아마도 유년 시절부터 성인 시절까지 부정적인 타격과 용서를 추구해 왔을 것이다. "내가 당신에게 그 일을 할당하는 데 있어서 책임을 지겠다"고 하면서 성인자아로 호환하는 것은 결국, games를 종료할 것이나, 적을 만들 수도 있다. 또 다른 접근 방법은 작업자의 평균 성과 이상과 높은 품질과 같은 일을 인식하는 형태로 긍정적인 면을 공급함으로써 부정적인 면을 깨뜨리는 것이다(Denton, 1982).

경영자는 무엇보다도 작업자와 대화하고 그들의 사고와 반응을 얻어야 한다. 작업자가 만일 조직의 구성원이 되면 작업 향상은 보다 부드럽고 효과적일 수 있으나, 조직원에 참여하라는 지시보다는 작업자의 의견을 들어야 한다. 작업자는 누구보다도 그들의 작업 현상에 가까워지고 상세한 지식을 대개는 지니고 있다. 이러한 지식은 현실화되고, 존경받아야 되며 사용되어야 한다. 작업자의 제안을 받아들이고 그것이 실용적이며 가치가 있다면 가능한 한 빠른 시간에 효과적으로 사용되어야 한다. 그것이 사용된 후에는 작업자에게 적절한 보상이 주어져야 하며, 현재에 바로 사용될 수 없다면 그 이유를 충분히 설명해야 한다. 분석가는 항상 작업장에서의 그들 자신을 상상하고 적절한 접근 방법을 선택해서 사용해야 한다. 우정, 친근감, 북돋움, 존경과 확실성은 이러한 작업을 성공적으로 실행하기 위해 사용되어야 할 인간의 성격이며, 간단히 말해서 황금 규칙(golden rule)이 응용되어야 한다.

13.3.2 데일 카네기 접근방법

인간을 취급하고, 자신을 좋아하게 만들고, 인간의 사고에 영향을 주고 인간을 변화하게 하는 인간의 접근 방법은 Dale Carnegie에 의해 개발되었으며, 표 13.1은 카네기의 원리 및 사고를 요약해 놓은 것이다.

13.3.3 의사전달

중간 계층의 경영자는 인간상호 간의 의사전달에 상당한 시간을 소요하고 있기 때문에, 효과적인 의사전달을 할 수 있는 능력을 완성하는 것은 오랜 시간이 걸린다. 의사전달은 1982년 Denton에 의하면 언어(verbal), 비언어(nonverbal), 1 : 1(one-to-one), 소그룹(small group)과 대다수의 청중(large audience)으로 크게 구분된다.

언어를 통한 의사전달에서 단어는 힘이 있고 그들의 의미는 상당히 중요하기 때문에, "생산"이라는 단어가 늘 힘이 있는 것은, "안전"이나 "인간요소"의 단어가 사실이든 아니든 간에 생산을 늦춘다거나 작업자를 연약하게 하는 부정적인 의미를 내포하기 때문이다. 개인의 이름이나 가족의 이름은 그 자신에게 중요하기 때문에, 경영자는 상대방의 흥미를 독려하고 대화를 보다 생산적이게 하기 위해 작업자의 배경과 그 이름을 알아야 한다.

언어에 있어 하나의 문제는 주어진 단어의 특별한 의미인데, 작업장의 다양성에 따라 다른 이에게는 약간 다른 의미를 주어서 상이한 추론을 자아내거나 때로는 전혀 이해하지 못하는 경우도 있다.

경영자는 작업장을 양분화하지 않도록 주의해야 하며, 좋고 나쁨, 안전 혹은 불안전과 같은 구분을 주는 것은 사건을 양분화하고 개인에게는 유사한 것보다는 상이한 것에 초점을 맞추게 할 수 있다.

전달 정보의 50% 이상은 특히 감정과 관련된 것은 목소리의 특징, 얼굴 표정, 몸동작 등을 포함한 비언어를 통해서 표출된다. 목소리의 특징에서 정지와 천천히 발음되는 것은 수동적인 감정을 말해주는 반면에 빠른 말은 흥분을 나타낸다. 얼굴 표정과 몸동작은 이러한 비언어의 행동을 포함하는데, 고개를 끄덕거리는 것은 상대방의 이야기에 주의를, 눈썹을 올리는 것은 놀람을, 눈을 바라보는 것은 신용을, 팔을 꼬거나 주먹을 쥐는 것은 방어적인 자세를, 다리를 겹쳐 올리고 있는 것은 우월성이나 참여 부족을 의미한다.

사람 주위의 공간과 같은 다른 요소도 의사전달에 영향을 줄 수 있다. 예를 들어, 사람

표 13.1 데일 카네기 접근방법

인간을 취급하는 기본적인 기술

1. 인간을 비평하는 대신 이해하라.
2. 모든 인간이 중요하다고 느끼기를 원하고 있기 때문에, 상대방의 좋은 점을 발견하기 위한 노력으로 솔직하고 진지하게 칭찬하라.
3. 모든 인간은 그들 자신의 필요한 것에 흥미를 갖고 있기 때문에, 그들이 원하는 것에 대한 대화를 하고 강한 열망을 불러일으켜라.

자신을 좋아하게 만드는 6가지 방법

1. 상대방에게 진심으로 관심을 가져라.
2. 미소를 보여라.
3. 상대방의 이름은 달콤하고 가장 중요한 소리임을 기억하라.
4. 늘 귀 기울여 듣고 상대방이 자신에 대해 말할 수 있도록 격려하라.
5. 상대방의 관심사에 대해서 대화하라.
6. 상대방이 중요하다고 느낄 수 있도록 성실한 자세를 취하라.

자신의 사고를 따르게 하는 12가지 방법

1. 논쟁에서 최선의 결과를 얻는 유일한 방법은 그것을 피하는 것이다.
2. 상대방의 의견을 존중하고 절대로 그들이 틀렸다고 말하지 말라.
3. 자신이 틀렸다면 빨리 그리고 단호하게 인정하라.
4. 친근한 방법으로 시작하라.
5. 상대방이 즉시 긍정적인 대답을 하도록 하라.
6. 상대방이 아이디어를 그들의 것으로 느끼게끔 하라.
7. 상대방으로 하여금 대화에 많은 부분을 하게끔 하라.
8. 상대방의 관점에서 사물을 정직하게 볼 수 있도록 노력하라.
9. 상대방의 사고와 바람에 관해 교감하라.
10. 숭고한 동기로 호소하라.
11. 자신의 사고를 극적으로 표현하라.
12. 도전의욕을 고무시켜라.

상대방이 모욕이나 분개하지 않게 인간을 변화시키는 9가지 방법

11. 칭찬과 정직한 존중심을 갖고 시작하라.
12. 상대방의 실수를 간접적으로 깨닫게 하라.
13. 상대방을 비판하기 전에 자신의 실수에 관해 이야기하라.
14. 직접적인 지시 대신에 요청하라.
15. 상대방의 체면을 세워주어라.
16. 모든 향상된 점을 칭찬하고 자신의 시인과 칭찬을 아끼지 말라.
17. 상대방에게 좋은 평판을 하라.
18. 격려를 아끼지 말고, 실수는 쉽게 고칠 수 있다고 느끼게 하라.
19. 자신이 제안한 일을 상대방이 기꺼이 하도록 만들어라.

은 그들 주위의 열려진 공간을 어느 정도 유지하려고 하며, 이러한 공간의 폐쇄는 상호작용이 증가한다 해도 불안의 정도가 심해진다.

1 : 1 혹은 숫자적인 의사전달(dyadic communication)은 주로 경영자와 작업자 간에 얼굴을 맞대고 발생된다. 이러한 의사전달의 목적은 주로 두 사람간의 목적을 이해하는데 있으며, 둘 중의 하나는 제안된 아이디어를 위한 인정을 얻기 위해 노력할 것이며, 가능한 해법이 아마도 표출될 것이다. 예상되는 해법을 얻기 위해서 지침 질문서와 같은 동기를 부여하는 기술의 사용이 필요할 것이다.

싸움은 불행하게도 대화 중에 일어날 수 있으며, 단순한 분쟁은 각 사람이 서로 상대방의 목적을 알지만 상대방이 지지 않고는 결코 이길 수 없는 경우에서 발생된다. 이러한 경우에는 쌍방이 진정될 때까지 더 이상의 토의는 연기시키고 이성적인 해법을 찾는 것이 적절할 것이다. 어떤 분쟁은 비효율적인 의사전달로 인해 발생되며 정확한 자료가 공급되면 분쟁은 사라질 수 있으며 왜곡도 제거된다. 최악의 분쟁은 1964년 Berne의 교류분석과 관련된 자아분쟁이 된다.

전형적으로 소그룹(small group)의 의사전달은 문제해결의 중심에 위치하게 되는데, 문제는 상당히 복잡할 수 있으며 아무도 모든 해법을 갖고 있지 못하기 때문에, 문제를 풀기 위해 사람들을 조직화하는 개념은 논리적으로 보인다. 부가적인 혜택으로서, 극도의 개인적인 판단이 완화되는 경향이 있다는 것과, 전반적인 판단이 정확성에서 향상되는 경향과, 넓은 범위의 정보나 의견이 토의에 포함된다는 것이나, 또한 서로의 균형교환이 존재한다. 그 특성상 소그룹은 시간이 많이 소요되며, 또한 협조의 부족, 낮은 동기의식과 그룹 안에서 사적인 분쟁은 그룹의 목적달성에 실패를 초래할 수 있다. 따라서 소 그룹을 효율적으로 조직하고 행정 조정을 하는 것이 중요하다.

기본적인 문제 해결은 소그룹 의사전달 내에서 수행되어야 하며, 조직은 문제의 확인, 상세한 분석, 다양한 아이디어의 개발, 진전된 개발을 위한 특별한 사고의 선택, 상이한 대체안의 평가와 해법의 기입과 판매를 한다. 이러한 절차를 향상시키기 위해서 조직의 관리자는 정보의 쉬운 접근을 허락해야 하며, 특별한 상호 작용적인 기술이 절차의 효율을 증가시키는 것과 함께, 높은 표준과 적절한 계획은 상당히 중요하다.

13.3.4 직무 역할

직무 역할은 조직의 문제해결 능력을 적절한 현상이나 사건으로 표현함으로써 강화하는 데 도움이 된다. 이것은 더 작은 소그룹들인 작은 그룹(buzz group)을 통해 더 많은 참여와 토의로써 수행될 수 있다. 하나의 조직회원은 조직의 아이디어를 빨리 기입하는 기록자 역할을 할 수 있으며, 브레인스토밍(brainstorming)을 통한 기본적인 지침은 (1) 아이디어에 대하여 격려하고, (2) 아이디어가 많을수록 더 바람직하며, (3) 비판하지 말아야 하며, (4) 참석자는 이전의 아이디어를 조합하거나 새롭게 만드는 데 힘써야 한다. 가능한 해법이 포함된 아이디어의 순위가 정해진 이후 주로 10분의 시간제한이 주어지며, 각 아이디어에 대한 반대와 찬성이 토의되고 잠재적인 해법이 투표된다. 가장 많이 투표된 것들은 더 재검토되고 재투표된다(Denton, 1982).

13.3.5 품질분임조

품질분임조(quality circle)는 품질관리 문제의 해결을 돕기 위해 1963년 일본에서 개발된 소그룹 형식인데, 작업자, 공학자 및 경영자를 포함해 8~10명으로 구성된 조직으로서, 상이한 부서에서 참석자를 구성하는 것이 중요하다. 이러한 자발적인 참석자는 통계적 품질관리(statistical quality control) 기법을 배우고, 전형적으로 한 달에 한두 번 회의를 열게 된다. 회의를 주관하는 사람의 도움을 얻어 조직은 제품의 결함을 초래하고 잠정적으로 해법을 얻을 수 있는 문제를 선택하게 된다. 전형적으로, 파레토 분석과 특성요인도와 같은 탐구적인 운용 도구가 문제와 포함된 요소를 확인하는 데 도움이 되며, 조직은 향상된 절차나 설계의 변화와 같은 잠정적인 해법을 추천하고 실행한다. 이 모든 수행은 경영진의 협조가 있어야 한다(Konz and Johnson, 2000).

미국 내의 회사에서 발생하는 높은 비율의 근육과 관련된 병을 막기 위한 QC(quality circle)의 논리적인 확장이 인간공학 팀 조직이며, 이것은 전형적으로 회사 내부적으로 인간공학 팀장, 산업공학자, 안전진단자, 의사(전형적으로는 간호사), 몇몇의 관심 있는 생산근로자, 노조회원 및 상위계층 경영자를 대표하는 자로서 구성이 된다.

이 위원회는 한 달에 한두 번 회의를 하면서 QC에서 사용하는 것과 유사한 문제원인의 해를 찾기 위한 절차에 따른다. 경험에 비추어 볼 때에, 500명 이하의 규모가 작은 중소기업과 자동차 제조업과 같은 규모가 큰 대기업을 포함한 대부분의 기업들이 이러한 팀을 이용함으로써 성공적인 결과를 보여주었다.

13.3.6 노동관계 및 작업 측정

모든 기업의 소유주는 조화로운 노사 관계의 중요성을 인지하고 있다. 확실한 작업측정의 철학과 실천은 노사 관계를 향상시키는 데 도움이 된다. 이와는 반대로, 작업 측정 절차에서 인간 요소의 결핍은 기업이 이윤을 만들기 위해 노력하는 데 큰 걸림돌이 된다. 경영은 종업원이 기업이 목적하는 바를 이룰 수 있도록 하기 위한 조건을 인지하고 실천해야 한다.

작업 측정과 노동관계의 관련을 이해하기 위해서 분석가는 전형적인 노조의 목적을 이해해야만 한다. 간단하게 말하면, 전형적인 노조의 목적은 노조 회원의 높은 임금 지불, 주당 작업시간의 감소, 사회적 보장과 특별 보수 혜택의 증가, 작업 조건의 향상 및 직업 보장이다. 노조 운동의 과거의 목적은 성과급 임금제도의 반대였으나, 초기에 노조가 작업자간의 능력 차이를 강조하는 것은 그들에게 이점이 되지 못함을 깨달았고, 그렇게 함으로써 회원과 잠재적인 회원간의 불화와 질투를 유발함을 알게 되었다. 결과적으로, 조직화된 노조는 그룹 내의 모든 회원의 일정한 임금인상을 요구하게 되었다. 경영자는 노조회원간의 능력 차이를 강조하기 위해 방법, 표준 및 임금지불 작업분석가를 찾게 되었다.

임금 협상에 있어, 노조를 대표하는 자는 적절한 작업 방법 및 표준의 개발과 공평한 임금 지불 실천을 위한 노력을 하는 위치에 있게 되는데, 예를 들어, 그들은 (1) 방법의 변화 없이 표준 시간 감소, (2) 작업자의 실수 때문이 아닌 이유로 손실되는 작업 시간의 최소 임금 지불 요구, (3) 직무 평가, 비례제도 및 성과급으로 인해 유발되는 모든 작업자의 불평을 취급하기 위한 적절한 절차의 설정, (4) 직무 및 작업자 측정활동, 표준 시간 설정 및 임금 설정에 노조가 참석할 수 있는 권리 부여 등과 같은 사항을 계약에 삽입할 것을 요구할 수 있다.

오늘날 대부분의 노조는 자신의 작업 측정 요원을 훈련하기도 하는데, 대부분의 경우 이러한 시간 연구 요원은 그들의 초기 설정을 하는 데 참석하기보다는 표준 시간을 측정하고 작업자에게 설명하는 데 그치고 있으나, 시간 연구 분석의 훈련은 대개 개념, 철학, 방법의 기술, 작업 측정 및 경영자 면에서 보는 시간 연구보다는 다른 견해에서 보는 임금 지불과 같은 것이다.

대부분의 경우 노조에게 이러한 훈련을 하는 많은 회사에서는 방법, 표준 및 임금 지불 시스템을 유지하고 설정하는 분위기를 향상하는 데 성공적이었다. 이러한 절차는 회사와 노조위원과의 조합된 훈련을 공급하고 이러한 훈련을 받음으로써 노조대표는 기술의 공정성과 정확성을 평가하는 자격을 갖게 되고 특별한 분야에 관련된 기술적인 부분을 토의할 수 있게 된다.

13.4 현대의 경영 실천

13.4.1 Lean Manufacturing

도요타 생산시스템은 1973년 원유가의 폭등과 더불어 폐기물의 제거를 위한 방법으로 일본 도요타 자동차 회사에서 개발되었는데, 그것의 원래의 목적은 포드 자동차 조립라인과 과학적 경영운동인 테일러 시스템을 따르는 생산성 향상과 비용 감소에 있다. 현재는 넓은 개념으로 제조비뿐만 아니라 판매, 행정 및 자본비용에도 응용된다. 도요타는 포드사와 같이 성장률이 높은 환경에 잘 맞는 대량생산 시스템을 무조건 따르는 것은 위험하다고 느꼈으며, 성장률이 낮은 경우에서는 폐기물의 처리, 비용 감소 및 효율성 증가에 더욱 주의를 하였다. 이러한 도요타 생산시스템 접근 방법은 미국에서는 lean manufacturing(군더더기가 없는 제조)라고 불려진다.

도요타 생산시스템은 (1) 과생산, (2) 대기, (3) 운송, (4) 공정, (5) 재거, (6) 동작, (7) 결점제품의 7가지의 낭비(muda) 혹은 폐기물에 중점을 두며(Shingo, 1981), 이러한 것은 방법 연구 접근 방법과 작업 분석 설계 기술과 매우 유사하다. 한 예로서, 대기와 운송은 잠재적인 제거 혹은 향상을 위한 흐름도표를 직접적으로 검사해야 할 요소이며, 쓸데없는 동작은 작업 설계와 동작 경제의 원칙을 장식하면서 Gilbreth의 평생 작업을 요약하며, 또한 작업장 혹은 설비의 보다 효과적인 설계를 통해 최소화될 수 있는 작업자의 대체적인 움직임을 포함한다. 생산과 재고는 부가적인 저장 요구와 물자 취급 요구로써 부품을 저장소에 적절하게 저장해야 한다는 일반적인 사고에 의하며, 마지막으로 결함제품은 확실히 재작업을 요구하게 된다.

그 밖의 도요타 생산시스템이 포함하는 중요 요소는 (1) 과도한 재고와 자본 투자를 포함한 생산의 제거, (2) 정량 및 품질관리 기술, (3) 결함부품이 연속적인 공정에 결코 투입될 수 없도록 하는 자율적인 결함관리와 연관된 JIT(just-in-time) 생산, (4) JIT를 유지하기 위해 전반적인 생산 주기에 제품에 붙어 다니는 꼬리표와 같은 제품정보를 이용한 칸반 시스템(kanban system), (5) 요구 변화에 따라 작업자의 수를 조절할 수 있는 유연적 작업 공수, (6) 카이젠(kaizen) 혹은 활동의 지속적인 향상(Imai, 1986), (7) 작업자에 대한 존중과 "창조적인 사고"의 작업자 제안 시스템을 포함한다.

JIT의 필요 구성 요소는 분대의 주조 교환 혹은 SMED인데, SMED는 1981년 Shingo에 의해 개발된 생산 기계를 10분 이내에 교환하고자 하는 연속적인 기술이다. 확실한 것은 장기적인 목적이 전혀 결점이 없는 단계(zero step)로써, 지속적인 작업 흐름에 방해를 주지 않으며 교환이 이루어지는 것이다.

13.4.2 종합적 품질

품질은 누구나 직관적으로 이해하는 개념이나 정의하기는 쉽지 않다. 누구나 음식점을 나설 때에 음식의 맛, 봉사의 신속함과 정중함, 비용으로 품질을 평가한다. 이러한 모든 요소에 결과와 소비자 만족의 두 가지를 고려해 볼 수 있는데, 다시 말해서, 제품이나 서비스가 소비자 만족을 주었는가 하는 것이다. 더 나아가 품질은 지속적인 향상 프로그램을 통해 지속적으로 유지되어야 하는 계속 변화하는 상태이며, 종합적 품질은 결과뿐만 아니라 공정, 자재, 환경 및 인간의 품질을 갖는 넓은 의미의 개념이다.

작업 측정과 같이 종합적 품질은 F. W. Taylor의 과학적 경영 원리를 혁신한 것으로 고려할 수 있는데, 그 후의 개발은 제2차 세계대전이 미국과 일본 산업에 끼친 영향에 의해서 개발되었다. 전쟁 전에는 미국에서 품질보다 배송에 중점을 두었으며, 일본은 전 세계의 시장에 조직화 된 회사를 확장하는 데 중점을 두었고, 이것은 향후 20년을 넘어 제품 품질을 강조하면서 이루어져 왔다.

일본의 품질 향상 및 품질관리 모임의 지속적인 노력은 기본적으로 W. E. Deming, J. M. Duran 및 A. V. Feigenbaum 세 사람의 작업과 철학에 의해 시작되었으며, 제 2차 세계대전 동안에 미국 내의 그들의 노력과 더불어, Deming 은 통계적 방법의 경영과 품질은 경쟁력 있는 무기라는 확신과 함께 일본 산업의 자문으로서 부각되었다. Juran 은 통계적 품질관리의 설립자로서 그의 품질관리편람(Juran, 1951)과 해당 영역의 표준 참고서로 잘 알려져 있으며, 그의 철학은 품질 향상을 위한 10단계를 통해 향상 실행과 조직에 근거를 둔다.

Feigenbaum 은 그의 저서 종합적 품질관리(1991, 3rd ed.)에서 전사 품질관리 프로그램의 개념을 처음으로 소개했으며 1950년대 일본에서 널리 사용되었다. 1980년 후반과 1990년 초반에야 비로소 미국에서는 종합적 품질경영(total quality management), 종합적 품질보증(total quality assurance), 혹은 모토롤라의 6시그마(Six Sigma)와 같은 회사의 특별한 프로그램으로써 그 개념이 널리 알려지게 되었다.

종합적 품질은 대개 회사의 제품, 서비스, 사람, 공정 및 환경의 지속적인 향상을 통해 경쟁력을 최대화하고자 하는 것이며, 주요 요소는 품질에 관한 전사적인 정책의 중점에 소비자의 선택을 포함하고 있으며, 과학적 접근방법, 종업원 참여, 교육과 훈련, 장기적인 책임 의식 및 목표의 통합을 사용하게 된다. 이러한 절차는 언제나 쉽게 성취할 수 있는 것은 아니고 향상을 위한 지속적인 노력을 해야 얻을 수 있는 것이며, 또한 전주기 비용의 인식을 통한 비용 감소, 제품 및 공정 설계의 향상 및 전반적인 제조 공정을 통한 더 나은 공정 관리는 종합적 품질의 성공에 있어 중요한 요소이다. 종합적 품질과 특별한 프로그램에 관한 상세한 것은 Goetsch 와 Davis(1977)에서 찾아볼 수 있다.

13.4.3 ISO 9000

종합적 품질에 관련된 것은 ISO 9000의 확인이며, ISO 9000(국제표준기구 9000)은 1993년 국제표준기구(International Standards Organization)에 의해 개발된 표준 품질관리이다. 정의에 의해 ISO 9000은 계약 검토, 설계, 개발, 생산, 설립 및 제품과 서비스를 위한 품질 경영 절차를 고려한다.

ISO 9000은 회사의 제품 및 서비스가 어느 정도의 품질 수준에 지속적으로 도달해 있다는 것을 확인해준다. 미국 내에서는 품질관리를 위한 조직인 American National Standards Institute 가 American Society for Quality Control 과 결합된 Registration Accreditation Board 에 의해 품질인증이 이루어지나, 사적인 그룹으로 다른 나라와 같이 정부 차원의 권위는 없다. ISO 9000이 회사 내에서 사용되는 공정에 제한된 반면에, 종합적 품질은 작업 인력 및 환경을 포함한 전사적인 면을 고려하고 있기 때문에, ISO 9000은 회사가 전반적인 세계 시장에 있어 경쟁력을 갖고 있다는 것을 입증하는 것 이외에 전형적으로 종합적 품질의 한 부분으로써 고려된다.

13.4.4 자동화 및 CAD/CAM

자동화라는 용어는 "기계화의 증가"로서 정의할 수 있을 것이다. 완전한 자동화 제조공정은 인간의 도움이 없이 장시간 운용할 수 있는 능력이 있으며, 오늘날 로봇을 많이 사용하며, 많은 회사에서 공장 내에 완벽한 자동화를 이루고 있으나, 여전히 미국, 일본 및 유럽에서 반자동화를 하는 경향이 있다. 증가하는 생산성 요구에 더불어 많은 산업은 자동화 되어 가고 있다. 로봇은 반복되는 작업, 지루한 작업 및 위험한 환경에서의 작업을 대신하게 되는데, 이러한 영역은 복사열, 소음 혹은 더위나 추위에 감염될 수 있다.

자동화 공정은 자동화 기계 및 자동화된 물자 이동 취급 기구와 같은 완전한 자동화 기계의 통합으로 시작되어 작업의 운용이 자동적으로 수행할 수 있어야 한다. 자동화의 정의를 하기 위해 (1) 제품수량 및 (2) 제품설계의 두 가지 요소가 고려되어야 하는데, 제품 수요가 많을 경우에는 설계 공학자는 제품설계가 자동화될 수 있도록 노력해야 하며, 그렇게 하기 위한 제품설계에 부가되는 요소와 재설계는 성공적인 생산공정을 위한 것이어야 한다.

완전한 자동화는 화학제품의 연속 공정에서 찾아볼 수 있으며, 부분적인 자동화는 많은 대량 생산공정에 널리 사용되고 있다. 공장 자동화의 장점은 다음과 같은 경우에 있어 추천된다.

1. 인건비의 증가가 나타날 경우

2. 국내외적인 경쟁의 심화로 판매가의 감소 및 이익의 감소가 있을 경우

3. 비용과 가격 감소를 통한 시장 확장의 긍정적인 면이 있을 경우

다음은 공장의 자동화가 줄 수 있는 단점이다.

1. 운용 이익에 잠정적으로 포함되어야 할 많은 자본 투자가 필요할 경우

2. 증가되는 산출물을 흡수하기에 적절하지 못한 시장 잠재력이 있을 경우

3. 기존의 기술이 특별한 설계를 산출하지 못하여 생산 자동화를 할 수 없을 경우

4. 노동력의 감소에 따른 생산 근로자의 반대와 노조의 결합이 있을 경우

현재 자동화에 대한 경향이 지속될 전망은 확실하다. 자동화 장비가 개발됨에 따라 효과적인 예방보전의 필요성도 확실해졌다. 소수의 작은 컴포넌트의 고장은 전체 공정 혹은

전체 공장의 공정에 피해를 줄 수 있다. 이러한 사실은 복잡한 자동화 장비의 사용을 위해 간접적인 노동력이 그 수와 직업의 다양성의 증가를 보여주는 것이며, 회사가 현대화함에 따라 기계의 효과적인 운용이 필요하게 되었다. 오늘날 자동화 공장의 근로자는 문제해결 기술의 습득뿐만 아니라 작업을 효과적으로 할 수 있어야 한다.

회사가 자동화됨에 따라 경영 계층을 축소할 필요성이 커지게 되었고, 전통적인 직접노동으로부터 진보적인 제조시스템으로 성공적으로 전환하기 위한 노력을 하게 됨에 따라, 더 자발적이고 지적인 노동력에 의한 생산성 향상이 요구된다.

컴퓨터의 폭발적인 사용으로 인해, 컴퓨터지원설계 및 제조(CAD/CAM)의 개발은 생산성 있는 설계와 공정 표준의 개발을 가져왔으나, 많은 정보의 저장과 확인을 위한 연구와 개발이 있어야 올바른 작업이 선택될 수 있다. 예로서, 동적 의사결정 기법은 공정을 평가하고 가장 최적의 작업을 결정하게 되는데, 필요한 변수는 작업과 허용차 등에 따른 생산량, 공정자재, 크기, 기하학적인 모양을 포함한 정량화된 컴퓨터 계산을 통해 확인되어야 한다.

산업에 완전하고 성공적인 CAD/CAM을 도입하기 위해 기능설계자, 제조공학자, 산업공학자, 품질보증 및 자료 공정을 위한 인력의 협조가 있어야 한다. 서로의 문제와 책임을 인지함으로써 컴퓨터 시스템의 효율은 계획 단계에서 좋은 방법과 표준 설정으로 생산성의 증가를 초래할 수 있을 것이다.

13.4.5 가치공학

대안 평가를 하는 간단한 방법은 숫자를 기입하여 손익 행렬을 짜보는 것이다. 이것을 가치공학이라고 한다(Gausch, 1974). 각각의 행렬에서 도출된 해는 기대 이익에 대해서 각각의 다른 가치를 가지고 있다. 그 비중은 0~10 사이의 범위에서의 이익으로 결정되고 0부터 4까지의 영역을 가진 가치는 행렬에서 도출된 해가 얼마의 기대 이익을 창출하느냐에 따라 그 영역 안에 할당된다.

배정된 가치에 해당 비중을 곱하고, 곱한 값을 합산하여 최종 점수를 낸다. 합산점이 높을수록 최적의 해가 되는 것이다. 이익은 각 회사에 따라서, 한 회사 내에서도 부서에 따라서, 심지어는 같은 부서에서도 시기에 따라 다른 상대 비중을 가진다는 것을 명심해야 한다. Muther의 시스템적 배치 계획의 대안평가 단계도 가치 공학의 일종이다.

또한 손익 분기점 도표는 두 가지 대안 중 어떤 것을 실행할지의 여부를 결정하는 데 매우 유용하다. 우선 첫 번째로 자본금은 적게 드나 조립비가 비싼 다기능의 장비와 두 번째로 자본금은 비싸나 조립비가 적게 드는 특수 장비 중 어느 것을 사용할지의 선택을 해야 한다고 하자. 이 두 장비의 생산량이 같아지는 점이 손익분기점이다. 이것은 계획자가 저지를 가능성이 가장 높은 실수와 연관이 있다.

사용하는 동안 절약이 된다고 거액의 자금을 별로 사용하지 않는 기계에 들이는 경우가 있다. 가령 1년에 겨우 한두 번 생산하는 생산 작업에 대해 80~90% 절약하는 것보다 계속해서 사용되는 직접 노동비의 10%를 절약하여 도구를 사는 데 쓰는 것은 당연한 일이다.

13.4.6 다기준 의사결정

불확실성 하에서의 의사 결정 마지막 접근 방법은 "MINIMAX 후회 결정기준"이다. 그 기준은 후회 행렬의 계산을 포함하는데, 시장 상황에 근거한 각 대안에 대해 설계자들은 후회가를 계산한다. 후회가란 실제 얻게 되는 보상과 의사결정자가 시장 상황을 예상할 수 있었다면 얻어지는 보상 사이의 차이다.

이러한 의사결정은 주로 수동 작업을 하는 곳에 많이 이용되는데, 항상 작업자의 안전과 생산성 사이의 절충이 필요하다. 작업자의 안전을 고려하여 작업량을 줄이게 되면 허리 쪽에 가해지는 스트레스는 덜하나 생산량이 같이 감소하는 결과를 초래한다. 원하는 수준의 생산량을 유지하기 위해 무게를 감소시키면 작업 빈도가 증가하고 이렇게 되면 생리적 요구가 커지게 되는 것이다.

신진대사 평가는 무거운 짐을 가끔 드는 것이 가벼운 짐을 자주 드는 것보다 낫다는 결론을 내렸다. 그러나 생체역학적인 측면에서 무게는 빈도에 관계없이 최소화되어야 하므로 이 두 의견은 상충된다. 이 문제는 1분에 한 번부터 열두 번까지 들어 그 '결정 범위에 따라 다기준 의사결정을 사용하여 Jung과 Frevalds(1991)에 의해 실험되었다.

1분에 드는 횟수가 7보다 작은 경우는 생체역학적 스트레스가 우세하고, 7보다 많은 경우는 생리학적 스트레스가 많다. 1분에 7번 드는 경우는 작업자에게 양 스트레스가 동일하게 미친다. 그러므로 대안에 따라, 또한 각 대안이 특정 속성에 미치는 이익에 따라 다른 해를 얻을 수 있다. 설계자들은 이러한 의사결정 전략에 익숙해져 그들 조직에 가장 적합한 의사결정 전략을 사용해야 할 것이다.

비용 이익 분석에 있어서 기대 이익은 증가한 생산량과 감소한 재해율에 의해 수량으로 표시될 수 있다. 어떤 회사가 일년에 1%의 생산량 증가당 645달러의 이익을 올린다고 가정하자. 마찬가지로 CTD 재해의 감소로 작업자에게 지급하는 배상비와 치료비가 줄어들면 회사에겐 이익으로 간주된다. 회사가 평균 5년에 한 번 꼴로 수술까지 이어지는 CTD 치료를 한다고 가정하고, 이때 드는 경비가 30000달러라고 가정하면, 1년에 예상 손실액이 6000달러인 셈이다. CTD에 대한 위험이 1%씩 감소된다면 회사는 연간 60달러의 이익을 올릴 수 있다.

대개의 경우, 작업자는 방법상 변화에 대해 저항한다. 스스로를 창의적이라고 지칭하거나, 그렇게 되고 싶어 하는 이들도 대개 자신의 직업이나 작업장이 실제는 가장 편안하고 만족스럽지 않을 지라도 좋게 생각한다. 변화로 인해 그들 직업, 임금에 미치는 영향을 두려워한다. 변화에 대한 작업자의 반응은 다음 Gilbreth에 의한 실험에서 알 수 있듯이 아주 완강하고 복잡하다. 침대 제조 공장에서 동작 연구를 하는 동안 그는 체격이 큰 중년 여성이 너무 확실히 비능률적이고 불편한 자세로 다림질을 하는 모습을 발견했다.

한 시트를 다림질하기 위해 그녀는 크고 무거운 다리미를 서서 집어 들고 앉아서 시트 위를 힘주어 누르는 작업을 각 시트마다 약 100번씩이나 했다. 그녀는 피곤했고 허리고통을 호소했다. 그래서 다리미대 설계에 약간의 변화를 주어 요즘의 공구 균형대(tool-balancer)와 같이 평형력을 사용해 반대로 누르는 작업대로 고쳐 육체적 작업 부하가 적어지도록 했다. 그 여성의 반응은 예상과 반대가 되었다. 그녀만이 그 작업을 수행할 수 있는 튼튼한 육체를 가진 유일한 작업자였는데 (감독관으로부터 칭찬을 듣는) 이제는 누구나 할 수 있는 일이 되었기 때문이다. 그녀의 지위는 떨어지고 변화로 인해 쓸모없어진 것이다.

따라서 작업자, 감독관, 기술자들에게 새로운 방법을 알리는 것이 중요하다. 종업원들은 방법의 변화가 그들에게 영향을 미칠 변화에 대하여 사전에 잘 알고 있어야 한다. 변화에 대한 저항은 변화의 중요성과 그것을 실행하는 데 드는 시간에 직접적으로 비례한다. 그러므로 큰 변화는 작은 단계들로 구성되어야 한다. 가령 작업장, 의자 혹은 걸상 및 도구 전부를 한번에 바꾸어서는 안 된다. 의자, 도구, 맨 마지막으로 작업장 이런 순으로 변화시켜야 할 것이다.

왜 변화를 실행해야 하는지를 잘 이해하도록 설명해야 한다. 사람들은 그들이 이해하지 못하는 것에 저항을 하기 때문이다. 손에 쥐는 피스톤 모양의 손잡이 연장을 일렬로 된 기구 달린 수평 작업대로 갑자기 바꾸기보다는, 새로운 도구가 덜 무겁고 움직임을 감소 시켜서 사용하기 더 편하다는 것을 설명해야 한다.

일반적으로 감정이 개입된 문제는 긍정적인 면을 강조 하는 게 낫다. 가령 "이 새 도구는 사용하기가 훨씬 수월합니다"라고 말하고 "전의 도구는 무겁고 안전하지 못합니다"라고 부정적으로 표현하지 않는 것이다. 작업자들을 방법의 변화나 작업 설계의 과정에 직접 참여시키도록 한다. 작업자들은 대개 자신이 한 제안에 대해서는 성실히 따르며 자신이 참여한 의사결정에 의한 변화에 대해서는 저항이 덜하다. 한 가지 성공적인 접근 방법으로 노동자 위원회나 그들로 구성된 인간공학적 그룹을 형성하는 것이다. 즉, 변화를 하지 않는 데 대해 관리자가 조치를 취하는 것은 오히려 변화에 저항하기 위한 적개 감정을 쌓을 수도 있다. 게다가 사람들은 기술적인 측면의 변화보다는 오히려 사회적 측면의 변화에 저항한다. 그러므로 다른 종업원이 같은 장치를 사용하고 있음을 보여줄 수 있다면 작업자는 변화에 잘 순응할 것이다.

적절한 표준이 설정된 후에 방법공학에 있어 마지막 단계는 새로운 방법을 유지시키는 것이다. 즉 예상 생산량 증가가 실현되는지 확인하는 것이다. 여기서 그런 효과가 새 방법으로 인해 나타난 것인지에 대해 주의를 기울여 확인해야 한다.

13.4.7 직무 분석

이상적인 방법을 설치하고 해당 업무를 수행하기 위해 필요한 표준 시간과 밀접한 관계가 있는 것이 작업영역에서의 **직무 분석**과 그 결과 이루어지는 **직무 평가**이다. 직무 분석은 방법공학을 적용하는 체계적인 절차의 여섯 번째 단계이다. 매번 방법이 바뀔 때마다 직무 명세서도 새로운 방법에 대한 조건, 의무 및 책임을 반영해야 한다.

새로운 방법이 소개될 때는 자격이 갖추어진 작업자에게 적절한 임금이 배정되기 위해 직무 분석이 이루어져야 한다. 기본임금은 인근 지역에서의 같은 작업에 대해 지급되는 동일한 수준이어야 한다. 고도의 기술과 책임을 요하는 직무 수행에는 적절한 차별화를 두도록 인정해야 하며, 그러한 작업자의 기술은 설명이 가능하고 정당화될 수 있는 것이어야 한다.

적절한 급료는 조직 내 각 직무의 상대적 가치를 공정하게 결정하는 기술적인 절차인 직무 평가의 산물이다. 직무 분석은 이 직무 평가의 기초 자료가 되는데, 직무 분석은 각 직무에 대한 구체적 평가를 거쳐 각 작업의 세부 내용을 기록하여 숙련된 설계자에 의해 공정하게 평가된다. 직무 기술문을 작성하기 전에 최고의 방법이 적용되었고 작업자가 규정된 방법에 대해 철저하게 교육받았음을 확신하기 위해 모든 가능한 측면이 세밀하게 조사되어야 한다.

대개 다양한 직무 책임, 권위, 그리고 확실치 않은 열등한 결정으로 인한 결과가 직무 분석에 포함되는데 직무 분석은 작업에 사용된 기계나 도구에 대한 정보, 필요한 문제 해결 능력과 직무와 관련된 신체적 사회적 요건 등에 대한 자료도 제공해야 한다.

직무 기술문은 직무 분석의 필수 요소로서, 종업원의 채용, 교육 훈련, 승진, 배치에 유용한 도구이다. 직무 기술서는 그 직무의 구체적 의무와 책임 및 작업을 수행할 작업자의 최소한의 자격 요건 등을 기술해야 한다. 직무 기술서는 또한 최소한의 비용과 최고의 품질로 제품을 생산하고 서비스를 제공한다는 작업 수행에 대해서도 강조해야 한다.

직무 기술문에는 정확한 직함과 작업자가 실제로 무엇을 하는지를 명백하게 서술해야 한다. 작업자는 정확한 직무 책임을 규정하는 데 협력해야 한다. 이런 절차는 종종 비용 효과 개선을 창출해 내기도 한다. 직무의 확실한 개념과 의무에 관해서는 면접법과 질문법을 절충한 방법과 함께 직접 관찰을 통해 알 수 있다. 작업을 수행하는 데 요구되는 정신적, 신체적 기능은 "직접적, 검사함, 계획함, 측정함, 운영함"과 같은 명확한 용어를 사용하여 설명되어야 하며 정확하게 기술될수록 좋다.

그에 따른 직무 평가는 직무의 가치나 중요도에 따라서 조직 내의 직무 순위를 정하기 위한 절차이다. 직무 평가는 세계 제 2차 대전 동안 잘 알려지게 되었다. National War Labor Board에서 임금을 동결시켰기 때문에 직무 평가는 임금을 증가시키는 유일한 수단이었다. 회사는 임금 조정을 실행하기 위해 공장에 존재하는 불공정 사례를 제시해야만 했다. 직무 평가 시스템이 회사에 도입된 이래 회사에서는 불공평한 임금을 정의하거나 임금을 상승해도 좋다는 승인을 받기가 용이해졌다.

대체로 개인들은 유사직종에 있는 다른 사람들이 자신보다 더 적게 일하고 많이 보상받는다고 믿고 있다. 직무 평가 계획의 주 목적은 각 직무를 수행하는 작업에 대한 적절한 임금을 결정하는 것이다.

오늘날 사용되는 직무 평가 체계 대부분은 분류법, 점수법, 요소 비교법, 순위법 4가지의 변형된 것이거나 조합된 것이다. 분류법은 직무를 임금 그룹에 따라 차별화하여 정의내린 것으로 등급 기술 계획(grade description plan)이라고도 한다. 등급 수준이 정의 되면 설계자는 각 직무를 조사하여 적절한 임금 수준의 등급에 할당시킨다. 등급 수준은 직무의 의무와 책임의 복잡성과 여러 수준의 기술 내용과 연관성을 근거하여 정한다.

모든 직무가 평가된 후에 각 직무에 대해 정해진 점수를 도표화한다. 다음으로 공장(현장)에서 노동 등급의 수치가 정해져야 한다. 이 수치는 현장 내에서 직무의 특징을 나타내는 범위로 표현된다. 일반적으로 등급 수치는 8부터(일반적인 작은 공장 혹은 낮은 기술적 산업인 경우) 15까지(일반적인 큰 공장 혹은 높은 기술적 산업의) 구분된다. 그때 여러 노동 등급에 해당되는 작업들은 정당성과 일관성을 다시 확인하며, 각각의 상관관계에 따라 다시 고려되어야 한다. 예를 들면, A급 기술자는 B급 기술자의 등급 수준과 동일하게 취급되는 것은 적합하지 않을 것이다. 다음으로 시간당 임금은 노동 등급별로 배정된다. 이러한 임금은 유사한 작업, 기업 정책과 생계비용 지수 등에 기초한다.

종종 설계자들은 각 노동 등급의 비율 범위를 설정한다. 각 작업자의 총 성과는 지정된 범위 안에서 작업자의 급여 수준을 결정한다. 이런 총 성과는 작업의 질, 양, 안전도, 출근 상태, 제안(의견) 등의 수준에 근거한다.

여러 직무의 점수가치에 따른 임금들을 좌표 상에 표시한 후에 설계자들은 비율 대 점수가치의 경향선을 그리는데, 이것은 직선일 수도 있고 아닐 수도 있다. 회귀분석 기술들은 이러한 경향선 도출에 도움이 된다. 몇 개의 점들은 경향선의 아래쪽이나 위쪽에 위치할 수 있다. 확연히 경향선 위에 놓인 점들은 직무 평가 계획에서 정해진 것보다도 더 높은 수준의 임금이 현재 지급되는 작업자임을 보여주며 확연하게 경향선 아래에 있는 점들은 계획에서 정해진 것보다도 낮은 수준의 임금이 지급되는 작업자를 나타낸다.

계획에서 요구하는 것보다 낮은 비율을 보이는 작업자는 새로운 임금 수준으로 즉시 인상해주어야 하며, 계획에서 요구하는 것보다 높은 비율의 작업자는 임금을 인하시키지는 않고 다음번에 인상하지 않는다. 생계비용이 그들의 현재 등급도보다 더 높은 비율을 가져오지만 않는다면 말이다. 최종적으로 모든 새 종업원들은 직무 평가 계획에 의한 새로운 임금이 주어질 것이다.

13.4.8 미국장애인법

새로운 방법을 실행하고 직무 평가를 실시하려면, 설계자는 **미국장애인법**(Americans with Disabilities Act; ADA)을 고려해야 한다. ADA는 1990년에 장애를 가진 사람이 작업을 수행하는 데 적합한 충분한 능력을 가졌음에도 불구하고 고용에서 차별되는 것을 금지하기 위하여 통과됐다.

이것은 15인 이상의 작업자를 고용한 모든 고용주에게 중요한 사안이다. 작업장의 전면적인 재설계 또는 다른 편의 시설이 따라야 하기 때문이다. ADA는 모집, 고용, 승진, 훈련, 급여, 해고, 휴직, 복리후생과 작업 할당과 방법 설계자의 마지막 고려사항과 같은 고용지침이 필요했다. ADA는 실생활에서 실질적으로 제한을 받는 육체적, 정신적 장애를 가진 개인을 보호한다. 실질적이란 경미한 수준을 넘는 것을 말하며 실생활은 듣기, 보기, 말하기, 숨쉬기, 촉각, 또는 조종, 배우기 또는 일하기를 포함한다. 일시적인 신체장애는 해당되지 않는다.

장애를 가진 개인은 적합한 시설을 갖추고 있든 아니든 일의 필수 요건을 수행할 수 있어야 한다. 필수 요건은 종업원들이 반드시 수행할 수 있어야 하는 직무 의무이다. 이것은 이 장의 앞에서 설명한 작업 분석 기술로 결정된다. 적합한 시설은 직무의 본래 기능을 수행하는 데 개인에게 필요한 직무 요건, 이익과 전 종업원이 즐길 수 있는 특권을 제공하는 작업 환경의 변화나 수정을 필요로 한다.

이러한 시설은 도구와 기구의 물리적인 변형, 직무 개조, 작업 계획의 변경, 훈련 방법 또는 방침의 변경 등을 포함한다. 모든 변경의 목적은 그것들의 사용과 접근이 용이하도록 하는 데 있다. 변경은 인간공학적으로 모든 작업자들에게 이득을 주어야 한다. 작업 설계 원칙의 많은 부분이 여기서도 유용해야 한다.

적합한 시설은 고용주들에게 과도한 압력을 가하지 않는 것이다. 즉, 너무 비싸지 않고 너무 크지 않고, 근본적으로 사업의 본질을 바꾸어서도 안 된다. 비용에 영향을 미치는 변수들은 회사의 규모, 재정 자원, 그리고 운영 성격과 구조들이다. 불행히도 비용 요소에 대한 구체적이거나 정량적인 정의는 없다. 대부분 법원에 제시된 부당 차별에 관한 다양한 소송들로 전개된다. 용어 정의, 합법적인 측면, 접근 변경 지침, 방법공학에 관한 정보는 ADA(1991)를 참조한다.

13.5 요약

13.2절: 이 절은 (Maslow, 1970)에서 인용하였다.

13.3절: 이 절은 (Deming, 1986)에서 인용하였다.

13.4절: 이 절은 (Niebel and Freivalds, 2002)에서 인용하였다.

13.6 연습문제

13.1 작업자에게 훈련이 필요한 이유는 무엇인가?

13.2 인간 접근방법은 무엇을 의미하는가?

13.3 교류분석에서 자아상태는 무엇인가?

13.4 품질분임조(quality circle)란 무엇인가?

13.5 종합적 품질경영은 현대의 경영 실천에 어떻게 응용되는가?

13.6 직무 분석이란 무엇인가?

13.7 대부분의 사람들이 그들과 유사한 일을 하는 다른 사람들이 자기보다 더 높은 임금을 받을 것이라고 생각하는 이유는 무엇인가?

참고문헌

본문에 인용된 참고자료 이외에도 아래와 같은 참고문헌들은 설계이론, 상이한 규범에서의 설계, 프로젝트 관리기법, 최적화 이론, 인공지능 응용, 공학윤리 및 그 밖의 공학실천에 관한 쟁점에 대해 폭넓게 보여준다. 설계와 프로젝트 관리 자체만으로도 광범위하기 때문에 다음의 목록 자체가 완전하지는 않다. 그렇기 때문에 이와 같은 참고문헌은 설계와 프로젝트 관리에 관해 출간된 많은 도서들 중 극히 일부분이라는 것을 명심해야 한다. 다음의 참고문헌들 중에는 단순히 지적인 흥미를 유발시키는 도서도 있고, 특정한 프로젝트 작업을 수행하기에 유용한 도서들도 포함되어 있다.

J. L. Adams, *Conceptual Blockbusting: A Guide to Better Ideas*, Stanford Alumni Association, Stanford, CA, 1979.

K. Akiyama, *Function Analysis: Systematic Improvement of Quality and Performance*, Productivity Press, Cambridge, MA, 1991.

C. Alexander, *Notes on the Synthesis of Form*, Harvard University Press, Cambridge, MA, 1964.

Anon., *Goals and Priorities for Research in Engineering Design*, American Society of Mechanical Engineers, New York, NY, 1986.

Anon., *Improving Engineering Design: Designing for Competitive Advantage*, National Research Council, National Academy Press, Washington, D.C., 1991.

Anon., *Managing Projects and Programs*, The Harvard Business Review Book Series, Harvard Business School Press, Cambridge, MA, 1989.

E. K. Antonsson and J. Cagan, *Formal Engineering Design Synthesis*, Cambridge University Press, New York, 2001.

H. Arendt, *Eichmann in Jerusalem: A Report on the Banality of Evil*, Viking Press, New York, NY, 1963.

J. S. Arora, *Introduction to Optimum Design*, McGraw-Hill, New York, NY, 1989.

K. J. Arrow, *Social Choice and Individual Values*. John Wiley & Sons, Inc., New York, 1951.

W. Asimow, *Introduction to Design*, Prentice-Hall, Englewood Cliffs, NJ, 1962.

A. B. Badiru, *Project Management in Manufacturing and High Technology Operations*, John Wiley & Sons, Inc., New York, NY, 1996.

Ralph M. Barnes, *Motion and Time Study*: *Design and Measurement of Work*, 7th edition, New York John Wiley & Sons, 1980.

K. M. Bartol and D. C. Martin, *Management*, 2nd edit., McGraw-Hill Book Company, New York, NY, 1994.

Barton-Aschman Associates, *North Area Terminal Study*, Technical Report, Barton-Aschman Associates, Evanston, IL, August 1962.

Louis Berger, *Central Artery North Area Project*, Interim Report, Louis Berger & Associates, Cambridge, MA, 1981.

E. Berne, *Games People Play*, New York: Grove Press, 1964.

H. R. Blackwell, *Development and Use of a Quantitative Method for Specification of Interior Illumination Levels on the Basis of Performance Data*, Illuminating Engineer, 54, pp. 317–353, June, 1959.

G. Boothroyd, and P. Dewhurst, *Design for Assebly: A Designer's Handbook*, University of Massachusetts, Amherst, Mass., 1982.

G. Boothroyd and P. Dewhurst, *Product Design for Assembly*, Boothroyd Dewhurst Inc., Wakefield, RI, 1989.

G. Borg, and H. *Linderholm, Perceived Exertion and Pulse Rate During Graded Exercise in Various Age Groups*. Acta Medica Scandinavica, Suppl. 472, pp. 194–206, 1967.

T. Both, G. Breed, C. Stratton and K. V. Horn, *Micro Laryngeal Surgery: An Instrument Stabilizer*, E4 Project Report, Department of Engineering, Harvey Mudd College, Claremont, CA, 2000.

C. L. Bovee, M. J. Houston and J. V. Thill, *Marketing*, 2nd edit., McGraw-Hill Book Company, New York, NY, 1995.

C. L. Bovee, J. V. Thill, M. B. Word and G. P. Dovel, *Management*, McGraw-Hill Book Company, New York, NY, 1993.

E. T. Boyer, F. D. Meyers, F. M. Croft, Jr., M. J. Miller and J. T. Demel, *Technical Graphics*, John Wiley & Sons, Inc., New York, NY, 1991.

D. C. Brown, "Design," in S. C. Shapiro (Editor), *Encyclopedia of Artificial Intelligence*, 2nd Edition, John Wiley & Sons, Inc., New York, NY, 1992.

D. C. Brown and B. Chandrasekaran, *Design Problem Solving*, Pitman, London, and Morgan Kaufmann, Los Altos, CA, 1989.

L. L. Bucciarelli, *Designing Engineers*, MIT Press, Cambridge, MA, 1994.

Elwood S. Buffa, *Modern Production Operations Management*, 6th edition, New Yok: John Wiley & Sons, 1980.

S. Carlson Skalak, H. Kemser and N. Ter-Minassian, "Defining a Product development Methodology with Concurrent Engineering for Small Manufacturing Companies," *Journal of Engineering Design*, 8 (4), 305–328, December 1997.

A. D. S. Carter, *Mechanical Reliability*, Macmillan, London, England, 1986.

S. Chan, R. Ellis, M. Hanada and J. Hsu, *Stabilization of Microlaryngeal Surgical Instruments*, E4 Project Report, Department of Engineering, Harvey Mudd College, Claremont, CA, 2000.

J. Connor, K. Kubler, P. Leitzell, J. P. Strozzo and M. Wang, *Design of a Chicken Coop*, E4 Project Report, Department of Engineering, Harvey Mudd College, Claremont, CA, 1997.

J. Corbett, M. Dooner, J. Meleka and C. Pym, *Design for Manufacture: Strategies, Principles and Techniques*, Addison-Wesley, Wokingham, England, 1991.

W. E. Cox, Jr., *Industrial Marketing Research*, John Wiley, New York, 1979.

R. D. Coyne, M. A. Rosenman, A. D. Radford, M. Balachandran and J. S. Gero, *Knowledge-Based Design Systems*, Addison-Wesley, Reading, MA, 1990.

N. Cross, *Engineering Design Methods*, 2nd edit., John Wiley & Sons, Chichester, England, 1994.

K. Denton, *Safety Management*, Improving Performance, new York: McGraw-Hill, 1921.

M. L. Dertouzos, R. K. Lester, R. M. Solow and the MIT Commission on Industrial Productivity, *The Making of America: Regaining the Productive Edge*, MIT Press, Cambridge, MA, 1989.

J. R. Dixon, *Design Engineering: Inventiveness, Analysis, and Decision Making*, McGraw-Hill, New York, NY, 1966.

J. R. Dixon, "Engineering Design Science: The State of Education," *Mechanical Engineering*, 113 (2), February 1991.

J. R. Dixon, "Engineering Design Science: New Goals for Education," *Mechanical Engineering*, 113 (3), March 1991.

J. R. Dixon and C. Poli, *Engineering Design and Design for Manufacturing*, Field Stone Publishers, Conway, MA, 1995.

C. L. Dym (Editor), *Applications of Knowledge-Based Systems to Engineering Analysis and Design*, American Society of Mechanical Engineers, New York, NY, 1985.

C. L. Dym (Editor), *Computing Futures in Engineering Design*, Harvey Mudd College, Claremont, CA, 1997.

C. L. Dym (Editor), *Designing Design Education for the 21st Century*, Harvey Mudd College, Claremont, CA, 1999.

C. L. Dym, *E4 (Engineering Projects) Handbook*, Department of Engineering, Harvey Mudd College, Claremont, CA, Spring 1993.

C. L. Dym, *Engineering Design: A Synthesis of Views*, Cambridge University Press, New York, NY, 1994a.

C. L. Dym, Letter to the Editor, *Mechanical Engineering*, *114* (8), August 1992.

C. L. Dym, "The Role of Symbolic Representation in Engineering Education," *IEEE Transactions on Education*, *35* (2), March 1993.

C. L. Dym, "Teaching Design to Freshmen: Style and Content," *Journal of Engineering Education*, *83* (4), 303–310, October 1994b.

C. L. Dym and E. S. Ivey, *Principles of Mathematical Modeling*, Academic Press, New York, NY, 1980.

C. L. Dym and R. E. Levitt, *Knowledge-Based Systems in Engineering*, McGraw-Hill, New York, NY, 1991.

C. L. Dym and L. Winner (Editors), *Social Dimensions of Engineering Design*, Harvey Mudd College, Claremont, CA, 2001.

C. L. Dym, W. H. Wood and M. J. Scott, "Rank Ordering Engineering Designs: Pairwise Comparison Charts and Borda Counts," *Research in Engineering Design*, *13* (4), 236–242, 2002.

C. E. Ebeling, *An Introduction to Reliability and Maintainability Engineering*, McGraw-Hill, New York, NY, 1997.

D. L. Edel, Jr., (Editor), *Introduction to Creative Design*, Prentice-Hall, Englewood Cliffs, NJ, 1967.

K. S. Edwards, Jr., and R. B. McKee, *Fundamentals of Mechanical Component Design*, McGraw-Hill, New York, NY, 1991.

K. A. Ericsson and H. A. Simon, *Protocol Analysis: Verbal Reports as Data*, MIT Press, Cambridge, MA, 1984.

A. Ertas and J. C. Jones, *The Engineering Design Process*, John Wiley & Sons, Inc., New York, NY, 1993.

D. L. Evans (Coordinator), "Special Issue: Integrating Design Throughout the Curriculum," *Engineering Education*, *80* (5), 1990.

J. H. Faupel, *Engineering Design*, John Wiley & Sons, Inc., New York, NY, 1964.

L. Feagan, T. Galvani, S. Kelley and M. Ong, *Device for Microlaryngeal Instrument Stabilization*, E4 Project Report, Department of Engineering, Harvey Mudd College, Claremont, CA, 2000.

J. Fortune and G. Peters, *Learning From Failure—The Systems Approach*, John Wiley & Sons, Chichester, UK, 1995.

R. L. Fox, *Optimization Methods for Engineering Design*, Addison-Wesley, Reading, MA, 1971.

M. E. French, *Conceptual Design for Engineers*, 2nd Edition, Design Council Books, London, England, 1985.

M. E. French, *Form, Structure and Mechanism*, MacMillan, London, England, 1992.

D. C. Gause and G. M. Weinberg, *Exploring Requirements: Quality Before Design,* Dorset House Publishing, New York, NY, 1989.

J. S. Gero (Editor), *Design Optimization*, Academic Press, Orlando, FL, 1985.

J. S. Gero (Editor), *Proceedings of AI in Design '92*, Kluwer Academic Publishers, Dordrecht, The Netherlands, 1992.

J. S. Gero (Editor), *Proceedings of AI in Design '94*, Kluwer Academic Publishers, Dordrecht, The Netherlands, 1994.

J. S. Gero (Editor), *Proceedings of AI in Design '96*, Kluwer Academic Publishers, Dordrecht, The Netherlands, 1996.

M. P. Glazer and P. M. Glazer, *The Whistleblowers: Exposing Corruption in Government and Industry*, Basic Books, New York, NY, 1989.

G. L. Glegg, *The Design of Design*, Cambridge University Press, Cambridge, England, 1969.

G. L. Glegg, *The Science of Design*, Cambridge University Press, Cambridge, England, 1973.

G. L. Glegg, *The Selection of Design*, Cambridge University Press, Cambridge, England, 1972.

T. J. Glover, *Pocket Ref*, Sequoia Publishing, Littleton, CO, 1993.

D. L. Goetsch, and S. B. Davis, *Introduction to Total Quality*, Upper Saddle River, N.J: Prentice-Hall, 1997.

S. H. Goldstein and R. A. Rubin, "Engineering Ethics," *Civil Engineering*, October 1996.

P. Graham (Editor), *Mary Parker Follett—Prophet of Management: A Celebration of Writings From the 1920s*, Harvard Business School Press, Boston, MA, 1996.

M. P. Groover, and E. W. Zimmers, *CAD/CAM Computer-Aided Design and Manufacturing*, Prentice hall, Englewood Cliffs, N.J., 1984.

P. Gutierrez, J. Kimball, B. Maul, A. Thurston and J. Walker, *Design of a Chicken Coop*, E4 Project Report, Department of Engineering, Harvey Mudd College, Claremont, CA, 1997.

C. Hales, *Managing Engineering Design*, Longman Scientific & Technical, Harlow, England, 1993.

J. Harr, *A Civil Action*, Vintage Books, New York, NY, 1995.

B. Hartmann, B. Hulse, S. Jayaweera, A. Lamb, B. Massey and R. Minneman, *Design of a "Building Block" Analog Computer*, E4 Project Report, Department of Engineering, Harvey Mudd College, Claremont, CA, 1993.

J. R. Hauser and D. Clausing, "The House of Quality," *Harvard Business Review*, 63–73, May-June 1988.

S. I. Hayakawa, *Language in Thought and Action*, 4th Edition, Harcourt Brace Jovanovich, San Diego, CA, 1978.

R. T. Hays, "Value Management," in W. K. Hodson (Editor), *Maynard's Industrial Engineering Handbook*, 4th Edition, McGraw-Hill Book Company, New York, NY, 1992.

G. H. Hazelrigg, *Systems Engineering: An Approach to Information-Based Design*. Prentice Hall, Upper Saddle River, NJ, 1996.

G. H. Hazelrigg, "Validation of Engineering Design Alternative Selection Methods," unpublished manuscript, courtesy of the author, 2001

J. Heskett, *Industrial Design*, Thames and Hudson, London, 1980.

R. S. House, *The Human Side of Project Management*, Addison-Wesley, Reading, MA, 1988.

V. Hubka, M. M. Andreasen, and W. E. Eder, *Practical Studies in Systematic Design*, Butterworths, London, England, 1988.

B. Hyman, *Topics in Engineering Design*, Prentice Hall, Englewood Cliffs, NJ, 1998.

ISO 9000: *International Standards for Quality Management*, 3rd edition, Geneva, Switzerland: International Standards Organization, 1993.

D. Jain, G. P. Luth, H. Krawinkler and K. H. Law, *A Formal Approach to Automating Conceptual Structural Design*, Technical Report No. 31, Center for Integrated Facility Engineering, Stanford University, Stanford, CA, 1990.

F. D. Jones, *Ingenious Mechanisms*: Vols. 1–3, The Industrial Press, New York, NY, 1930.

J. C. Jones, *Design Methods*, Wiley-Interscience, Chichester, UK, 1992.

J. Juran, *Quality Control Handbook*, 3rd Edition, McGraw-Hill, New York 1979.

D. Kaminski, "A Method to Avoid the Madness," *The New York Times*, 3 November 1996.

H. Kerzner, *Project Management: A Systems Approach to Planning, Scheduling and Controlling*, Van Nostrand Reinhold, New York, NY, 1992.

D. S. Kezsbom, D. L. Schilling and K. A. Edward, *Dynamic Project Management: A Practical Guide for Managers & Scientists*, John Wiley & Sons, Inc., New York, NY, 1989.

S. Konz, and S. Johnson, *Work Design*, 5th edition, Scottsdale, AZ: Holcomb Hathaway, Inc., 2000.

A. Kusiak, *Engineering Design: Products, Processes and Systems*, Academic Press, San Diego, CA, 1999.

M. Levy and M. Salvadori, *Why Buildings Fall Down*, Norton, New York, NY, 1992.

E. E. Lewis, *Introduction to Reliability Engineering*, John Wiley & Sons, Inc., New York, NY, 1987.

P. Little, *Improving Railroad Car Reliability Using A New Opportunistic Maintenance Heuristic and Other Information System Improvements*, Doctoral Dissertation, Massachusetts Institute of Technology, Cambridge, MA, 1991.

S. Makidakis, S. C. Wheelwright, and V. E. McGee, *Forecasting Methods and Applications*, 2nd edition, John Wiley, New York, 1984.

M. W. Martin and R. Schinzinger, *Ethics in Engineering*, 3rd Edition, McGraw-Hill Book Company, New York, NY, 1996.

A. Maslow, *Motivation and Personality*, 2nd edition, New York: Harper & Row, 1970.

Massachusetts Department of Public Works, *North Terminal*, Draft Environmental Impact Report (Section 4(F) and Section 106 Statements), Massachusetts Department of Public Works, Boston, MA, 1974.

R. L. Meehan, *Getting Sued and Other Tales of the Engineering Life*, The MIT Press, Cambridge, MA, 1981.

J. R. Meredith and S. J. Mantel, Jr., *Project Management: A Managerial Approach*, John Wiley & Sons, Inc., New York, NY, 1995.

J. Morgenstern, "The Fifty-nine-story Crisis," *The New Yorker*, 29 May 1995.

Mundell, and E. Marvin, *Motion and Time Study: Improving Productivity*, 5th edition, Englewood Cliffs, N.J., Prentice-Hall, 1978.

T. T. Nagle, *The Strategy and Tactics of Pricing*, Prentice-Hall, Englewood Cliffs, NJ, 1987.

A. Newell and H. A. Simon, *Human Problem Solving*, Prentice-Hall, Englewood Cliffs, NJ, 1972.

Benjamin W. Niebel and Andris Freivalds, *Methods, Standards, & Work Design*, 11th Edition, McGraw-Hill, New York, NY, 2002.

NIOSH. Occupational Noise, Revised Criteria, 1998. DHHS Publication, No. 98-126, Cincinnati, OH: National Institute for Occupational Safety and Health, 1988.

OSHA. Ergonomics Program Management Guidelines for Meatpacking Plants, OSHA 3123, Washington, DC: The Bureau of National Affairs, Inc., 1990.

K. N. Otto, Measurement Methods for Product Evaluation, *Research in Engineering Design*, 7:86–101, 1995.

G. D. Oberlander, *Project Management for Engineering and Construction*, McGraw-Hill, New York, NY, 1993.

G. Pahl and W. Beitz, *Engineering Design: A Systematic Approach*, 2nd Edition, Springer, London, England, 1996.

A. Palladio, *The Four Books of Architecture*, Dover, New York, NY, 1965.

Y. C. Pao, *Elements of Computer-Aided Design and Manufacturing*, John Wiley & Sons, Inc., New York, NY, 1984.

P. Y. Papalambros and D. J. Wilde, *Principles of Optimal Design: Modeling and Computation*, Cambridge University Press, Cambridge, England, 1988.

T. E. Pearsall, *The Elements of Technical Writing*, Allyn & Bacon, Needham Heights, MA, 2001.

H. Petroski, *Design Paradigms*, Cambridge University Press, New York, NY, 1994.

H. Petroski, *Engineers of Dreams*, Alfred A. Knopf, New York, NY, 1995.

H. Petroski, *To Engineer is Human*, St. Martin's Press, New York, NY, 1985.

W. S. Pfeiffer, *Pocket Guide to Technical Writing*, Prentice Hall, Upper Saddle River, NJ, 2001.

L. Phips, *The Economics of Price Discrimination*, Cambridge University Press, Cambridge, England, 1985.

S. Pugh, *Total Design: Integrated Methods for Successful Product Engineering*, Addison-Wesley, Wokingham, England, 1991.

Quality Function Deployment: Manual for three day QFD Workshop. American Supplier Institute, Dearborn, MI, 1989.

H. E. Riggs, *Financial and Cost Analysis for Engineering and Technology Management*, John Wiley & Sons, Inc., New York, NY, 1994.

J. L. Riggs and T. M. West, *Essentials of Engineering Economics*, McGraw-Hill, New York, NY, 1986.

E. S. Rubin, *Introduction to Engineering and the Environment*, McGraw-Hill, New York, 2001.

M. D. Rychener (Editor), *Expert Systems for Engineering Design*, Academic Press, Boston, MA, 1988.

D. G. Saari, *Basic Geometry of Voting*, Springer-Verlag, New York, 1995.

D. G. Saari, "Bad Decisions: Experimental Error or Faulty Decision Procedures," unpublished manuscript, courtesy of the author, 2001a.

D. G. Saari, *Decisions and Elections: Explaining the Unexpected*, Cambridge University Press, New York, 2001b.

M. Salvadori, *Why Buildings Stand Up*, McGraw-Hill, New York, NY, 1980.

M. S. Sanders, and E. J. McCormick, *Human Factors in Engineering and Design*, New York: McGraw-Hill, 1933.

Y. Saravanos, J. Schauer and C. Wassman, *Sliding Fulcrum Stabilizer*, E4 Project Report, Department of Engineering, Harvey Mudd College, Claremont, CA, 2000.

D. A. Schon, *The Reflective Practitioner*, Basic Books, New York, NY, 1983.

D. Schroeder, "Little Land Bruisers," *Car and Driver*, 96–109, May 1998.

R. G. Schroeder, *Operations Management: Decision Making in the Operations Function*, McGraw-Hill, New York, NY, 1993.

M. J. Scott and E. K.Antonsson, "Arrow's theorem and Engineering Decision Making," *Research in Engineering Design*, *11*, 218–228, 1999.

J. J. Shah, "Experimental Investigation of Progressive Idea Generation Techniques in Engineering Design," *Proceedings of the 1998 ASME Design Theory and Methodology Conference*, American Society of Mechanical Engineers, New York, NY, 1998.

H. A. Simon, "Style in Design," in C. M. Eastman (Editor), *Spatial Synthesis in Computer-Aided Building Design*, Applied Science Publishers, London, England, 1975.

H. A. Simon, *The Sciences of the Artificial*, 3rd Edition, MIT Press, Cambridge, MA, 1996.

L. Stauffer, *An Empirical Study on the Process of Mechanical Design*, Thesis, Department of Mechanical Engineering, Oregon State University, Corvallis, OR, 1987.

L. Stauffer, D. G. Ullman and T. G. Dietterich, "Protocol Analysis of Mechanical Engineering Design," In *Proceedings of the 1987 International Conference on Engineering Design*. Boston, MA, 1987.

S. Stevenson and S. Whitmore, *Strategies for Engineering Communication*, John Wiley & Sons, Inc., New York, 2002.

G. Stevens, *The Reasoning Architect: Mathematics and Science in Design*, McGraw-Hill, New York, NY, 1990.

G. Stiny and J. Gips, *Algorithmic Aesthetics*, University of California Press, Berkeley, CA, 1978.

N. P. Suh, *Axiomatic Design: Advances and Applications*, Oxford University Press, Oxford, England, 2001.

N. P. Suh, *The Principles of Design*, Oxford University Press, Oxford, England, 1990.

D. R. Sule, *Manufacturing Facilities: Location, Planning, and Design*, 2nd Edition, PWS Publishing, Boston, MA, 1994.

F. W. Taylor, *The Principles of Scientific Management*, New York, Harper, 1911.

M. C. Thomsett, *The Little Black Book of Project Management*, American Management Association, New York, NY, 1990.

C. Tong and D. Sriram (Editors), *Artificial Intelligence in Engineering Design, Volume I: Design Representation and Models of Routine Design*, Academic Press, Boston, MA, 1992a.

C. Tong and D. Sriram (Editors), *Artificial Intelligence in Engineering Design, Volume II: Models of Innovative Design, Reasoning about Physical Systems, and Reasoning about Geometry*, Academic Press, Boston, MA, 1992b.

C. Tong and D. Sriram (Editors), *Artificial Intelligence in Engineering Design, Volume III: Knowledge Acquisition, Commercial Applications and Integrated Environments*, Academic Press, Boston, MA, 1992c.

B. W. Tuckman, "Developmental Sequences in Small Groups," *Psychological Bulletin*, *63*, 384–399, 1965.

E. R. Tufte, *The Visual Display of Quantitative Information*, Graphics Press, Cheshire, CT, 2001.

K. Turabian, *A Manual for Writers of Term Papers, Theses, and Dissertations*, University of Chicago Press, Chicago, 1996.

D. G. Ullman, "A Taxonomy for Mechanical Design," *Research in Engineering Design*, *3*, 1992.

D. G. Ullman, *The Mechanical Design Process*, 2nd Edition, McGraw-Hill, New York, NY, 1997.

D. G. Ullman and T. G. Dietterich, "Toward Expert CAD," *Computers in Mechanical Engineering*, *6* (3), 1987.

D. G. Ullman, T. G. Dietterich and L. Stauffer, "A Model of the Mechanical Design Process Based on Empirical Data," *Artificial Intelligence for Engineering Design, Analysis and Manufacturing*, *2* (1), 1988.

D. G. Ullman, S. Wood and D. Craig, "The Importance of Drawing in the Mechanical Design Process," *Computers and Graphics*, *14* (2), 1990.

K. T. Ulrich and S. D. Eppinger, *Product Design and Development*, McGraw-Hill, New York, NY, 1995.

G. N. Vanderplaats, *Numerical Optimization Techniques for Engineering Design*, McGraw-Hill, New York, NY, 1984.

VDI, *VDI–2221: Systematic Approach to the Design of Technical Systems and Products*, Verein Deutscher Ingenieure, VDI-Verlag, Translation of the German Edition 11/1986, 1987.

C. E. Wales, R. A. Stager and T. R. Long, *Guided Engineering Design: Project Book*, West Publishing Company, St. Paul, MN, 1974.

J. Walton, *Engineering Design: From Art to Practice*, West Publishing, St. Paul, MN, 1991.

D. J. Wilde, *Globally Optimal Design*, John Wiley & Sons, Inc., New York, NY, 1978.

T. T. Woodson, *Introduction to Engineering Design*, McGraw-Hill, New York, NY, 1966.

R. N. Wright, S. J. Fenves and J. R. Harris, *Modeling of Standards: Technical Aids for Their Formulation, Expression and Use*, National Bureau of Standards, Washington, D.C., March 1980.

C. Zener, *Engineering Design by Geometric Programming*, Wiley-Interscience, New York, NY, 1971.

C. Zozaya-Gorostiza, C. Hendrickson and D. R. Rehak, *Knowledge-Based Process Planning for Construction and Manufacturing*, Academic Press, Boston, MA, 1989.

삽화의 출처

제 1 장
그림 1.2a: Lockheed Advanced Development Company 제공
그림 1.2b: British Airways 제공
그림 1.2c: The Boeing Corporation 제공
그림 1.2d: AeroVironment 제공
그림 1.3a: John Welzenbach/Corbis 주식거래소
그림 1.3b: Jose Carrillo/PhotoEdit/Picturequest
그림 1.3c: Phyllis Picardi/Stock Boston/Picturequest
그림 1.3d: Alan Levenson/Stone/Getty Images
그림 1.5a: Terje Rakke/The Image Bank/Getty Images
그림 1.5b: Pascal Crapet/Stone/Getty Images
그림 1.5c: Yeager/Corbis Stock Market
그림 1.5d: G.K & Vikki Hart/The Image Bank/Getty Images

제 5 장
그림 5.1: Johnson & Johnson 제공
그림 5.10: Clive L. Dym 제공

제 6 장
그림 6.6: Clive L. Dym 제공
그림 6.7: Clive L. Dym 제공

제 9 장
그림 9.3: Clive L. Dym 제공
그림 9.4: Clive L. Dym 제공

찾아보기

[ㅇ]

■ 역자 소개 ■

• **조문수**(jmsu@ssu.ac.kr)
현재 숭실대학교 산업 · 정보시스템공학과 교수
숭실대학교 산업공학과 학사
Western Illinois University 경영학 석사(MBA)
The University of Iowa 산업공학 석사
The University of Iowa 산업공학 박사

• **임태진**(tjlim@ssu.ac.kr)
현재 숭실대학교 산업 · 정보시스템공학과 교수
서울대학교 산업공학과 학사
Cornell University 산업공학 석사
Cornell University 산업공학 박사

• **박태형**(tpark@ssu.ac.kr)
현재 숭실대학교 산업 · 정보시스템공학과 교수
고려대학교 산업공학과 학사
고려대학교 산업공학 석사
Virginia Tech 수학과 석사
Virginia Tech 산업공학 박사

• **윤석훈**(yoon@ssu.ac.kr)
현재 숭실대학교 산업 · 정보시스템공학과 교수
서울대학교 산업공학과 학사
North Carolina A&T State University 산업공학 석사
Pennsylvania State University 산업공학 박사

프로젝트 기반의 **공학설계입문** 수정 2판

2007년　8월 30일 1쇄 발행
2008년　8월 13일 2쇄 발행

역　자 | 조문수 외
발행자 | 최규학
발행처 | 아이티씨
주　소 | 경기도 파주시 교하읍 문발리 파주출판단지 535-7
　　　　세종출판벤처타운 307호
전　화 | 031) 955-4353
F A X | 031) 955-4355

등록번호 제8-399호
ISBN | 978-89-90758-83-5

값 23,000 원